MANUAL DO DELEGADO DE POLÍCIA

PROCEDIMENTOS POLICIAIS

CIVIL E FEDERAL

ADMINISTRATIVA E JUDICIÁRIA
TERMO CIRCUNSTANCIADO (PM)
ADMINISTRAÇÃO CARTORÁRIA E CARCERÁRIA
ARMAS, MUNIÇÕES E PRODUTOS CONTROLADOS
PLANTÃO E OCORRÊNCIAS POLICIAIS • MODELOS

Luiz Carlos Rocha

Professor de Direito Penal
da Faculdade de Direito da Pontifícia Universidade Católica de São Paulo
Professor de Criminologia e Investigação Policial
da Academia de Polícia de São Paulo
Delegado de Polícia de Classe Especial aposentado
Advogado criminalista militante

MANUAL DO DELEGADO DE POLÍCIA

PROCEDIMENTOS POLICIAIS

CIVIL E FEDERAL

ADMINISTRATIVA E JUDICIÁRIA
TERMO CIRCUNSTANCIADO (PM)
ADMINISTRAÇÃO CARTORÁRIA E CARCERÁRIA
ARMAS, MUNIÇÕES E PRODUTOS CONTROLADOS
PLANTÃO E OCORRÊNCIAS POLICIAIS • MODELOS

MANUAL DO DELEGADO DE POLÍCIA

PROCEDIMENTOS POLICIAIS

LUIZ CARLOS ROCHA

1ª Edição 2002

Supervisão Editorial: *Jair Lot Vieira*
Editor: *Alexandre Rudyard Benevides*
Capa: *Mariana Nelli Lot Vieira*
Revisão: *Ricardo Virando*
Digitação: *Disquetes fornecidos pelo Autor*

Nº de Catálogo: 1316

Dados de Catalogação na Fonte (CIP) Internacional
(Câmara Brasileira do Livro, SP, Brasil)

Rocha, Luiz Carlos
Manual do delegado de polícia : Procedimentos policiais - / Luiz Carlos Rocha - Bauru, SP: EDIPRO, 2002.

ISBN 85-7283-322-6

1. Policia - Procedimentos 2. Delegado de polícia - Manuais I. Título

01-1652 CDU-351.742

Índices para catálogo sistemático:
1. Delegado de polícia : Manuais : 351.742

EDIPRO - Edições Profissionais Ltda.
Rua Conde de São Joaquim, 332 - Liberdade
CEP 01320-010 - São Paulo - SP
Fone (11) 3107-4788 - FAX (11) 3107-0061
E-mail: edipro@uol.com.br
Atendemos pelo Reembolso Postal

Ao
Hermínio Tricca,
Escrivão de Polícia sem jaça,
que me ensinou a garimpar as palavras.

O Delegado de Polícia desempenha uma profissão digna na defesa do Bem e da Verdade e exerce autoridade não como bem particular, mas como representante das relações partilhadas por muitos.

O Delegado de Polícia e a Ética Profissional
Luiz Carlos Rocha

SUMÁRIO

APRESENTAÇÃO

Este livro constitui um manual prático de normas e rotinas policiais, com comentários e informações detalhadas como o delegado de polícia deve proceder ao assumir o exercício do seu cargo, no desempenho de suas complexas funções administrativas e policiais e, em especial, como deve resolver os diversos problemas que são apresentados nas ocorrências policiais, nos plantões e nas carceragens.

A obra explica como são feitas as comunicações de praxe, a inspeção permanente e os editais das correições ordinária e extraordinária, fornece os modelos de atos e termos dos procedimentos administrativos e de polícia judiciária, desde o Boletim de Ocorrência ao Termo Circunstanciado, instituído pela Lei nº 9.099/1995.

Inicialmente discorre sobre o conceito de polícia, do poder de polícia, do sistema brasileiro de segurança pública, da polícia federal e da polícia civil estadual, das carreiras de delegado e de escrivão de polícia e de suas atribuições. Em seguida, informa as atribuições e a competência dos departamentos e das delegacias, trata dos procedimentos básicos e da rotina do plantão policial e dos atos infracionais praticados por menor de idade, mencionando as medidas cabíveis.

Depois faz um estudo doutrinário e prático da Investigação, do Inquérito e do Termo Circunstanciado de Ocorrência, fornecendo informações detalhadas sobre o registro de ocorrências policiais e das delações feitas por meio eletrônico, através da *Intranet* Policial, e sobre os modelos de despachos da autoridade policial e dos termos privativos do Escrivão, dos atos e termos de formalização do inquérito que interessam à apuração do ilícito penal e de sua autoria.

A obra é destinado a todos os que trabalham na Polícia, principalmente, aos delegados, escrivães e aos alunos dos cursos das Academias de Polícia. O manual interessa também a todos os que militam na área penal, aos juízes, promotores, advogados e estudantes de Direito, pela orientação teórica e prática que apresenta das questões rotineiras de Direito Penal e de Direito Processual Penal. Facilita a consulta imediata à legislação aplicada pelas diversas repartições policiais e responde às questões sobre o exercício da polícia administrativa e judiciária, com inúmeros modelos de atos e termos processuais.

TÍTULO I
POLÍCIA ADMINISTRATIVA

CAPÍTULO I

POLÍCIA

1. CONCEITO

Polícia é um vocábulo de origem grega, *politéia*, e passou para o latim, *politia*, com o mesmo sentido: "governo de uma cidade, administração, forma de governo". Assim, na noção greco-latina, segundo as enciclopédias, polícia significa governo civil, "organização política", "administração e o governo da pólis, cidade ou Estado".[1]

Nos séculos XVIII e XIX o termo polícia era usado para designar a administração civil interna do Estado, mas o vocábulo adquiriu um sentido particular, "passando a representar a ação do governo, enquanto exerce sua missão de tutela da ordem jurídica, assegurando a tranqüilidade pública e a proteção da sociedade contra as violações e malefícios".[2]

2. DEFINIÇÃO

A Polícia é constituída para manter a ordem pública, a liberdade, a propriedade, a segurança individual. Sua característica é a vigilância. A sociedade considerada no seu conjunto é o objeto do seu cuidado, segundo o Código dos Delitos e das Penas, elaborado sob os influxos das idéias reformistas da Revolução Francesa.

Manzini entende que "a Polícia é a função do Estado dirigida a prevenir e eliminar as manifestações sociais nocivas ou perigosas da atividade humana ou de energias sub-humanas ou inanimadas, para assegurar no interesse público, me-

---

1. *Enciclopédia Delta Larousse*, p. 5.422.
2. Ivan Moraes de Andrade, *Polícia Judiciária*, p. 48.

diante vigilância, ordens ou coações, as condições consideradas indispensáveis ou favoráveis para a convivência civil".[3]

Bento de Faria, entre os nossos autores, salienta que "a polícia é a organização mantida com o fim de prevenir ou promover a repressão das infrações das leis penais, em garantia do seu respeito, ou seja, da ordem pública". Essa finalidade, aduz, "indica, por si, a complexidade da respectiva função, no desempenho da qual não há como recusar um relativo arbítrio, moderado e sempre inspirado nos ditames da razão, da justiça e da eqüidade".[4]

Bielsa define a polícia, como sendo "um conjunto de serviços organizados pela Administração Pública para assegurar a ordem pública e garantir a integridade física e moral das pessoas, mediante limitações impostas à atividade pessoal".[5]

3. PODER DE POLÍCIA

A Polícia é uma garantia da realização prática, concreta, da norma jurídica, abstratamente estabelecida pelo legislador. A força que dispõe não é arbitrária, mas criada e mantida para proteger e garantir, tanto o indivíduo, isoladamente considerado, como a comunidade em que vive; e o seu fundamento real é a justiça.

O poder de polícia (*police power* ou *poder de autoridade*, expressões utilizadas, respectivamente, pelos autores norte-americanos e latinos) é o exercício de um dos poderes do Estado, sobre as pessoas e as coisas, para atender ao interesse público. A Polícia age dentro dos limites do direito e as normas segundo as quais opera concorrem a constituir a ordem jurídica e o poder que lhe corresponde concorre a mantê-la.

O poder de polícia é um poder discricionário, limitado pelas leis e pelo direito, e não um poder arbitrário, prepotente e sem controle.

Na sua dinâmica, a medida policial pode se revestir de um caráter administrativo ou puramente policial, quer a sua finalidade seja o cumprimento de um regulamento administrativo, quer a tranqüilidade pública; daí os autores dividirem a Polícia em Administrativa e de Segurança.

A Polícia Administrativa, ensina Themístocles, limita os excessos da liberdade, protege as situações individuais e procura manter o equilíbrio social. O seu poder visa coibir as atividades nocivas aos interesses sociais ou que infrinjam as disposições legais ou regulamentares, estranhas à alçada criminal. Essa polícia é de profissões, de associações, de liberdade de pensamento e censura, de comunicações, de construções e de vizinhança, dos serviços chamados de utilidade pública e sanitária.[6]

A Polícia de Segurança é o ramo da administração pública, encarregado de manter a ordem e a segurança da sociedade pela vigilância e repressão do crime, no interesse do indivíduo e do Estado. É o braço penal da sociedade e a sua função primacial é a defesa do bem comum e da ordem social.

---

3. Vicenzo Manzini, *Tratado de Derecho Penal*, tomo 1, v. 1, p. 150.
4. Bento de Faria, *Código de Processo Penal*, v. 1, p. 30.
5. Rafael Bielsa, *Derecho Administrativo*, *apud* José Frederico Marques, *Elementos de Direito Processual Penal*, v. 1, p. 148.
6. Themístocles Brandão Cavalcanti, *Tratado de Direito Administrativo*, v. 3, pp. 5 e segts.

4. DIVISÃO

O sistema policial brasileiro se filia diretamente à Revolução Francesa, adotando a divisão da polícia em administrativa e judiciária, de acordo com a distinção fixada nos arts. 19 a 20 da Lei francesa de 3 do Brumário, do ano IV, de 1894.[7]

Com efeito, a Lei nº 261, de 3.12.1841, regulamentada pelo Decreto nº 120, de 31.1.1842, modificou o Código de Processo Criminal do Império e adotou o sistema policial jurídico ou francês, consagrando a divisão das funções policiais em Polícia Administrativa e Polícia Judiciária e estabelecendo princípios de centralização e hierarquia.

Seguindo as peculiaridades dessa formação histórica, o antigo Regulamento Policial de São Paulo, Estado pioneiro na criação da polícia de carreira no País, dirigida por bacharéis em Direito, dispõe no Livro III sobre a Polícia Administrativa e no Livro IV sobre a Polícia Judiciária.[8]

Atente-se, a respeito, que a Polícia de Segurança Administrativa (Preventiva) não é a mesma Polícia Administrativa, considerada *lato sensu,* estranha à alçada criminal e dedicada aos serviços chamados de utilidade pública e sanitários.

A Polícia de Segurança age administrativamente, regulamentando certas atividades, vistoriando e fiscalizando o cumprimento da lei e atua judiciária ou repressivamente com relação às infrações que lhe chegam ao conhecimento.

5. OBJETIVOS

A Polícia de Segurança é denominada Administrativa (Preventiva) quando age mantendo a ordem pública e prevenindo a prática de delitos.

A Polícia de Segurança é chamada Judiciária (Repressiva) quando funciona, após a prática do delito, elaborando o inquérito. Ela tem função investigatória de caráter criminalístico e também criminológico, de acordo com as novas tendências do Direito Penal.

Essa distinção, todavia, é artificial porque, como organismo, a polícia de segurança é um todo e esse seu segundo momento, *polícia judiciária*, apesar do nome, é também uma atividade administrativa.

Observamos, como fez Manzini a respeito da polícia italiana, que a polícia judiciária brasileira deve seu nome impróprio, trazido da França, a uma razão histórica. Na França, quando foi instituído o Procurador do Rei nos Tribunais, o pessoal de segurança pública, subordinado a este funcionário, foi posto a serviço da justiça penal, passando o Poder Judiciário a contar então com uma Polícia Judiciária.[9]

---

7. V. Luiz Carlos Rocha, *Organização Policial Brasileira,* pp. 7 e segts.
8. Decreto Estadual (SP) nº 4.405-A, de 17.4.1928. *Coleção das Leis e Decretos do Estado de São Paulo,* t. 38, p. 343.
9. Vincenzo Manzini, *Tratado de Derecho Penal*, t. 1, p. 160, e *Trattato di Diritto Processuàle Penàle*, v. 11, nº 210.

No Brasil, as Polícias Civis pertencem ao Poder Executivo e não ao Poder Judiciário e, por preceito constitucional, têm como incumbência as funções de polícia judiciária e a apuração das infrações penais, exceto as militares (CF, art. 144, § 4º).

Não obstante, as Polícias Civis exercem o Policiamento preventivo especializado, de grande alcance social.

Convém, então, que se faça a divisão da polícia de segurança em preventiva e repressiva, levando-se em consideração, como têm sustentado alguns autores, a maneira de agir da autoridade no exercício do poder de polícia.[10]

6. ORGANIZAÇÃO

A Constituição Federal de 1988 delineou a estrutura básica do sistema policial brasileiro, no capítulo III, art. 144, nos seus incisos e parágrafos, dispondo que a segurança pública é dever do Estado e direito e responsabilidade de todos, sendo exercida para a preservação da ordem pública e da incolumidade das pessoas e do patrimônio, através dos seguintes órgãos: I - polícia federal; II - polícia rodoviária federal; III - polícia ferroviária federal; IV - polícias civis; e V - polícias militares e corpos de bombeiros militares.

A Polícia Federal é órgão constitucional, instituído e mantido pela União, com a finalidade de:

"I - apurar infrações penais contra a ordem política e social ou em detrimento de bens, serviços e interesses da União ou de suas entidades autárquicas e empresas públicas, assim como outras infrações cuja prática tenha repercussão interestadual ou internacional e exija repressão uniforme, segundo se dispuser em lei;

II - prevenir e reprimir o tráfico ilícito de entorpecentes e drogas afins, o contrabando e o descaminho, sem prejuízo da ação fazendária e de outros órgãos públicos nas respectivas áreas de competência;

III - exercer as funções de polícia marítima, aeroportuárias e de fronteiras;

IV - exercer, com exclusividade, as funções de polícia judiciária da União."

A Polícia Rodoviária Federal, órgão permanente, estruturado em carreira, destina-se, na forma da lei, ao patrulhamento ostensivo das rodovias federais.

A Polícia Ferroviária Federal, órgão permanente, também estruturado em carreira, destina-se ao patrulhamento ostensivo das ferrovias federais.

As Polícias Civis, dirigidas por delegados de polícia de carreira, exercem, ressalvada a competência da União, as funções de polícia judiciária e a apuração de infrações penais, exceto as militares.

As Polícias Militares executam as funções de polícia ostensiva e a preservação da ordem pública; cabe aos Corpos de Bombeiros Militares, além das atribuições definidas em lei, a execução de atividades de defesa civil.

E os municípios podem constituir guardas municipais destinadas à proteção de seus bens, serviços e instalações.[11]

---

10. Themístocles Brandão Cavalcanti, *Tratado de Direito Administrativo,* v. 3, p. 11.

11. *Constituição da República Federativa do Brasil,* Edipro, 2000, art. 144, § 8º.

Atente-se, outrossim, que a polícia de segurança brasileira pertence ao Poder Executivo e não ao Poder Judiciário, ao contrário do que ocorre com as polícias de outros países, das quais, historicamente, a nossa é afeiçoada. Entendemos, por isso, que as funções da polícia civil são preventivas, como as da polícia militar, e também repressivas e não apenas judiciárias.

Na função preventiva, a polícia civil deve manter a ordem e, num segundo momento, na judiciária ou repressiva, após ocorrida a infração penal, praticar os atos previstos no Código de Processo Penal e nas leis penais especiais, como a lavratura do auto de prisão em flagrante delito, do auto de buscas e apreensões, etc., e a instauração de inquérito, para apurar o crime e a sua autoria, ou a lavratura do Termo Circunstanciado, instituído pela Lei nº 9.099/1995.

A polícia civil não pode esperar que o crime aconteça, para depois agir, instaurando o inquérito. Compete a ela, também, como órgão de segurança do poder público, prever e prevenir o crime, através da investigação e do Policiamento especializado, competindo, por outro lado, à polícia militar o Policiamento preventivo ostensivo, a guarda dos próprios públicos, inclusive os dos municípios, onde não houver guarda municipal ou metropolitana, e as ações repressivas para a manutenção da ordem pública.

7. POLÍCIA FEDERAL

O Departamento de Polícia Federal (DPF), com sede no Distrito Federal, diretamente subordinado ao Ministério da Justiça, é dirigido por um Diretor Geral, nomeado em comissão e da livre escolha do Presidente da República, e tem competência, em todo o território nacional, para:

"I - executar os serviços de polícia marítima, aérea e de fronteiras;

II - exercer, com exclusividade, as funções de polícia judiciária da União;

III - executar medidas assecuratórias da incolumidade física do Presidente da República, de diplomatas estrangeiros no território nacional e, quando necessário, dos demais representantes dos Poderes da República;

IV - prevenir e reprimir: *a)* crimes contra a segurança nacional e a ordem política e social; *b)* crimes contra a organização do trabalho ou decorrentes de greves; *c)* crimes de tráfico de entorpecentes e de drogas afins; *d)* crimes nas condições previstas no art. 5º do Código Penal, quando ocorrer interesse da União; *e)* crimes cometidos a bordo de navios ou aeronaves, ressalvada a competência militar; *f)* crimes contra a vida, o patrimônio e a comunidade silvícola; *g)* crimes contra servidores federais no exercício de suas funções; *h)* infrações às normas de ingresso ou permanência de estrangeiros no País; *i)* outras infrações penais em detrimento de bens, serviços e interesses da União ou de suas entidades autárquicas ou empresas públicas, assim como aquelas cuja prática tenha repercussão interestadual e exija repressão uniforme, segundo dispuser a lei;

V - coordenar, interligar e centralizar os serviços de identificação dactiloscópica criminal;

VI - selecionar, formar, treinar, especializar e aperfeiçoar o pessoal, mediante orientação técnica do Órgão Central do Sistema Pessoal Civil da Administração Federal;

VII - proceder a aquisição de material de seu exclusivo interesse;

VIII - prestar assistência científica, de natureza policial, aos Estados e ao Distrito Federal, quando solicitada;

IX - proceder a investigação de qualquer natureza, quando determinada pelo Ministério da Justiça;

X - integrar Sistemas Nacional de Informações e de Planejamento Federal".[12]

Organização: — O Departamento de Polícia Federal tem a seguinte estrutura básica:

"I - Órgãos Centrais: *a)* De Deliberação Coletiva: Conselho Superior de Polícia (CSP); *b)* De Assessoramento: 1 - Gabinete do Diretor Geral; 2 - Assessoria Geral do Planejamento (AGP): *a)* Assessoria de Programação e Orçamento; *b)* Assessoria de Organização e Métodos; *c)* Assessoria de Segurança, Informações e Técnica Policial; 3 - Assessoria de Assuntos Especiais; 4 - Assessoria Jurídica (AJ); *c)* De Direção, Coordenação e Controle: 1 - Coordenação Central Policial (CCP); 2 - Coordenação Central Judiciária (CCJ); 3 - Coordenação Central Administrativa (CCA); 4 - Centro de Informações (CI); 5 - Divisão de Censura de Diversões Públicas (DCDP); 6 - Divisão do Pessoal (DP); *d)* De Apoio Técnico: 1 - Instituto Nacional de Criminalística (INC); 2 - Instituto Nacional de Identificação (INI); 3 - Academia Nacional de Polícia (ANP); 4 - Divisão de Telecomunicações (DITEL); 5 - Divisão de Comunicação Social (DCS); 6 - Centro de Processamento de Dados (CPD);

II - Órgãos Descentralizados: 1 - Superintendências Regionais; 2 - Divisões de Polícia Federal; 3 - Delegacias de Polícia Federal.[13]

Com a promulgação da Carta de 1988 acabou a censura no País e a Divisão de Censura de Diversões Públicas (DCDP) ficou sem função. Em seu lugar foi criado o Conselho Superior de Defesa da Liberdade de Criação e Expressão, vinculado ao Ministério da Justiça, para, através da sua Secretaria Executiva, fazer a classificação indicativa, por faixa etária, dos filmes, espetáculos e programas de rádio e TV.[14]

---

12. Constituição Federal, art. 144, § 1º; Decreto Federal nº 73.332, de 19.12.1973, dispõe sobre a estrutura básica do Departamento de Polícia Federal; Lei Federal nº 4.878, de 3.12.1965, (Estatuto do Policial); Decreto Federal nº 59.310/1966 (Regime Jurídico dos Funcionários Policiais Civis da União e do Distrito Federal) e MP nº 2.184, de 25.8.2001, dá nova redação ao art. 57 da Lei nº 4.878/1965; Decreto Federal nº 76.387, de 2.10.1975, dispõe sobre a estrutura básica do Ministério da Justiça.

13. Decreto Federal nº 73.332, de 19.12.1973, define a estrutura básica do DPF e dá outras providências.

14. Lei nº 9.688, de 6.7.1998, declarou extintos os cargos de Censores Federais de que trata a Lei nº 9.266/1996 e os enquadrou nos Cargos de Perito Criminal Federal e Delegado de Polícia Federal da carreira Policial Federal, garantindo as vantagens do enquadramento aos aposentados e beneficiários desses servidores. Esta Lei nº 9.688/1998 está sendo argüida de inconstitucional, na Ação Civil Pública nº 99.30.779-1 ajuizada pelo Ministério Público da União contra a União. E a matéria continua ainda *sub judice*.

8. POLÍCIA ESTADUAL

Em São Paulo, a Secretaria da Segurança Pública (SSP-SP) é responsável, em todo o Estado, pela manutenção da ordem pública e da segurança interna.

Organização: — A SSP-SP tem a seguinte organização: Gabinete do Secretário, com as unidades supervisionadas da Caixa Beneficente da Polícia Militar e Guarda Noturna de Campinas, com os Conselhos Estadual de Trânsito e Comunitário de Segurança, e com os seguintes órgãos: Administração Superior e da Sede, Departamento Estadual de Trânsito, Superintendência da Polícia Técnico-Científica, Polícia Civil e Polícia Militar. E os órgãos administrativos que são todos os que, integrados na estrutura da Secretaria, cooperam para a realização de seus fins.[15]

Polícia Civil: — A Polícia Civil, estruturada com base na hierarquia e na disciplina, incumbe exercer em todo o Estado as atribuições da Polícia Judiciária, Administrativa e preventiva especializada, tendo a seguinte estrutura básica:

I - Órgão de direção geral: Delegacia Geral de Polícia (DGP);

II - Órgão consultivo: Conselho da Polícia Civil (CPC);

III - Órgãos de apoio: Assessoria Técnica da Polícia Civil (ATPC), Corregedoria Geral da Polícia Civil (CORREGEDORIA), Departamento de Administração e Planejamento da Polícia Civil (DAP), Departamento de Telemática (DETEL);

IV - Órgãos de execução: Departamento de Polícia Judiciária da Capital (DECAP), Departamento de Polícia Judiciária da Macro São Paulo (DEMACRO), Departamentos de Polícia Judiciária de São Paulo Interior (DEINTERs, de 1 a 7), Departamento de Investigações Sobre o Crime Organizado (DEIC), Departamento de Homicídios e Proteção à Pessoa (DHPP), Departamento de Investigações sobre Narcóticos (DENARC);

V - Órgãos de apoio aos de execução: Departamento de Identificação e Registros Diversos (DIRD), e Academia de Polícia (ACADEPOL).

Em 2001, a Corregedoria da Polícia Civil (CORREGEPOL), passou a ser órgão de apoio e execução da Delegacia Geral de Polícia, com nível de departamento e a denominar-se Corregedoria Geral da Polícia (CORREGEDORIA), com oito Corregedores Auxiliares (DEINTERs 1 a 7 e DEMACRO) e com o Presídio Especial da Polícia Civil (Decreto nº 45.749, de 6.4.2001).

Unidades de Chefia Policial: — Delegacia Geral de Polícia, Departamentos de Polícia, Delegacias Seccionais de Polícia, Delegacias Municipais e Distritos Policiais.

Unidades Policiais de Base Territorial: — Departamentos de Polícia Judiciária, Delegacias Seccionais de Polícia, Delegacias de Polícia de Município e Delegacias de Polícia de Distritos.

---

15. Decreto Estadual (SP) nº 44.663, de 19.1.2000, dispõe sobre a classificação institucional da Secretaria da Segurança Pública e dá providências correlatas (especifica os órgãos que constituem Unidades de Despesa). Lei Estadual (SP) nº 10.750, de 23.1.2001, extingue a Guarda Noturna de Campinas.

8. POLÍCIA ESTADUAL

Capítulo II

Administração Superior

1. SECRETÁRIO DA SEGURANÇA

O Estado de São Paulo mantém a ordem e a segurança pública internas por meio de sua Polícia, subordinada hierárquica, administrativa e funcionalmente ao Secretário de Estado responsável pela Pasta da Segurança Pública.

O Secretário da Segurança Pública é o chefe geral de toda a Polícia de São Paulo, sendo a mais alta autoridade policial na escala hierárquica, estando subordinadas a ele a Polícia Civil e a Polícia Militar.

1.1. Nomeação

O dirigente da Secretaria da Segurança Pública, como Secretário de Estado, é auxiliar direto e de confiança do Governador, sendo responsável pelos atos que praticar ou referendar no exercício do cargo.

O Secretário da Segurança Pública é escolhido, nomeado e demitido livremente pelo Governador do Estado, entre os cidadãos que preencham os seguintes requisitos: ser brasileiro maior de vinte e um anos e estar no exercício dos direitos políticos.[16]

O Regulamento Policial de São Paulo, ainda em vigor, em que pese as modificações ocorridas, dispõe a respeito de que "O Chefe de Polícia será escolhido entre

---

16. *Constituição do Estado de São Paulo*, arts. 51 e segts.

os doutores ou bacharéis em Direito, com dois anos pelo menos de prática e que se hajam distinguido no exercício da magistratura, do ministério público, da advocacia ou de cargos da polícia, ou que, por estudos especiais, tenham revelado notória aptidão para o serviço policial".[17]

E a Constituição Federal de 1988, por sua vez, dispõe que as Polícias civis são dirigidas por delegados de Polícia de carreira (art. 144, § 4º).

1.2. Impedimentos

O Secretário da Segurança faz declaração pública de bens, no ato da posse e no término do exercício do cargo, e tem os mesmos impedimentos estabelecidos na Constituição Estadual para os deputados, enquanto permanecer em sua função.[18]

Não pode assim firmar ou manter contrato com pessoa jurídica de direito público, autarquia, empresa pública, sociedade de economia mista ou empresa concessionária de serviço público, salvo quando o contrato obedecer a cláusulas uniformes; aceitar ou exercer cargo, função ou emprego remunerado, incluindo os de que sejam demissíveis *ad nutum*, nas entidades acima mencionadas; ser proprietário, controlador ou diretor de empresa que goze de favor decorrente de contrato com pessoa jurídica de direito público, ou nela exercer função remunerada; ocupar cargo ou função de que seja demissível *ad nutum*, ainda, nas entidades acima mencionadas; bem como ser titular de mais de um cargo.[19]

O Regulamento Policial dispõe numa forma simples: "o exercício do cargo de Chefe de Polícia é incompatível com o de qualquer outro cargo, emprego ou atividade profissional ou industrial".[20]

1.3. Competência

O diploma legal que reorganizou a Administração Superior da Sede da Secretaria da Segurança Pública dispõe que, além das competências que lhe foram conferidas por lei ou decreto, compete ao Secretário da Segurança:

I - em relação ao Governador e às atividades da Pasta: *a)* submeter à apreciação do Governador projetos de lei ou decreto; *b)* referendar os Atos do Governador relativos ao campo de atuação de sua Pasta; *c)* manifestar-se sobre assuntos que devam ser submetidos ao Governador; *d)* propor a divulgação de Atos e atividades governamentais; e *)* propor ao Governador a política para a manutenção da ordem pública e segurança interna, bem como as diretrizes para os programas de Polícia judiciária, administrativa e preventiva, de segurança de trânsito, de prevenção e combate a incêndios e de Policiamento ostensivo;

---

17. *Regulamento Policial*, Decreto Estadual (SP) nº 4.405-A, de 17.4.1928, art. 12, I. (v. *Coleção das Leis e Decretos do Estado de São Paulo*, 3ª ed., São Paulo, Imprensa Oficial do Estado, 1928, t. 38).
18. *Constituição do Estado de São Paulo*, art. 53.
19. *Constituição do Estado de São Paulo*, art. 15.
20. *Regulamento Policial*, art. 18.

II - em relação ao próprio cargo: *a)* comparecer perante a Assembléia Legislativa ou suas comissões especiais de inquérito para prestar esclarecimentos espontaneamente ou quando regularmente convocado; *b)* dirigir-se à Assembléia Legislativa em resposta a requerimentos ou indicações sobre assuntos da Pasta; *c)* autorizar entrevista de servidores da Pasta à imprensa em geral sobre assuntos a ela correlatos; *d)* expedir atos e instruções para boa execução da Constituição do Estado, das Leis e Regulamentos no âmbito da Secretaria; *e)* apresentar relatório anual dos trabalhos executados pela Pasta; *f)* decidir sobre os pedidos formulados em grau de recurso e as proposições encaminhadas pelos dirigentes dos órgãos subordinados; *g)* orientar, dirigir e fazer executar os serviços afetos à Pasta; *h)* delegar atribuições e competências, por ato expresso, a seus subordinados; *i)* praticar todo e qualquer ato ou exercer quaisquer atribuições e competências dos órgãos ou autoridades subordinadas; e *j)* avocar as atribuições e competências de qualquer unidade ou autoridade subordinada;[21]

III - em relação à Administração de Pessoal: *a)* admitir e dispensar servidores nos termos da legislação vigente; *b)* autorizar a expedição de pedido de indicação de candidatos habilitados em concursos; *c)* atribuir gratificação de representação a pessoal de seu Gabinete; *d)* arbitrar ou conceder diárias a servidores designados para estudo ou missão dentro do país; *e)* convocar servidores para prestação de serviços em regime de trabalho; *f)* dar posse a funcionários que lhe sejam diretamente subordinados; *g)* designar servidores para responder pelo expediente das unidades administrativas que lhe sejam diretamente subordinados; *h)* designar servidores nos termos do art. 28 da Lei nº 10.168, de 10.7.1968, e conceder o *pro labore* respectivo; *i)* designar os membros das Comissões de Promoção e Processamento Permanente e do Colegiado do Grupo de Planejamento Setorial; *j)* designar servidores para missão ou estudo de interesse do serviço público, dentro do território do país, pelo prazo de até 60 (sessenta) dias; *l)* fixar o horário de trabalho dos servidores da Pasta; *m)* proceder à classificação e ao remanejamento de pessoal; *n)* ordenar prisão administrativa e suspensão preventiva por prazo de até 90 (noventa) dias; e *o)* exonerar, a pedido, funcionário ocupante de cargo em comissão;

IV - em relação à Administração de Material e Patrimônio: *a)* autorizar a abertura de concorrência; *b)* designar membros da Comissão Julgadora de Licitação ou o responsável pelo convite nos termos do art. 38 da Lei nº 89, de 27.12.1972; *c)* exigir quando julgar conveniente a prestação de garantia; *d)* homologar a adjudicação; *e)* anular ou revogar a licitação; *f)* decidir os recursos; *g)* autorizar a substituição, a liberação e a restituição da garantia; *h)* autorizar a alteração do contrato, inclusive a prorrogação de prazo; *i)* designar servidor ou comissão para recebimento do objeto do contrato; *j)* autorizar a rescisão administrativa ou amigável do contrato; *l)* aplicar penalidades exceto a de declaração de idoneidade para licitar ou contratar; *m)* expedir normas para aplicação de multas a que se refere o art. 75 e o inciso 1 do art. 66 da Lei nº 89/1972; e *n)* autorizar transferência de bens móveis, inclusive para órgãos não pertencentes à Pasta;

V - em relação à Administração Orçamentária e Financeira: *a)* baixar normas, no âmbito da Pasta, relativas à Administração Financeira e Orçamentária de acordo com a orientação emanada dos Órgãos Centrais; *b)* aprovar as propostas orça-

21. Decreto Estadual (SP) nº 6.918, de 28.10.1975.

mentárias elaboradas pelas unidades competentes; *c)* submeter à aprovação da autoridade competente a proposta orçamentária da Pasta; e *d)* autorizar, mediante resolução, a distribuição de recursos orçamentários para as Unidades de Despesa;

VI - em relação à Administração dos Transportes Internos motorizados: *a)* encaminhar ao Órgão Central proposições relativas à fixação, alterações e programa anual de renovação de frotas; *b)* encaminhar ao Órgão Central proposições relativas à criação, extinção, instalação e fusão de postos e oficinas; *c)* encaminhar ao Órgão Central proposições relativas ao registro de carros de servidores e do veículo locado para prestação de serviço público; *d)* encaminhar ao Órgão Central pedidos de aquisição de veículos; *e)* baixar normas no âmbito da Secretaria, para a frota, oficinas e garagens; *f)* distribuir veículos pelas subfrotas; *g)* decidir sobre a conveniência de locação de veículos em caráter não eventual; *h)* decidir sobre a conveniência de se efetuar o seguro geral; *i)* indicar os usuários permanentes; e *j)* autorizar o usuário permanente a dirigir veículo oficial.

Em suma, o Secretário da Segurança exerce as suas funções e atribuições diretamente, quando assim entender necessário ao serviço público; cuida da Polícia Administrativa e pode avocar qualquer inquérito, bem como exercer diretamente todas as atribuições cometidas às delegacias.

1.4. Prerrogativa Processual

O Secretário da Segurança, por disposição constitucional, enquanto no exercício do cargo, nas infrações penais comuns, será processado e julgado pelo Tribunal de Justiça.[22]

Não se trata de um privilégio, mas sim de uma garantia estabelecida pelo legislador pátrio, para melhor amparar o exercício de certas funções públicas, como a de Secretário de Estado.

A respeito ensina Frederico Marques, citando René Garraud, Bento de Faria e acórdão do Des. Marcio Munhós: "a competência *ratione personae é* absoluta e por isso não pode ficar à mercê nem do réu, nem de qualquer outra pessoa ou órgão do poder público. Se a competência dependesse da permanência no cargo — diz Marcio Munhós — ficaria ao arbítrio de uma das partes interessadas, bastando que o acusado deixasse o cargo para que a mesma desaparecesse. Assim, por ato próprio, alteraria ou modificaria uma competência absoluta prevista em lei. Caso a iniciativa não partisse do acusado, poderia resultar de ato do poder público, que, por meio de uma demissão, faria com que a competência especial deixasse de existir".[23]

A matéria, todavia, em 1999, recebeu novo entendimento. Os inquéritos e feitos que visam apurar a prática de crimes de responsabilidade ou comuns cometidos por ex-Prefeitos e Prefeitos cassados ou que não estejam no exercício do mandato, bem como referentes a funcionários públicos, que devessem ter foro privilegiado, por prerrogativa de função, deverão ser processados e julgados originariamente em

---

22. *Constituição do Estado de São Paulo*, art. 74.

23. José Frederico Marques, *Da Competência em Matéria Penal*, p. 230.

primeira instância, tendo em vista que o Plenário do Supremo Tribunal Federal, resolvendo questão de ordem, por votação unânime, revogou a Súmula 394 que garantia o foro privilegiado a estes ex-ocupantes de cargos públicos.[24]

Por outro lado, a competência *ratione personae* do Tribunal de Justiça não constitui foro privilegiado nem se regula pelos preceitos pertinentes aos juízos especiais. No processo penal, ensina ainda Frederico Marques, em lugar de privilégio, o que se contém nessa competência *ratione personae* constitui, sobretudo, uma garantia, para amparar a um só tempo o acusado e a justiça.

Em suma, a competência originária pela prerrogativa da função, isto é, a competência originária *ratione personae* é prevista nas Constituições Federal e Estadual e tratada pelo Código de Processo Penal.

2. DELEGADO GERAL

Às polícias civis, órgão permanente, dirigidas por delegados de polícia de carreira, bacharéis em Direito, incumbem, ressalvada a competência da União, as funções de polícia judiciária e a apuração de infrações penais, exceto as militares.

Em São Paulo, o Delegado Geral da Polícia Civil, integrante da última classe da carreira de Delegado, é nomeado pelo Governador do Estado e deve fazer declaração pública de bens no ato da posse e da exoneração.[25]

2.1. Atribuições

Ao Delegado Geral compete o planejamento, a coordenação, a direção e o controle das atividades da Polícia Civil.

2.2. Competência

Ao Delegado Geral de Polícia, além de outras competências que lhe forem conferidas por lei, decreto ou resolução, compete:[26]

I - em relação às atividades gerais: *a)* assistir o Secretário da Segurança no desempenho de suas funções; *b)* fornecer ao Secretário subsídios para formulação da política e diretrizes a serem adotadas pela Polícia Civil; *c)* manifestar-se sobre assuntos que devam ser submetidos à apreciação do Titular da Pasta; *d)* submeter à apreciação do Secretário projetos de leis e minutas de decretos e de resoluções de interesse da Polícia Civil; *e)* decidir sobre comunicações de ocorrências ou irregularidades policiais, levando ao conhecimento do Secretário aquelas que, a seu juízo, tenham caráter grave, mencionando, nesse caso, as providências tomadas; *f)* su-

---

24. V. Comunicado publicado no *DJE*-SP de 27.9.1999, p. 2.
25. *Constituição do Estado de São Paulo,* art. 140.
26. Decreto Estadual (SP) nº 39.948, de 8.2.1995, fixa a estrutura básica da Polícia Civil do Estado de São Paulo e reorganiza a Delegacia Geral de Polícia.

perintender os serviços policiais civis do Estado, cabendo-lhe, para esse fim, orientar, coordenar e fiscalizar as atividades das unidades policiais, determinando e autorizando as providências necessárias; *g)* responder, conclusivamente, às consultas formuladas pelos órgãos da Administração Pública sobre assuntos de sua competência; *h)* solicitar informações a outros órgãos ou entidades; *i)* prestar informações solicitadas por órgãos ou pessoas estranhas à Polícia Civil, quanto a assuntos de natureza policial; *j)* criar comissões e grupos de trabalho, não permanentes, para estudo de problemas administrativos ou policiais; *l)* determinar à Corregepol a realização de correições extraordinárias; *m)* proferir, nos processos submetidos a seu exame, despachos de caráter interlocutório, destinados a promover instrução ou determinar diligências; *n)* encaminhar diretamente processos e outros expedientes para manifestação da Consultoria Jurídica da Pasta; *o)* decidir sobre proposições encaminhadas pelos dirigentes das unidades subordinadas; *p)* expedir atos destinados ao aprimoramento e boa execução dos serviços policiais; *q)* praticar todo e qualquer ato ou exercer quaisquer das atribuições ou competências das unidades, funcionários ou servidores subordinados.

II - em relação ao pessoal policial civil: *a)* dar posse aos Delegados; *b)* decidir sobre sindicância, ouvido o Conselho da Polícia Civil; *c)* prorrogar, por mais 30 dias, o prazo legal para a Conclusão de sindicância ou processo administrativo; *d)* representar o Secretário acerca da prorrogação final de prazo destinado a conclusão de processo administrativo; *e)* submeter ao exame do Conselho da Polícia Civil as sindicâncias e processos administrativos relatados, desde que os sindicados ou acusados sejam ocupantes de cargos das carreiras policiais civis; *f)* ordenar a suspensão preventiva de policial civil, até 60 dias, desde que o seu afastamento seja necessário para averiguação de irregularidades a ele atribuídas; *g)* determinar a instauração de inquérito policial; *h)* aplicar a pena de advertência, de repreensão e de suspensão, limitada a 60 dias, bem como converter em multa a suspensão aplicada; *i)* aplicar a pena disciplinar de remoção compulsória; *j)* submeter à apreciação do Conselho da Polícia Civil os pedidos de reconsideração e os recursos em procedimento disciplinar que lhe forem dirigidos; *l)* designar os membros das Comissões Processantes Permanentes da Corregepol; *m)* constituir Comissão Processante Especial; *n)* propor ao Secretário os nomes dos Delegados de Polícia de Classe Especial para a direção das unidades policiais civis, cuja designação seja de competência do Governador ou Titular da Pasta; *o)* classificar os Delegados e os demais funcionários ou servidores da Polícia Civil; *p)* autorizar Delegado a ter exercício em unidade ou serviço de classe imediatamente superior; *q)* designar policial civil, excepcionalmente e por prazo certo, para responder cumulativamente por unidades ou serviços de qualquer categoria, nos casos de vacância ou de afastamento legal dos respectivos titulares; *r)* determinar, no interesse do serviço, que policiais civis assumam imediatamente o exercício do cargo; *s)* propor ao Secretário, ouvido o Conselho da Polícia Civil, a concessão de honrarias ou prêmios aos policiais civis, por ato de bravura ou trabalho de relevante interesse; *t)* determinar a inscrição de elogios nos assentamentos funcionais de policial civil; *u)* propor abertura de concurso de ingresso aos cargos iniciais das carreiras civis; *v)* assinar carteira de identidade funcional dos Delegados e demais integrantes das carreiras policiais civis; *x)* autorizar, no interesse da administração, sejam fornecidos à imprensa ou a outros meios de comunicação, notas sobre processos administrativos.

III - em relação aos Sistemas de Administração Financeira e Orçamentária, exercer as competências previstas nos arts. 13 e 14 do Decreto-Lei nº 233, de 28.4.1970 (Art. 13. Aos Dirigentes responsáveis pelas Unidades Orçamentárias, compete: I - submeter à aprovação da autoridade a que estiverem subordinados ou vinculados a proposta orçamentária da respectiva Unidade Orçamentária; II - aprovar as propostas orçamentárias elaboradas pelas Unidades de Despesa; III - propor, à autoridade a que estiverem subordinados ou vinculados, a distribuição das dotações orçamentárlas pelas Unidades de Despesa; IV - baixar normas, no âmbito das respectivas Unidades Orçamentárias, relativas à Administração Financeira, atendendo à orientação emanada dos Órgãos Centrais; V - manter contacto com os Órgãos Centrais de Administração Financeira e Orçamentária, integrados na Secretaria da Fazenda; VI - exercer as atividades previstas no art. 14, quando forem responsáveis por Unidades de Despesa. Art. 14. Aos Dirigentes responsáveis pelas Unidades de Despesa compete: I - autorizar despesas, dentro dos limites impostos pelas dotações liberadas, para as respectivas Unidades de Despesa, bem como firmar contratos quando for o caso; II - assinar notas de empenho e subempenho; III - autorizar pagamentos de conformidade com a programação financeira; IV - autorizar adiantamentos e aprovar a respectiva prestação de contas; V - submeter a proposta orçamentária à aprovação do Dirigente da Unidade Orçamentária; VI - autorizar liberação, restituição ou substituição de caução em geral e de fiança, quando dadas em garantia de execução de contrato; VII - assinar cheques, ordens de pagamento e de transferência de fundos em conjunto com o responsável pela unidade administrativa, a qual tenha por incumbência, as atribuições definidas no item II, do art. 10, do presente Decreto-Lei).

IV - em relação à administração de material e patrimônio: *a)* exercer as competências previstas nos arts. 1º e 2º do Decreto nº 31.138, de 9.1.1990 (Art. 1º. São competentes para autorizar a abertura de licitação ou sua dispensa: I - os Secretários de Estado; II - os dirigentes de autarquias; III - os dirigentes do órgão central de compras do Estado. Parágrafo único. O disposto neste artigo não exclui igual competência de autoridade superior. Art. 2º. Compete, ainda, aos Secretários de Estado e dirigentes de autarquias: I - designar a comissão julgadora ou o responsável pelo convite de que trata o art. 46 da Lei nº 6.544, de 22 de novembro de 1989; II - exigir, quando julgar conveniente, a prestação de garantia; III - homologar a adjudicação; IV - anular ou revogar a licitação; V - decidir os recursos; VI - autorizar a substituição, a liberação e a restituição da garantia; VII - autorizar a alteração do contrato, inclusive a prorrogação de prazo; VIII - designar servidor ou comissão para recebimento do objeto do contrato; IX - autorizar a rescisão administrativa ou amigável do contrato; X - aplicar penalidades, exceto a de declaração de inidoneidade para licitar ou contratar. Parágrafo único. As competências a que se referem os incisos III, IV, V, VII e IX serão exercidas pelos dirigentes de autarquias dentro dos limites fixados para autorização de despesa.); *b)* autorizar a transferência de bens móveis no âmbito da Delegacia Geral de Polícia.

CAPÍTULO III

DEPARTAMENTOS E UNIDADES POLICIAIS

1. ATRIBUIÇÕES

Em São Paulo, através de decreto, foram estabelecidas para os departamentos e unidades policiais as atribuições e as competências das autoridades dirigentes, que podem ser complementadas mediante portaria do Delegado Geral de Polícia.[27]

1.1. Departamentos

Aos Departamentos de Polícia Judiciária de São Paulo Interior (DEINTERs 1 a 7) cabe promover a execução, nas respectivas áreas de atuação, das atividades de polícia judiciária, administrativa e preventiva especializada.[28]

---

27. Decreto Estadual (SP) nº 44.448, de 24.11.1999 - Cria, transfere e extingue unidades na Polícia Civil do Estado de São Paulo e dá providências correlatas. Decreto Estadual (SP) nº 44.664, de 19.1.2000 - Identifica funções de direção específicas da carreira de Delegado de Polícia, a serem retribuídas mediante gratificação *pro labore* e dá providências correlatas.

28. Decreto Estadual (SP) nº 44.448/1999, art. 20. O Decreto Estadual (SP) nº 46.078, de 5.9.2001, criou nos DEINTERs 1, 2 e 6 as Delegacias de Polícia de Investigação sobre Extorsão Mediante Seqüestro e nos DEINTERs 4, 5 e 7 os Grupos Especiais de Investigação sobre Extorsão Mediante Seqüestro.

1.1.1. Assistências Policiais

As Assistências Policiais das Diretorias dos DEINTERs têm por atribuição assistir o Delegado de Polícia Diretor no desempenho de suas funções.[29]

1.1.2. Serviços de Administração

Os Serviços de Administração dos DEINTERs e das Cadeias Públicas (8, 9, 10, 11, 12 e 13) têm, em suas respectivas áreas de atuação, as seguintes atribuições:

I - por meio das Seções de Pessoal, as previstas nos incisos IV, V e VI do art. 11 e nos arts. 12, 13, 14, 15 e 16 do Decreto Estadual (SP) nº 42.815, de 19.1.1998 (Art. 11. IV - atender a consultas e manifestar-se conclusivamente nos processos que lhes forem encaminhados; V - zelar pela adequada instrução dos processos que devam ser submetidos à apreciação de outros órgãos, providenciando, quando for o caso, a complementação de dados pelos órgãos ou autoridades competentes; VI - manter os servidores informados a respeito de seus direitos e deveres. Art. 12. As atividades de administração de pessoal a que se refere o inciso II do artigo anterior, compreenderão especialmente: I - cadastro de cargos e funções; II - cadastro funcional; III - freqüência; IV - expediente de pessoal. Art. 13. Os órgãos subsetoriais, em relação ao cadastro de cargos e funções, no âmbito das unidades a que prestarem serviços, têm as seguintes atribuições: I - manter atualizado o cadastro, procedendo às anotações decorrentes de: *a)* criação, alteração ou extinção de cargos e funções; *b)* provimento ou vacância de cargos; *c)* preenchimento ou vacância de funções-atividades; *d)* concessão de *pro labore*; *e)* transferência de cargos e funções-atividades; *f)* alterações funcionais dos servidores que afetem o cadastro; II - exercer controle sobre o atendimento dos requisitos fixados para o provimento de cargos e o preenchimento de funções-atividades; III - manter controle cadastral com relação: *a)* aos membros dos órgãos colegiados; *b)* aos afastamentos e às licenças de servidores; *c)* às situações de acumulação de cargos, empregos e funções; *d)* ao pessoal considerado excedente nas unidades a que prestarem serviços. Art. 14. Os órgãos subsetoriais, em relação ao cadastro funcional, no âmbito das unidades a que prestarem serviços, têm as seguintes atribuições: I - manter atualizado o cadastro e o prontuário dos servidores; II - controlar os prazos para posse e exercício dos servidores; III - registrar os atos relativos à vida funcional dos servidores. Art. 15. Os órgãos subsetoriais, em relação à freqüência, no âmbito das unidades a que prestarem serviços, têm as seguintes atribuições: I - registrar e controlar a freqüência mensal; II - preparar atestado e certidões relacionadas com a freqüência dos servidores; III - anotar os afastamentos e as licenças dos servidores; IV - apurar o tempo de serviço para todos os efeitos legais e expedir as respectivas certidões; V - controlar o limite de idade do servidor para fins de aposentadoria ou desligamento compulsório; VI - rever a contagem de tempo do inativo quando solicitado; VII - controlar a distribuição do auxílio-alimentação para os servidores da Pasta; VIII - providenciar os pedidos de suplementação e devolução do auxílio-alimentação. Art. 16. Os órgãos subsetoriais, em relação ao expediente de pessoal, no âmbito das

---

29. Decreto Estadual (SP) nº 44.448/1999, art. 21.

unidades a que prestarem serviços, têm as seguintes atribuições: I - elaborar Pedidos de Indicação de Candidatos (PIC) para fins de nomeação ou admissão de pessoal aprovado em concurso público, realizado pelo órgão central do Sistema; II - lavrar contratos individuais de trabalho e todos os atos relativos à sua alteração, suspensão ou rescisão; III - preparar os expedientes relativos à posse; IV - centralizar, preparar, quando for o caso, e encaminhar os expedientes relativos à promoção, acesso, progressão e avaliação de desempenho dos servidores; V - expedir títulos de nomeação e outros relativos à situação funcional dos servidores, inclusive os decorrentes de decisão administrativa ou judicial, bem como as respectivas apostilas e encaminhá-los para pagamento; VI - preparar atos relativos à vida funcional dos servidores, inclusive os relativos à concessão de vantagens pecuniárias; VII - preparar e expedir formulários às instituições de previdência social competentes, bem como outros exigidos pela legislação pertinente; VIII - providenciar matrículas na instituição de previdência social competente, bem como emissão de documentos de registros pertinentes aos servidores e aos seus dependentes; IX - registrar na Carteira de Trabalho e Previdência Social as anotações necessárias relativas à vida profissional do servidor admitido nos termos da legislação trabalhista; X - expedir guias para perícia médica; XI - comunicar aos órgãos e entidades competentes o falecimento de servidores.);

II - por meio das Seções de Finanças:

a) as previstas no art. 10 do Decreto-Lei nº 233, de 28.4.1970 (Art. 10. Aos Órgãos Subsetoriais cabem as seguintes atribuições: I - em relação à Administração Orçamentária: *a)* elaborar a proposta orçamentária; *b)* manter registros necessários à apuração de custos; *c)* controlar a execução orçamentária segundo as normas estabelecidas; II - em relação à Administração Financeira: *a)* emitir empenhos e subempenhos; *b)* verificar se foram atendidas as exigências legais e regulamentares para que as despesas possam ser empenhadas; *c)* elaborar as programações financeiras das Unidades de Despesa: *d)* examinar os documentos comprobatórios da despesa e providenciar os respectivos pagamentos dentro dos prazos estabelecidos, segundo a programação financeira; *e)* proceder à tomada de contas de adiantamentos concedidos e de outras formas de entrega de recursos financeiros; *f)* emitir, cheques, ordem de pagamento e de transferência de fundos e outros tipos de documentos adotados para a realização de pagamentos: *g)* atender as requisições de recursos financeiros: *h)* manter registros necessários à demonstração das disponibilidades e dos recursos financeiros utilizados. Parágrafo único. As atribuições referidas no presente artigo serão executadas pelos Órgãos Setoriais quando prestarem serviços para as Unidades de Despesa.);

b) em relação à administração de material: 1. organizar e manter atualizado o cadastro de fornecedores de materiais e serviços; 2. colher informações de outros órgãos sobre a idoneidade das empresas para fins de cadastramento; 3. preparar os expedientes referentes às aquisições de materiais ou à prestação de serviços; 4. analisar as propostas de fornecimento e as de prestação de serviços; 5. elaborar os contratos relativos à compra de valor materiais ou à prestação de serviços; 6. analisar a composição dos estoques com objetivo de verificar sua correspondência às necessidades efetivas; 7. fixar níveis de estoque; 8. efetuar pedidos de compra para formação ou reposição de estoque; 9. controlar o atendimento, pelos fornecedores, das encomendas efetuadas, comunicando, ao órgão requisitante, os atrasos e outras irregularidades cometidas; 10. receber, conferir, guardar e distribuir, mediante requisição, os materiais adquiridos; 11. manter atualizados os registros de entrada e saída e de valores dos materiais em estoque; 12. realizar balancetes mensais e inventários, físicos e de valor, do material estocado; 13. elaborar levantamento estatístico de consumo, anual para orientar a elaboração do orçamento programa; 14. elaborar relação de materiais considerados excedentes ou em desuso;

c) em relação à administração patrimonial: 1. cadastrar e chapear o material permanente recebido; 2. registrar a movimentação dos bens móveis; 3. providenciar a baixa patrimonial e o seguro de bens móveis; 4. proceder, periodicamente, ao inventário de todos os bens móveis constantes do cadastro; 5. promover medidas administrativas necessárias à defesa dos bens patrimoniais;

III - por meio das Seções de Comunicações Administrativas:

a) receber, registrar, classificar, autuar, controlar a distribuição e expedir papéis e processos; *b)* preparar o expediente da direção do Serviço de Administração; *c)* informar sobre a localização de procedimentos administrativos; *d)* arquivar papéis e procedimentos administrativos; *e)* preparar certidões de papéis e procedimentos administrativos; *f)* providenciar a execução de serviços gerais, em especial os de limpeza e arrumação das dependências, os de copa e os necessários à preservação do edifício e suas instalações, móveis, equipamentos e outros objetos.

1.1.3. Seções de Administração de Subfrota

As Seções de Administração de Subfrota, dos Serviços de Administração, dos DEINTERs, têm as atribuições previstas nos arts. 8º e 9º, do Decreto Estadual (SP) nº 9.543, de 1º.3.1977 (Art. 8º. Aos órgãos subsetoriais, com relação às subfrotas, incumbe: I - manter cadastro: *a)* dos veículos oficiais, registrando, com relação aos mesmos: 1 - marca, tipo e modelo; 2 - número do chassi, do certificado de propriedade, da placa ou prefixos e do patrimônio; 3 - órgão detentor; 4 - preço da aquisição; 5 - despesas com reparação e manutenção; *b)* dos veículos de servidores autorizados a prestar serviço público, mediante retribuição pecuniária; *c)* dos veículos locados em caráter não eventual; *d)* dos veículos em convênio; II - providenciar o seguro obrigatório de danos pessoais causados por veículos automotores de vias terrestres e, se autorizado, o seguro geral; III - elaborar estudos sobre: *a)* distribuição de veículos pelos órgãos detentores e alteração das quantidades distribuídas; *b)* substituição de veículos oficiais; IV - verificar, periodicamente, o estado dos veículos oficiais, em convênio e locados; V - efetuar ou providenciar a manutenção de veículos oficiais e, se for o caso, de veículos em convênio. § 1º. Para os fins e efeitos deste Decreto, manutenção é o conjunto de operações que visam a conservar as viaturas oficiais em perfeito estado de funcionamento e de eficiência. § 2º. Sempre que se revelar desaconselhável a criação de órgãos subsetoriais para execução de serviços relativos a determinada subfrota, esses encargos serão atribuídos ao órgão setorial. Art. 9º. Aos órgãos detentores, com relação aos veículos que lhes forem distribuídos, incumbe: I - elaborar estudos sobre a distribuição dos veículos oficiais e em convênio pelos usuários; II - guardar os veículos; III - promover o emplacamento e o licenciamento; IV - elaborar escalas de serviço; V - providenciar manutenção restrita, compreendendo especificamente: *a)* reabastecimento, inclusive verificação dos níveis de óleos; *b)* lubrificação, lavagem e limpeza; *c)* cuidados com baterias, pneumáticos, acessórios; *d)* pequenas reparações e ajustes; VI - executar os serviços de transporte Interno; VII - realizar o controle de uso e das condições do veículo, através de: *a)* registro de ocorrências; *b)* registro de saída e entrada; *c)* registro de quilometragem percorrida e gasolina consumida; *d)* elaboração de relatórios e quadros estatísticos; *e)* preenchimento de impressos e fichas diversas; *f)* registro das ferramentas, acessórios sobressalentes e controle de substituição de peças e acessórios. Parágrafo único. Para os fins e efeitos deste Decreto, entende-se por reabastecimento o recompletamento do combustível, do óleo no cárter, de água no sistema de refrigeração e de ar nos pneumáticos.).

1.2. Delegacias Seccionais

As Delegacias Seccionais de Polícia têm, em suas respectivas áreas territoriais, as seguintes atribuições: I - orientar, fiscalizar e executar as atividades de polícia judiciária, administrativa e preventiva especializada; II - movimentar presos entre municípios da área ou de região limítrofe, observada, quanto ao último, a autorização do Diretor do Departamento correspondente.[30]

1.2.1. Assistências Policiais

As Assistências Policiais das Delegacias Seccionais têm as seguintes atribuições:

I - assistir os Delegados Seccionais de Polícia no desempenho de suas funções;

II - por meio dos Centros de Assinalação Criminal: *a)* colher informações sobre as ocorrências policiais; *b)* elaborar gráficos estatísticos destinados a identificar as áreas de maior incidência de fatos delituosos; *c)* elaborar relatórios para subsidiar planos de polícia judiciária e preventiva especializada, destinados a neutralizar os pontos críticos detectados;

III - por meio dos Centros de Comunicação Social: *a)* tornar disponíveis para as unidades policiais interessadas, os relatórios acima mencionados ("*c*"); *b)* executar a coleta, o processamento e a difusão de informação social e o relacionamento interno e externo da Polícia Civil.

1.3. Delegacia de Polícia dos Municípios

As unidades policiais das Delegacias Seccionais de Polícia, têm, em suas respectivas áreas de atuação, as seguintes atribuições:

a) atender a todas as ocorrências policiais;

b) executar as atividades de polícia judiciária, preventiva especializada e administrativa afim;

---

30. Decreto Estadual (SP) nº 44.448/1999, art. 22. V. Decreto Estadual (SP) nº 45.213, de 19.9.2000, que cria unidades administrativas na Polícia Civil do Estado de São Paulo e dá outras providências.

c) instaurar sindicância ou inquérito policial contra policiais civis, remetendo-os à Corregedoria da Polícia Civil, quando avocados, ressalvada a competência do Diretor do Departamento e do Delegado Seccional de Polícia respectivos;

d) solicitar, quando necessária, a intervenção de Departamentos de Polícia Especializada, para a apuração de infração penal de suas atribuições;

e) autorizar e fiscalizar a utilização industrial, transporte e comércio de produtos controlados, nos termos da legislação em vigor, observadas as formalidades fixadas pela Divisão de Produtos Controlados, do Departamento de Identificação e Registros Diversos (DIRD);

f) fiscalizar o funcionamento das oficinas mecânicas e de desmanches ou similares, impondo as sanções previstas na legislação em vigor;

g) orientar o público, de forma residual, no que concerne às atividades de outros serviços públicos, quando ausentes;[31]

Observe-se, outrossim, que nos municípios onde não exista Delegacia de Polícia de Município, as atribuições previstas nas alíneas "*c*", "*d*", "*e*" e "*f*" são exercidas pelas respectivas Delegacias Seccionais.

Excetua-se, também, das atribuições previstas na alínea "*e*" a expedição de certificados de Encarregado de Fogo (Blaster) e de Técnico de Explosivos ou Pirotécnico.[32]

1.4. Distritos Policiais

Os DPs têm as seguintes atribuições básicas: *a)* atender a todas as ocorrências policiais; *b)* executar as atividades de polícia judiciária, preventiva especializada e administrativa afim; *c)* orientar o público, de forma residual, no que concerne às atividades de outros serviços públicos, quando ausentes.[33]

1.5. Delegacias de Defesa da Mulher

As Delegacias de Polícia de Defesa da Mulher têm, em suas respectivas áreas de atuação, as seguintes atribuições:

a) a investigação e apuração dos delitos contra a pessoa do sexo feminino, a criança e o adolescente, previstos no Título I, Capítulos I, II, III e V e Seções I e II do Capítulo VI, nos arts. 163 e 173 do Título II, nos Títulos VI e VII e no art. 305 do Título X, todos da Parte Especial do Código Penal e os crimes previstos no Estatuto da Criança e do Adolescente; *b)* o atendimento de pessoas do sexo feminino, crian-

---

31. Decreto Estadual (SP) nº 44.448/1999, art. 23, I.

32. Pedreiras, minerações e obras, para trabalharem com material controlado, precisam de alvará Policial, indicando um Encarregado de Fogo, devidamente habilitado. As fábricas de fogos não podem funcionar sem assistência técnica de um pirotécnico, devidamente habilitado. V. Luiz Carlos Rocha, *Prática Policial*, pp. 276 e segts.

33. Decreto Estadual (SP) nº 44.448/1999, art. 23, II.

ças e adolescentes que procurem auxílio e orientação e seu encaminhamento aos órgãos competentes;

No tocante aos arts. 121 e 163 do Código Penal, a competência se restringe às ocorrências havidas no âmbito doméstico e de autoria conhecida.

As atribuições previstas nas alíneas "*a*" e "*b*" são exercidas concorrentemente com as demais unidades policiais.[34]

1.6. Delegacias de Investigações Gerais

Às Delegacias de Polícia de Investigações Gerais, das Delegacias Seccionais dos DEINTERs incumbe: *a)* apurar os delitos previstos no Código Penal e na legislação especial, quando de autoria desconhecida ou conhecida que envolvam multiplicidade de agentes ou locais; *b)* promover o Policiamento preventivo especializado; *c)* reprimir o crime organizado; *d)* dar cumprimento a mandados de prisão; *e)* organizar e manter atualizado o arquivo criminal; *f)* localizar pessoas desaparecidas e executar ou difundir pedidos de localização ou busca, oriundos de autoridades nacionais ou estrangeiras; *g)* proceder a regularização e fiscalização de vigilantes e guardas particulares; *h)* proceder o registro e fiscalização de empregadas domésticas; *i)* proceder o registro e fiscalização dos estabelecimentos de desmanche de veículos; *j)* promover investigações especializadas em colaboração com as demais unidades policiais da área territorial abrangida pela respectiva Delegacia Seccional de Polícia.

As atribuições das alíneas "*b*", "*d*", "*f*", "*g*", "*h*" e "*i*" são exercidas concorrentemente com as demais unidades policiais civis da área.

As Delegacias Seccionais localizadas nos municípios sedes de Delegacias Regionais (Regionais extintas em novembro de 1999, com a criação dos DEINTERs), não têm Delegacias de Investigações Gerais, por contarem as respectivas Delegacias Regionais, com essas unidades.[35]

1.7. Delegacias de Investigações sobre Entorpecentes

As Delegacias de Polícia de Investigações sobre Entorpecentes dos DEINTERs e do DEMACRO subordinam-se às respectivas Delegacias Seccionais, devendo, no desempenho de suas atribuições, ser observadas as diretrizes e normas emanadas do Departamento Estadual de Investigações sobre Narcóticos (DENARC).

Competem à essas unidades os serviços administrativos e a execução das atividades de Polícia Judiciária, relacionados com a prevenção especializada e a repressão ao tráfico e uso indevido de substâncias entorpecentes e drogas afins, na área territorial abrangida pela respectiva Delegacia Seccional de Polícia.[36]

---

34. Decreto Estadual (SP) nº 29.981, de 1º.6.1989, art. 1º, com a redação dada pelo Decreto Estadual (SP) nº 42.082, de 12.8.1997.
35. Decreto Estadual (SP) nº 36.441, de 1º.1.1993, art. 4º e parágrafo único do art. 1º.
36. Decreto Estadual (SP) nº 34.214, de 19.11.1991, art. 4º e parágrafo único do art. 1º.

1.8. Delegacias da Infância e da Juventude

As Delegacias de Polícia da Infância e da Juventude das Delegacias Regionais do DEINTER, do DECAP e do DEMACRO incumbem o exercício dos atos concernentes à polícia judiciária para apuração de ato infracional atribuído à criança ou adolescente, observada a Lei nº 8.069, de 13.7.1990, que dispõe sobre o Estatuto da Criança e do Adolescente.[37]

1.9. Cadeias Públicas

Compete a essas unidades proceder ao recolhimento de presos provisórios, nos termos da legislação pertinente.

1.9.1. Serviços de Administração

Os Serviços de Administração das Cadeias Públicas (8, 9, 10, 11, 12 e 13) têm, em suas respectivas áreas de atuação, as mesmas atribuições, como acima foi mencionado, dos Serviços de Administração, dos Departamentos de Polícia Judiciária (DEINTERs).

1.9.2. Seções de Finanças

As Seções de Finanças, dos Serviços de Administração, das Cadeias Públicas (8, 9, 10, 11, 12 e 13), têm, ainda, as atribuições previstas nos arts. 8º e 9º do Decreto nº 9.543, de 1º.3.1977 (v. item 1.1.3.)

2. COMPETÊNCIAS

Os decretos estaduais, complementados por portarias, definem as atribuições das unidades e as competências das autoridades e dirigentes das unidades policiais. Em São Paulo, foram atribuídas as seguintes competências:

2.1. Delegados de Polícia Diretores

Aos Diretores dos Departamentos de Polícia Judiciária de São Paulo Interior (DEINTERs), em suas respectivas esferas de atuação, compete: I - supervisionar as atividades da unidade; II - exercer as competências previstas para os dirigentes, inerentes aos sistemas de administração, no âmbito da respectiva Unidade de Despesa; III - proceder, pessoalmente, à correição nos órgãos que lhes são imediatamente subordinados.

---

37. Decreto Estadual (SP) nº 37.009, de 5.7.1993.

Excluem-se das competências referidas no inciso II: 1. a concessão de licença para tratar de interesses particulares; 2. a movimentação de Delegados de Polícia de um para outro município; 3. a determinação para instaurar processo administrativo.

2.2. Delegados Seccionais

Aos Delegados Seccionais de Polícia, em suas respectivas áreas de atuação compete:

I - supervisionar as atividades policiais das unidades subordinadas;

II - presidir as sindicâncias administrativas e os inquéritos policiais que envolvam policiais civis, por atos praticados no exercício da função;

III - proceder, pessoalmente, à correição nas unidades subordinadas;

IV - expedir credenciais para Inspetores de Quarteirão;

V - representar ao Delegado de Polícia Diretor do respectivo Departamento sobre as necessidades da unidade policial, indicando alternativas para o seu atendimento.

2.3. Delegados de Polícia

Aos Delegados Titulares das Cadeias Públicas (8, 9, 10, 11, 12 e 13), das Delegacias de Polícia de Município, das Delegacias de Polícia de Distrito Policial, das Delegacias de Polícia de Investigações Gerais, das Delegacias de Polícia de investigações sobre Entorpecentes, da Delegacia de Polícia de Capturas, Pessoas Desaparecidas, Arquivos e Registros Criminais de Campinas, da Delegacia de Arquivos e Registros Criminais de Santos e das Delegacias de Polícia da Infância e da Juventude, em suas respectivas áreas de atuação, compete:

I - dirigir e executar as atividades de suas respectivas unidades;

II - despachar as petições iniciais;

III - executar permanente fiscalização, quanto aos aspectos formal, de mérito e de técnica empregada, sobre as atividades de seus subordinados;

IV - representar ao superior hierárquico as necessidades da unidade policial, indicando alternativas para o seu atendimento.

Aos Delegados Titulares das Cadeias Públicas (8, 9, 10, 11, 12 e 13) cabe, ainda, exercer as competências previstas para os dirigentes, inerentes aos sistemas de administração, no âmbito das respectivas Unidades de Despesa, excluídas as seguintes: *a)* a concessão de licença para tratar de assuntos particulares; *b)* a determinação para instaurar processo administrativo.

Às Autoridades Policiais compete, ainda:

I - dar ciência urgente, ao superior imediato, das ocorrências policiais e irregularidades administrativas de maior gravidade, mencionando as providências tomadas e propondo as que não lhes são afetas;

II - manifestar-se, conclusivamente, quanto à forma e ao mérito e propor solução no encaminhamento de casos de alçada superior;

III - distribuir os serviços, mediante portaria, nas unidades policiais onde mais de um Delegado de Polícia tiver exercício.

2.4. Delegados das DDMs

Aos Delegados Titulares das Delegacias de Polícia de Defesa da Mulher compete: *a)* dirigir as atividades de sua unidade policial; *b)* despachar as petições iniciais; *c)* exercer permanente fiscalização, quanto ao aspecto formal, mérito e técnica empregada, sobre as atividades de seus subordinados; *d)* representar ao superior hierárquico sobre as necessidades da unidade policial, indicando a solução a curto, médio e longo prazo; *e)* distribuir os serviços, mediante portaria.

A área de atuação dessas unidades policiais (DDM) é aquela abrangida pela Delegacia Seccional de Polícia a que se subordinam.[38]

2.5. Diretores dos Serviços de Administração

Aos Diretores dos Serviços de Administração, em suas respectivas áreas de atuação, compete:

I - orientar e acompanhar o andamento das atividades das unidades subordinadas;

II - em relação ao Sistema de Administração de Pessoal, exercer as competências previstas nos arts. 30 e 33 do Decreto nº 42.815, de 19.1.1998;

III - em relação aos Sistemas de Administração Financeira e Orçamentária, exercer as competências previstas no art. 15 do Decreto-Lei nº 233, de 28.4.1970;

IV - em relação ao Sistema de Administração dos Transportes Internos Motorizados, exercer as competências previstas no art. 20 do Decreto nº 9.543, de 1º.3.1977;

V - em relação à administração de material e patrimônio: *a)* aprovar a relação de materiais a serem mantidos em estoque e a de materiais a serem adquiridos; *b)* assinar convênios e editais de tomadas de preços; *c)* autorizar a baixa de bens móveis no patrimônio.

Os Diretores dos Serviços de Administração exercem também as competências previstas no inciso III do art. 15 do Decreto-Lei nº 233, de 28.4.1970, em conjunto com o Chefe da Seção de Finanças ou com o dirigente da unidade de despesa correspondente.

2.6. Chefes de Seção

Aos Chefes de Seção, em suas respectivas áreas de atuação, compete: I - orientar e acompanhar as atividades dos servidores subordinados; II - em relação ao Sistema de Administração de Pessoal, exercer as competências previstas no art. 31 do Decreto nº 42.815, de 19.1.1998.

---

38. Decreto Estadual (SP) nº 29.981/1989, arts. 2º e segts.

2.6.1. Seções de Finança

Os Chefes das Seções de Finança têm, ainda, em relação aos Sistemas de Administração Financeira e Orçamentária, as competências previstas no art. 17, do Decreto-Lei nº 233, de 28.4.1970. E exercem as competências previstas no inciso I do art. 17 do Decreto-Lei nº 233/1970, em conjunto com o Diretor do Serviço de Administração ou com o dirigente da unidade de despesa correspondente.

2.6.2. Seções de Comunicações Administrativas

Aos Chefes das Seções de Comunicações Administrativas, compete, ainda, assinar certidões relativas a papéis e procedimentos administrativos arquivados.

CAPÍTULO IV

DELEGADO DE POLÍCIA

1. CONCEITO

O Estado, na promoção do bem-estar geral, estabelece, quanto à ordem pública, sobretudo no exercício da ordem política, econômica e social, normas de garantia e também de limitação da liberdade individual, que são exercidas em grande parte pela Polícia.

O Poder de Polícia é assim o principal instrumento do Estado no processo de disciplina e continência dos interesses individuais. O seu campo de atividade é amplo.

Segundo Rui Barbosa, "praticamente, os interesses, em que consiste o bem público, bem geral, ou bem comum, *public welfare* cometido a discrição do poder de polícia, abrangem duas grandes classes: os interesses econômicos, menos diretos, menos urgentes, menos imperiosos, mais complexos, e os interesses concernentes à segurança, aos bons costumes, à ordem, interesses mais simples, mais elementares, mais preciosos, mais instantes em qualquer grau de desenvolvimento social nas coletividades organizadas e Policiadas".[39]

Na doutrina e nos dicionários jurídicos existem diversos conceitos desse poder, que é, em suma, "o conjunto de atribuições concedidas à administração para disciplinar e restringir, em favor de interesse público adequado, direitos e liberdades individuais".[40]

O exercício desse poder pressupõe uma autorização legal explícita ou implícita, atribuindo a um determinado órgão ou agente administrativo a faculdade de agir.

---

39. *Apud* Caio Tácito, "O poder de polícia e seus limites", *RDA* 27:4, 1962.

40. Caio Tácito. "O poder de policia e seus limites, *RDA*, 27:8. V. Pedro Nunes, "Poder de polícia", *in Dicionário, cit.*; *American and English Encyclopedia of Law*, v. 22, p. 978; Rui Barbosa, *Teoria Política*, Clássicos Jackson, pp. 169-70.

O Delegado de Polícia encarna o Estado-Administração e exerce o poder de Polícia de Segurança, numa função *sui generis*.

A palavra "Delegado", feminino "Delegada", etimologicamente do latim *delegatus*, p. pret. de *delegare*, part. p. de *delegar*, segundo verbete enciclopédico, "diz-se da pessoa em quem se delega uma faculdade ou jurisdição".[41]

Delegado, para Laudelino Freire, é "aquele que é autorizado por outrem a representá-lo; enviado, emissário, comissário. Aquele em quem se delega alguma comissão de serviço público; o que tem a seu cargo serviço público dependente de autoridade superior".[42]

Delegacia, do latim *delegatus+ia*, ainda, segundo Laudelino Freire, significa "cargo ou jurisdição de um delegado. Repartição onde está estabelecido o delegado".[43]

O Delegado de Polícia é uma autoridade policial, cabendo-lhe por lei manter a ordem social e a tranqüilidade coletiva. "Exerce autoridade e possui poder; uma autoridade-função e um poder-missão; função e missão que devem ser inteiramente empregados a serviço do povo".[44]

Hélio Tornaghi, discorrendo sobre a matéria, explica que "nem todo policial é autoridade, mas somente os que investidos do poder público têm a tarefa de perseguir os fins do Estado. Não é por exemplo autoridade policial um Perito, ainda quando funcionário da polícia, como não é um Oficial da Polícia Militar, uma vez que as corporações a que pertencem são órgãos meios, postos à disposição da Autoridade".[45]

Quanto à história da polícia e ao surgimento do cargo de Delegado destaca-se a Lei nº 261, de 3.12.1841, regulamentada pelo Decreto nº 120, de 31.1.1842, que modificou o Código de Processo Criminal e estabeleceu um aparelhamento policial centralizado e eficiente em nosso país. Essa lei criou no município da Corte e em cada Província um chefe de polícia e respectivos delegados e subdelegados, nomeados pelo Imperador ou pelos Presidentes de Província.

O Regulamento Policial de 16.4.1842 subordinou a guarda policial em cada termo ao respectivo Delegado de Polícia e, nos distritos, aos Subdelegados.

César Pestana, escrevendo sobre o nome "delegado", informa que o vocábulo "era empregado, no Alvará de 10 de maio de 1808, para designar a autoridade policial da Província, que representava o Intendente Geral. Posteriormente o cargo de delegado foi suprimido e quando reapareceu em 1841, a lei falava em "delegado de polícia", aduzindo, ainda, o ilustre professor que "existem denominações semelhantes como a de Delegado de Ensino e que os Delegados de Polícia são chamados também de delegado adjunto, delegado adido e delegado assistente, mas isso não constitui designação de classe".[46]

---

41. *Enciclopedia Universal Ilustrada Europeo-Americana*, Madrid, Espasa-Calpe, p. 1.405.

42. Laudelino Freire, *Dicionário da Língua Portuguesa*, Rio de Janeiro, A Noite.

43. Laudelino Freire, *Dicionário, cit.*

44. Ubirajara Rocha, *Problemas de Polícia e Direito*, SP, Serv. Gráf. da SSP, 1965, p. 27.

45. *Apud* Ennio Antônio Monte Alegre, "O inquérito Policial na legislação penal processual brasileira", São Paulo, Academia de Polícia, 1974 (apostila).

46. José César Pestana, *Manual de Organização Policial*, p. 373.

2. CARREIRA

A Polícia de São Paulo é pioneira no País na criação da Polícia de Carreira, dirigida por bacharéis em Direito, cujas atribuições se assemelham aos juízes de instrução de outros sistemas, como as do Questor, na Itália.

Em São Paulo, a carreira de Delegado de Polícia foi criada no governo de Jorge Tibiriçá, por meio da Lei nº 979, de 23.12.1905. Em 1928 foi editado o Regulamento Policial do Estado, e os seus lineamentos, em que pesem as modificações feitas e as legislações posteriores sobre organização policial, permanecem até os nossos dias.

Por preceito constitucional, a Polícia Civil é dirigida por Delegado de Polícia de carreira. Os cargos são providos por bacharel em Direito, processando-se o ingresso, na classe inicial, mediante concurso público de provas e títulos.[47]

3. PROVIMENTO DO CARGO

No Estado de São Paulo, o cargo de Delegado de Polícia é provido mediante nomeação, de caráter efetivo, precedido de concurso público, realizado em 3 fases eliminatórias e sucessivas: I - a de prova escrita e de títulos; II - a de prova oral; III - a de freqüência e aproveitamento em curso de formação técnico-profissional na Academia de Polícia. O concurso público tem validade máxima de 2 anos e rege-se por instruções especiais que estabelece, em função da natureza do cargo.[48]

3.1. Concurso

A Carreira de Delegado de Polícia é organizada nos mesmos moldes da Magistratura e do Ministério Público, processando-se o ingresso na classe inicial, mediante concurso público de provas e títulos, sendo exigidos do candidato: ser brasileiro, não registrar antecedentes criminais, estar no gozo dos direitos políticos, ser portador de diploma de bacharel em Direito, devidamente registrado, estar em dia com o serviço militar, ter capacidade física e mental para o exercício da função, ter conduta irrepreensível na vida pública e privada, ter sido habilitado no concurso.

A apuração da conduta ilibada na vida pública e na vida privada é efetuada pela Corregedoria da Polícia Civil.

O concurso é realizado pela Academia de Polícia de São Paulo, sob supervisão do Delegado Geral, observadas as instruções gerais editadas para o mesmo.[49]

---

47. Constituição Federal, art. 144, § 4º; Constituição do Estado de São Paulo, art. 140.

48. Lei Complementar nº 207, de 5.1.1979 (Lei Orgânica da Polícia do Estado de São Paulo), Seção II, arts. 16 *usque* 23; Decreto nº 18.175, de 7.12.1981, regulamenta os arts. 16 a 23 da LC nº 207/1979.

49. Lei Complementar nº 207/1979, arts. 16 a 23, com a redação alterada pela LC nº 268, de 25.11.1981, que dispõem sobre a realização dos concursos públicos de ingresso às séries de classes e classes Policiais civis; Decreto nº 18.175/1981. V. ainda LC nº 492/1986, LC nº 683/1992, Resolução SSP nº 14, de 1º.2.1988 e Instruções Especiais DP-1/1999. Resolução SSP nº 444, de 18.10.2000, institui o Programa de Prevenção ao Consumo de Drogas ilícitas e dispõe que os editais de concurso para ingresso nos Quadros da SSP poderão incluir a obrigatoriedade dos exames antidrogas; e Lei nº 10.859, de 31.8.2001, que dispõe sobre a obrigatoriedade da realização de testes toxicológicos quando da admissão do policial pelas corporações da Polícia Militar e Polícia Civil e dá outras povidências.

Verificada a existência de vagas em número conveniente, o Delegado Geral solicita à Academia de Polícia a elaboração, no prazo de 5 dias, das instruções especiais e a indicação da Comissão de Concurso.

Aprovadas as instruções especiais e a Comissão de Concurso pelo Delegado Geral, ouvido o Conselho da Polícia Civil, a matéria é, no prazo de 5 dias, submetida à apreciação do Secretário da Segurança Pública, que determinará a instauração do concurso.

Instaurado o concurso de ingresso, o Diretor da Academia de Polícia faz publicar, no prazo de 3 dias, no *Diário Oficial do Estado,* o edital de abertura do concurso, acompanhado das instruções especiais e da composição dos membros da respectiva Comissão de Concurso.

A inscrição ao concurso será feita pelo próprio interessado ou por procurador com poderes especiais, mediante a comprovação dos requisitos exigidos e o preenchimento dos formulários fornecidos pela Academia de Polícia (Acadepol).

Do indeferimento da inscrição caberá pedido de reconsideração, sem efeito suspensivo, no prazo de 3 dias úteis, contados da data de publicação dessa decisão no *Diário Oficial,* o qual será apreciado e decidido em igual prazo, pelo Presidente da Comissão de Concurso, publicando-se a seguir o resultado desse julgamento.

O concurso é realizado em três fases sucessivas e eliminatórias, abrangendo as disciplinas do programa: *a)* prova preambular, com questões objetivas, teóricas ou práticas, sem consulta à legislação; *b)* prova escrita de dissertação sobre temas de Direito Penal e questões relativas às demais disciplinas constantes do programa (Direito Processual Penal, Constitucional, Administrativo, Civil e Direitos Humanos), com permissão de consulta à legislação não comentada; *c)* prova oral.

As provas são avaliadas de 0 (zero) a 100 (cem) pontos, considerando-se aprovado o candidato que obtiver a nota mínima de 50 (cinqüenta) pontos por disciplina.

Os candidatos aprovados na prova escrita de dissertações e submetidos ao exame psicotécnico, são convocados pelo Diário Oficial para se submeterem à prova oral. Publicada a lista de classificação final, o processo do Concurso é encaminhado à Delegacia Geral para as providências relativas à homologação e nomeação, observada a ordem de classificação e o número de vagas.

Os candidatos nomeados e empossados são admitidos para o Curso de Formação Técnico-Profissional de Delegado de Polícia, de acordo com as normas da Resolução SSP nº 14/1988 e do Regulamento da Academia de Polícia. Na hipótese de serem servidores públicos, serão afastados do seu cargo ou função-atividade, até o término do curso junto à Acadepol, sem prejuízo do vencimento ou salário e demais vantagens, contando o tempo de serviço para todos os efeitos legais.

3.2. Nomeação, Posse, Exercício e Lotação

Nomeação: — Aprovados e classificados nesse concurso, nas três fases, os candidatos são nomeados pelo Governador do Estado, no cargo inicial da Carreira de Delegado de Polícia, com os vencimentos correspondentes à 5ª Classe, Padrão 1, aos quais são acrescidos os adicionais de insalubridade de local de exercício e a ajuda de custo de alimentação.

O Delegado de Polícia deve tomar posse do seu cargo no prazo de 15 dias, contados da data da publicação do decreto de nomeação no *Diário Oficial*. Este prazo poderá ser prorrogado, por mais 15 dias, a requerimento do interessado.[50]

Posse: — É o ato que investe o cidadão no cargo público de Policial Civil.[51]

A posse verificar-se-á mediante a assinatura de termo em livro próprio, assinado pelo empossado e pela autoridade competente, no qual o funcionário promete cumprir fielmente os deveres do cargo ou da função.

A posse deverá verificar-se no prazo de 15 dias, contados da publicação do ato de provimento, no órgão oficial. Este prazo pode ser prorrogado por mais 15 dias, a requerimento do interessado.

Se a posse não se der dentro do prazo inicial ou da prorrogação, será tornado sem efeito, por decreto, o ato de provimento.[52]

Exercício: — É o ato pelo qual o funcionário assume as atribuições e responsabilidades do cargo.[53] O funcionário que não entrar em exercício dentro do prazo legal será exonerado.

Os Delegados de Polícia são lotados na Delegacia Geral de Polícia e terão exercício nos diversos Departamentos. O exercício terá início dentro do prazo de 15 dias, contados da data da posse ou da data da publicação do ato, nos casos de remoção ou promoção.

Quando a remoção ou promoção não importar em mudança de município, o Delegado de Polícia deverá entrar em exercício no prazo de 5 dias. No interesse do serviço policial, o Delegado Geral de Polícia poderá determinar que o Delegado de Polícia assuma imediatamente o exercício do cargo.[54]

Atente-se, outrossim, que nenhum funcionário poderá ter exercício em serviço ou repartição diferente daquela em que estiver lotado, salvo nos casos previstos em lei, ou mediante autorização do Governador. Na hipótese de autorização do Governador, o afastamento só será permitido, com ou sem prejuízo de vencimentos, para fim determinado e com prazo certo.

Lotação: — Entende-se por lotação o número de funcionários de carreira e de cargos isolados que devam ter exercício em cada repartição ou serviço.[55]

3.3. Remoção e Readaptação

Remoção: — *É* a movimentação do funcionário. O Delegado de Polícia só poderá ser removido, de um para outro município: *a)* a pedido; *b)* por permuta; *c)* com seu assentimento, após consulta.[56]

---

50. Lei Complementar nº 207/1979, art. 28, § 2º. V. ainda Lei Complementar nº 675/1992, sobre nomeação.
51. Lei nº 10.261, de 28.10.1968, art. 46 (Estatuto dos Funcionários Públicos Civis do Estado São Paulo); LC nº 207/1979, art. 24.
52. Lei Complementar nº 207/1979, art. 28, § 2º.
53. Lei nº 10.261/1968, art. 57.
54. Lei Complementar nº 207/1979, art. 30 e parágrafos.
55. Lei nº 10.261/1968, art. 58.
56. Lei Complementar nº 207/1979, arts. 36 e 37, e Lei nº 10.261/1968, arts. 26 a 29.

O Delegado, nos casos de remoção, na hipóteses "*c*" acima mencionada, fará jus a ajuda de custo, paga, antecipadamente, à vista da publicação do ato de remoção no órgão oficial, correspondente a um mês de vencimentos.

Os demais integrantes das carreiras policiais podem ser removidos no interesse do serviço, atente-se, não o Delegado de Polícia.

No caso de eleições federais, estaduais ou municipais, isolada ou simultaneamente realizadas, o policial civil não poderá ser removido ou transferido *ex officio* para cargo que deva exercer fora da localidade de sua residência, no período de seis meses antes e até três meses após a data das eleições.[57]

Readaptação: — Sempre que ocorra modificação do estado físico ou mental do funcionário, que venha a alterar sua capacidade para o trabalho, será feita readaptação.

Readaptação é a investidura em cargo mais compatível com a capacidade do funcionário e dependerá sempre de inspeção médica.

A readaptação não acarretará diminuição nem aumento de vencimentos ou remuneração e será feita mediante transferência para cargo de igual padrão. Ela pode ser feita também pela designação de novas tarefas ou pela mudança para setor de trabalho onde as deficiências verificadas não tenham influência.[58]

3.4. Comissionamento e Promoção

Comissionamento: — É o ato que autoriza o funcionário a ter exercício em classe imediatamente superior a sua. Cargo em comissão é cargo não efetivo. O Delegado de Polícia, quando em exercício em unidade ou serviço de categoria superior, terá direito à percepção da diferença entre os vencimentos do seu cargo e os do cargo de classe imediatamente superior.[59]

Promoção: — Segundo os léxicos, "é o ato ou efeito de promover; elevação ou acesso a cargo ou categoria superior".[60]

Promoção, na definição legal, "é a passagem do funcionário de um grau a outro da mesma classe e se processará obedecidos, alternadamente, os critérios de merecimento e de antigüidade na forma que dispuser o regulamento".[61]

A promoção, segundo o diploma legal que organizou a carreira de Delegado de Polícia, "é a elevação do Delegado à classe imediatamente superior e se processará obedecidos, alternadamente, os critérios de merecimento e de antigüidade, devendo, porém, a promoção para a classe final ser feita apenas por merecimento".[62]

Ao Delegado de Polícia, que tenha sido indicado à promoção pelo Conselho da Polícia Civil e não tenha sido promovido, será assegurado o direito de novas indica-

---

57. Lei nº 10.261/1968, art. 45; LC nº 207/1979, art. 39; e Código Eleitoral.

58 Lei nº 10.261/1968, arts. 41 e 42; Decreto nº 52.968, de 7.7.1972, que dispõe sobre a readaptação de funcionário público estadual e dá outras providências (*DOE* 8.7.1972).

59. Lei Complementar nº 207/1979, arts. 32 e 33; LC nº 180/1978 e LC nº 731/1993.

60. Aurélio Buarque de Holanda, *Dicionário*, *cit.* (entre outros).

61. Lei nº 10.261/1968, art. 87.

62. Lei Complementar nº 503, de 6.1.1987, dispõe sobre promoção na série de classes de Delegado.

ções, desde que não haja sofrido posteriormente qualquer punição administrativa. E o que figurar em três listas consecutivas de merecimento terá sua promoção assegurada para a vaga a ser preenchida por esse critério.[63]

3.5. Impedimentos

Por lei é vedado ao Delegado de Polícia o exercício da advocacia, percepção de custas, emolumentos ou percentagem.

Os Delegados de Polícia têm um regime especial de trabalho, sendo por isso proibidos de exercer a advocacia, em juízo ou fora dele, bem como atividades particulares que tenham relação, ainda que indireta, com as funções próprias do cargo, cumprindo horário irregular, sujeitos a plantões noturnos e a chamados a qualquer hora.

O Delegado de Polícia não pode acumular quaisquer cargos remunerados, exceto com o do magistério, contanto que haja correlação de matérias e compatibilidade de horários.

Os pedidos de acumulação são examinados pela Comissão do Serviço Civil do Estado.

3.6. Aposentadoria

O regime previdenciário dos servidores públicos titulares de cargo efetivo atende, segundo a Emenda Constitucional nº 20, de 15.12.1998, que deu nova redação ao § 4º, do art. 40, da Constituição Federal de 1988, os requisitos e critérios fixados para o regime geral de previdência social (art. 40, § 12).

Pelos novos critérios fixados por esse diploma legal, a aposentadoria se dará:

"I - por invalidez permanente, sendo os proventos proporcionais ao tempo de contribuição, exceto os decorrentes de acidente em serviço, moléstia profissional ou doença grave, contagiosa ou incurável, especificadas em lei;

II - compulsoriamente aos 70 (setenta) anos de idade, com proventos proporcionais ao tempo de contribuição;

III - voluntariamente, desde que cumprido tempo mínimo de 10 (dez) anos de efetivo exercício no serviço público e 5 (cinco) anos no cargo efetivo em que se dará a aposentadoria, observadas as seguintes condições: *a)* 60 (sessenta) anos de idade e 35 (trinta e cinco) de contribuição, se homem, e 55 (cinqüenta e cinco) anos de idade e 30 (trinta) de contribuição, se mulher; *b)* 65 (sessenta e cinco) anos de idade, se homem, e 60 (sessenta) anos de idade, se mulher, com proventos proporcionais ao tempo de contribuição.[64]

---

63. Idem, art. 5º, parágrafo único.

64. Ordem de Serviço nº 619, de 22.12.1998, da Diretoria do Seguro Nacional, do Instituto Nacional do Seguro Social, estabelece normas para cumprimento da Emenda Constitucional nº 20, de 15.12.1998. Lei Federal nº 9.876/1999, dispõe sobre a forma de cálculo do valor da aposentadoria por tempo de contribuição devida pela Previdência Social, nos termos da Emenda Constitucional nº 20/1998.

O texto constitucional, todavia, reconhece o direito adquirido pelos servidores públicos que estavam sob o regime da legislação anterior, assegurando a concessão de aposentadoria e pensão, a qualquer tempo, aos mesmos, bem como aos seus dependentes, que, até a data da publicação da referida Emenda, tenham cumprido os requisitos para obtenção destes benefícios, com base nos critérios da legislação então vigente (art. 3º, da EC nº 20/1998).

O legislador pátrio acolheu, através do art. 3º, do referido texto legal, o princípio da recepção que assegura a preservação do ordenamento jurídico infraconstitucional, existente anteriormente à vigência do novo texto constitucional.

Aposentadoria Especial: — Pelo princípio da recepção, foram mantidos nessa reforma constitucional os critérios anteriores, para aposentadoria dos funcionários que estavam sob o regime anterior, inclusive, a aposentadoria especial dos policiais, prevista na Lei Complementar Federal nº 51, de 20.12.1985, já existente à vigência da Constituição de 1988, recepcionada pela Emenda Constitucional em tela e, posteriormente, pela Portaria nº 4.992/1999, do Ministério da Previdência Social.

Saulo Ramos, quando Consultor Geral da República, exarou Parecer a respeito da Lei Complementar nº 51/1985, entendendo que: "Essa ordem normativa — anterior ao estatuto fundamental — uma vez recebida pela nova Constituição, desde que ausente qualquer conflito de natureza material, passa a ter, nela, o seu novo fundamento de validade e de eficácia. A recepção garante a prevalência do princípio da continuidade do direito, esclarecendo-se, conforme decisão do Supremo Tribunal Federal, que a Constituição, por si só, não prejudica a vigência das leis anteriores (...), desde que não conflitam com o texto constitucional".[65]

A aposentadoria especial, de modo geral, permanece submetida às regras estabelecidas pelos arts. 57 e 58 da Lei nº 8.213, de 24.7.1991, e pelos arts. 62 e 68 do RBPS, aprovado pelo Decreto nº 3.048, de 6.5.1999.

Por outro lado, aplica-se também ao policial civil o preceito, segundo o qual o servidor que permanecer em atividade, após completar as exigências para a aposentadoria voluntária integral, fará jus à isenção da contribuição previdenciária até a data da publicação da concessão de sua aposentadoria, voluntária ou compulsória (Lei nº 9.783, de 28.1.1999, art. 4º).

Em São Paulo, a aposentadoria do Delegado é concedida pelo Secretário da Segurança e a dos demais servidores das carreiras policiais pelos respectivos Diretores de Departamento, através de portaria, tendo como fundamento a Lei Complementar nº 51/1985, acima citada, a Lei Complementar nº 269/1981 e o art. 3º, da Emenda Constitucional nº 20/1998, em apreço. E no caso de invalidez comprovada, será aposentado com os vencimentos integrais, qualquer que seja o tempo de serviço.

3.7. Auxílio-Funeral

Em São Paulo, ao cônjuge ou, na falta deste, à pessoa que provar ter feito despesa em virtude de falecimento do policial civil, é concedida, a título de auxílio-funeral, a importância correspondente a dois meses de seu vencimento. O paga-

65. Saulo Ramos, *Parecer* SR-71-CGR (*DOU* 11.10.1988), *RT* 71/289-293.

mento é efetuado pela Secretaria da Fazenda, mediante a apresentação de requerimento, instruído com xerox dos documentos pessoais do *de cujus* e do requerente (certidão de casamento, holerite, atestado de óbito), pelo cônjuge ou pessoa a cujas expensas houver sido efetuado o funeral, ou procurador habilitado legalmente (LC nº 207/1979, art. 51 e parágrafo único).

4. ATRIBUIÇÕES

O Delegado de Polícia é um funcionário público, exercendo funções *sui generis*: como autoridade policial, preside os atos da Polícia Judiciária e, como autoridade administrativa, dirige a Delegacia de Polícia.

É o chefe da unidade financeira a que pertence a repartição que dirige e do pessoal respectivo, respondendo pelo regular desempenho dos trabalhos na repartição. Pratica atos de pura administração, decidindo sobre férias, afastamentos e outras questões do funcionalismo, bem como atende o público, fornecendo certidões, atestados, alvarás, etc.. E, ainda, responde pela direção da Cadeia Pública local.

5. COMPETÊNCIA

O Delegado de Polícia, assumindo o exercício do seu cargo, faz as comunicações de praxe, procede ao levantamento do inventário da Delegacia e tem competência, desde logo, para:

"I - dirigir as atividades de sua unidade policial;

II - despachar as petições iniciais;

III - exercer permanente fiscalização, quanto ao aspecto formal, de mérito e de técnica empregada, sobre as atividades de seus subordinados;

IV - representar ao superior hierárquico sobre as necessidades da unidade policial, indicando alternativas para o seu atendimento."[66]

"À Autoridade Policial compete ainda: *a)* dar ciência urgente, ao superior imediato, das ocorrências policiais e irregularidades administrativas de maior gravidade, mencionando as providências tomadas e propondo as que não lhes são afetas: *b)* manifestar-se, conclusivamente, quanto à forma e ao mérito e propor solução no encaminhamento de casos de alçada superior; *c)* distribuir os serviços, mediante portaria, nas unidades policiais onde mais de um Delegado de Polícia tiver exercício."[67]

Isso implica, como dispõe o Regulamento Policial de São Paulo, providenciar, na forma da lei, sobre tudo o que diz respeito à prevenção de delitos, sinistros, riscos e perigos comuns:

a) proceder a inquéritos e sindicâncias;

---

66. Decreto Estadual (SP) nº 44.448, de 24.12.1999, art. 28.

67. Decreto Estadual (SP) nº 44.448/1999, art. 30.

b) prender em flagrante delito os autores de crimes; prender os indiciados contra os quais houver mandado ou ordem de prisão de autoridade competente, os pronunciados não afiançados e os indivíduos que tiverem sido condenados;

c) representar a autoridade judiciária sobre a necessidade ou conveniência da prisão preventiva de indiciados em inquéritos instaurados, fundamentando a representação;

d) arbitrar e conceder fiança criminal;

e) dar buscas e fazer apreensões, com mandado judicial, observando as formalidades prescritas por lei;

f) participar à autoridade competente o óbito das pessoas que deixarem herdeiros ou sucessores ausentes; acautelar os respectivos bens, até o comparecimento de quem tenha qualidade para arrecadá-los, assim como pôr em boa guarda os bens das pessoas desaparecidas;

g) proibir, em caso de incêndio, a aglomeração de curiosos que impossibilitem a ação dos bombeiros, devendo guarnecer de força os pontos próximos ao prédio incendiado onde se colocarem bombas, a fim de manter a ordem, acautelar os salvados e evitar danificações;

h) proceder com atividade e zelo as diligências que lhes forem requisitadas pelas autoridades superiores, judiciárias e pelo Ministério Público;

i) dar aos inspetores de quarteirão as instruções necessárias para melhor desempenho de suas funções;

j) providenciar para que tenham conveniente destino os loucos e enfermos encontrados na via pública, os menores abandonados e os indigentes;

l) prestar auxílio ao serviço de alistamento militar; velar pela preservação e conservação dos monumentos públicos, fontes, praças, mercados etc.;

m) identificar os criminosos e contraventores;

n) impor penas disciplinares aos funcionários subalternos ou dar ciência ao superior imediato, no caso o Delegado Seccional de Polícia, das ocorrências policiais e irregularidades administrativas de maior gravidade, mencionando as providências tomadas e propondo as medidas que não lhes forem afetas;

o) pôr em custódia os ébrios, os mendigos, os loucos perigosos e os turbulentos que, por palavras ou gestos, ultrajem o pudor, ofendam a tranqüilidade pública e a paz das famílias; zelar pelos bons costumes e moralidade pública;

p) solicitar ao Delegado Seccional as diligências necessárias para o esclarecimento de crimes misteriosos ocorridos em seu município; e, finalmente,

q) manifestar-se conclusivamente quanto à forma e ao mérito, e propor solução no encaminhamento de casos de alçada superior.[68]

68. Decreto Estadual (SP) nº 44.664, de 19.1.2000, identifica funções de direção específicas da carreira de Delegado de Polícia, a serem atribuídas mediante gratificação *pro labore* e dá outras providências. Decretos Estaduais (SP) nºs 44.743, 44.744, 44.745, 44.746, 44.747, de 9.3.2000, dispõem sobre a identificação das funções de Chefia e Encarregadura específicas das carreiras de Agente Policial, Carcereiro, Agentes de Telecomunicações Policial, Investigador de Polícia e Escrivão de Polícia (*DOE* 10.3.2000).

6. PROCEDIMENTO FUNCIONAL

O Delegado responde civil, penal e administrativamente pelo exercício irregular de suas atribuições, ficando sujeito, cumulativamente, às respectivas cominações.

A responsabilidade civil decorre de procedimentos dolosos ou culposos, que importe prejuízo à Fazenda Pública ou a terceiros. A importância da indenização será descontada dos vencimentos e vantagens e o desconto não excederá à décima parte do valor destes.[69]

Ao demais, a autoridade policial não pode:

a) ausentar-se do município sem ser em gozo de férias ou de licença regularmente concedida, ou por determinação superior;

b) passar o exercício do cargo sem prévia autorização;

c) fazer qualquer despesa por conta do Estado, sem estar previamente autorizado, sob pena de por ela responder (quando fizer alguma solicitação, inserir sempre no ofício, *ad cautela,* a expressão *Sem Ônus para o Estado);*

d) pedir transferência de comandante de destacamento ou praças, sem motivar a razão do pedido;

e) remeter preso, louco ou qualquer pessoa para a Capital ou qualquer outra localidade, sem prévia autorização;

f) consentir que seja recolhido à cadeia qualquer preso, sem que conste do registro das prisões e do respectivo registro da Delegacia;

g) fazer ou permitir que se façam transações com presos ou entre este e o carcereiro, comandante de destacamento ou praças;

h) intervir na política local e não garantir a máxima liberdade e segurança nos pleitos eleitorais;

i) utilizar-se de praças ou do comandante de destacamento para serviços estranhos às suas funções;

j) permitir que sejam espancados ou maltratados os presos;

l) entrar em gozo de férias antes que a autorização seja publicada;

m) requisitar a ida do Delegado Seccional sem ser em caso grave.[70]

Dever: — O Delegado e seus agentes devem portar sua cédula de identificação funcional e o respectivo distintivo. Em razão de estarem permanentemente em serviço, devem sempre portar arma e algemas.[71]

Os condutores das viaturas devem estar armados obrigatoriamente, não podendo se eximir de prestar auxílio a quem deles necessitar, em qualquer hipótese, sob pena de responsabilidade administrativa e penal.

---

69. Lei Complementar nº 207/1979, arts. 65 e segts.
70. Regulamento Policial, arts. 87 e segts.
71. Portaria DGP nº 28, de 19.10.1994, sem ementa (*DOE* 20.10.1994 e republicada em 7.1.1997, com a Portaria DGP nº 1/1997).

E não estão obrigados a entregar a sua arma ou respectiva munição a qualquer outra autoridade administrativa, para ingressar em recinto público ou privado, respondendo, entretanto, pelos excessos que cometer.

Salvo, quando a ordem de desarmamento deve ser prontamente obedecida, nos seguintes casos: *a)* de estar submetido a prisão; *b)* por ordem, ainda que verbal, de superior hierárquico; *c)* de comparecimento à audiência judicial, a critério do juiz competente; *d)* por ordem de autoridade corregedora, sindicante ou processante, se essa medida for julgada necessária e conveniente.[72]

Entrevista: — Os delegados devem abster-se de divulgar fatos que tenham ciência, limitando-se, quando indagados, pelos meios de comunicação, a divulgar, exclusivamente, informações que não causem prejuízo às investigações e não afetem a intimidade, a honra, ou a imagem das pessoas envolvidas.

Em São Paulo, a participação de policiais civis em palestras, simpósios, debates ou quaisquer eventos que visem esclarecer temas de interesse policial deve ser precedida de comunicação à direção do Departamento em que se encontre classificado, ou à autoridade superior designada para tanto.[73]

72. Portaria DGP nº 28, de 19.10.1994.

73. Portaria DGP nº 30, de 24.11.1997, disciplina a prestação de informações no exercício da atividade Policial civil.

CAPÍTULO V

TRABALHO DO DELEGADO

1. ASSUNÇÃO DE EXERCÍCIO

No Estado de São Paulo, o Delegado de Polícia recém-nomeado deve tomar posse do seu cargo no prazo de 15 dias, contados da data da publicação do decreto no órgão oficial. Este prazo pode ser prorrogado por mais 15 dias, por requerimento do interessado. O exercício terá início dentro de 15 dias, contados da data da posse ou da data da publicação do ato no caso de remoção.

Quando o acesso, remoção ou transposição não importar em mudança de município, o Delegado deve entrar em exercício no prazo de 5 dias, ou assumi-lo, imediatamente, por ordem superior.[74]

2. COMUNICAÇÕES DE PRAXE

O Delegado de Polícia, ao assumir o exercício de seu cargo, deve comunicar o fato ao seu superior hierárquico, o Delegado Seccional, e às autoridades da comarca.

Assim, oficia ao Delegado Seccional de Polícia comunicando o dia em que assumiu a Delegacia, o mesmo fazendo ao Juiz de Direito e ao Promotor de Justiça da comarca, ao Prefeito municipal e ao Presidente da Câmara dos Vereadores.

Por cortesia pode fazer idênticas comunicações a outras autoridades e personalidades locais, inclusive aos Diretores de estabelecimentos de ensino.

---

74. Lei Complementar nº 207, de 5.1.1979, arts. 28 e segts.

O Delegado pode, e é mesmo conveniente que, ao assumir as suas funções, visite logo nos primeiros dias as principais autoridades do município: Juiz de Direito, Promotor de Justiça, Prefeito, Preside da Câmara dos Vereadores e outras, se houver, como Comandantes Militares da Área e Comandante do Batalhão da Polícia Militar do Estado.

A assunção de exercício dos demais funcionários somente é comunicada ao Delegado Seccional de Polícia respectivo.

3. EXPEDIENTE

O Delegado deve comparecer à Delegacia no horário do expediente e acompanhar o trabalho dos servidores, praticando os seguintes atos:

a) atende as partes que tenham interesse a tratar na Delegacia, quando as providências a tomar sejam de sua competência;

b) recebe e despacha requerimentos sobre certidões e atestados;

c) despacha os expedientes procedentes da Delegacia Seccional e de outras repartições;

d) mantém os funcionários informados de portarias, recomendações, ordens de serviço e avisos baixados pelos órgãos superiores da administração;

e) trata dos assuntos relacionados com a vida funcional dos servidores que lhe estão subordinados, propondo escalas de férias e de serviço e tomando as providências regulamentares;

f) mantém a Delegacia Seccional a par das principais ocorrências e problemas de natureza criminal e policial, no âmbito de seu município;

g) encaminha, logo no início do mês, o Boletim de Freqüência dos funcionários da Delegacia, correspondente ao mês anterior;

h) idem, do Boletim de Estatística;

i) recebe queixas e, conforme o caso, encaminha os interessados às repartições competentes, mediante memorando;

j) examina os inquéritos, determinando o que for necessário para a sua ultimação;

l) mantém atualizada relação de advogados residentes no município que possam servir de curadores, a fim de que, em casos de urgência, sejam convocados;

m) supervisiona os serviços de Polícia Judiciária e de Trânsito, fiscalizando livros e arquivos da Delegacia;

n) toma diariamente conhecimento das detenções efetuadas, coibindo eventuais abusos, e providencia para que os serviços carcerários se mantenham em ordem;

o) providencia no sentido de serem guardados, com segurança, armas, objetos e valores entregues ou apreendidos, cadastrando-os em lotes ou lhes dando o destino conveniente;

p) fiscaliza os registros e atividades dos Inspetores de Quarteirões;

q) determina o Policiamento da cidade e pessoalmente verifica o seu funcionamento;

r) não permite que seja recolhido à prisão qualquer pessoa sem sua ordem.

Na preservação da ordem pública e da incolumidade das pessoas e do patrimônio, o Delegado deve observar a rotina de trabalho integrado entre as Polícias Civis e Militar, mantendo permanente intercâmbio de informações e dados estatísticos e planejamento conjunto das ações policiais, através de reuniões periódicas com oficiais da PM.[75]

Em suma, o Delegado, logo que assumir o exercício de suas funções, deve praticar todos os atos inerentes ao seu cargo.

3.1. Horário

O Delegado, logo que assumir o cargo, depois de feitas as comunicações de praxe, deverá tornar público a hora em que diariamente comparecerá à Delegacia, para atender ao público e dar andamento ao expediente. Essa providência é feita por meio de Portaria, que deverá ser afixada em lugar visível da repartição, geralmente na entrada.[76]

Em São Paulo, o horário do expediente é fixado de maneira uniforme pelo Delegado Geral de Polícia e cumprido pelos Diretores dos Departamentos de polícia especializada e territorial e pelos demais órgãos de apoio. E a jornada de trabalho dos policiais, sujeitos à prestação de, no mínimo, 40 horas semanais de serviço, é cumprida obrigatoriamente em dois períodos.

O horário de atendimento ao público nas unidades policiais, exceção feita às que desenvolvem seus trabalhos em regime diferenciado, inicia-se às 9 horas e finda-se às 18 horas, de Segunda a Sexta-feira.

Para atender à conveniência do serviço ou à peculiaridade da função, esse horário pode ser excepcionalmente prorrogado ou antecipado, dentro da faixa horária compreendida entre 7 e 19 horas, desde que mantida a divisão em dois períodos, e assegurado o intervalo mínimo de 1 hora para refeição e descanso.

No Interior, as Delegacias funcionam geralmente das 9 às 11 horas e das 13 às 18 horas, de Segunda a Sexta-feira, mantendo plantões aos sábados, domingos e feriados.

Na Capital de São Paulo, os Distritos Policiais funcionam ininterruptamente para o atendimento de todas as ocorrências policiais verificadas em suas respectivas áreas territoriais.

A jornada de trabalho das Equipes Básicas vem sendo periodicamente mudada, procurando a Administração encontrar a que melhor atenda ao público e concilie com os interesses dos policiais.

O Delegado, todavia, não é funcionário apenas de gabinete. Arinos Tapajós, em seu *Manual,* observa, a respeito, que "o Delegado de Polícia, em qualquer lugar do município, a qualquer hora, é a autoridade policial local máxima, supervisionando as

---

75. Resolução SSP nº 248, de 30.6.2000, estabelece rotina de trabalho integrado entre as Polícias Civil e Militar do Estado de São Paulo.

76. Portarias DGP nºs 21, de 17.10.1995, 23 e 24, de 3.11.1995, disciplinam, respectivamente, o horário de trabalho, controle de freqüência e de pontualidade dos servidores administrativos e Policiais civis, nas unidades da Polícia Civil.

medidas policiais preventivas, delas participando, e sempre pronta a agir repressivamente se algum cidadão descumprir a lei penal substantiva.[77]

O Delegado atenderá, assim, onde esteja, as pessoas que lhe comunicam assuntos urgentes, tais como crimes recém-cometidos ou na iminência de o serem.

3.2. Quadro de Pessoal

O Delegado deve mandar afixar em local visível da repartição, geralmente, na entrada do prédio, ao lado da porta principal, num quadro apropriado, o Horário de Expediente, contendo: *a)* relação com nome, cargo e horário dos funcionários; *b)* relação dos Inspetores de Quarteirão, com respectivos distritos e quarteirões e datas das nomeações; e *c)* relação dos nomes e graduações dos componentes do Destacamento Policial.

3.3. Instrução de Expedientes

Em São Paulo, segundo recomendação da Delegacia Geral, nenhum processo ou expediente administrativo deve ser encaminhado à apreciação daquela autoridade, pelos órgãos subordinados, sem que esteja instruído com uma exposição de motivos, subscrita pelo Titular, da qual constarão obrigatoriamente as seguintes partes:

"I - relatório sucinto do motivo do processo;

II - resumo de sua instrução probatória, se houver;

III - conclusão dos pareceres de todos os órgãos que devam opinar sobre a matéria de mérito; e

IV - manifestação conclusiva do órgão imediatamente afeto à Delegacia Geral de Polícia, com a indicação expressa da providência a tomar, segundo seu entendimento".

A respeito, devem ser observadas as regras consentâneas com as comunicações entre funcionários e órgãos da Administração Pública.[78]

3.3.1. Boletim Estatístico Mensal

No Boletim Estatístico são registrados todos os serviços feitos pela Delegacia durante o mês. Há um modelo comum, com folhas específicas para cada Departa-

---

77. Arinos Tapajós Coelho Pereira, *Manual de Prática Policial,* SP, Serviço Gráfico da SSP, 1962, p. 13.

78. Resoluções SSP nºs 18/1971, dispõe sobre a tramitação de expediente, 22/1972, sobre instrução de processos e expedientes. Decreto nº 5.054, de 20.11.1974, disciplina a forma de publicação de atos oficiais no Diário Oficial. Idem, Decreto nº 5.939, de 1º.4.1975. Recomendação DGP nº 1/1976, dispõe sobre instrução de Expedientes e processos encaminhados à decisão e tramitação pela Delegacia Geral de Polícia (*DOE* 10.2.1976), No mesmo sentido Recomendação DGP nº 11/1979 (*DOE* 5.5.1979). V. ainda Resoluções nºs 75/1982, 198/1983 e Lei nº 4.054, de 4.6.1984, dispõe sobre a necessidade de constar das correspondências, documentos e papéis oficiais, expedidos pelos órgãos da Administração direta e indireta, o nome, cargo ou função, e o número do RG funcional do signatário.

mento Policial; uma cópia fica arquivada na Delegacia e as demais são enviadas à Delegacia Seccional de Polícia e ao Departamento de Administração e Planejamento (DAP).[79]

Outrossim, devem ser encaminhados juntamente com o Boletim Mensal, dois formulários, devidamente preenchidos, informando o número de vítimas menores de 18 anos envolvidas em ocorrências policiais durante o período correspondente.[80]

3.3.2. Material Permanente

O recebimento de material permanente deve ser registrado no livro de Registro de Inventário e Tombo, com todas as especificações, e consignado nas fichas de cadastramento de material, em quatro vias.

No caso de baixa, faz-se comunicação à Divisão de Material, por intermédio do respectivo Delegado Seccional, para fins de remessa à DEMEX, para efeito de baixa nos registros existentes.

3.3.3. Portarias e Editais

As comunicações oficiais são feitas através de ofícios, memorandos, ordens de serviço, avisos, circulares, portarias e editais, para os casos de maior ou menor formalidade.

Portaria — É um documento de ato administrativo, exarado pela autoridade policial, contendo instruções acerca da aplicação de leis ou regulamentos, recomendações de caráter geral, normas de execução de serviço, nomeações, demissões, punições ou qualquer outra determinação de sua competência.

Edital — É um ato escrito oficial em que há determinação, aviso, citação, etc., afixado em lugares públicos ou publicado pela imprensa, para conhecimento geral ou de alguns interessados ou, ainda, de pessoa determinada, cujo destino se ignora.

Os atos do Delegado de Polícia devem ser numerados em ordem cronológica, iniciando-se, cada ano, a partir da unidade, e arquivados em pastas próprias.

3.3.4. Prontuários Criminais

Além dos livros obrigatórios, da Delegacia e da Cadeia, o delegado pode providenciar a abertura de Pastas contendo todos os documentos referentes a cada indiciado e arquivadas em ordem cronológica. O índice geral dos prontuários é feito pelo nome dos indiciados.

---

79. Portaria DGP nº 19, de 12.12.1989, dispõe sobre o boletim estatístico mensal, com todos os modelos. Portaria DGP nº 21/1984, Portaria DEPC nº116/1981, Portaria DERIN nº 10/1981, Resolução SSP nº 275, de 27.12.1994.

80. Resolução SSP nº 412, de 16.9.1998, altera dispositivo da Resolução SSP nº 275/1994 e dá providências correlatas.

3.3.5. Protocolados

Os protocolados da Secretaria da Segurança, bem como os dos demais órgãos públicos, não podem ser autuados em inquéritos policiais ou em autuações de dependências subordinadas.

Quando documentos existentes em expedientes da Secretaria da Segurança devam instruir inquérito policial, são desentranhados mediante a lavratura de termo, em que serão consignados obrigatoriamente todos os seus elementos identificadores.

Quanto aos protocolados administrativo-disciplinares, a Corregedoria da Polícia Civil está autorizada a encaminhar os expedientes de seu interesse, diretamente à unidade detentora da informação ou responsável pela adoção da providência reclamada. A devolução desses expedientes deve ser efetuada, obrigatoriamente, com a observância da tramitação pelos regulares canais hierárquicos.[81]

3.4. Exame de Livros

O Delegado de Polícia, assumindo o exercício de suas funções, depois de fazer as comunicações de praxe, chama o Escrivão e verifica se a Delegacia possui os livros obrigatórios, se estão escriturados devidamente e em dia; se o arquivo se encontra em ordem; se o carcereiro possui também os livros obrigatórios, se estão escriturados com clareza e em dia; se os assentamentos estão bem feitos e se o arquivo da Carceragem está organizado e em ordem.

Em São Paulo, os livros obrigatórios das Delegacias de Municípios, Distritos Policiais e Cadeias Públicas são os instituídos pelo Decreto nº 1.762, de 22.6.1973. E os delegados podem criar livros auxiliares, conforme as necessidades de sua delegacia, com prévia autorização do Delegado de Polícia Chefe do Departamento respectivo, mediante representação fundamentada.

3.5. Inventário

O Delegado de Polícia, em seguida, com o auxilio do Escrivão procede ao inventário dos bens existentes na Delegacia, conferindo com o que consta no Livro de Inventário e Tombo.

A esse respeito o Regulamento Policial de São Paulo dispõe expressamente que os Delegados nomeados, removidos ou promovidos, ao assumirem ou ao deixarem o exercício do cargo, são obrigados a enviar ao Chefe imediato, no caso o Delegado Seccional de Polícia, uma cópia da relação de móveis, utensílios, livros, impressos e tudo o mais que pertencer à Delegacia. A autoridade que deixar ou assumir o

---

81. Secretaria de Segurança Pública-SP Ato nº 1, de 13.9.1965, (em aditamento às normas processuais baixadas pelo Ato nº 5/1963), sem ementa. Resolução SSP nº 198, de 7.12.1983, disciplina a tramitação e registro de processos e documentos no âmbito da Secretaria da Segurança Pública. Resolução SSP nº 118, de 21.11.1991, sem ementa. Portaria DGP nº 17, de 14.3.1986 (autoriza a Corregedoria da Polícia Civil a encaminhar diretamente expedientes), sem ementa.

exercício do cargo, sem primeiro cumprir esta exigência, responderá pelas faltas que se verificarem.[82]

Em face disso, o Delegado procede ao levantamento completo de todos os bens existentes na repartição: móveis, máquinas, viaturas, utensílios, armas e munições etc., conferindo tudo com o livro de Inventário e consignando o seu estado de conservação.

No Cartório, examina as pastas de cópias de Boletins de Ocorrência e de Termos Circunstanciados de Ocorrências e, pelos livros respectivos confere os Inquéritos Policiais, Sindicâncias e Protocolados existentes e em andamento, examinando os prazos tomando as providências necessárias.

Na Secção de Trânsito e de Identificação, confere, respectivamente, o número de prontuários e certificados de propriedade, placas, material de identificação e a quantidade de "Espelhos" de cédulas de identidade.

3.6. Levantamento Cadastral

O Delegado de Polícia, ainda, ao assumir o exercício do seu cargo, determina seja procedido o levantamento cadastral do seu Município ou Distrito Policial. Nesse trabalho são assinalados os *pontos sensíveis* do município, isto é, os locais e assuntos de interesse policial, tendo-se em vista principalmente a prevenção de delito, sinistros, riscos e perigos comuns.

Esse levantamento abrangerá, entre outros, os seguintes locais: *a)* adutoras, açudes, agências, albergues, ancoradouros; *b)* bancos, barragens; *c)* Câmara Municipal, campo de aviação, casa de força, casas de saúde, centro comercial, centro telefônico comercial, coletorias, correios, campos de futebol; *d)* depósitos de materiais inflamáveis (gasolina, álcool, explosivos, armas e munições); *e)* escolas, estações de televisão, rádio e telefonia, estações ferroviárias e rodoviárias, estações de luz e força; *f)* fábricas, favelas, ferrovias, fórum; *g)* garagens, gráficas; *h)* hospitais, hotéis; *i)* igrejas, indústrias; *j)* jornais; *l)* laboratórios, linhas de transmissão logradouros públicos; *m)* minas, monumentos públicos; *n)* navegação; *o)* oleodutos; *p)* parques, pedreiras, postos de combustíveis, portos, prefeitura municipal; *q)* quartéis; *r)* redação de jornais, repartições públicas, residência das principais autoridades, rodovias; *s)* saídas da cidade, salões públicos, Santas Casas, sindicatos; *t)* templos, torres de transmissores; *u)* universidades; *v)* vilas; *x)* zona portuária.

O Regulamento Policial de São Paulo, no Capitulo III, dispõe, expressamente, a respeito das prevenções de incêndios, sinistros, desastres e acidentes de perigo, *in verbis:*

"Art. 135. As autoridades policiais, os inspetores de quarteirão e, em geral, os agentes policiais, buscarão evitar que, por dolo, imprudência, negligência, ou imperícia, na arte ou profissão, ou inobservância de disposições regulamentares, federais, estaduais, ou municipais, ocorram incêndios, sinistros, desastres, ou quaisquer acidentes perigosos, tais como inundação, abalroamento de veículos, quedas de construções e edifícios, danos às coisas públicas, etc., assim como maiores conseqüências desses acidentes".

---

82. V. Regulamento Policial, art. 91 e parágrafo único.

Para isso, a autoridade pode admoestar e, se não for atendida, prender em flagrante o admoestado, por crime de desobediência. Pode apreender instrumentos ou objetos que possam produzir os aludidos fatos; apreender veículos, substâncias perigosas, alteradas ou falsificadas e determinar a demolição imediata de tapumes, letreiros, construções e edifícios ruinosos, se houver perigo iminente e se não houver tempo de recorrer aos funcionários municipais, lavrando-se, sempre que for possível, auto circunstanciado e ouvindo-se parecer de profissionais.

3.7. Arquivo da Delegacia

A Repartição Policial deve ter um arquivo organizado e em ordem, contando, entre outras, com Pastas de: Ofícios Recebidos; Ofícios Expedidos; Telegramas Recebidos e Expedidos (ou Telex ou Fax); Portarias e Editais; Leis e Decretos; Atos e Portarias da Secretaria da Segurança, Requerimentos Recebidos; Protocolados; Memorandos; Folhas de Freqüência; Levantamento Cadastral de Pontos Sensíveis; Boletins de Ocorrência; Cópias de Termos Circunstanciados de Ocorrências, Certidões Expedidas; Atestados Expedidos; Termo de Inventário; Folhas de Alimentação de Presos; Circulares; Mandados de Prisão; e Diversos.

A Circunscrição ou Secção de Trânsito tem o seu arquivo próprio, com as pastas necessárias. Os livros utilizados, após a lavratura do Termo de Encerramento, devem permanecer no arquivo da Delegacia de Polícia.

3.8. Vistoria

O Delegado de Polícia deve inspecionar periodicamente o prédio onde se encontra instalada a Delegacia, verificando o seu estado de conservação e limpeza. Quando houver necessidade de reformas, deve representar ao seu superior imediato, no caso de São Paulo, ao Delegado Seccional.

O Delegado deve também vistoriar freqüentemente a cadeia, verificando se todos os presos recolhidos estão identificados e em bom estado de saúde; se a alimentação fornecida a eles é de boa qualidade, sadia, se a quantidade está de acordo com a tabela de fornecimento; e se os serviços carcerários vêm sendo feitos com asseio e higiene.

Por outro lado, quanto às placas externas e internas indicativas das dependências da Secretaria da Segurança Pública de São Paulo, obedecem a padrões fixados na Resolução SSP nº 11, de 16.2.1978, quanto ao tamanho, material e dizeres.

4. LIVROS OBRIGATÓRIOS

Em São Paulo, os livros obrigatórios, instituídos pelo Governo, para uso nas repartições policiais, são os seguintes:

Delegacias de Polícia: — *a)* Registro de Inventário e Tombo; *b)* Registro de Ocorrência; *c)* Registro de Inquéritos Policiais, Processos Sumários (extinto pela CF de 1988) e respectivo índice; *d)* Cargas de Inquéritos Policiais e Processos Sumários (extinto pela CF de 1988); *e)* Registro de Fianças Criminais; *f)* Registro de Protocolados e Expedientes; *g)* Registro de Termos de Visitas e Correições; *h)* Registro de Sindicâncias Policiais; *i)* Registro de Cartas Precatórias Recebidas e Inquéritos Policiais em trânsito ou diligências; *j)* Registro de Custas; *l)* Registro Geral de Presos; *m)* Registro de Termo de Compromisso; *n)* Registro de Receitas de Presidiários; e, *o)* Registro de Controle de Boletins de Identificação Criminal e *modus operandi* (essa alínea foi incluída pelo Decreto Estadual (SP) nº 31.382, de 11.4.1990).[83]

E, através de Portaria DGP nº 15, de 16.4.1996, foi instituído o uso obrigatório do Livro de Registro de Ocorrências Policiais Referentes à Lei nº 9.099/1995.

Há, ainda, um livro antigo de registro de queixas e sugestões, onde é anotado o nome e a qualificação da pessoa interessada.[84]

Cadeias: — *a)* Registro de Entrada e Saída de Presos; *b)* Registro de Objetos e Valores dos Presos; *c)* Registro de Visitas Médicas aos Presos; *d)* Registro de Óbitos; *e)* Registro de Visitas do Ministério Público; e, *f)* Registro de Termos de Visitas e Correições da Corregedoria de Justiça.[85]

A partir de novembro de 1979, as Repartições Policiais de São Paulo adotaram o uso de fichas para a escrituração e controle de correspondência recebida, registro de protocolados e demais expedientes, bem como para o registro de bens inventariados, tombados ou patrimoniados.

Por fim, além dos livros mencionados, os Delegados de Polícia podem criar livros auxiliares, conforme as necessidades de suas Delegacias, com prévia autorização do Delegado de Polícia Diretor do Departamento respectivo, mediante representação fundamentada.

Os registros pertinentes às Seções e Circunscrições de Trânsito são regulamentados pela Diretoria do Departamento Estadual de Trânsito, mediante ato do Secretário da Segurança Pública.[86]

4.1. Escrituração

Registro de Inventário e Tombo: — É feito em livro de atas comum, consignando-se, quando do recebimento de quaisquer bens ou utensílios, os seguintes dados: quantidade; chapa patrimonial; valor; número de remessa ou ofício; repartição competente; estado; data do recebimento e dependência onde ficará. O mesmo registro deve ser feito quando da baixa dos bens e utensílios patrimoniados, por constituir material excedente ou inservível.[87]

---

83. Decreto Estadual (SP) nº 1.762, de 22.6.1973, dispõe sobre o uso de livros obrigatórios em Unidades Policiais da Secretaria da Segurança Pública.

84. Resolução nº 539, de 5.3.1956, dispõe sobre a instalação em órgãos do Serviço Público, de serviços de recebimento de queixas e sugestões.

85. Decreto Estadual (SP) nº 1.762/1973.

86. Decreto Estadual (SP) nº 1.762, de 22.6.1973, dispõe sobre o uso de livros obrigatórios em Unidades Policiais da Secretaria da Segurança Pública (*DOE* 23.6.1973, p. 3); Portaria DGP nº 19, de 12.11.1979, sobre os livros obrigatórios (*DOE* 13.11.1979); Decreto Estadual (SP) nº 31.382, de 11.4.1990, inclui no Decreto nº 1.762/1973 o artigo em questão a alínea "o").

87. Portaria DGP nº 7, de 31.3.1992, sem ementa, dispõe a obrigatoriedade do Livro de Inventário e Tombo.

Registro de Inquéritos Policiais: — A numeração de ordem dos inquéritos, cada ano, começa pela unidade, devendo ser completadas as anotações quando da remessa do inquérito a Juízo.

Carga de Inquéritos Policiais: — Também são registrados os procedimentos, quando de sua instauração, bem como aqueles instaurados por outras dependências policiais e que devam ter prosseguimento na Delegacia.

Registro de Fianças Criminais: — São registradas as fianças arbitradas e concedidas. Do registro é extraída certidão em várias vias, uma das quais acompanha o recolhimento da fiança.

Registro de Protocolados e Expedientes: — São registrados todos os expedientes recebidos e expedidos, com respectivo número de ordem. Cada ano esse número é recomeçado pela unidade, consignando-se todos os números de registro de protocolado das diversas repartições por onde tenha transitado o expediente, com a respectiva sigla.

Registro de Termos de Visita e Correições: — São lançadas as atas de visitas e correições. O registro é assinado pelas Autoridades e respectivos Escrivães que participaram dos atos. Do registro são extraídas, para as medidas cabíveis e posterior encaminhamento à Diretoria do Departamento, pela Delegacia Seccional de Polícia.

Registro de Sindicâncias Policiais: — São registradas apenas as sindicâncias referentes às infrações praticadas por menores e as destinadas a instruir futuros inquéritos policiais ou contravencionais. As sindicâncias de caráter administrativo, destinadas a apurar irregularidades funcionais, não são registradas nesse livro.

Registro de Cartas Precatórias Recebidas e Inquéritos Policiais em trânsito ou diligências: — São registrados em ordem numérica crescente, renovada a cada ano, todos os expedientes recebidos da espécie, devolvidos à Delegacia de Polícia para cumprimento de diligências com concessão de novo prazo, devendo a respectiva numeração, precedida da sigla "RT" (retorno), ser consignada na capa da apuração respectiva, no canto esquerdo, com menção da data do recebimento, para controle do prazo de permanência dos autos na Delegacia.

Registro de Custas: — São registradas as custas pagas em requerimentos de certidões, atestados ou alvarás.

Registro Geral de Presos: — Registro dos presos à disposição da Justiça, competindo a sua escrituração ao Escrivão de Polícia.

Registro de Termos de Compromisso: — São registrados os compromissos prestados pelos Inspetores de Quarteirão, devendo de cada termo ser encaminhada certidão à Delegacia Seccional de Polícia respectiva.

Registro de Receitas dos Presidiários: — Feito em livro comum de ata, são anotados os proventos dos trabalhos dos presidiários; para tanto deve constar colunas de "deve", "haver" e "saldo".

Registro de Entrada e Saída de Presos: — O assento referente a cada preso abrangerá duas páginas do livro aberto e divididas em quatro partes, quando for de preso sujeito a livramento.

Na primeira divisão, à esquerda, consigna-se o ano corrente, o número correspondente ao preso, em algarismos maiúsculos, devendo em cada ano começar nova numeração e, em seguida, nome do preso, cor, altura, nomes dos pais, naturalidade, idade, estado, ocupação, domicílio, sinais característicos, defeitos visíveis e o número do registro geral. Na segunda divisão consigna-se a hora, dia, mês e ano da entrada do preso e os dados constantes da Guia de recolhimento, bem como o nome da escolta que o apresentou. Na terceira divisão transcrever-se-à a ordem de prisão, mencionando-se também a circunstância de o preso responder por outros crimes. E na quarta divisão consigna-se tudo o que for ocorrendo com o preso, bem assim a ordem cronológica do movimento do seu processo.

Registro de Objetos e Valores dos Presos: — É relacionado o que foi encontrado com o preso, em presença de duas testemunhas estranhas à Polícia, que também assinam o livro. Quando da devolução dos objetos e valores, é feito recibo, também devidamente testemunhado.

Registro de Visitas Médicas: — O médico que atender aos presos anotará as visitas feitas, a data de vacinação dos recolhidos e o que mais couber.

Registro de Óbitos: — Lavrar-se-ão os autos de verificação de óbito e identidade, sem os quais o corpo não será dado à sepultura devendo o termo ser assinado também pelo Delegado de Polícia e pelos peritos que examinaram o cadáver.[88]

Registro de Visita do Ministério Público: — É consignada a visita mensal que o Promotor fizer à Cadeia Pública e qualquer reclamação que for feita pelos presos ou providências necessárias.

Registro de Termos de Visitas e Correições da Corregedoria de Justiça: — São lavradas as visitas e correições judiciais.

Registro de Ocorrências: — São registradas todas as ocorrências atendidas pela Delegacia. Nesse livro são consignados: número do Boletim de Ocorrência (BO); natureza da ocorrência; nome da(s) vítima(s) e nome do(s) indiciado(s) e informação se foi instaurado inquérito policial. Os BOs devem ser registrados em ordem cronológica. Ao final da termo de registro deve ser consignado, em resumo: número de BOs elaborados; número de requisições de exames de corpo de delito ao IML; número de requisições de exames de corpo de delito ao IC; número de inquéritos instaurados.

Registro de Queixas e Sugestões: — São lançadas nesse, livro de próprio punho, as queixas e sugestões do público, pelo próprio interessado ou transcritas pelo funcionário encarregado de recebê-las. Quando formuladas por escrito o próprio original servirá de inicial do expediente que, com urgência, deve ser encaminhado ao Chefe Imediato do dirigente da unidade à qual diz respeito a queixa ou sugestão para, dentro de 15 dias, tomar as providências cabíveis.

Registro de Ocorrências Policiais referentes à Lei nº 9.099/1995: — Contém os dados básicos das ocorrências, por emulação aos lançados no Livro de Registro de Inquérito Policial. O livro deve ser numerado, bem como suas páginas, obedecendo

---

88. V. Decreto Estadual (SP) nº 14.405-A/1928 e Provimentos editados pela Corregedoria Geral da Justiça de São Paulo.

as normas oficiais quanto aos termos de abertura, encerramento, bem como a outros dados, *ad cautelas*, sempre no intuito de se obter a autenticidade, confiabilidade e inteligibilidade necessárias. Igualmente, receberá numeração cada um dos Termos Circunstanciados nele registrados, que também será objeto de registro em índice onomástico.

4.2. Termos de Abertura e de Encerramento

Os livros obrigatórios devem conter *Termo de Abertura* e *Termo de Encerramento,* ambos assinados pelo Delegado de Polícia. Todas as suas folhas devem ser numeradas tipograficamente e rubricadas pela autoridade policial, e a escrituração deve ser mantida rigorosamente em dia.

4.3. Departamentos de Polícia Judiciária de São Paulo Interior

Em São Paulo, os livros obrigatórios das Delegacias Regionais de Polícia (transformadas em DEINTERs) são os seguintes: *a)* Registro de Carga de Correspondência; *b)* Registro de Sindicâncias e Processos Administrativos; *c)* Registro de Atas de Reuniões com as Autoridades Subordinadas; *d)* Registro de Termos de Visitas em Correição; *e)* Registro de Controle de "Espelhos" de Cédulas de Identidade.[89]

O livro de Registro de Controle de "Espelhos" de Cédulas de Identidade destina-se, exclusivamente, ao uso dos DEINTERs.

4.4. Delegacias Seccionais de Polícia

Os livros obrigatórios dessas Delegacias são os seguintes: *a)* Registro de Carga de Correspondência; *b)* Registro de Sindicâncias e Processos Administrativos: *c)* Registro de Atas de Reuniões com Autoridades Subalternas; *d)* Registro de Termos de Visitas em Correição; *e)* Registro de Inquéritos Policiais e Processos Sumários (extinto pela CF de 1988); *f)* Carga de Inquéritos Policiais e de Processos Sumários (extinto pela CF de 1988); *g)* Registro de Fianças Criminais; *h)* Registro de Precatórias e Inquéritos Policiais em Trânsito ou em Diligência; e *i)* Registro de Termos de Compromisso.

4.5. Delegacias de Municípios e Distritos Policiais

Os livros estabelecidos para uso nestas Repartições Policiais são os seguintes: *a)* Registro de Inventário e Tombo; *b)* Registro de Ocorrências; *c)* Registro de Termos Circunstanciados; *d)* Registro de Inquéritos Policiais e respectivo Índice; *e)*

89. Portaria DGP nº 23, de 23.9.1976 (*DOE* 24.9.1976); Portaria DGP nº 19, de 12.11.1979, dispõe sobre livros obrigatórios e revoga a Portaria nº 23/1976.(*DOE* 13.11.1979).

Registro de Fianças Criminais; *f)* Registro de Protocolados e Expedientes; *g)* Registro de Sindicâncias Policiais; *h)* Registro de Cartas Precatórias Recebidas e Inquéritos Policiais em Trânsito ou diligências; *i)* Registro de Termo de Compromisso; *j)* Registro de Receita de Presidiários.[90]

4.6. Cadeias Públicas

Os livros estabelecidos para uso nestas dependências prisionais são os seguintes: *a)* Registro de Entrada e Saída de Presos; *b)* Registro de Objetos e Valores de Presos; *c)* Registro de Visitas Médicas de Presos; *d)* Registro de Óbitos; *e)* Registro de Visitas do Ministério Público; *f)* Registro de Termos de Visita em Correição da Corregedoria da Justiça.[91]

4.7. Circunscrições e Secções de Trânsito

Os registros pertinentes às Circunscrições e Secções de Trânsito são regulamentados pela Chefia do Departamento Estadual de Trânsito, mediante Resolução do Secretário da Segurança Pública.[92]

Os livros das Secções de Trânsito são quatro: Índice Geral de Prontuários de Trânsito, Registro de Veículos Licenciados, Registro de Certificados de Propriedade Expedidos e Registro de Requerimentos.

As Circunscrições de Trânsito, além desses quatro livros, têm mais quatro: Livro de Exame Médico, Livro de Exame Técnico, Livro de Atas de Exame e Registro de Cartas de Habilitação Expedidas.

4.8. Polícia Federal

No Departamento de Polícia Federal, os livros cartorários de uso obrigatório são os seguintes:

a) Livro Tombo, destinado ao registro de inquéritos policiais, inclusive os recebidos dos órgãos congêneres; *b)* Livro de Fiança, destinado ao registro de termos de fiança, nos moldes do art. 329 do Código de Processo Penal; *c)* Livro de Registros Especiais, destinado à escrituração de cartas precatórias recebidas e processos criminais oriundos do Poder Judiciário para cumprimento de diligências expressamente determinadas; *d)* Livro de Registro de IPP.[93]

---

90. Decreto Estadual (SP) nº 1.762/1973, *cit.*
91. Decreto Estadual (SP) nº 1.762/1973, *cit.*
92. Decreto Estadual (SP) nº 1.762/1973, *cit.*
93. Instrução normativa DPF nº 1, de 30.10.1992.

5. CORREIÇÕES

As repartições policiais e a atividade funcional dos servidores estão sujeitas a inspeção permanente e a correições ordinária e extraordinária. [94]

No Departamento de Polícia Federal, as correições são classificadas em ordinárias, parciais e extraordinárias.

5.1. Inspeção Permanente

É feita sem formalidade especial, pelo Delegado de Polícia, nos serviços e instalações de sua repartição. A autoridade tem em vista, entre outras providências, a regularidade:

a) dos inquéritos policiais e outros feitos; *b)* dos registros, escriturações, fichários, índices e arquivos; *c)* das pastas de Leis e Decretos, de Atos do Secretário, do Delegado Geral e de Portarias; *d)* das prestações de contas; *e)* da conduta, disciplina e produção dos funcionários; *f)* da limpeza e asseio da Delegacia e dos xadrezes da cadeia; e *g)* da situação dos presos. O Delegado, para o bom andamento do serviço, pode baixar ordens de serviço e portarias internas.

5.2. Correição Ordinária

Em São Paulo, a correição ordinária é efetuada pelos Diretores dos Departamentos de Polícia, pessoalmente ou por delegação, e pelos Seccionais de Polícia, pessoalmente, nas Delegacias ou órgãos que lhes sejam diretamente subordinados.[95]

Essa correição é realizada no primeiro e no segundo semestre de cada ano e designada com a antecedência mínima de 8 (oito) dias, por intermédio de *edital* publicado na Imprensa Oficial e local, em que conste dia, hora e local de sua instalação, bem como a convocação dos servidores a ela sujeitos e do público interessado na audiência inicial.

A correição ordinária, entre outras providências, constará de:

"I - audiência pública para recebimento de queixas, reclamações e sugestões, quanto aos serviços policiais;

II - aferição do conceito dos Delegados de Polícia e dos servidores da repartição, bem como da capacidade física e funcional de cada um;

III - verificação a respeito da regularidade: *a)* dos inquéritos, protocolados e outros documentos em curso na repartição; *b)* dos prontuários criminais, de trânsito, dos servidores, bem como dos respectivos índices onomásticos; *c)* do protocolo e arquivamento da correspondência expedida e recebida; *d)* do depósito e escrituração de armas e objetos apreendidos; *e)* dos materiais e valores das secções de

---

94. Decreto Estadual (SP) nº 13.325, de 7.3.1979, sobre correições. V. Resolução SSP nº 46, de 21.12.1970 (*DOE* 22.12.1970) e Resolução SSP nº 111, de 1º.8.1986 (*DOE* 2.8.1986).

95. Decreto Estadual (SP) nº 6.636, de 21.8.1975, art. 18, III, c/c a Resolução SSP nº 46, de 21.12.1970.

trânsito; *f)* das contas das secções de trânsito; *g)* das estatísticas; *h)* da carceragem e escrituração de seus livros oficiais; *i)* da guarda de valores e objetos de detentos; *j)* da ordem e disciplina das cadeias e recolhimento dos presos; *l)* da alimentação fornecida aos detentos pelo carcereiro, guardas e demais servidores;

IV - verificação a respeito: *a)* do quadro de Inspetores de Quarteirão; *b)* do Policiamento empregado; *c)* da localização e instalação das Delegacias de Polícia e cadeias; *d)* da conservação, adequação e tombamento dos móveis e utensílios da repartição; *e)* da situação patrimonial dos prédios, consignando-se, quando se tratar de locação, o início e o término do contrato."[96]

Observe-se a respeito que qualquer pessoa poderá levar ao conhecimento do corregedor os abusos, falhas ou omissões dos servidores sujeitos a correição e fazer sugestões para a melhoria dos serviços.

5.3. Correição Extraordinária

Em São Paulo, a Corregedoria Geral da Polícia Civil promove, extraordinariamente, nas unidades dos órgãos de apoio e de execução da Polícia Civil, correições destinadas ao controle da regularidade e da eficiência dos serviços e das atividades dos seus dirigentes e servidores.

As correições extraordinárias são presididas pelo Delegado de Polícia Titular da Assistência Policial da CORREGEDORIA, no Município de São Paulo, e pelos Delegados de Polícia dirigentes das Corregedorias Auxiliares nos municípios respectivos, à exceção das diretorias de Departamentos, nas quais as correições são presididas pelo Corregedor Geral.

Terminada a correição, é lavrada ata circunstanciada pelo Escrivão de Polícia designado para secretariar o Delegado Corregedor. Este fará constar da ata sua impressão sobre o funcionamento da repartição, falhas encontradas, recomendações dadas, bem como outras determinações necessárias à melhoria dos serviços.

Depois o Corregedor faz o seu relatório, encaminhando cópias ao Delegado Geral de Polícia, ao Diretor do Departamento de Polícia e ao arquivo de sua repartição.

Os Diretores, por sua vez, examinam os relatórios, sugerindo ao Delegado Geral de Polícia, em cada caso, as providências que devam ser tomadas, inclusive as referentes à conduta do Delegado de Polícia e demais servidores.

As observações sobre a conduta dos Delegados e demais servidores são transmitidas, pelos Diretores dos Departamentos, por ofício, diretamente ao Conselho da Polícia Civil para apreciação, por ocasião dos concursos de promoção.

O superior hierárquico deve responsabilizar a autoridade que deixar de cumprir as normas constantes da Resolução SSP-SP nº 46/1970, nos termos do Título VI, Capítulo I, Seção I, da Lei nº 10.261, de 28.10.1968, ainda em vigor (Estatuto dos Funcionários Públicos Civis do Estado de São Paulo).

---

96. Resolução SSP nº 46/1970.

5.4. Equipes de Correição

Em São Paulo, atendendo a uma das propostas feitas pela Comissão Parlamentar de Inquéritos Federal do Narcotráfico, o governo unificou a atuação da Corregedoria da Polícia Civil, transformando-a em órgão de apoio e execução da Delegacia Geral de Polícia, com a denominação de Corregedoria Geral da Polícia Civil (CORREGEDORIA).[97]

Esse órgão tem a seguinte estrutura: I - Assistência Policial; II - Divisão de Informações Funcionais; III - Divisão de Sindicâncias Administrativas; IV - Divisão de Processos Administrativos; V - Divisão de Crimes Funcionais; VI - Divisão de Assuntos Internos; VII - Divisão das Corregedorias Auxiliares; VIII - Presídio Especial da Polícia Civil.

A Divisão de Informações Funcionais conta com Assistência Policial; Serviço Técnico de Processamento de Dados, com as seções de Registros Funcionais e Estatística; Serviço Técnico de Investigação Ético-Social, com as seções de Informações, Controle e Avaliação de Indicações de Chefias e Encarregaturas, Controle e Avaliação de Policiais Civis em Estágio Probatório; a Divisão de Sindicâncias Administrativas, com Assistência Policial e 12 Equipes; a Divisão de Processos Administrativos, com Assistência Policial e 6 Comissões Processantes Permanentes; a Divisão de Crimes Funcionais, com Assistência Policial e 5 Delegacias de Polícia; a Divisão de Assuntos Internos, com Assistência Policial, Serviço Técnico de Comunicações Comunitárias, com as seções de Coletas e Respostas das Denúncias (efetuadas via Disque-Denúncias = 0800); Comunicação Virtual (*site Internet*); Divulgação e Relações Comunitárias; Serviço Técnico de Prevenção e Repressão às Infrações Funcionais, com as Equipes de Rondas Preventivas, Operacionais, para Aplicação de Testes de Integridade e de Monitoramento das Comunicações Policiais; Serviço de Apoio Técnico e a Divisão de Corregedorias Auxiliares dos DEINTERs e DEMACRO.

Observe-se, outrossim, que, com essa reestruturação, o governo criou, nos moldes da polícia de Nova York, a Divisão de Assuntos Internos, com 4 equipes de Rondas Preventivas, Operacionais, para Aplicação de Testes de Integridade e de Monitoramento das Comunicações Policiais.[98]

5.5. Polícia Federal

No Departamento de Polícia Federal a correição ordinária, realizada no período de 1º de fevereiro a 30 de junho de cada ano, tem como objetivo examinar os procedimentos em tramitação, os livros cartorários, os expedientes pendentes, o depósito e o destino das coisas apreendidas, o cartório e a custódia.

A correição parcial é aquela realizada em todos os procedimentos, antes da remessa à Justiça, ou, ainda, naqueles escolhidos por amostragem.

97. Decreto Estadual (SP) nº 45.749, de 6.4.2001, altera a denominação da Corregedoria da Polícia Civil, dispõe sobre sua reorganização e dá providências correlatas.

98. Portaria DGP nº 35, de 11.11.1976, que dispõe sobre a regulamentação das Equipes de Correição da Corregedoria da Polícia Civil, foi revogada, com a edição do Decreto nº 45.749/2001.

A correição extraordinária é aquela que poderá ser realizada a qualquer tempo, na ocorrência de fato que a justifique.

Correição Ordinária: — Obedece a seguinte rotina:

I - tarefas preliminares: *a)* elaborar o Plano de Correições; *b)* fixar a data inicial dos trabalhos, comunicando-a, com antecedência aos titulares dos órgãos a serem correicionados;

II - exames em geral: *a)* identificar, no Livro de Controle de Tramitação de Documentos, os expedientes pendentes, e relacioná-los; *b)* examinar, com base na relação de expedientes pendentes, o andamento de pedidos, requerimentos, representações, requisições ou determinações referentes à instauração de procedimentos policiais; *c)* identificar, através do Livro Tombo, quais os inquéritos policiais em tramitação, relacionando-os em ordem cronológica; *d)* examinar a exatidão dos registros nos Livros Tombo, de Fiança, de Registros Especiais e de Registro de IPP; *e)* verificar nos livros a existência de rasuras, emendas ou entrelinhas; *f)* conferir a numeração das folhas dos livros e as rubricas da autoridade policial respectiva, bem como se foram lavrados os termos de abertura e, se for o caso, de encerramento; *g)* conferir as coisas apreendidas e verificar a sua destinação; e *h)* fazer, através de comunicação escrita, as exigências necessárias, enviando cópia ao Coordenador Regional Policial, ao Coordenador Regional Judiciário ou dirigente da unidade;

III - verificação dos inquéritos policiais iniciados por portaria: *a)* conferir a data de autuação com a data da portaria de instauração do procedimento; *b)* conferir o teor da autuação com os documentos autuados; *c)* verificar se o preenchimento da capa atende aos requisitos previstos nas instruções normativas; *d)* conferir as folhas, verificando a correta numeração e a rubrica da autoridade; *e)* examinar se as assinaturas apostas em ofícios, memorandos e despachos estão identificadas pelo nome do signatário; *f)* conferir o cumprimento dos prazos legais; *g)* verificar a possível omissão ou retardamento por parte da autoridade, na adoção de medidas indispensáveis à instrução dos autos; *h)* constatar o fiel cumprimento dos despachos judiciais e das promoções do Ministério Público; *i)* constatar, nos autos de apreensão, de entrega ou de restituição, as incorreções existentes ou a ausência de testemunhas; *j)* examinar os termos de declarações, de depoimentos e os autos de qualificação e interrogatório e verificar, quando se tratar de indiciado, se estão devidamente assinados pela autoridade, pelo indiciado, por 2 (duas) testemunhas e pelo escrivão; *l)* verificar se, no interrogatório do indiciado, foram observadas as regras do art. 188 do Código de Processo Penal; *m)* constatar se o Boletim de Vida Pregressa está corretamente preenchido e subscrito pelo agente encarregado; *n)* examinar o Boletim Individual do Indiciado quanto ao correto preenchimento; *o)* verificar a existência de prévio despacho justificativo da indiciação; *p)* verificar a existência de laudo pericial nos casos daquelas infrações que deixam vestígios; e *q)* avaliar o desempenho profissional do pessoal, no que diz respeito à execução das atividades de polícia judiciária.

IV - exame nos inquéritos policiais iniciados por auto de prisão em flagrante: *a)* observar, no que couber, o previsto no subitem anterior; *b)* verificar se foi entregue ao preso a Nota de Ciência das Garantias Constitucionais; *c)* verificar se consta dos autos a Nota de Culpa e constatar se foi recebida pelo autuado dentro do prazo legal; *d)* constatar se a prisão foi comunicada ao juiz dentro do prazo legal; *e)* verificar se a cópia do auto de prisão em flagrante foi remetida, dentro do prazo de 24 horas, ao Procurador da República que funcionar junto ao juiz competente; *f)* verificar a existência do laudo de constatação da natureza da substância nos casos de prisão por crime de entorpecentes; *g)* verificar a existência do despacho fundamentado de que trata o parágrafo único do art. 37, da Lei nº 6.368/1976; e *h)* verificar, nos casos de fiança, a lavratura do termo no livro próprio, bem como a juntada aos autos da certidão respectiva e do comprovante do recolhimento.

V - formalização. Ao final dos trabalhos de correição deve ser feito um processado, capeado, em uma única via, contendo necessariamente as seguintes peças: *a)* original do Plano de Correição; *b)* cópias dos formulários de análise correicional referentes às irregularidades constatadas em cada inquérito examinado (Modelo DPF 180); *c)* relatório correicional, com os seguintes itens: I - Dos livros cartorários; II - Da relação de inquéritos examinados; III - Da situação dos bens apreendidos; IV - Da situação do cartório, do depósito dos bens apreendidos e da custódia; V - Das impropriedades constatadas; e VI - Das observações finais e sugestões; *d)* manifestação sucinta do Coordenador Regional Judiciário; *e)* esclarecimento do Superintendente Regional sobre as providências porventura adotadas.

Correição Parcial: — Nos trabalhos de correição parcial devem ser observadas as rotinas acima mencionadas, conforme o caso.

Correição Extraordinária: — Nos trabalhos dessa correição devem ser cumpridas as rotinas das ordinárias, podendo ainda ser feita inspeção em todos os setores da descentralizada.

As Superintendências Regionais devem promover, através das Coordenações Regionais Judiciárias, correições em todos os órgãos de sua circunscrição.

Nas Divisões e Delegacias de Polícia Federal das localidades onde houver vara da Justiça Federal, poderá ser criado, pelo Superintendente Regional, Núcleo de Correições, ou designada uma autoridade policial para executar a correição parcial dos inquéritos a serem remetidos à Justiça.

A Divisão de Polícia Judiciária da Coordenação Central Judiciária realiza, sempre que possível, correição extraordinária nas Superintendências Regionais, quando da substituição definitiva dos Superintendentes.

A correição extraordinária nas Divisões e Delegacias de Polícia Federal é realizada por determinação do Superintendente Regional ou, excepcionalmente, do Coordenador Central Judiciário. Essa correição pode ser solicitada ao Superintendente pelo dirigente da unidade descentralizada.

A Superintendência Regional que não executar a correição ordinária no período previsto e não apresentar razões que justifiquem a não-realização, poderá ser submetida a correição extraordinária por parte da Coordenação Central Judiciária.

Os autos e inquérito são entregues para correição, quando da remessa à Justiça, no prazo fixado pelas respectivas Coordenações Regionais Judiciárias. Os inquéritos correlacionados são carimbados com a expressão "VISTO EM CORREIÇÃO", no verso da última folha.[99]

---

99. Instrução Normativa DPF nº 1/1992.

5.6. Correição Judicial

O MM. Juiz de Direito da Corregedoria, da Vara das Execuções Criminais ou da 1ª Vara Criminal, conforme a Comarca da Capital ou do interior, procede duas vezes ao ano correição ordinária no Cartório da Polícia Judiciária, examinando os inquéritos policiais.

Essa correição como os demais ofícios da justiça são previstos nas normas de serviço da Corregedoria Geral da Justiça.

O magistrado, todavia, não tem poder disciplinar sobre a autoridade policial. No caso de constatar qualquer irregularidade, deve comunicar o fato à autoridade policial de hierarquia superior imediata, para as providências internas cabíveis.

No Estado de São Paulo, a correição judicial, consistente na atividade fiscalizadora dos órgãos da justiça sobre os seus serviços auxiliares, a Polícia Judiciária e os presídios, é prevista no Código Judiciário do Estado e exercida nos termos do regimento próprio.

Na Polícia Federal, as correições judiciárias constituem em ação fiscalizadora das atividades da polícia judiciária, objetivando o aperfeiçoamento profissional e o fiel cumprimento das normas legais e regulamentares.[100]

5.7. Fiscalização do Ministério Público

Entre as funções gerais dos órgãos de execução do Ministério Público está a de exercer a fiscalização dos estabelecimentos prisionais e dos que abriguem idosos, menores, incapazes ou pessoas portadoras de deficiência.[101]

E a de promover inspeções e diligências investigatórias junto às autoridades federais, estaduais e municipais, bem como dos órgãos e entidades da administração direta, indireta ou fundacional, de qualquer dos Poderes da União, dos Estados, do Distrito Federal e dos Municípios.[102]

O Ministério Público, por preceito constitucional, exerce o controle externo da atividade policial, na forma da lei complementar da União e dos Estados.[103]

5.8. Livro de Atas

No livro de Registro de Termos de Visitas e Correições são lançados os termos de visita em correição procedidas pelas Autoridades Policiais, Diretor de Departamento, Delegado Regional (em São Paulo as delegacias regionais foram extintas em novembro de 1999) ou Delegado Seccional, e pelo Juiz de Direito da Comarca.

---

100. Instrução Normativa DPF nº 1/1992.

101. Lei nº 7.210/1984 (Lei de Execução Penal), art. 68, parágrafo único; Lei nº 8.069/1990 (Estatuto da Criança e do Adolescente), art. 201, XI,

102. Lei nº 8.625, de 12.2.1993, institui a Lei Orgânica Nacional do Ministério Público, dispõe sobre normas gerais para a organização do Ministério Público dos Estados e dá outras providências, art. 25, VI, e art. 26, *c;* Lei Complementar nº 75/1993 (Estatuto do MP da União).

103. Constituição Federal, art. 129, VII. Ver Ato Normativo nº 98, da Procuradoria Geral de Justiça de São Paulo, sobre o controle externo do Ministério Público.

6. MODELOS

6.1. Ofício - Modelo 1

SECRETARIA DE ESTADO DOS NEGÓCIOS DA SEGURANÇA PÚBLICA

POLÍCIA CIVIL DO ESTADO DE SÃO PAULO

DELEGACIA DE POLÍCIA DE ...

Ofício nº (...)/(...)

Em (...) de (...) de (...)

Senhor Delegado Seccional

Cumpre-me comunicar a V. Sa. que assumi hoje o exercício do cargo de Delegado de Polícia deste Município, de acordo com ato publicado no *Diário Oficial* de (...) do corrente.

Valho-me do ensejo, para reiterar a V. Sa. os protestos de estima e consideração.

Delegado de Polícia

(a)..

A Sua Senhoria, o

Senhor Doutor (...),

M.D. Delegado Seccional de Polícia de (...).[104]

---

104. 1. Em São Paulo, a movimentação de Delegado de Polícia de um para outro município é ato do Delegado Geral. 2. O Delegado Seccional de Polícia pode excepcionalmente autorizar o Delegado de Polícia a acumular atribuições em Delegacias da respectiva sub-região, isto é, a responder cumulativamente por outra Delegacia.

6.2. Ofício - Modelo 2

SECRETARIA DE ESTADO DOS NEGÓCIOS DA SEGURANÇA PÚBLICA

POLÍCIA CIVIL DO ESTADO DE SÃO PAULO

DELEGACIA DE POLÍCIA DE (...)

Ofício nº (...)/(...)

Em (...) de (...) de (...)

Meritíssimo Juiz

Apraz-me comunicar a V. Exa., que assumi hoje o exercício do cargo de Delegado de Polícia deste Município, consoante ato publicado no *Diário Oficial* de (...) do corrente.

Aproveito a oportunidade para apresentar a V.Exa., os protestos de estima e consideração.

Delegado de Polícia

(a)...

A Sua Excelência, o

Senhor Doutor (...),

M.M. Juiz de Direito da Comarca de (...).[105]

---

105. 1. Decreto Estadual (SP) nº 11.074, de 5.1.1978, aprova as Normas do Cerimonial Público do Estado de São Paulo. No Anexo Único encontram-se as Fórmulas de Cortesia em Correspondência Oficial. 2. Tratamentos iniciados por vossa são da terceira pessoa; a concordância verbal é esta: "Fulano vem requerer a V. Exa. se digne.". Os possessivos e os oblíquos devem ser dessa pessoa: seu, sua, o, lhe, se (e não vosso, vossa, vos), conforme ensina Napoleão Mendes de Almeida, em suas Questões Vernáculas, *O Estado de S. Paulo*, 23.3.1980, p. 56. 3. *Formas de tratamento e fechos de correspondência: Senhor Secretário (Secretário de Estado): Sua (ou Vossa) Excelência; fecho: Aproveito a oportunidade para apresentar (ou renovar) a Vossa Excelência os protestos da minha perfeita estima e distinta consideração. Senhores Delegado Geral de Polícia e Comandante Geral da Polícia Militar. Sua (ou Vossa) Excelência; fecho: Aproveito a oportunidade (ou Valho-me do ensejo) para apresentar (ou renovar) a Vossa Excelência os protestos da minha estima e distinta consideração. Demais autoridades da Pasta: Sua (ou Vossa) Senhoria; fecho: Aproveito a oportunidade para apresentar (ou renovar) a Vossa Senhoria os protestos de estima e consideração. Quanto às Autoridades alheias à Pasta: Presidentes de Câmaras Municipais, Juízes de Direito, Promotores de Justiça, Delegado Geral de Polícia, Deputados Estaduais, Chefe do Departamento Federal de Segurança Pública, Prefeitos Municipais, Presidentes de Autarquias Estaduais, Presidentes de Autarquias Federais, Procurador-Geral da Justiça, Procurador-Geral do Estado, Presidente de Autarquia Municipal, Chefe de Gabinete de Ministros de Estado, Diretor de Autarquia Federal, Diretor Geral da Fazenda Nacional, Comandante Geral da Polícia Militar do Estado. Fecho: Aproveito a oportunidade para apresentar (ou renovar) a Vossa Excelência os protestos da minha perfeita estima e distinta consideração (DGP-SP-Ofício nº 23/1978).Quanto às abreviaturas: Vossa Excelência - V. Exa.; Vossa Senhoria - V. Sa.*

6.3. Portaria

SECRETARIA DE ESTADO DOS NEGÓCIOS DA SEGURANÇA PÚBLICA
POLÍCIA CIVIL DO ESTADO DE SÃO PAULO

DELEGACIA DE POLÍCIA DE (...)

PORTARIA Nº (...) / (...)

O Dr (...), Delegado de Polícia deste Município, no uso de suas atribuições legais,

FAZ SABER

A todos os interessados que o horário de expediente desta Delegacia, para atendimento do público em casos normais, é o seguinte: de segunda a sexta-feira, das (...) às (...) horas; aos sábados, domingos e feriados, das (...) às (...) horas.

PUBLIQUE-SE e CUMPRA-SE

(Data)...

Delegado de Polícia

(a)...

6.4. Edital de Correição Ordinária - Modelo 1

SECRETARIA DE ESTADO DOS NEGÓCIOS DA SEGURANÇA PÚBLICA
POLÍCIA CIVIL DO ESTADO DE SÃO PAULO
DIRETORIA DO DEPARTAMENTO (...)

EDITAL DE CORREIÇÃO ORDINÁRIA

O Dr. (...), Delegado de Polícia Diretor do Departamento (...), com sede na Rua (...), nº (...), andar, sala, no uso de suas atribuições legais,

FAZ SABER, pelo presente edital, que procederá aos trabalhos de Correição Ordinária relativos ao (...) (primeiro ou segundo) semestre do corrente ano, nos órgãos que lhe são imediatamente subordinados, conforme calendário abaixo:

Dia	Hora	Delegacia
____________	________________	_________________
____________	________________	_________________
____________	________________	_________________
____________	________________	_________________

FAZ SABER, ainda, que na ocasião concederá audiência ao público em geral para apresentação de queixas, reclamações ou sugestões sob os serviços policiais ou a conduta dos funcionários. Ficam convocadas todas as autoridades e funcionários policiais para este ato.

Registre-se, publique-se na Imprensa Oficial, encaminhando-se cópias deste às Delegacias (Divisões, Distritos, etc.) e órgãos interessados.

O Diretor do (...)

(a)..

6.5. Edital de Correição Ordinária - Modelo 2

SECRETARIA DE ESTADO DOS NEGÓCIOS DA SEGURANÇA PÚBLICA

POLÍCIA CIVIL DO ESTADO DE SÃO PAULO

DELEGACIA SECCIONAL DE POLÍCIA DE (...)

EDITAL

O Dr. (...), Delegado Seccional de Polícia, nos termos do art. 18, inc. III, do Decreto nº 6.636, de 21.8.1975, combinado com a Resolução SSP nº 46, de 21.12.1970, pelo presente EDITAL faz saber que procederá no (...) (primeiro ou segundo) semestre do corrente ano **CORREIÇÃO ORDINÁRIA** periódica nas Delegacias de Polícia da Sede e Sub-Região, nos dias e horas abaixo relacionados:

Dia	Hora	Delegacia do Município	Cadeia Pública
________	________	________	________
________	________	________	________
________	________	________	________
________	________	________	________

		Posto do IML	IC	CIRETRAN
________	________	________	________	________
________	________	________	________	________
________	________	________	________	________

Ficam para tanto convocadas todas as autoridades policiais e funcionários a elas sujeitos, sendo que no início dos trabalhos será concedida audiência ao público que poderá apresentar queixas, reclamações sobre abusos, falhas ou omissões assim como sugestões para melhoria dos serviços policiais.[106]

O Delegado Seccional de Polícia

(a)...

106. 1. Mandar publicar no *DOE* três dias consecutivos. 2. O edital pode começar também com os seguintes termos: "O Delegado Seccional de Polícia de..., nos termos da legislação em vigor, pelo presente Edital faz saber que procederá no (1º ou 2º) semestre do corrente ano CORREIÇÃO ORDINÁRIA nas sedes das Delegacias de Polícia e Cadeias Públicas desta sub-região, ficando convocados.".

6.6. Termo de Abertura e Encerramento

TERMO DE ABERTURA

Este livro contém (...) folhas, numeradas tipograficamente e por mim rubricadas, com a rubrica (...) de meu uso, e destina-se a (ao) (...) (Registro de Inquéritos Policiais, Fianças Criminais, etc.). Recebe pela ordem o número (...).

(Data) ....

Delegado de Polícia

(a)...

TERMO DE ABERTURA .

Contém este livro (...) folhas, numeradas tipograficamente, com a minha rubrica e servirá para (...).

(Data)...

Delegado de Polícia

(a)....................................

TERMO DE ENCERRAMENTO

Este livro, contendo (...) folhas, todas numeradas tipograficamente e com a minha rubrica (...), destinou-se a (ao) (...) e teve pela ordem o número (...). [Ou "O presente livro contém (...) folhas, devidamente numeradas e rubricadas por mim (...), e serviu para os fins constantes no Termo de Abertura"].

(Data)...

Delegado de Polícia

(a)...

6.7. Termo de Visita em Correição

Em São Paulo, ao terminar a correição, Juiz de Direito determina a lavratura do seguinte termo:

> *"DELEGACIA DE POLÍCIA E CADEIA PÚBLICA / Termo de visita em correição ordinária / Aos (...) dias do mês de (...) de dois mil (...), às (...) horas, na Delegacia de Polícia e Cadeia Pública do Município de (...) Estado de São Paulo, foram iniciados os trabalhos de Correição Ordinária, com a presença do MM. Juiz Corregedor Permanente, Dr. (...), e do(s) Ilmo(s) Delegado(s) de Polícia, Doutores (...), do Escrivão (...), bem como dos seguintes funcionários: (...), nos termos do edital publicado no dia (...). A Delegacia de Polícia está instalada na Rua (...), fone (...), em condições de conservação. Em Cartório foram encontrados (...) inquéritos policiais em andamento, (...) Cartas Precatórias expedidas e recebidas, (...) Boletins de Ocorrência. Observou-se estarem dentro dos prazos (ou se for o caso, fora do prazo legal, descriminando o nº (...), (...). / Foram examinados e visitados os livros e papéis sujeitos à Correição, observando-se que estão em boa ordem de escrituração (ou se for o caso, registrar a falha, para depois, recomendar ou determinar o necessário. Quanto às dependências da Cadeia Pública, foi constatado estar o prédio em (...) situação, (...) composto de (...), celas (não) contendo (...) presos, que foram ouvidos um a um, recomendando-se e observando-se que (...). / O Dr. (...), Delegado de Polícia e Diretor da Cadeia, exibiu os livros que se achavam em (...) ordem de escrituração. Os reeducados (não) recebem visitas médico-odontológicas (...) vez(es) por mês. Estavam recolhidos na cadeia os seguintes reeducandos:(...), (...). / Observou-se que os presos albergados (...), (...), estavam cumprindo os requisitos e condições impostas pelo benefício. / Observações (...). / Recomendações e Determinações finais (...).* Seguem-se as assinaturas das autoridades presentes.

7. NOTAS EXPLICATIVAS

— Na Polícia Federal, os livros cartorários obrigatórios contêm termos de abertura e encerramento, assinados pelo Coordenador Regional Policial que também rubrica todas as folhas.

— O termo de encerramento é lavrado após o integral preenchimento do livro, ou quando de sua eventual substituição por outro.

— Nas Divisões e Delegacias da Polícia Federal a assinatura dos termos e rubricas das folhas competem, respectivamente, ao Delegado Executivo e ao Chefe da Delegacia.

— Os livros obrigatórios ficam sob a guarda e responsabilidade do escrivão-chefe ou encarregado do cartório, a quem compete providenciar as escriturações.

— Os livros cartorários são escriturados com caneta de tinta azul ou preta, não podendo conter rasuras, emendas ou entrelinhas.

— Os registros lavrados nos livros cartorários não podem ser cancelados. No caso de erro no preenchimento, deve ser feito novo registro com a retificação necessária, fazendo-se menção ao lançamento anterior.

— Na Polícia Estadual observa-se as mesmas formalidades, sendo os livros assinados e rubricados pelo Delegado de Polícia.

Capítulo VI

Escrivão de Polícia

1. CONCEITO

Desde a mais remota antigüidade se tem notícias da profissão de escrivão e a sua existência está ligada ao próprio desenvolvimento da arte de escrever. Mondin, discorrendo a respeito, nos informa que "Quer na antiga Grécia, sob o nome de *episteta*, quer na velha Roma, sob a denominação de *scribae* ou *instrumentarius*, encontramos escrivães registrando os atos processuais".[107]

Através dos tempos, esses profissionais foram registrando também os fatos mais relevantes de sua época, nos legando escritos de inestimável valor histórico. Como, por exemplo, entre outros, a Carta de Pero Vaz de Caminha, escrivão da armada cabralina, transmitindo ao rei de Portugal as primeiras notícias do descobrimento do Brasil.

A palavra *escrivão*, do latim *scribanus,* segundo os léxicos, é o "oficial público que escreve autos, termos de processo, atas e outros documentos de fé pública"; é o "oficial público encarregado de escrever os documentos legais, autos, atas e mais termos do processo, junto a diversas autoridades, tribunais, corpos administrativos, etc., assim como de arquivar os processos e mais documentos".[108]

---

107. Augusto Mondin, *Manual de Inquérito Policial,* p. 12.

108. Aurélio Buarque de Holanda Ferreira, *Novo Dicionário da Língua Portuguesa*; Caldas Aulete, *Dicionário Contemporâneo da Língua Portuguesa.*

2. CARREIRA

Em São Paulo, a gênese da carreira de Escrivão de Polícia está na Lei nº 165, de 1º.8.1893, promulgada pelo Governador Bernardino de Campos, que criou diversos cargos na Repartição Central de Polícia, dentre os quais alguns de escrivães.

Alguns anos depois, a Lei nº 522, de 26.8.1897, reorganizou os serviços policiais do Estado, criou os cargos de 1º e 2º Delegados Auxiliares e estatuiu que cada um deles teria um escrivão privativo, que exerceria as suas funções em qualquer parte do Estado.

No decorrer do tempo, seguiram-se vários outros diplomas legais, dispondo sobre as funções do escrivão. Entre esses diplomas, destacamos o antigo Regulamento Policial do Estado de São Paulo, ainda em vigor, em que pesem as mudanças havidas, onde se encontram definidas as atribuições privativas do escrivão.

As carreiras policiais são integradas por autoridades policiais — os Delegados de Polícia — e seus auxiliares.

Esses auxiliares da administração policial são: Escrivão de Polícia, Investigador de Polícia, Carcereiro, Médico-Legista, Perito Criminal, Fotógrafo Técnico-Pericial, Desenhista Técnico-Pericial, Papiloscopista Policial, Auxiliar de Papiloscopista Policial, Agente de Telecomunicações Policial, Auxiliar de Necropsia, Atendente de Necrotério Policial e Agente Policial (Motorista Policial).[109]

Os integrantes dessas carreiras policiais estão submetidos ao *Regime Especial de Trabalho Policial* e impedidos de exercer qualquer modalidade de trabalho próprio da profissão, a não ser no desempenho do cargo ou função.[110]

3. CONCURSO

Em São Paulo, o concurso de ingresso no cargo inicial da carreira de Escrivão de Polícia, como nas demais carreiras policiais, é realizado pela Academia de Polícia, sob a supervisão do Delegado Geral, observadas as instruções especiais que na ocasião forem publicadas.[111]

Os candidatos são submetidos às seguintes exigências legais: ser brasileiro ou estrangeiro naturalizado; ter no mínimo 18 anos de idade na data da inscrição; não registrar antecedentes criminais nem profissionais; estar no gozo dos direitos políticos; estar quite com o Serviço Militar, se do sexo masculino; ter votado na última eleição, pago a respectiva multa, ou ter-se justificado nos termos da lei; ter conduta

109. Lei Complementar nº 129, de 15.12.1975. V. ainda Lei Complementar nº 207/1979.

110. Lei nº 9.717, de 30.1.1967, instituiu regimes especiais de trabalho e reajustou vencimentos de determinadas carreiras. Ver Lei Complementar nº 494, de 24.12.1986, dispõe sobre a instituição de séries de classes de Policiais Civis no Quadro da Secretaria da Segurança Pública, e dá providências correlatas. Lei Complementar nº 547, de 24.6.1988, institui novo sistema retributório para as carreiras de Policiais Civis, e dá outras providências. Decreto nº 31.582, de 18.5.1990, regulamenta o processo de promoção para os integrantes das carreiras de Policiais Civis de que trata a Lei Complementar nº 547/1988.

111. Leis Complementares nºs 207/1979 e 683/1992 (Regulamento da Acadepol).

irrepreensível na vida pública e na vida privada, apurada por meio de investigação sigilosa; ter capacidade física e mental para o desempenho da função, comprovada com laudo expedido pelo Serviço Médico.

Para fins de inscrição no concurso em tela, o candidato deve apresentar o Certificado de conclusão do segundo grau ou Histórico Escolar correspondente, fornecido por estabelecimento oficial ou particular de ensino, devidamente regularizado.

O candidato aprovado e classificado no concurso é nomeado na 5ª classe da carreira, acrescidos ao seu vencimento inicial o Adicional de Insalubridade, o Adicional de Local de Exercício e a Ajuda de Custo Alimentação.

4. ATRIBUIÇÕES

Ao Escrivão de Polícia, no exercício de suas funções, nos termos do antigo Regulamento Policial, ainda em vigor, compete:

a) escriturar e ter sob sua guarda um livro de registros de ordem, no qual transcreve os documentos, circulares, ofícios e portarias relativos ao seu serviço;

b) escrever, em forma, o expediente da delegacia, os inquéritos, mandados, precatórias, alvarás e mais atos próprios do oficio;

c) lavrar em livro próprio, devidamente aberto e rubricado pelo delegado, os termos de fiança, dos quais tirará traslado para juntar aos autos respectivos. Neste livro deverá certificar, em seguida ao termo de fiança, a data do recolhimento da mesma, o qual deverá ser feito, no prazo máximo de 48 horas, aos cofres da Coletoria ou à Tesouraria da Polícia;

d) arrolar, em um livro de inventário, todos os folhetos, leis, regulamentos, livros, móveis e tudo o que pertença à delegacia, bem como os autos e outros documentos que tenham de ser arquivados, organizando em ordem o respectivo arquivo;

e) ter um livro de carga e descarga da remessa de autos, conclusões finais dos inquéritos, ofícios, documentos e mais papéis;

f) praticar todos os deveres profissionais inerentes ao cargo, observando a praxe forense.[112]

Ainda quanto ao exercício da função do Escrivão, o Regulamento Policial em tela dispõe que:

a) os livros da delegacia terão termo de abertura e encerramento assinados pelo delegado, que rubricará as folhas devidamente numeradas;

b) os escrivães poderão ser removidos para outras delegacias ou promovidos;

c) no caso de remoção, promoção ou quando, por qualquer motivo, cessar o exercício funcional, o escrivão entregará, dentro de 24 horas da posse do seu sucessor, o cartório, com os arquivos e livros, sob pena de responsabilidade;

d) da entrega será lavrado o competente auto, que será registrado no livro de inventário e arquivado.

---

112. Regulamento Policial, arts. 113 e segts.

5. ATOS PRIVATIVOS

O Escrivão de Polícia trabalha nos departamentos policiais, cuidando dos livros, documentos e papéis oficiais; no cartório central de uma Delegacia Seccional, Municipal ou Distrital; ou na Equipe de Plantão Policial, auxiliando a autoridade policial, no atendimento das pessoas e no encaminhamento das ocorrências, redigindo ofícios, requisições, memorandos, atestados e outros papéis.

Nesse mister, lavra os autos de prisão em flagrante delito, de constatação de ato infracional, Boletins de Ocorrência (BOs), termos circunstanciados de ocorrência (TC), de comparecimento, de fiança e outros, como os de movimento do inquérito.

O Escrivão elabora o inquérito, um instrumento escrito, revestido de características próprias, cuidando de sua finalidade, forma e conteúdo. Durante a tramitação em Cartório, ele registra, através dos termos de movimento, os atos que são inerentes às suas funções. Esses termos são os seguintes: Autuação, Recebimento, Conclusão, Certidão, Data, Juntada, Remessa, Apensamento e Vista.

6. MODELOS DE TERMOS E DESPACHO

6.1. Autuação

Registrado sob nº (...) ANO (...) FL. 1
do livro competente nº (...)
(...) de (...) de (...).

O(A) Escrivão(ã)

(a).................................

SECRETARIA DE ESTADO DOS NEGÓCIOS DA SEGURANÇA PÚBLICA
POLÍCIA CIVIL DO ESTADO DE SÃO PAULO

DELEGACIA ______________________.

O(A) Escrivão(ã)

(a).................................

INQUÉRITO POLICIAL SOBRE ___________
AUTO DE PRISÃO EM FLAGRANTE DELITO

Autora : JUSTIÇA PÚBLICA
Indiciado: PETRÔNIO DE TAL

A U T U A Ç Ã O

Aos (...) dias do mês de (...) do ano de dois mil e (...), nesta cidade de (.../...), na Delegacia de Polícia (...), em meu Cartório, autuo a **PORTARIA** (ou o **AUTO DE PRISÃO EM FLAGRANTE**) que adiante se segue, do que, para constar, lavro este termo.

Eu, (...), escrivão(ã), o digitei.[113]

6.2. Recebimento

SECRETARIA DE ESTADO DOS NEGÓCIOS DA SEGURANÇA PÚBLICA
POLÍCIA CIVIL DO ESTADO DE SÃO PAULO

RECEBIMENTO

Aos (...) dias do mês de (...) do ano de dois mil e (...), foram-me entregues, em cartório, os presentes autos e, para constar, lavrei este termo. Eu, (...), escrivão(ã) que o digitei.

113. *A autuação é a capa do procedimento, com o termo do escrivão de autuação. O modelo é o utilizado pela Secretaria da Segurança Pública de São Paulo (S.G. — S.S.P. — Mod. 15).*

6.3. Conclusão

CONCLUSÃO

Aos (...) dias do mês de (...) do ano de dois mil e (...), faço estes autos conclusos ao Dr. (...), Delegado de Polícia de (...) e, para constar, lavro este termo. Eu, (...), escrivão(ã) que o digitei.

6.4. Certidão

CERTIDÃO

Certifico, em cumprimento à portaria (despacho, retro ou supra), haver (declarar a natureza do ato praticado, por exemplo: intimado a vítima, as testemunha; expedido Ordem de Serviço para localização e apresentação do acusado em cartório; notificado os peritos; expedido cartas precatórias e ofícios, etc.).

O referido é verdade e dou fé.

(Data)..

O(A) Escrivão(ã)

(a)....................................

6.5. Data

D A T A

Aos (...) dias do mês de (...) do ano de dois mil e (...) e, recebi estes autos e, para constar, fiz este termo. Eu, (...), escrivão(ã) que o digitei.

Nos autos do inquérito os termos do(a) escrivão(ã) e o despacho da autoridade são exarados na seguinte ordem:

6.6. Despacho

SECRETARIA DE ESTADO DOS NEGÓCIOS DA SEGURANÇA PÚBLICA

POLÍCIA CIVIL DO ESTADO DE SÃO PAULO

Na mesma data [ou em (...) de (...) de 200(...)], faço estes autos conclusos ao Dr.(a) . (...), Delegado(a) de Polícia, e, para constar, lavro este termo. Eu (...), escrivão(ã) que o digitei.

C

L

S.

(**DESPACHO**)

J. Auto de Exibição e Apreensão do material entorpecente.

J. Requisição nº (...), e o respectivo Laudo de Constatação.

Forneça-se Nota de Culpa ao acusado, com observância das formalidades legais, devendo ser o mesmo qualificado, identificado e pregressado formalmente.

J. cópia de ofício ou guia encaminhando o preso à (...).

Oficie-se ao MM. Juiz de Direito (...) comunicando-lhe o ocorrido e encaminhando-lhe cópia do Auto de Prisão em Flagrante.

J. Certidão do Termo de Fiança, prestada pelo acusado (caso a infração seja afiançável).

Livrando-se solto, seja o acusado posto em liberdade, finda a Identificação.

Voltem-me conclusos.

CUMPRA-SE.

Data ....

O(A) Delegado(a) de Polícia

(a)..

Data — Na mesma data supra recebi estes autos. Para constar, lavro este termo. Eu, (...) escrivão(ã) que o digitou.

O(A) escrivão(ã) exara no verso desta folha a seguinte certidão:

CERTIDÃO

Certifico haver dado inteiro cumprimento ao despacho *retro*, conforme adiante se vê. O referido é verdade e dou fé.

Data......................................

O(A) Escrivão(ã)

(a)..

(Depois de datilografados ou digitados os termos, procede-se a juntada das peças elaboradas, como por exemplo, o Auto de Exibição e Apreensão, a cópia da requisição do exame da droga, o laudo de constatação elaborado pelo Laboratório de Toxicologia, cópias da nota de culpa e do ofício endereçado ao Juiz de Direito comunicando a prisão, certidão do termo de fiança, cópia da guia comprovando o recolhimento do dinheiro, etc.).

6.7. Juntada

JUNTADA

Aos (...) dias do mês de (...) do ano de dois mil e (...), junto a estes autos (de inquérito) (...) [por exemplo: ofício recebido de, Assentada de (...), etc.], como diante se vê, e, para constar, lavro este termo. Eu, (...), escrivão(ã) que o datilografei (ou digitei).

6.8. Apensamento

APENSAMENTO

(nos autos do inquérito)

Aos (...) dias do mês de (...) do ano de (...), em cumprimento ao despacho (...) (supra ou retro), apenso a este inquérito os autos (...) (declarar a natureza dos autos) e, para constar, faço este termo. Eu, (...), escrivão(ã) que digitei.

APENSAMENTO

(nos autos apensados)

Aos (...) dias do mês de (...) do ano de (...), em cumprimento ao despacho (...) (supra ou retro), apenso estes autos ao inquérito policial em que figura(m) como indiciado(s) (...), e, para constar, lavro este termo. Eu, (...), escrivão(ã) que o digitei.

6.9. Desentranhamento

DESENTRANHAMENTO

Aos (...) dias do mês de (...) do ano de dois mil e (...), em cumprimento ao despacho...(supra ou retro), desentranhei destes autos de inquérito o(s) documento(s) de folha(s) (...), para (consignar o motivo), e para constar, lavro este termo. Eu, (...), escrivão(ã) que o digitei.

6.10. Vista

VISTA

Aos (...) dias do mês de (...) do ano de dois mil e (...), em cartório, Faço estes autos com vista ao Dr. (...) OAB/UF, nº (...), com escritório nesta cidade, na (...) (Avenida/Rua) (...), nº (...), (sala, conj.) nº (...), CEP (...), Tel. (Fax) nº (...), advogado do indiciado, e, para constar lavro este termo. Eu, (...), escrivão(ã) que o digitei.

DATA

Na mesma data supra, recebi estes autos e, para constar, lavro este termo. Eu, (...), escrivão(ã) que o digitei.

6.11. Termo de Abertura

TERMO DE ABERTURA

(Volume II)

Aos (...), do mês de (...), de (...), nesta cidade de (...), na Delegacia do Município, procedo a abertura do segundo volume dos autos do inquérito policial nº (...) / (...), iniciando-se pela fls. (...), do que para constar, lavro este termo. Eu, (...), escrivão(ã) que o datilografei (digitei).

6.12. Termo de Encerramento

TERMO DE ENCERRAMENTO

(Volume II)

Aos (...), do mês de (...), de (...), nesta cidade de (...), na Delegacia do Município, procedi ao encerramento do segundo volume dos autos do inquérito policial nº (...)/(...), tendo por última página a de nº (...), e, em seguida, procedi à abertura do terceiro volume que prosseguirá nas diligências. Para constar, lavrei este termo. Eu, (...), escrivão(ã) que o datilografei (digitei).

6.13. Data e Remessa

DATA E REMESSA

Na data supra recebi estes autos e faço remessa dos mesmos à (...), por intermédio da (...). Eu, (...), escrivão(ã) que o digitei.

6.14. Remessa

REMESSA

Aos (...) dias do mês de (...) do ano de dois mil e (...), faço remessa destes autos ao M.M. Juiz de Direito da Comarca de (...) [ou ao Dr. Delegado de Polícia de (...), ou ao Fórum Criminal, etc.] e, para constar, lavro este termo. Eu, (...), escrivão(ã) que o datilografei (ou digitei).

7. NOTAS EXPLICATIVAS

Termo: — É a declaração exarada em inquérito ou processo. Não podem ser lançados termos de qualquer natureza no verso ou no anverso de sentenças, petições, documentos, guias, etc., devendo ser lançados sempre em nova folha oficial, com inutilização dos espaços em branco.

Todos os termos de juntada, vista, conclusão e eventuais certidões devem ser datados e rubricados pelo(a) escrivão(ã). Lançado um termo erroneamente, em hipótese alguma poderá ser rasurado, devendo ser feita a correção mediante o Termo de Baixa, seguindo-se o termo correto.

Na terminologia processual, termo é tomado no mesmo sentido de auto e pode ser de registro, judicial ou de movimento.

Termos de registro são os assentos feitos pelo Escrivão, nos livros obrigatórios do Cartório, para perpetuidade e autenticidade de fatos, sujeitos a esta formalidade.

Termos judiciais exprimem a redução de um ato forense ou de uma diligência a escrito, designam, assim, o assento ou o auto que se formula em um processo ou inquérito, tais como os Termos de Declaração, de Reconhecimento, de Avaliação e outros.

Termos de movimento são aqueles que registram o cumprimento de determinadas medidas ou o motivo de sua impossibilidade ao mesmo tempo em que impulsionam o processo ou o inquérito. E são os seguintes: de autuação, recebimento, conclusão, certidão, data, vista, remessa, juntada, apensamento, desapensamento e desentranhamento.

Autuação: — É o termo inicial lançado na capa do inquérito, na primeira folha, na parte inferior, como se vê no modelo, menciona a data e o local do ato, a delegacia por onde correrá o inquérito e a peça inicial deste que pode ser Portaria, Auto de Prisão em Flagrante, Representação, Requisição, Petição, etc.

Observe-se, outrossim, que o Termo de Ocorrência (TC) também é autuado.

Capa do Inquérito: — A capa traz, além das indicações acima mencionadas, a designação da Secretaria de Estado, do órgão subordinado (Delegacia Seccional, Delegacia Municipal, Distrito Policial, Delegacia Especializada, Divisão, etc.,), do nome do(a) escrivão(ã), dos nomes das partes e, finalmente, a natureza da infração.

Na capa, no alto, geralmente à esquerda, estão impressos os dizeres destinados ao registro do inquérito no livro competente.

Autuamento: — É assim denominada a reunião em ordem das diferentes folhas ou peças do inquérito, seguidamente numeradas.

Numeração: — É lançada na parte superior direita do anverso da folha, a partir da que serve de capa ao inquérito e na qual é lavrado o termo de autuação.

Todos os documentos são numerados individualmente, ainda que fixados mais de um numa única folha, a qual não será numerada por ser considerada apenas como suporte.

Caderno: — É a forma como são colocadas as folhas do inquérito policial ou dos autos de processo, em ordem numérica e presas com grampos de metal, o que facilita a juntada de outros atos e termos, na ordem em que vão sendo realizados.

Número de Folhas: — Os autos do processo ou do inquérito deverão conter no máximo 200 folhas. Atingido esse número, será encerrado o volume, apondo-se o termo ou certidão de encerramento na última folha, que deverá ser numerada. Para formação de um novo volume, certificar-se-á na primeira folha, também numerada, a abertura do mesmo, devendo constar na capa o número do novo volume. Tanto a contracapa do volume encerrado quanto a capa do novo volume não serão numeradas, pois constituem mera proteção das peças processuais ou autos.

Recebimento: — É o termo em que o escrivão registra a entrega, que lhe é feita em cartório dos autos do inquérito, quando estes provêm de outra autoridade ou repartição. Na hipótese do M.M. Juiz de Direito devolver o inquérito, com a concessão de determinado prazo para a sua conclusão, a contagem do prazo é feita a partir da data em que os autos deram entrada no cartório da Delegacia.

Conclusão (Cls.): — É o termo através do qual o escrivão submete o inquérito policial a exame e despacho da autoridade que o preside. O escrivão deve enviar os autos ao delegado no mesmo dia em que assinar o termo de conclusão ou de vista, aplicando-se, por analogia, o art. 800, § 4º do Código de Processo Penal.

Certidão: — É o termo pelo qual o escrivão consigna no inquérito, de modo a fazer fé, o cumprimento de ordem legal emanada da autoridade, ou informa, como às vezes sucede, o motivo por que não a pôde cumprir.

Atente-se, outrossim, que há um outro tipo de certidão, fornecida a pedido de pessoa interessada. Um documento passado pelo escrivão que tem fé pública, no qual se reproduzem peças processuais, escritos constantes de suas notas, ou se certificam atos e fatos que ele conheça em razão do ofício.

É diferente do Atestado, documento em que se faz atestação, isto é, em que se afirma a veracidade de certo fato.

O Poder Executivo paulista aboliu nos órgãos e unidades da Administração Centralizada e Descentralizada a exigência de apresentação dos atestados de vida, residência, pobreza, dependência econômica, idoneidade moral e bons antecedentes, sendo aceita, em substituição a esses atestados, declaração, impressa ou manuscrita, assinada pelo interessado ou seu procurador. Essa declaração será aceita como verdadeira até prova em contrário, podendo ser feita no próprio requerimento ou petição.[114]

Data: — É o termo que assinala a tramitação do inquérito, da autoridade que o preside ao escrivão que nele funciona, para cumprimento de atos determinados por aquela. Por analogia, segundo dispõe o art. 799 do Código de Processo Penal, o escrivão tem o prazo de 2 dias para execução dos atos determinados pela autoridade.

Despacho: — Manifestação do Delegado lançada nos autos do inquérito, determinando providências, ou em petições/requerimentos, deferindo-os ou não.

Vista: — É o termo mediante o qual se permite à parte interessada ou seu procurador, em cartório, o exame dos autos para razões ou produção de defesa.

Este termo é utilizado tanto no inquérito policial, para conhecimento das partes, como no processo administrativo que é contraditório, com ampla defesa, e os autos podem ser entregues aos interessados, para exame e devolução, nos termos da lei e das instruções internas da Administração.

Remessa: — É o termo que comprova a expedição do inquérito a juízo ou a outra autoridade policial.

Juntada: — É o termo que registra a anexação ao inquérito, mediante prévio despacho da autoridade, de qualquer documento ou papel que interesse à prova ou aos autos. A juntada das peças de interesse do inquérito seguirá sempre a ordem cronológica de sua apresentação.

Apensamento: — É o termo que registra a reunião de dois ou mais autos distintos, mas relacionados entre si, como, por exemplo, os autos de exame de incidente de insanidade mental do acusado (ou, no processo penal, os de execução ou de falsidade), quando este se processa em apartado e vem, depois, o respectivo laudo ou processo, a ser anexado aos autos principais.

Reunidos, os autos deverão manter os respectivos números de registro, devendo ser certificado o ato em ambos os processos (inquéritos ou outro procedimento).

Nos autos principais certificar-se-á o apensamento dos autos apensados, devendo constar o número da folha onde foi lançado o despacho ordenatório correspondente que o determinou. Da mesma forma deverá proceder-se nos autos apensados, certificando-se seu apensamento ao principal e à folha do despacho que lhe deu causa.

Desapensamento: — É o termo lançado quando são tirados os apensos, devendo constar certidão em ambos os processos ou autos, sendo que na certidão dos autos principais constará a destinação dada aos autos desapensados.

Desentranhamento: — É o termo lançado quando o Juiz ou a autoridade policial autoriza o desentranhamento de peças constantes do inquérito (ou do processo). Nessa hipótese, deve o escrivão desentranhá-las, colocando em seu lugar uma única folha com a respectiva certidão de desentranhamento em sua parte central. Desta certidão constará o número da folha em que foi exarado o despacho que deu causa ao desentranhamento.

114. Decreto Estadual (SP) nº 14.625, de 28.12.1979. Por força deste decreto foram abolidos os atestados de residência, de vida, de pobreza e de dependência econômica.

Em se tratando de documentos, deverão ser substituídos por cópias autenticadas que integrarão os autos colocadas no mesmo lugar dos documentos desentranhados, constando da Certidão de Desentranhamento a juntada em substituição.

Capítulo VII

Assuntos de Interesse Policial

1. ATUAÇÃO POLICIAL

A finalidade da polícia consiste, sempre, em prevenir os perigos, reprimir as ações anti-sociais ou crimes, assegurando proteção à pessoa, no gozo e segurança de seus direitos individuais e públicos. Na sua dinâmica, a polícia defende as pessoas e a administração pública, protege as condições necessárias ao decoro e seguro exercício das funções públicas e impede a perpetração de fatos reprimidos pela lei penal, defendendo a coletividade e os indivíduos de perigos graves e iminentes.

O Poder de Polícia, explica Otto Mayer, abrange todas as atividades e interesses humanos e a sua legitimidade pressupõe apenas a necessidade de restabelecer o equilíbrio jurídico, social, moral ou econômico, atingido pelo exercício normal de direitos individuais.[115]

Assim, vamos discorrer sobre alguns temas em que se faz presente o poder de polícia.

1.1. Algemas

Antigamente os presos não podiam ser conduzidos à presença da Autoridade com ferros, algemas ou cordas, salvo o caso extremo de segurança, que deveria ser justificado pelo condutor.

---

115. Otto Mayer, *Droit Administratif de L'Empire Allemand*, v. 2, p. 13, *apud* Ubirajara Rocha, *A Polícia em Prismas*, p. 23.

Hoje, generalizou-se o uso de algemas, como medida de segurança. No Fórum, durante as audiências, na presença dos Juízes, observa-se a praxe de deixar o réu sem algemas.[116]

As algemas são utilizadas legalmente nas seguintes diligências: *a)* condução à presença da autoridade das pessoas capturadas e presas em flagrante delito, ou em virtude de mandado de prisão, nos casos previstos em lei, desde que ofereçam resistência ou tentem a fuga; *b)* condução dos ébrios, viciados e turbulentos, recolhidos na prática de infração e que devam ser postos em custódia, nos termos da lei, desde que o seu estado de exaltação e resistência torne indispensável o emprego de força; *c)* transporte, de uma para outra dependência, ou remoção, de um para outro presídio, dos presos que pela sua conhecida periculosidade possam tentar a fuga, durante a diligência, ou a tenham tentado, ou oferecido resistência quando de sua detenção. Em suma, o uso de algemas deve restringir-se aos presos perigosos que ofereçam resistência ou tentem fuga, além dos ébrios, viciados e turbulentos, desde que o seu estado extremo de exaltação torne indispensável o emprego de força.[117]

1.2. Animais

Todos os animais existentes no País são tutelados do Estado, e aqueles que, em lugar público ou privado, aplicar ou fizer aplicar maus-tratos aos animais, seja ou não o respectivo proprietário, sem prejuízo da ação civil que possa caber, fica sujeito a sanções pecuniárias e de privação da liberdade. E as autoridades federais, estaduais e municipais devem prestar aos membros das sociedades protetoras de animais a cooperação necessária.[118]

As autoridades policiais que tiverem conhecimento de ocorrência de infrações ao Código Florestal, ao Código de Caça e à legislação de proteção aos animais devem providenciar de imediato, no âmbito da Polícia Civil, medidas processuais necessárias, para a repressão dos delitos tipificados nesses diplomas, tendo em vista a sua competência legal.[119]

116. Decreto Estadual (SP) nº 19.903, de 30.10.1950, dispõe sobre o uso de algemas. Lei Complementar Estadual (SP) nº 207/1979 (Lei Orgânica da Polícia), art. 132, sobre o fornecimento de algemas aos Policiais. Lei de Execução Penal, de 11.7.1984, determina que o emprego de algemas seja disciplinado por meio de lei federal.

117. Fontes sobre o uso de algemas: Código Criminal do Império, art. 44; Decreto nº 4.824, de 22.11.1871, art. 28; Decreto Estadual (SP) nº 4.405-A, de 17.4.1928, art. 419 (Regulamento Policial do Estado); Decreto Estadual (SP) nº 19.803, de 30.10.1950; Resolução SSP nº 41, de 2.5.1983; Portaria DGP nº 28, de 19.10.1994, sem ementa e Código de Processo Penal, art. 284.

118. Lei nº 4.771, de 15.9.1954, Código Florestal; Lei nº 5.197, de 3.1.1967, Código de Caça; Decreto Federal nº 24.645, de 10.7.1934, estabelece medidas de proteção aos animais; Lei nº 24.548, de 3.7.1934, entre outras medidas, dispõe sobre o transporte de animais; Lei das Contravenções Penais, art. 64; Decreto Federal nº 16.590, de 10.9.1924, proibindo corridas de touros, garraios e novilhos, briga de galos e canários, ou quaisquer outras diversões desse gênero que causem sofrimento aos animais; Decreto Federal nº 50.620, de 18.5.1961, proíbe o funcionamento de rinhas de "brigas de galos" e dá outras providências; Lei nº 9.605, de 12.2.1998, arts. 29 a 37.

119. Resolução DGP nº 2, de 31.1.1978, sobre a preservação dos recursos naturais do Estado *(DOE* 1º.2.1978).

O animal solto que apresente sinais de hidrofobia deve ser capturado sem demora, para que não morda as pessoas ou outros animais. As providências devem ser tomadas junto ao Corpo de Bombeiros e à Municipalidade.

O registro genealógico de animais domésticos, com exclusão dos caninos, é feito, em todo o território nacional, de acordo com a orientação estabelecida pelo Ministério da Agricultura.[120]

1.3. Bandeira

A Bandeira Nacional, de acordo com preceito legal específico, pode ser hasteada ou arriada a qualquer hora do dia ou da noite, devendo ser iluminada no período noturno. O Pavilhão Nacional, entre duas bandeiras, deve ser colocado no centro dos outros e ao lado direito, quando acompanhado de outro. No dia 19 de novembro, "Dia da Bandeira", o hasteamento é realizado às 12 horas, com solenidade.[121]

1.4. Comércio e Fundição de Ouro *et All*

Em São Paulo, os estabelecimentos que atuam no comércio ou na fundição de jóias usadas e na revenda de peças usadas de veículos automotores são obrigados a registrar-se no órgão competente da Secretaria de Segurança Pública, segundo o local em que estejam situados, e a adotar os procedimentos que permitam comprovar a regularidade das operações realizadas.[122]

A Secretaria da Segurança Pública, por sua vez, através de portaria da Delegacia Geral de Polícia (DGP), instituiu rotinas de trabalho para a fiscalização dos estabelecimentos que atuam no comércio e fundição de ouro, metais nobres, jóias e pedras preciosas, com as seguintes diretrizes:

Os comerciantes que trabalham com metais nobres e pedras preciosas devem requerer o registro de seus estabelecimentos, na Capital, à 2ª Delegacia Especializada da Divisão de Investigações sobre Crimes Patrimoniais (DISCPATRIMÔNIO), do Departamento de Investigações sobre Crime Organizado (DEIC); nos municípios sede de Delegacias Seccionais de Polícia, perante as respectivas Delegacias Seccionais de Polícia e nos demais municípios, perante a Autoridade Policial local.

O requerimento deve ser instruído com o contrato social; a relação dos responsáveis pelo estabelecimento e dos empregados, em caráter permanente ou eventual, todos devidamente qualificados, e com a apresentação do livro para lançamento das operações realizadas, para ser devidamente rubricado.

---

120. O Decreto Federal nº 84.763, de 3.6.1980, exclui os caninos do Regulamento dos Registros Genealógicos de Animais Domésticos, instituído pela Lei Federal nº 4.716, de 29 de junho de 1965.

121. Lei nº 5.700, de 1º.9.1971, dispõe sobre a forma e a apresentação dos Símbolos Nacionais, e dá outras providências.

122. Lei Estadual (SP) nº 8.520, de 3.7.1993, disciplina o registro de estabelecimentos que atuam no comércio e fundição de ouro, metais nobres, jóias e pedras preciosas, assim como a revenda de peças usadas de veículos automotores e dá providências correlatas. Lei Estadual (SP) nº 10.213, de 8.1.1999, altera a redação do art. 1º, da Lei Estadual (SP) nº 8.520/1993. Decreto Estadual (SP) nº 40.988, de 3.7.1996, regulamenta a Lei Estadual (SP) nº 8.520/1993 (*DOE* 4.7.1996, v. 106, nº 126).

No ato da entrega do requerimento, o interessado recebe um protocolo, com validade máxima de 60 dias, cuja eficácia cessará na data do registro definitivo. Qualquer alteração no quadro de sócios, ou de empregados ou ajudantes, deve ser comunicada ao órgão expedidor do registro no prazo de 48 horas.

Para o controle dessa atividade, do comércio de metais nobres e pedras preciosas, a fiscalização é feita de forma concorrente, entre as unidades policiais do Departamento de Polícia Judiciária da Capital (DECAP), Departamento de Polícia Judiciária da Macro São Paulo (DEMACRO), Departamentos de Polícia Judiciária de São Paulo Interior (DEINTERs), e Divisão de Investigações Sobre Crimes Patrimoniais (DISCPATRIMÔNIO), quinzenalmente, ou quando a Autoridade Policial julgar necessária, sempre através das chefias respectivas e mediante o visto da autoridade que determinou a diligência.

A inspeção policial é consignada no Livro de Registro de Entradas de Metais Nobres e Pedras Preciosas, por meio de carimbo ou chancela que contenha a identificação do órgão fiscalizador e do funcionário encarregado da inspeção, e a data respectiva.

Constatada qualquer infração, deve ser lavrado auto de constatação, em 2 vias, assinado pelo agente da autoridade, pelo infrator e por 2 testemunhas. No mesmo ato o infrator ficará intimado a comparecer ao órgão policial expedidor do registro, dentro de 5 dias, podendo, nessa oportunidade, apresentar defesa escrita à autoridade policial, que de imediato decidirá, lavrando, se for o caso, auto de infração.[123]

Quando a infração for constatada pela própria Autoridade Policial competente, esta poderá autuar de plano o infrator, sem prejuízo de oportunidade de apresentação de defesa escrita à Autoridade Policial, que de pronto decidirá.

O Auto de Infração, lavrado em 3 vias, é numerado em ordem seqüencial, destinando-se: *a)* a 1ª via à homologação, no Município da Capital, pelo Delegado de Polícia Titular Delegacia Especializada da Divisão de Investigações Sobre Crimes Patrimoniais (DISCPATRIMÔNIO) e nos demais Municípios, pelo Delegado de Polícia da hierarquia, imediatamente superior ao que determinou a autuação do infrator; *b)* a 2ª via ao órgão policial expedidor do registro; e *c)* a 3ª via ao infrator, ao seu defensor ou representante legal.

Homologado o auto de infração ou negado o recurso, o infrator será notificado para recolher a multa no prazo de 15 dias, junto à Secretaria da Fazenda ou Bancos autorizados.

Decorrido o prazo mencionado sem o recolhimento da multa, o expediente será encaminhado à Procuradoria Geral do Estado, para cobrança.

Na dosagem das penalidades, a Autoridade Policial deverá atender para as circunstâncias dos fatos, as condições do infrator e a intensidade do dolo na infração cometida.

Atente-se, outrossim, que a legislação estadual pertinente dispõe ainda que os estabelecimentos que trabalham nesse ramo de comércio devem encaminhar, se-

---

123. Portaria DGP nº 7, de 1º.6.1998, institui rotinas de trabalho sobre a fiscalização de estabelecimentos que atuam no comércio e fundição de ouro, metais nobre, jóias e pedras preciosas (*DOE* 4.6.1998).

manalmente, às unidades policiais competentes, nas quais estejam registrados, relação informando a quantidade dos metais raros e dos quilates das pedras adquiridas, acompanhada dos respectivos documentos fiscais. E a relação deve conter: *a)* nome, número do Cadastro Geral de Contribuintes (CNPJ) e endereço da empresa vendedora; *b)* nome, número do Cadastro de Pessoas Físicas (CPF) e endereço do responsável vendedor; *c)* indicação da procedência e legitimidade dos bens adquiridos. E as autoridades responsáveis pela fiscalização podem solicitar outras informações que julgarem necessárias.

Essa exigência e o valor da multa, todavia, foram omitidas na Portaria DGP-7, de 1º.7.1998.

A Lei Estadual (SP) nº 8.520, de 29.12.1992, todavia, que dispõe sobre a matéria em apreço, isto é, sobre o registro policial de estabelecimentos que atuam no comércio e na fundição de ouro, metais nobres, jóias, pedras preciosas e de revenda de peças usadas de veículos automotores, e dá outras providências correlatas, dispõe expressamente que, sem prejuízo das sanções criminais cabíveis, as infrações dessa lei serão passíveis das seguintes penalidades: I - multa, de 10 (dez) a 100 (cem) Unidades Fiscais do Estado de São Paulo (Ufesps); II - cassação de registro (art. 4º).

1.4.1. Requerimento de Registro - Modelo I

REQUERIMENTO DE REGISTRO

Ilustríssimo Senhor Doutor Delegado de Polícia Titular da ....

(razão social ou nome do proprietário) ....

....

CNPJ nº ...., Insc. Est. nº ....,

estabelecido(a) (endereço completo - rua, nº, bairro, telefone) ....

....

neste Município, vem mui respeitosamente à presença de Vossa Senhoria requerer o registro de seu estabelecimento, nos termos da Lei nº 8.520, de 29 de dezembro de 1993, e Decreto nº 40.988, de 3 de julho de 1996, juntando cópia autenticada do contrato social.

Outrossim, informa o quadro de proprietários e empregados que prestam serviço à firma:

1) (nome completo) ....

RG nº .... CPF nº ....

Pai ....

Mãe ....

Natural de .... UF......... Data de Nascimento ....

Residência (endereço completo - rua, nº, bairro, cidade, telefone)........................
....
Função que ocupa ....
Data de admissão ....

2) (nome completo) ....
RG nº .... CPF nº ....
Pai ....
Mãe ....
Natural de .... UF......... Data de Nascimento ....
Residência (endereço completo - rua, nº, bairro, cidade, telefone)........................
....
Função que ocupa ....
Data de admissão ....

3) (nome completo) ....
RG nº .... CPF nº ....
Pai ....
Mãe ....
Natural de .... UF......... Data de Nascimento ....
Residência (endereço completo - rua, nº, bairro, cidade, telefone)........................
....
Função que ocupa ....
Data de admissão ....

4) (nome completo) ....
RG nº .... CPF nº ....
Pai ....
Mãe ....
Natural de .... UF......... Data de Nascimento ....
Residência (endereço completo - rua, nº, bairro, cidade, telefone)........................
....
Função que ocupa ....
Data de admissão ....

5) (nome completo) ....
RG nº .... CPF nº ....
Pai ....
Mãe ....
Natural de .... UF......... Data de Nascimento ....
Residência (endereço completo - rua, nº, bairro, cidade, telefone)........................
....

Função que ocupa ....

Data de admissão ....

Declara ter conhecimento que, em caso de admissão ou demissão de qualquer empregado, deverá ser comunicado a Vossa Senhoria no prazo de 48 (quarenta e oito) horas.

Declara, outrossim, ter pleno conhecimento dos termos da Lei nº 8.520/1993 e do Decreto nº 40.998/1996.

Termos em que,

Pede Deferimento.

................................., ... de ....de ....

(assinatura)

Observação: *No caso de mais de haver 6 (seis), ou mais, empregados, continuar à parte, em papel almaço, observando as mesmas informações.*

1.4.2. Registro do Movimento de Entrada de Metais Nobres e Pedras Preciosas - Modelo II

REGISTRO DO MOVIMENTO DE ENTRADA DE METAIS NOBRES E PEDRAS PRECIOSAS			
DATA DE ENTRADA DIA/MÊS/ANO	FORNECEDOR	ENDEREÇO	CNPJ/CPF

Observação: *livro obrigatório para estabelecimentos que atuam no comércio de metais nobres e pedras preciosas, em estado natural ou não, quando destinados à fundição ou lapidação, conforme termos do art. 3º, parágrafo único, do Decreto nº 40.988, de 3 de julho de 1996.*

REGISTRO DO MOVIMENTO DE ENTRADA DE METAIS NOBRES E PEDRAS PRECIOSAS							
DOC. FISCAL	DATA EMISSÃO	UF	METAL TIPO	PEDRA PESO	PREÇO TIPO	ORIGEM PESO	OBS.

1.4.3. Protocolo - Modelo III

SECRETARIA DE ESTADO DOS NEGÓCIOS DA SEGURANÇA PÚBLICA

POLÍCIA CIVIL DO ESTADO DE SÃO PAULO

PROTOCOLO

Delegacia de Polícia ....

Município ....

Interessado(a) ....

Estabelecido à ....

Requereu o registro nos termo da Lei nº 8.520/1993 e Decreto nº 40.988/1996

..........................de.................................de ....

O Delegado de Polícia,

(a) ....

Válido por 60 (sessenta) dias.

1.4.4. Registro de Estabelecimentos Comerciais de Fundição ou Lapidação de Metais Nobres e Pedras Preciosas - Modelo IV

SECRETARIA DE ESTADO DOS NEGÓCIOS DA SEGURANÇA PÚBLICA
POLÍCIA CIVIL DO ESTADO DE SAO PAULO

REGISTRO DE ESTABELECIMENTOS COMERCIAIS DE FUNDIÇÃO OU LAPIDAÇÃO DE METAIS NOBRES E PEDRAS PRECIOSAS

(Nome da empresa) ....
estabelecida à (endereço completo) ....
neste Município, CNPJ nº ....
está regularmente registrada nesta Delegacia de Polícia sob nº (...), nos termos da Lei nº 8.520/1993 e Decreto nº 40.988/1996.

........................,....de..................................de ....

O Delegado de Polícia,

(a) ....

1.4.5. Comunicado de Alteração do Quadro de Empregados - Modelo V

COMUNICADO DE ALTERAÇÃO DO QUADRO DE EMPREGADOS

Ilustríssimo Senhor Doutor Delegado de Polícia Titular da ....
(Nome da empresa) ....
estabelecida neste Município à (endereço completo) ....
registrada nessa Delegacia de Polícia sob o nº (...) vem, respeitosamente, à presença de Vossa Senhoria comunicar a alteração no quadro de empregados, como segue:

1) (nome completo) ....
RG nº .... CPF nº ....
Pai ....
Mãe ....
Natural de .... UF......... Data de Nascimento ....
Residência (endereço completo - rua, nº, bairro, cidade, telefone).......................
....

Função que ocupa ....

....

Data de admissão ....

Atenciosamente,

.................., ... de........................de............

....

(assinatura)

1.4.6. Relação Mensal de Metais Nobres e Pedras Preciosas - Modelo VI

RELAÇÃO MENSAL DE METAIS NOBRES E PEDRAS PRECIOSAS

Ilustríssimo Senhor Doutor Delegado de Polícia Titular da ....

(nome da empresa) ....

registro nº (...) estabelecida neste Município à (endereço completo) ....,

....

vem oferecer a Vossa Senhoria relação dos materiais adquiridos por este estabelecimento no período de .../.../... a ..../..../..., nos termos da Lei nº 8.520/1993 Decreto nº 40.988/1996.

Fornecedor	CNPJ	Documento Fiscal	Quantidade		Preço
			Metal/Peso	Pedra/Peso	

Observação: Anexar cópias reprográficas das notas fiscais de entradas das mercadorias relacionadas.

.... de........................ de ....

....

(assinatura)

1.4.7. Auto de Constatação de Infração - Modelo VII

SECRETARIA DE ESTADO DOS NEGÓCIOS DA SEGURANÇA PÚBLICA

POLÍCIA CIVIL DO ESTADO DE SÃO PAULO

AUTO DE CONSTATAÇÃO DE INFRAÇÃO

Nº................../..................

Às (...) horas do dia (...) de (...) de (...) no estabelecimento (nome do estabelecimento) (...) situado à (endereço completo - rua, nº, bairro) (...) neste Município, constatei, durante fiscalização, em presença das testemunhas infra-assinadas e do proprietário/responsável (nome completo) (...), RG nº (...) a infração ao(s) artigo(s) (...) da Lei nº 8.520, de 29 de dezembro de 1993, que: (descrição sucinta da infração) (...) pelo que lavrei o presente, intimando o responsável a comparecer à presença da Autoridade Policial competente dentro do prazo de 5 (cinco) dias.

Nome ....

Cargo ....

Assinatura ....

Testemunhas:

1) Nome ....

RG...

Endereço ....

Assinatura ....

2) Nome ....

RG...

Endereço ....

Assinatura ....

Recebi cópia do presente em data e hora supra

Nome ....

RG...

Endereço ....

Assinatura ....

1.4.8. Auto de Infração - Modelo VIII

SECRETARIA DE ESTADO DOS NEGÓCIOS DA SEGURANÇA PÚBLICA

POLÍCIA CIVIL DO ESTADO DE SÃO PAULO

AUTO DE INFRAÇÃO Nº (*IMPRESSO*)

Tendo em vista o Auto de Constatação de Infração, lavrado aos (...) de (...) de (...) e arquivado nesta repartição, autuo, nesta data, a empresa (nome da empresa) (...) situada à (endereço completo, rua, nº, bairro) (...) neste Município, por infração ao(s) artigo(s) (...), da Lei nº 8.520/1993, em consonância com o disposto no Decreto nº 40.988/1996, aplicando-lhe a penalidade de (. .) tendo, (..) não tendo comparecido o representante legal da mesma, devidamente intimado através do auto de infração supra mencionado.

..............,............. de...........de ....

O Delegado de Polícia

....

Ciente

Espaço destinado
à homologação

.... (assinatura do infrator)

...................., de..............de...........

1ª via (destinada à homologação)
2ª via (ao arquivo da unidade policial)
3ª via (ao infrator)

1.4.9. Notificação - Modelo IX

SECRETARIA DE ESTADO DOS NEGÓCIOS DA SEGURANÇA PÚBLICA

POLÍCIA CIVIL DO ESTADO DE SÃO PAULO

NOTIFICAÇÃO Nº.........

Ao Senhor (...) domiciliado à (endereço completo) (...) neste Município.

Por incumbência do Doutor Delegado de Polícia de (...), notifico Vossa Senhoria nos termos do artigo 5º inciso V, do Decreto nº 40.988, de 3 de julho de 1996, a recolher junto à Secretaria da Fazenda ou Bancos autorizados a multa que lhe foi imposta através do Auto de Infração nº (...) em virtude de homologação do mesmo aos (...), de (...) de (...) de (...).

O Escrivão de Polícia

....

....

(destacável)

Recebi a notificação referente ao Auto de Infração nº (...), ficando ciente da penalidade imposta.

.... de .... de ....

....

(assinatura do notificado)

Os impressos constantes do anexo da Portaria DGP nº 7/1998, acima reproduzidos, Modelos I, II, V e VI, são destinados ao uso do público interessado, mediante aquisição própria, e os Modelos III, IV, VII, VIII e IX, são de uso privativo dos órgãos policiais e são confeccionados com recursos das unidades respectivas.

1.5. Contrabando

Os casos referentes a contrabando devem ser comunicados à Delegacia competente do Departamento de Polícia Federal. Mas, havendo prisão em flagrante, o Delegado da Polícia Estadual pode lavrar o auto e apreender o que for ilegal. Oficia à Justiça comum e, *ad cautela*, à Justiça Federal, encaminhando-lhes cópias do flagrante, instaura inquérito, requisita os exames necessários, encaminha o que foi apreendido à Receita Federal e envia uma cópia dos autos à Polícia Federal.

1.6. Objetos Perdidos e Achados

Os objetos achados e perdidos podem ser entregues nas Agências dos Correios e nas suas caixas coletoras, nas Estações do Metrô e nas Delegacias de Polícia dos municípios ou dos Distritos Policiais da área, para formalização dos atos de recebimento e guarda.[124]

1.7. Pichação

Do ponto de vista legal, pichar, grafitar ou por outro meio conspurcar edificação ou monumento urbano é crime contra a Administração Ambiental, ficando os pichadores sujeitos à pena de prisão de 3 meses a 1 ano e multa. Se o ato for realizado em monumento ou coisa tombada em virtude do seu valor artístico, arqueológico ou histórico, a pena é de 6 meses a 1 anos de detenção, e multa que segundo o art. 52 do Decreto nº 3.179/1999, será de R$ 1.000,00 a R$ 50.000,00 e, se o ato for realizado em coisa tombada, a multa é dobrada.[125]

A fiscalização dos próprios públicos compete à Polícia Militar e às guardas municipais, sendo responsáveis pela condução e apresentação dos pichadores às Delegacias de Polícia, para as providências cabíveis (TC, Lei nº 9.099/1995).

2. COMÍCIOS

No Estado de São Paulo, nos termos da legislação especial, competia ao Departamento de Comunicação Social (DCS), na Capital, e aos Delegados de Polícia municipais fixarem os locais destinados à realização de comícios.[126] Em 1999, com a extinção do DCS, essa competência passou para a Delegacia Geral de Polícia (DGP).

Nestes termos, o responsável pelo comício deve fazer a devida comunicação à Polícia. Na Capital, à DGP, e, no Interior, ao Delegado de Polícia do município, pelo menos 24 horas antes da realização do evento, para garantir, segundo a prioridade do aviso, o direito contra qualquer que, no mesmo dia, hora e lugar, pretender celebrar outro comício (art. 5º, XVI, CF/1988).

À DGP, por sua vez, compete assegurar a realização do comício, garantir o lugar na preferência da reserva e providenciar o devido Policiamento, comunicando o evento à Polícia Militar e à Prefeitura Municipal.

No Distrito Federal e nas cidades brasileiras a autoridade policial de maior categoria, ao começo de cada ano, fixará as praças destinadas a comício e dará publicidade a esse ato. Qualquer modificação só entrará em vigor dez dias depois de publicada. A celebração de comício, em praça fixada para tal fim, independe de licença da Polícia, mas o seu promotor, pelo menos 24 horas antes da sua realiza-

124. Portaria DGP nº 6, de 17.6.1981, sem ementa.

125. Lei nº 9.605, de 12.2.1998, dispõe sobre as sanções penais e administrativas derivadas de condutas e atividades lesivas ao meio ambiente, e dá outras providências.

126. Lei nº 1.207, de 25.10.1950, dispõe sobre o direito de reunião; Lei nº 4.737, de 15.7.1965, instituiu o Código Eleitoral; Lei nº 4.961, de 4.5.1966, altera a redação do Código Eleitoral.

ção, deverá fazer a devida comunicação à autoridade policial, a fim de que esta lhe garanta o direito de reunião.[127]

2.1. Locais de Comício - Modelos de Portaria

A fixação dos locais de comício é feita através de portaria do Delegado de Polícia, nos seguintes termos:

PORTARIA Nº .../ ...

O Delegado de Polícia Titular de (...) Considerando o que dispõe o art. 5º, XVI, da Constituição da República Federativa do Brasil. Considerando ainda o previsto no art. 245 e seus §§, da Lei nº 4.737/1965, que instituiu o Código Eleitoral;

Resolve

Art. 1º. Fixar neste Município, para o corrente exercício, os locais para a realização de reuniões públicas e comícios, em locais abertos, assim discriminados:

Na praça ..., na confluência das Avenidas, etc.

Art. 2º. Conforme dispositivo legal, compete aos promotores da reunião pública do comício, comunicar à Autoridade Policial, pelo menos 24 horas antes da realização, para que não se permita a outro concorrente realizar em dia e hora, no mesmo local, reunião pública ou comícios, ficando assegurado o direito de prioridade.

Art. 3º. Faculta-se aos interessados, outros locais diversos dos fixados, desde que solicitados com antecedência mínima de 72 horas.

Art. 4º. Os pedidos para a realização de reuniões públicas e comícios serão recebidos na Sede da Delegacia de Polícia..., preferindo a ordem de protocolo.

Art. 5º. Tanto para os locais autorizados na presente Portaria, quanto para os mencionados em seu art. 3º, deverá ser obedecido o disposto no art. 39, § 3º e seus incisos e § 4º da Lei nº 9.504/1997.

PORTARIA Nº .../...

O Delegado de Polícia de ... Resolve: De conformidade com a Lei Eleitoral em vigor, fixar os locais abaixo relacionados para a realização de comícios durante o corrente ano, devendo qualquer promotor deles fazer, dentro do prazo legal de 24 horas, a devida comunicação a esta Delegacia de Polícia, a fim de que seja garantido, segundo prioridade de aviso, o direito contra quem, no mesmo dia, horário e local, pretenda realizar outro comício: 1. No cruzamento da Av..., com a Rua...; 2. Na Av...; 3. ..., etc.

---

127. Lei nº 1.207/1950, art. 3º, §§ 1º e 2º (*DOU* de 27.10.1950).

3. CONSELHOS COMUNITÁRIOS

Os Conselhos Comunitários de Segurança (CONSEGs) têm por objetivo colaborar no equacionamento e solução de problemas relacionados com a segurança da população. No município de São Paulo, constituem base de atuação desses Conselhos a área de cada Distrito Policial e Companhia de Policiamento da Polícia Militar e nos demais, o respectivo território.[128]

Os Conselhos são integrados por autoridades policiais, designadas pelo Secretário da Segurança Pública, que os coordenam e por representantes de associações, Prefeituras Municipais e outras entidades prestadoras de serviços relevantes à coletividade e sediadas na área da respectiva Unidade Policial.

A constituição e o funcionamento dos CONSEGs são regulamentados por resolução do Secretário da Segurança Pública.[129]

O Policiamento comunitário, segundo alguns autores, é uma filosofia e estratégia organizacional, uma nova parceria entre a população e a polícia. Baseia-se na premissa de que tanto a polícia quanto a comunidade devem trabalhar juntas para identificar, priorizar e resolver problemas contemporâneos tais como crime, drogas, medo do crime, desordens físicas e morais, e, em geral, a decadência do bairro, com o objetivo de melhorar a qualidade geral da vida na área.[130]

4. DIVERSÕES PÚBLICAS

A Polícia Federal, os Corpos de Bombeiros, as Prefeituras Municipais, o Serviço Sanitário e o Juizado de Menores, cada qual na área de sua competência, têm poderes para licenciar, interditar, controlar e fiscalizar as diversões públicas em geral.

Esses órgãos são competentes para liberar os locais para os divertimentos públicos e, igualmente, podem interditá-los, incluindo-se nesta segunda capacidade também a Polícia Estadual, bastando para tanto que sejam constatadas transgressões ao Código Penal e à Lei das Contravenções Penais, notadamente pelas características desses ambientes, aos crimes capitulados nos arts. 132 e 233 do Código Penal e 31, 32, 42, 50, 59, 62 e 63 da Lei das Contravenções Penais, bem assim ao art. 70 do Decreto Federal nº 50.776/1961.

---

128. V. O.W. Wilson, *Administración de la Polícia*, p. 555.

129. Decreto Estadual (SP) nº 23.455, de 10.5.1985, dispõe sobre a criação de Conselhos Comunitários de Segurança e dá outras providências. Decreto Estadual (SP) nº 25.366, de 11.6.1986, Resolução SSP nº 47, de 20.3.1999, aprova o regulamento das CONSEGs e Portaria CONSEG nº 1/1999, define normas para expedição do Cartão de Identificação do Membro Efetivo da CONSEG (Cimec) de que trata o art. 37, do Regulamento dos CONSEGs, aprovado pela Resolução nº 47/1999. Resolução SSP nº nº 50, de 19.11.1999, autoriza a instalação de Base Comunitária de Segurança. Resolução SSP nº 51, de 23.11.1999, dispõe sobre a oficialização do 8º Encontro Estadual dos Conselhos Comunitários de Segurança. Portaria DGP nº 9, de 19.2.1986, sem ementa, sobre o relacionamento Polícia e Comunidade (*DOE* de 20.2.1986, retificado em 21.1.1986). V. ainda Luiz Carlos Rocha, *Prática Policial*, p. 22.

130. Trojanowicz, Robert & Bucqueroux, Bonnie. *Community Policing a Contemporary Perspectiva.* Livro traduzido do inglês para o português, por iniciativa da Polícia Militar do Rio de Janeiro e de São Paulo, com o título *Policiamento Comunitário: Como Começar Mudanças,* SP, PMESP, RJ, PMERJ, 1994, p. 4.

4.1. Alvará de Licenciamento

O licenciamento das diversões em geral é feito anualmente, comprovando-se pelo Alvará ou Licença Anual para Funcionamento, expedido pela Prefeitura Municipal, com a renovação das vistorias necessárias.

Alvará de Licença Especial: — A Prefeitura Municipal, por meio dos seus órgãos competentes, para efeito de controle e fiscalização, em caráter excepcional, pode expedir alvará de funcionamento para a realização de números artísticos, audições, bailados, canto, declamações, concertos e espetáculos públicos em geral, festas juninas ou folclóricas, ensaios carnavalescos, festejos carnavalescos, bailes em geral, tais como: de passagem do ano, carnavalescos, de aniversário em geral e outras funções de caráter recreativo ou de diversão.

4.2. Cadastro de Locais

Em São Paulo, a Divisão de Registros Diversos, do Departamento de Identificação e Registros Diversos (DIRD), mantém, no âmbito do território do Estado, o cadastro geral de todos os locais onde se realizem diversões públicas. A coleta de dados necessários à atualização desse serviço é feita junto às Prefeituras Municipais, na seguinte conformidade: I - na Capital, pela própria DRD; II - em Santos, pela Delegacia Seccional de Polícia local; III - nos demais Municípios, pelas Delegacias de Polícia respectivas.

Os dados compreendem: *a)* local de funcionamento; *b)* natureza da diversão; e *c)* qualificação do responsável.

As unidades policiais de Santos e do Interior, além de manterem cadastro dos locais de diversões públicas em funcionamento na área de sua jurisdição, devem comunicar mensalmente à DRD todas as alterações havidas. O cadastro é feito para fins de Policiamento.[131]

Nos locais de diversões públicas, o comparecimento de policiais, com a finalidade de preservar a segurança de seus assistentes ou participantes, deve se fazer mediante comunicação obrigatória dos promotores do evento às autoridades das Polícias Civil e Militar.[132]

4.3. Censura

Por preceito constitucional, é livre a expressão da atividade intelectual, artística, científica, independentemente de censura ou licença (CF, art. 5º IX).

A liberdade de manifestação de pensamento foi sempre reconhecida pelas Constituições brasileiras em razão de subordinação à lei. E a Constituição Federal

---

131. Resolução SSP nº 21, de 23.2.1981, estabelece normas relativas ao cadastro dos locais de diversões públicas (*DOE* 24.2.1981).

132. Lei Estadual (SP) nº 5.145, de 30.5.1986, disciplina o comparecimento de Policiais em espetáculos artísticos, culturais, circenses ou esportivos.

de 1988 consagrou a plena liberdade de manifestação do pensamento, da criação, da expressão e da informação.

Mas o Governo Federal, excepcionalmente, para restabelecer a ordem pública e a paz social, pode decretar o estado de sítio e impor, entre outras medidas coercitivas, restrições relativas à inviolabilidade da correspondência, ao sigilo das comunicações, à prestação de informações e a liberdade de imprensa, radiodifusão e televisão, na forma da lei (CF, art. 139, III).

Censura Prévia: — Com a promulgação da Constituição Federal de 1988 foi extinta a censura prévia sobre espetáculos e diversões públicas. A Constituição veda da toda e qualquer censura de natureza política, ideológica e artística e comete à lei federal regular as diversões e espetáculos públicos, cabendo ao Poder Público informar sobre a natureza deles, as faixas etárias a que não se recomendem, locais e horários em que sua apresentação se mostre inadequada, e estabelecer os meios legais que garantam à pessoa e à família a possibilidade de se defenderem de programas ou programações de rádio e televisão contrários aos valores éticos e sociais.

Censura da Imprensa: — A Constituição Federal de 1988, consagrando a plena liberdade de expressão, preceitua que nenhuma lei conterá dispositivos que possam constituir embaraço à plena liberdade de informação jornalística em qualquer veículo de comunicação social (CF, art. 220, § 1º).

Todavia, os responsáveis pelas publicações que divulguem temas considerados contrários à moral e aos bons costumes, bem como atentem contra os direitos e garantias individuais, serão penalizados, pelos abusos cometidos, nos termos da legislação vigente.

Censura Cinematográfica: — A edição da Constituição de 1988 pôs fim à censura cinematográfica. Os filmes, a partir de então, passaram a ser classificados por faixa etária, pela Secretaria Executiva do Conselho Superior de Defesa da Liberdade de Criação e Expressão, do Ministério da Justiça, e exibidos com o certificado classificatório.

Censura do Rádio e da TV: — A União fiscaliza as estações emissoras de rádio e de televisão que, por lei, estão sujeitas a um regime especial de concessão por parte do Poder Público.

A censura de transmissão foi extinta em 1988, com a nova Constituição Federal, e os programas de rádio e de TV passaram a ser analisados e classificados por faixa etária, pela Secretaria Executiva do Conselho Superior de Defesa da Liberdade de Criação e Expressão, do Ministério da Justiça, que orienta, inclusive, o Departamento de Classificação Indicativa do mesmo Ministério.[133]

Com o fim da censura, enquanto não for editada lei federal que regulamente as diversões e espetáculos públicos, as emissoras de rádio e de TV poderão veicular os seus programas, independentemente da emissão de certificado classificatório, cabendo-lhes inteira responsabilidade pela veiculação, nos termos da legislação vigente.

---

133. Portaria nº 796, do Ministério da Justiça, publicada em data de 12.9.2000 e em vigor a partir de 18 do mesmo mês e ano, estabelece faixas etárias para os programas de rádios, tvs e engloba cinemas, locadoras de vídeo e DVD de todo o País.

Atente-se, outrossim, com referência ao público infanto-juvenil, que a exibição de filmes na televisão deve observar o horário recomendado pelo Poder Público, consoante dispõe o seguinte acórdão:

"Estatuto da Criança e do Adolescente - Exibição de filme em canal de televisão convencional - Necessidade da observância do horário recomendado pelo órgão próprio - O artigo 76 do Estatuto da Criança e do Adolescente impõe às emissoras de rádio e televisão a exibição de programas no horário recomendado pelo órgão próprio, que é o Departamento de Classificação Indicativa do Ministério da Justiça, cujo titular baixou a Portaria nº 773/1990, que se encontra em vigor. Exibido filme do gênero terror, contendo cenas de violência, com inobservância do horário indicado pelo órgão próprio, adequada a imposição da multa do artigo 254 do Estatuto da Criança e do Adolescente (Lei nº 8.069/1990). Ampara-se a autuação no artigo 220, § 3.º, inciso I, da CF, que limita a liberdade de comunicação inserta no artigo 5.º, IX, também da CF. Apelo a que se nega provimento." (TJDF - 4ª T. Cível, Ap. nº 299/1997-Distrito Federal; Rel. Des. Mario Machado; j. 22.06.1998; v.u.).

Censura Teatral: — Com a Constituição de 1988 a censura teatral foi extinta e o censor passou a ser apenas "classificador etário", só analisa e classifica os espetáculos por faixa etária, sem proceder à censura ou cortes de texto ou cena de diversões e espetáculos públicos.

Hipnotismo e Letargia: — Pela legislação em vigor, são proibidos espetáculos ou números isolados de hipnotismo e letargia, de qualquer tipo ou forma, em clubes, auditórios, palcos ou estúdios de rádio e de televisão.[134]

4.4. Corrida de Cavalos

A sociedade formada para melhorar a raça cavalar e que se ocupa especialmente de organizar corridas de cavalos, com ou sem obstáculos, ou de trote, e outras entidades em cujos estatutos conste finalidade recreativa, para poderem funcionar, precisam de alvará municipal.

Raias: — Em São Paulo, as corridas de cavalos em pistas retas ou "raias" são consideradas desporto e diversão pública, podendo ser realizadas em todo o território do Estado. Mas as pistas ou "raias" devem ser registradas na Delegacia de Polícia a cuja jurisdição pertencem.

Apostas: — Quanto às apostas, a matéria é regulamentada na esfera federal pela Lei nº 7.291, de 19.12.1984 (Lei do Turfe), e pelo Decreto nº 96.993, de 10.10.1988. Nos termos dessa legislação, a prática de competições hípicas de corrida, nos hipódromos, com ou sem obstáculos, e de trote, com exploração de apostas, depende de prévia autorização do Ministério da Agricultura.[135]

As apostas sobre essas competições só podem ser exploradas diretamente pelas entidades turísticas autorizadas, no recinto do hipódromo e na sede social, que devem ser localizadas no mesmo município.

---

134. Decreto Federal nº 51.009, de 22.7.1961.

135. V. Luiz Carlos Rocha, *Doping*, p. 114.

As apostas sobre corridas de cavalos, sem prévia autorização, constituem contravenção penal, nos termos do art. 50, § 3º, *b*, do Decreto-Lei nº 3.688/1941.

4.5. Empresas de Diversões

A Empresa, Sociedade, Firma ou qualquer outra entidade constituída legalmente para promover, realizar ou explorar diversões públicas ou espetáculos públicos, com fim lucrativo, qualquer que seja o gênero de diversões permitidas e a forma de organização, como, por exemplo, boate, salão de baile cinema, parque de diversões, teatro, stand de tiro ao alvo, pebolim (aparelho de jogo de futebol de mesa), boliche, *snooker*, pista de patinação, etc., precisam ter alvará municipal de funcionamento.

4.5.1. Autocine

Mais ou menos do tipo *Drive*, com tela onde são exibidos filmes, estão sujeitos ao licenciamento municipal.

4.5.2. Bingos

Os jogos de bingo são permitidos em todo o território nacional, desde que as entidades ou empresas promotoras estejam credenciadas junto à Caixa Econômica Federal, para explorar o jogo de bingo permanente ou eventual, com a finalidade de angariar recursos para o fomento do desporto.[136]

Jogo de bingo é aquele em que se sorteiam ao acaso números de 1 a 90, mediante sucessivas extrações, até que um ou mais concorrentes atinjam o objetivo previamente determinado, podendo ser realizado nas modalidades de jogo de bingo permanente e jogo de bingo eventual.

Bingo permanente é aquele realizado em salas próprias, com utilização de processo de extração isento de contato humano, que assegure integral lisura dos resultados, oferecendo prêmios exclusivamente em dinheiro.

Bingo eventual é aquele que, sem funcionar em salas próprias, realiza sorteios periódicos, utilizando processo de extração isento de contato humano, podendo oferecer prêmios exclusivamente em bens e serviços.

A execução do bingo pode ser direta, quando efetuada pela CAIXA e por sua conta e risco, e indireta, quando autorizada pela CAIXA e efetuada sob a responsabilidade de entidade desportiva e por sua conta e risco.

A execução indireta de jogos de bingo implica responsabilidade exclusiva da entidade desportiva autorizada, mesmo que a administração da sala seja entregue a empresa comercial idônea, observado o disposto no art. 4º da Lei nº 9.981, de 2000.

---

136. Lei nº 9.615, de 24.3.1998 (*Lei Pelé*). Decreto regulamentador nº 2.574, de 29.4.1998. Resolução nº 5, de 2.7.1999, do Conselho de Contribuintes de Atividades Financeiras. Lei nº 9.981, de 14.7.2000, altera dispositivos da Lei nº 9.615/1998. Decreto nº 3.659, de 14.11.2000, regulamenta a autorização e fiscalização de jogos de bingo e dá outras providências.

A autorização para explorar jogos de bingo abrange um único sorteio em se tratando de bingo eventual e, no caso de bingo permanente, um período máximo de 12 meses.

Para funcionamento do bingo, os interessados devem apresentar os seguintes documentos: Certificado de autorização da CAIXA, que deve ficar exposto em quadro específico, na entrada do estabelecimento onde se realiza o evento, Alvará de funcionamento fornecido pela Prefeitura Municipal e Alvará do Corpo de Bombeiros.[137]

Nos locais de bingo, a *Lei Pelé* permite a instalação e a operação em salas próprias de máquinas eletrônicas programadas exclusivamente para explorar o jogo de bingo. Mas é proibida a instalação de qualquer máquina de jogo de azar ou diversão eletrônica nas dependências do bingo.[138]

Os bingos beneficentes em favor de entidades filantrópicas estão excluídos das exigências da *Lei Pelé*, mas podem funcionar, desde que devidamente autorizados pela União.

Os crimes previstos pela lei em tela são os seguintes: "Art. 75. Manter, facilitar ou realizar jogo de bingo sem a autorização prevista nesta lei. Pena - prisão simples de seis meses a dois anos, e multa." — "Art. 77. Oferecer, em bingo permanente ou eventual, prêmio diverso do permitido nesta lei. Pena - prisão simples de seis meses a um ano, e multa de até cem vezes o valor do prêmio oferecido." — "Art. 79. Fraudar, adulterar ou controlar de qualquer modo o resultado do jogo do bingo. Pena - reclusão de um a três anos, e multa." — "Art. 80. Permitir o ingresso de menor de dezoito anos em sala de bingo. Pena - detenção de seis meses a dois anos, e multa." — "Art. 81. Manter nas salas de bingo máquinas de jogo de azar ou diversões eletrônicas. Pena - detenção de seis meses a dois anos, e multa.".

4.5.3. Brigas de Galos

Todos os animais existentes no país são tutelados do Estado, e a lei proíbe e pune os maus-tratos infligidos a quaisquer animais, em lugar público ou privado. As lutas entre animais, estimuladas pelo homem, constituem maus-tratos, e os centros onde se realizam as competições denominadas "brigas de galos" convertem-se em locais públicos de apostas e jogos proibidos; por esses motivos é proibido em todo o território nacional realizar ou promover "brigas de galos", "touradas" ou quaisquer outras lutas entre animais da mesma espécie ou espécies diferentes.

A legislação pertinente enfatiza que é proibido realizar ou promover espetáculos cuja atração constitua a luta de animais de qualquer espécie.[139]

---

137. Lei nº 9.615/1998, arts. 59 e segts.

138. Ministério da Fazenda, Instruções Normativas nºs 172 e nº 93, respectivamente, de 30.12.1999 e 29.9.2000, sobre a apreensão de máquinas eletrônicas importadas programadas para a exploração de jogos de azar (*DOU* 31.12.1999 e 4.10.2000).

139. Decreto Federal nº 16.590, de 10.9.1924, dispõe no art. 5º, que não será concedida licença para corridas de touros, garraios e novilhos nem briga de galos e canários ou quaisquer outras diversões desse gênero, que causem sofrimentos aos animais; Decreto Federal nº 24.645, de 10.7.1934, art. 3º, XXIX; OSS (SP) 35/1968 (*DOE* de 7.12.1968).

A jurisprudência, por outro lado, consagrou o entendimento de que a "briga de galo" constitui fato de crueldade contra animais, sendo, pois, vedada pelo art. 64 da Lei das Contravenções Penais.

Os Delegados de Polícia devem coibir as "brigas de galos", promovendo o imediato fechamento das "rinhas" e de outros quaisquer locais onde se realizem espetáculos desta natureza, no estrito cumprimento da legislação vigente.

4.5.4. Campo de Futebol

A Polícia Estadual, na salvaguarda da integridade física de quem quer que seja, no início, durante a realização e no término de competições ou espetáculos desportivos pode proibir qualquer pessoa de transportar ou portar garrafas de bebidas ou refrigerantes, copos ou qualquer outro objeto de vidro ou material cortante ou contundente que, direta ou indiretamente, possam servir para ferir alguém em caso de briga ou desordem.

Os proprietários ou responsáveis por bares ou barracas instaladas em locais onde se realizam competições ou espetáculos desportivos, em cooperação com as autoridades policiais, não devem fornecer aos consumidores garrafas ou copos, para que não sejam desviados ou saiam do local, isto é, do estabelecimento, de modo que tais objetos sirvam ou sejam utilizados para ferir alguém.[140]

4.5.5. Carnaval

Por ocasião do tríduo carnavalesco, para garantir a realização dos festejos dentro de um clima de ordem e tranqüilidade, as Secretarias da Segurança Pública baixam instruções sobre o Policiamento. Em São Paulo, quem organiza os festejos carnavalescos é a Prefeitura e a Paulistur. O Policiamento ostensivo é feito pela Polícia Militar. E não existe mais alvará policial para funcionamento dos salões de baile.[141]

O licenciamento e a fiscalização das diversões públicas em geral competem às autoridades municipais, sem prejuízo das atribuições do Departamento de Polícia Federal.

Os agentes da Polícia Federal, da Polícia Civil Estadual e os policiais militares em serviço têm livre ingresso em todos os locais onde se realizem festejos carnavalescos públicos.

A Polícia Estadual dá todo apoio aos representantes dos Juizados de Menores, do Departamento de Polícia Federal, das Prefeituras Municipais e da SUNAB, a serviço de suas respectivas repartições, principalmente quanto à observância do tabelamento de bebidas, refrigerantes e comestíveis, bem como aos agentes do Escritório Central de Arrecadação de Direitos Autorais, auxiliando-os no exercício

---

140. Portaria DGP nº 166, de 20.8.1966, proíbe o uso de garrafa ou outro objeto de vidro ou material cortante ou contundente em campo de futebol.

141. Resolução SSP nº 13, de 3.2.2000, dispõe sobre providências tendentes a garantir a ordem e a tranqüilidade públicas durante os festejos carnavalescos (*DOE* 5.2.2000).

de sua missão de proteger os direitos dos autores sobre a execução de suas obras artísticas.

A Polícia exerce, durante os festejos carnavalescos e pré-carnavalescos, rigorosa fiscalização, tomando medidas policiais cabíveis contra os infratores, especialmente nos seguintes casos: *a)* depredação de bens públicos e particulares (CP, arts. 163, *265* e 266); *b)* porte de armas (Lei nº 9.437/1997, art. 10); *c)* provocação de tumulto (LCP, art. 40); *d)* fingir-se alguém funcionário público ou usar publicamente uniforme ou distintivo de função pública que não exerça (LCP, arts. 45 e 46); *e)* importunação ofensiva ao pudor (LCP, art. 61); *f)* apresentar-se alguém publicamente em estado de embriaguez, de modo que cause escândalo ou ponha em perigo a segurança própria ou alheia (LCP, art. 62); *g)* servir alguém bebidas alcoólicas a menores de 18 anos, a quem se ache em estado de embriaguez, a pessoa que o agente sabe sofrer das faculdades mentais, a pessoa que o agente sabe estar judicialmente proibida de freqüentar lugares onde se consomem bebidas de tal natureza (LCP, art. 63); *h)* perturbação da tranqüilidade (LCP, art. *65); i)* ultraje público ao pudor (CP, art. 253)

4.5.6. Casa Paroquial

O alvará para funcionamento de cinema ou teatro de Casas Paroquiais ou Salões das Igrejas é fornecido pela Prefeitura Municipal, depois das vistorias feitas pela Prefeitura, Corpo de Bombeiros, Serviço de Higiene, Polícia Federal e Juizado de Menores.

4.5.7. Cineclube

Funciona como sociedade sem fins lucrativos, mediante registro na Embrafilme e alvará fornecido pela Prefeitura Municipal.

4.5.8. Circos e Parques

O alvará para funcionamento de Circos ou Parques de Diversões é fornecido pela Prefeitura, mediante requerimento do interessado, instruído com os certificados de vistoria.

4.5.9. Consórcio e Fundo Mútuo

Dependem de prévia autorização do Ministério da Fazenda as operações conhecidas como Consórcio, Fundo Mútuo e outras formas associativas assemelhadas que objetivem a aquisição de bens de qualquer natureza. [142]

---

142. Lei nº 5.768/1971, arts. 7º e 9º; Resolução nº 67, do Banco Central do Brasil, sobre Consórcio, Fundo Mútuo e outras formas associativas assemelhadas *(DOU* 26.9.1967).

O Consórcio não é uma modalidade de jogo. O sorteio que realiza a sua administração é para antecipar, dentro de um grupo, a entrega do bem contratado, geralmente automóvel. O contemplado, por outro lado, não ganha nada, apenas recebe o veículo antes dos outros consorciados do seu grupo e continua pagando normalmente as prestações.

A Administração do Consórcio ou Fundo Mútuo tem personalidade jurídica e funciona como qualquer empresa comercial, sendo fiscalizada pela Divisão de fiscalização do Banco Central do Brasil.[143]

Se houver delação sobre falso Consórcio ou Fundo Mútuo, sobre pessoas que estariam ilaqueando a boa-fé pública, ou outras irregularidades, a autoridade policial manda verificar o que está ocorrendo: se a firma não está devidamente registrada e se os seus administradores não preenchem as condições legais para o exercício da profissão ou atividade econômica, o Delegado de Polícia determina a lavratura do Termo Circunstanciado, contra os responsáveis por exercício ilegal de profissão ou atividade; se, ouvidas as pessoas lesadas e verificada a sua documentação, os seus papéis, configurar crime de estelionato, contra a economia popular ou contra o consumidor, a instauração de inquérito é medida que se impõe.

O Código do Consumidor tipifica uma série de condutas criminosas que podem, eventualmente, serem praticadas pelos responsáveis pelas Administradoras de Consórcios. Fridman, escrevendo a respeito, adverte as Administradoras de Consórcios para atentarem sobre o que possa ocorrer em suas empresas, a fim de que delas não saiam informações delituosas ou outros atos que possam arrastar seus diretores, administradores, bem como seus empregados, à barra dos tribunais.[144]

4.5.10. Discoteca

Essa modalidade de diversão pública, como o Bar Musical, funciona com alvará municipal, exigidas as vistorias da Prefeitura, do Corpo de Bombeiros e do Serviço de Higiene.

4.5.11. Drive In

Os *drive in,* com ou sem divertimentos públicos, só podem funcionar com licença municipal.

4.5.12. Fliperama

Em São Paulo, essa modalidade de diversão pública, de *brinquedos eletrônicos*, é licenciada pela municipalidade, exigindo-se os laudos de vistoria da Prefeitura, do Corpo de Bombeiros, do Serviço de Higiene e do Juizado de Menores. A Polícia

143. V. Lei nº 7.492/1986, Portaria nº 190/1989 e Circulares nºs 2.271 e 2.381, ambas de 1993, do Banco Central do Brasil.

144. Rita Vera Martins Fridman, *O Consórcio e o Código do Consumidor*, pp. 61 e segts.

Estadual não licencia os estabelecimentos de diversões públicas, mas pode fiscalizar e interditar os locais.

4.5.13. Jogo Carteado Lícito

O jogo carteado lícito é recreação e pode ser praticado em clubes ou entidades similares, em cujos estatutos conste essa finalidade, desde que satisfaçam as exigências legais e tenham alvará municipal para funcionamento.

É proibido o desvirtuamento do jogo carteado lícito pela prática de jogos de azar e pela promiscuidade criminosa entre menores de vinte e um anos de idade e elementos suspeitos ou profissionais do jogo de baralho, ou pessoas cuja convivência seja prejudicial aos demais associados. Os menores de vinte e um anos, consoante determinações do Juizado de Menores, não podem tomar parte ou assistir aos jogos carteados lícitos. A diretoria é responsável pela má freqüência de elementos, irregularidades e desobediências constatadas na sede social da entidade. A Polícia Estadual deve intervir para coibir os abusos, enquadrando os infratores nos termos da lei.

4.5.14. Jogos de Azar

Os jogos foram criados e desenvolvidos para exercitar os homens, física e intelectualmente, propiciando saúde e alegria, mas alguns deles, considerados de azar, aguçam a cupidez, alimentam a ociosidade e degradam o indivíduo.

Em face da lei, os jogos podem ser lícitos de habilidade, lícitos de azar e ilícitos. Todos os jogos de habilidade, informa Nelson Ferreira, preenchidas certas condições regulamentares, são lícitos, desde que, evidentemente, não venham a constituir crime contra a economia popular. Todos os jogos de azar, por outro lado, são ilícitos, somente perdendo esse caráter em casos excepcionais, preenchidas certas condições impostas pela lei, como no caso das loterias e dos sorteios para fins de propaganda comercial.[145]

Os jogos de azar são aqueles em que o ganho e a perda dependem exclusiva ou principalmente da sorte.[146]

Os jogos proibidos são os seguintes: *a)* Carteados: Vinte e Um, Trinta e Um, Sete e Meio, Montinho, Ziguínete, Ronda, Batota ou Jogo do Monte, Primeira ou *Mata Malandro*, Bacará, Campista, Petít; *b)* Fraudulentos: Jogo da Chapinha, Vermelhinha, Pula-Pula ou Pulo dos Nove; *c)* Públicos, praticados em quermesses ou parques de diversões: Pano 60, Buzo, Canequinha, Jogo de Flechas, Coelhinho da Fortuna, Pesca Maravilhosa, Macarrão, Víspora, Loto, Bingo, Tômbola, Pinguelim, Grande e Pequeno, Roda dos Clubes, Catarina, Jaburu, Série Americana, Tiro ao Alvo (alvo constituído pelo chamado *Boneco*), Tiro ao Alvo (alvo constituído de bilhetes numerados), Roda do Cavalo ou Roda do Cavalinho, Roda do Bicho; *d)* Da-

---

145. Nelson Ferreira, *Mecanismo dos Jogos de Azar*, p. 9.

146. *Lei das Contravenções Penais*, art. 50.

dos: Bozó ou Crepe, Jogo de Pôquer com Dados, Jogo do *Vinte e Um* com Dados, Jogo do *Trinta* e Um com Dados; *e)* Mecânicos: Roleta, Roleta do Gasparino (Curiosidade); *f)* Outras modalidades: Rifas, Bolos Esportivos, Apostas sobre Corridas de Cavalos fora dos Hipódromos, ou locais não autorizados, Apostas sobre o Jogo do Bicho, Rinhas de Galo.[147]

O Delegado Nelson Ferreira, em seu trabalho sobre o mecanismo dos jogos, menciona algumas modalidades curiosas, como: jogos em que se emprega o fogo para designação do número ganhador; forma "derivada" do Jogo do Bicho; forma "derivada" das Apostas sobre corridas; forma "derivada" do Jogo de Futebol; jogos em que se empregam substâncias químicas reveladoras de estampas designadoras do número ganhador; jogos em que se utilizam objetos tipo pião, com ou sem outros fatores interferentes; jogo do Rapa; e a Roletinha do Pião.[148]

Por fim, são considerados ainda jogos de azar e enquadrados como contravenções penais os seguintes: Fura-Fura; Jumbo Esportivo e Urna Esportiva. O chamado Fura-Fura, a rifa de bancas de jornais (Laudo do IPT-SP nº 500/1979), é aquela cartela com nomes ou números cujos prêmios variam de bonecas a bateria de cozinha, máquinas fotográficas, etc. O Jumbo Esportivo (Laudo do IPT-SP nº 1.071/1979) é aquele que só difere da roleta porque, em vez de números, os locais são ilustrados com emblemas dos quadros de futebol. E o terceiro, como o nome está indicando, pratica-se utilizando-se de uma urna.

Acrescente-se, ainda, o videopôquer, pôquer eletrônico ou videocartas, as máquinas eletrônicas.[149]

4.5.15. Loterias

O serviço de loteria federal ou estadual é executado, no País, de acordo com as disposições da legislação específica em vigor.[150]

A loteria federal tem livre circulação em todo o território nacional e não pode ser obstada ou embaraçada por quaisquer autoridades estaduais ou municipais.

A exploração de loteria, como derrogação excepcional das normas de direito penal, constitui serviço público exclusivo da União, não suscetível de concessão, e só é permitida nos termos da lei. A Loteria Federal, de circulação em todo o território nacional, constitui um serviço da União, executado pelo Conselho Superior das

---

147. V. Instruções da DDP, SP, Serv. Gráfico da SSP, 1971, pp. 84-5.

148. Nelson Ferreira, *Mecanismo, cit.*, pp. 6-7.

149. Portaria DGP nº 15, de 28.2.1986; Instrução Normativa Federal nº 172, de 30.12.1999 (*DOU* 31.12.1999) dispõe sobre a apreensão de máquinas eletrônicas importadas e programadas para a exploração de jogo de azar.

150. Decreto-Lei nº 6.259, de 10.2.1944, dispõe sobre loterias e vendas com sorteio; Decreto-Lei nº 204, de 27.2.1967, dispõe sobre a exploração de loterias e dá outras providências; Lei Federal nº 5.768, de 2.12.1971, dispõe sobre Loterias e Sorteios, com prêmio em dinheiro ou mercadorias *(Lex,* Legislação Federal, 1971, v. 35, p. 1665); Lei Federal nº 6.717, de 12.11.1979, sobre Loto Federal. Normas sobre a Loto Federal - O Ministro da Fazenda aprovou normas dos concursos de Prognósticos sobre Resultados de Sorteios de Números com Distribuição de Prêmios mediante rateio, realizados pela Caixa Econômica Federal *(DOU* 14.12.1979).

Caixas Econômicas Federais, por meio da Administração do Serviço de Loteria Federal, com a colaboração das Caixas Econômicas Federais.

Em caso de roubo, furto ou extravio, aplica-se ao bilhete ou fração de bilhete de loteria, não-nominativo, e no que couber, o disposto na legislação sobre ação de recuperação de título ao portador.

Os prêmios relativos a bilhetes ou frações nominativas são pagos ao respectivo titular, devidamente identificado. E somente mediante ordem judicial deixará de ser pago algum prêmio ao portador ou ao titular do bilhete ou fração premiados.

O pagamento do prêmio é feito mediante a apresentação e resgate do respectivo bilhete ou fração, desde que verificada a sua autenticidade. O pagamento é imediato à apresentação do bilhete na sede da Administração do Serviço de Loteria Federal, ou dentro de quinze dias, no máximo, no caso de prêmio cujos bilhetes estejam sujeitos à verificação de sua autenticidade, quando apresentados nas Agências das Caixas Econômicas Federais.

Os prêmios prescrevem em noventa dias a contar da data da respectiva extração. Interrompem a prescrição: *a)* citação válida, no caso de procedimento judicial em se tratando de furto, roubo ou extravio; *b)* a entrega do bilhete para recebimento de prêmio dentro do prazo de noventa dias da data da extração, na sede da Administração do Serviço de Loteria Federal ou nas Agências das Caixas Econômicas Federais.

Nenhuma pessoa física ou jurídica pode redistribuir, vender ou expor à venda bilhetes de Loteria Federal sem ter sido previamente credenciada pelas Caixas Econômicas Federais, sob pena de apreensão dos bilhetes que estiverem em seu poder. As Caixas credenciam os revendedores de bilhetes, de preferência, entre pessoas que, por serem idosas, inválidas ou portadoras de defeito físico, não tenham outras condições de proverem sua subsistência.

Mas podem ser credenciados, para revenda de bilhetes, pequenos comerciantes, devidamente legalizados e estabelecidos que, além de outras atividades, tenham condições para fazê-lo.

Loterias Estaduais: — A partir de 1967 não foi mais permitida a criação de loterias estaduais. As loterias estaduais existentes foram mantidas, mas não podem aumentar as suas emissões, ficando limitadas às quantidades de bilhetes e séries em vigor naquela ocasião.[151]

Loterias não Autorizadas: — Constitui contravenção penal: promover ou fazer extrair loteria sem concessão regular do poder competente; introduzir no País bilhetes de loterias, rifas ou tômbolas estrangeiras, ou, em qualquer Estado, bilhetes de outra loteria estadual; possuir, ter sob sua guarda, procurar colocar, distribuir ou lançar em circulação bilhetes de loterias estrangeiras; idem, de loteria estadual fora do território do Estado respectivo; exibir ou ter sob sua guarda listas de sorteios de loteria estrangeira ou estadual fora do território do Estado respectivo; efetuar o pa-

151. Em 1986, o Governo de São Paulo restabeleceu a Loteria Estadual, como Loteria de Habitação, assegurando aos municípios 50% do resultado líqüido na proporção de sua arrecadação (Lei nº 5.256/1986). E em 1988 cogitou da criação da Loteria Instantânea (*raspadinha*).

gamento de prêmios relativo a bilhete de loteria estrangeira ou estadual que não possa circular legalmente no lugar do pagamento; executar serviço de impressão ou acabamento de bilhetes, listas, avisos ou cartazes relativos a loteria que não possa legalmente circular no lugar onde se executem tais serviços; distribuir ou transportar cartazes, listas ou avisos de loterias onde estes não possam legalmente circular; divulgar, por meio de jornal ou outro impresso, de rádio, cinema, ou qualquer outra forma, ainda que disfarçadamente, anúncio, aviso ou resultado de extração de loteria onde a circulação dos seus bilhetes não seja legal; e explorar ou realizar a loteria denominada jogo do bicho, ou praticar qualquer ato relativo à sua realização ou exploração.[152]

E constitui crime: colocar, distribuir ou lançar em circulação bilhetes de loterias relativos a extrações já feitas; e falsificar, emendar ou adulterar bilhete de loteria nos termos, respectivamente, dos arts. 171 e 298 do Código Penal.

4.5.16. Nu Artístico

Antigamente, em São Paulo, a critério do Diretor da Divisão de Diversões Públicas, era permitida a exibição de números de *nu artístico, travesti* e *strip-tease* em teatro, *dancing, cabaret, boite* e em outros estabelecimentos congêneres ou similares desde que o estabelecimento dispusesse de condições adequadas e de palco.

Essas exibições somente podiam ser apresentadas em teatros, no palco, em terceiro plano e em posição estática. Sua apresentação de outra forma ou modo era terminantemente proibida.

O número de *strip-tease* somente podia ser apresentado em palco e no meio deste, devendo, ainda, a pose final não ultrapassar de três segundos. A empresa que promovia espetáculo com duração de uma hora somente podia apresentar um número de *strip-tease*. Quando o espetáculo tivesse duração de duas horas, a empresa podia então apresentar dois números de *strip-tease*.

Hoje, com a extinção da censura, os espetáculos são apenas classificados por faixa etária, pelo Departamento de Classificação Indicativa, do Ministério da Justiça, competindo à Polícia Federal coibir os excessos.

No interior, onde não existir órgão do Departamento de Polícia Federal, o Delegado de Polícia do Município pode e deve coibir os abusos, tendo como suporte legal a legislação penal, principalmente o Capítulo do Código Penal sobre os Crimes Contra os Costumes, arts. 234 e segts.

4.5.17. Quermesse

O alvará para quermesse é fornecido também pela municipalidade.

152. Decreto-Lei nº 3.688, de 3.1.1941, *Lei das Contravenções Penais*, arts. 51 *usque 58*.

4.5.18. Rádio Comunitária e Pirata

As rádios clandestinas e os aparelhos de telecomunicação instalados em veículos sem autorização, terão os responsáveis autuados, nos termos da Lei de Telecomunicações.[153]

4.5.19. Rifas

A realização de rifas e tômbolas (bingos) para obtenção de recursos indispensáveis de obras sociais, religiosas, filantrópicas e educativas depende de autorização do Ministério da Fazenda. Essa autorização é concedida a título precário, por prazo não superior a um ano, devendo o requerente satisfazer as seguintes condições: *a)* comprovação de idoneidade do requerente; *b)* indicação específica de uso dos recursos a obter; *c)* prova de propriedade dos bens a sortear.

A entidade beneficiária da autorização assume responsabilidade, sem interferência de terceiros, ficando proibida a participação ou interesse econômico de quem quer que seja.

É vedado realizar mais de um sorteio anual e adiá-lo, a não ser por absoluta força maior, mediante prévia autorização do Ministério da Fazenda. Os sorteios devem ser realizados exclusivamente pelos resultados das extrações da Loteria Federal. E a efetiva entrega dos prêmios e a rigorosa aplicação da receita estão sujeitas ao controle e à fiscalização do Ministério da Fazenda.

O desvirtuamento da autorização, além de implicar sua imediata anulação, sujeita o infrator às sanções legais vigentes e à perda da declaração de utilidade pública, se a possuir.[154]

Em suma, rifas, tômbolas, bingos, vísporas e lotos constituem jogos de azar, proibidos por lei. Excepcionalmente esses jogos podem ser liberados pelo Delegado da Receita Federal, nos termos das Leis nºs 5.768/1971, 6.354/1976, 8.672/1993, 8.946/1994 e 9.615/1998.

Esses jogos, como qualquer outro de azar, podem ser praticados em local privado, exclusivamente entre pessoas da mesma família ou parentes muito próximos. Quando a casa for transformada em verdadeiro "clube clandestino", onde o jogo é habitual, dele participando pessoas estranhas à família, auferindo o dono da casa qualquer vantagem direta, "barato" ou "assento", ou indireta, cobrança de comes e bebes por preços superiores aos da praça, estará seu morador praticando contravenção e poderá ser preso e autuado em flagrante.[155]

---

153. Lei nº 9.472, de 16.7.1997, dispõe sobre a organização dos serviços de telecomunicações, a criação e funcionamento de um órgão regulador e outros aspectos institucionais, nos termos da Emenda Constitucional nº 8, de 1995 (no art. 183 dispõe sobre o crime de "Desenvolver clandestinamente atividades de telecomunicações", de ação penal pública incondicionada). Lei nº 9.612, de 19.2.1998, institui o Serviço de Radiodifusão Comunitária e dá outras providências.

154. Decreto-Lei nº 64, de 21.11.1966, sobre rifas e tômbolas; Decreto Federal nº 62.838, de 6.7.1968, sobre sorteios; Lei Federal nº 5.768/1971, art. 4º; ver Circular do Diretor do Departamento de Rendas Internas do Ministério da Fazenda, regulamentando a realização de rifas e sorteios, nos termos da legislação vigente.

155. Lei das Contravenções Penais, arts. 50 e 51, § 2º.

4.5.20. Serviço de Alto-Falantes

O serviço ou aparelhos de alto-falantes não se enquadram como diversão pública e por isso não são controlados nem licenciados pela polícia.

O funcionamento desse meio de comunicação, para divulgar qualquer matéria comercial ou qualquer ato, idéia ou doutrina, depende de autorização do Poder Municipal.

No Estado de São Paulo, o licenciamento dos serviços ou de aparelhos de alto-falantes é feito pelas Prefeituras Municipais.[156]

A Polícia, *sponte propria ou* em virtude de delação, coíbe o uso abusivo desses aparelhos, quando perturbam o trabalho ou o sossego alheios, notificando inicialmente os responsáveis para que façam cessar os abusos. Não sendo atendida, a autoridade policial lavra Termo Circunstanciado, por constituir o fato contravenção penal, e instrui os autos com: a reclamação do interessado (ofendido ou prejudicado), o Termo de Notificação, assinado pelos responsáveis, e o Laudo Pericial, firmado por dois peritos, sobre a localização dos aparelhos, a área de propagação, com *croquis,* fixando os limites alcançados pelo som e a graduação de volume em que funciona o amplificador do aparelho.

Os alto-falantes, fixos ou ambulantes, não podem funcionar antes das 10 horas nem depois das 22 horas. Os aparelhos fixos não podem ser instalados na vizinhança de hospitais, escolas, creches, igrejas, quartéis, repartições públicas e estações ferroviárias nem funcionar com torres e extensões. Os alto-falantes ambulantes só podem funcionar com o veículo em movimento, devendo permanecer em silêncio nas imediações dos estabelecimentos acima mencionados. Os de igrejas e templos só podem funcionar no período das cerimônias religiosas, e os destinados a propaganda política estão adstritos às instruções do Código Eleitoral.[157]

As infrações são punidas com multas pecuniárias próprias, previstas em leis e regulamentos de cada Estado, do Distrito Federal e Territórios, e, no caso de persistência na infração, com as penalidades a que se refere o art. 13 do Decreto nº 50.450, de 13 de abril de 1961.

4.5.21.Show Automobilístico

Na Capital de São Paulo, a competência para expedir alvará é da Prefeitura Municipal e da Diretoria do Serviço Viário (DSV). No Interior do Estado, compete ao Delegado de Polícia e à Prefeitura autorizarem o espetáculo.

4.5.22. Sociedades Amigos de Bairros

A expedição de alvará em favor das chamadas sociedades Amigos de Bairros, Vilas e Adjacências e também feita pela Prefeitura Municipal, após vistorias.

---

156. Decreto Federal nº 52.795, de 31.10.1963; e, Lei Orgânica dos Municípios (SP).

157. Decreto Federal nº 51.134, de 3.8.1961, regula os programas de teatro e diversões públicas por meio do rádio e da televisão, o funcionamento de *alto-falantes*, e dá outras providencias *(DOU* 3.8.1961).

4.5.23. Sociedades Recreativas

As sociedades, clubes, associações, agremiações etc., com finalidades recreativas, literárias e artísticas, sem fins lucrativos, precisam também de alvará municipal para funcionamento, que é fornecido após as vistorias necessárias.

4.5.24. Sociedades Religiosas

Entidades religiosas que mantém ou desejam manter cinema e/ou teatro deverão, por meio de requerimento assinado pelo principal responsável, solicitar alvará municipal para funcionamento.

4.5.25. Sorteios

A distribuição gratuita de prêmios a título de propaganda, quando efetuada mediante sorteio, vale-brinde, concurso ou operação assemelhada, depende de prévia autorização do Ministério da Fazenda. Essa autorização é concedida a pessoas jurídicas que exerçam atividade comercial, industrial ou de compra e venda de bens imóveis comprovadamente quites com os impostos federais, estaduais e municipais, bem como com as contribuições da Previdência Social, a título precário e por prazo determinado, renovável a critério da autoridade.[158]

Não é necessária a autorização do Ministério da Fazenda para a distribuição gratuita de prêmios em razão do resultado de concurso exclusivamente cultural, artístico, desportivo ou recreativo, não subordinado a qualquer modalidade de álea ou pagamento pelos concorrentes, nem vinculação destes ou dos contemplados à aquisição ou uso de qualquer bem, direito ou serviço.

4.5.26. Teatros

Companhia Teatral ou Conjunto de Variedades, Empresário Teatral, Circo ou Pavilhão Teatral, para desenvolverem suas atividades, precisam de alvará municipal de funcionamento, que é fornecido após as vistorias da Prefeitura, do Corpo de Bombeiros, do Serviço de Higiene e do Juizado de Menores. A Polícia Estadual não expede alvará de funcionamento, mas fiscaliza e pode interditar os locais, mesmo licenciados.

4.5.27. Videopôquer

É proibido no território do Estado de São Paulo o estabelecimento ou exploração dos jogos eletrônicos conhecidos por videopôquer, pôquer eletrônico ou vídeo cartas, bem assim deles participar a qualquer título, sob pena de incorrer nas penas do

---

158. Lei nº 5.768, de 20.12.1971, altera a legislação sobre distribuição gratuita de prêmios, mediante sorteio, vale-brinde ou concurso, a título de propaganda, estabelece normas de proteção à poupança popular, e dá outras providências (*Lex*, Legislação Federal, 1971, v. 35, p. 1.665).

art. 50 e seus §§ 1º e 2º do Decreto-Lei nº 3.688 de 3.10.1941, com a prisão em flagrante e apreensão dos aparelhos.[159]

4.6. Licenciamento

Nos termos da legislação em vigor, o licenciamento, a inspeção e a fiscalização de Sociedades Recreativas e Sociedades Mistas Recreativas, com ou sem jogos carteados lícitos, casas de espetáculos, estabelecimentos de atração, recreação, diversão e outras diversões em geral, competem à Polícia Federal, sendo os alvarás de funcionamento fornecidos pela Prefeitura, com vistorias procedidas por ela, pelo Corpo de Bombeiros, pelo Serviço de Higiene e Juizado de Menores.

4.7. Vistoria Policial

O responsável/diretor de firma ou entidade associativa, para obter licenciamento de diversões públicas em geral, não precisa instruir o seu pedido com vistoria da Polícia Estadual, como era feito antigamente. Todavia, em São Paulo, a Polícia Militar somente fornece Policiamento ostensivo para espetáculos públicos, mediante prévia vistoria das instalações dos estádios, ginásios, teatros ou recintos onde serão realizados (Resolução SSP nº 122/1985).

Ainda em São Paulo, nos espetáculos artísticos, culturais e circenses, cuja assistência se faça através de pagamento de ingresso, o comparecimento de policiais, com a finalidade de preservar a segurança de seus assistentes ou participantes, deve ser feito mediante comunicação obrigatória dos promotores do evento à Polícia Civil e Militar. E os responsáveis pelo evento devem recolher aos cofres públicos o pagamento de uma taxa, de valor variável, segundo o número de policiais fixados para dar atendimento ao evento.[160]

5. DIREITOS AUTORAIS

No Brasil, por preceito constitucional, aos autores de obras literárias, artísticas e científicas pertence o direito exclusivo de utilizá-las. E esse direito é transmissível por herança, pelo tempo fixado pela lei (CF, art. 5º, XXVII; Lei nº 9.610/1998, arts. 49 e segts.).

O processo autoral, observam os autores especializados, visa à proteção de obra intelectual, artística e literária e não ao autor propriamente dito, isto é, a lei protege o direito do autor, gerado pelas suas obras, e não as suas atividades que são reguladas por outras leis e convenções internacionais.

Atualmente os direitos autorais são regulamentados pela Lei Federal nº 9.610, de 19.6.1998, que substituiu a antiga Lei de Direito Autoral, nº 5.988/1973, trazendo

---

159. Portaria DGP nº 15 de 28.2.1986, sem ementa (*DOE* 1º.3.1986).

160. Lei Estadual (SP) nº 5.145/1986; Resoluções SSP nº 21, de 23.2.1981, estabelece normas relativas ao controle dos locais de diversões públicas, e nº 171, de 10.10.1983, dispõe sobre ação Policial relativa a evento desportivo e de diversões públicas

inúmeras alterações, inclusive, no que diz respeito às cópias reprográficas.[161] Por outro lado, a cópia de um livro, sem autorização do autor, é crime contra a propriedade intelectual, previsto no art. 184, do Código Penal.

5.1. Cassetes e Semelhantes

Os cassetes, cartuchos, discos, videofonogramas e aparelhos semelhantes, contendo fitas de registro de som gravadas, não podem ser vendidos, expostos à venda, adquiridos ou mantidos em depósitos, para fins de venda, sem que em seu corpo conste, em destaque e integrando-o de forma indissociável, o número de inscrição no Cadastro Geral de Contribuintes (CNPJ), do Ministério da Fazenda, da empresa responsável pelo processo industrial de reprodução da gravação.

Com essa medida, procura-se impedir a proliferação dos reprodutores de gravações clandestinos, os chamados "piratas do disco". Hoje é crime, segundo a nova redação dada aos arts. 184 e 186 do Código Penal, reproduzir, por qualquer meio, no todo ou em parte, para fins comércio, obra intelectual ou fonograma (som e imagem), sem a expressa autorização do autor ou do produtor, ou ainda de quem o represente.

5.2. Direito de Arena

O legislador pátrio disciplinou o direito à imagem pelo atleta, nos casos de espetáculos ou competições que mostram sua participação e encerram um interesse social, sob o título de "direito de arena". Esse instituto representa o direito do atleta em relação ao binômio imagem-espetáculo desportivo público com entrada paga.

5.3. Filmes

Os direitos sobre músicas executadas em filmes e durante os intervalos nos cinemas são arrecadados pelo Instituto Nacional do Cinema (INC). O processo é feito mediante a cobrança de certa porcentagem sobre os borderôs de ingressos, e o Instituto, por sua vez, paga mensalmente às sociedades interessadas.

Quanto aos direitos autorais sobre filmes cinematográficos, embora a questão esteja, na área jurídica, praticamente assente, ainda constitui objeto de contestação entre produtores, distribuidores e exibidores cinematográficos.

5.4. Livros

O *quantum* a ser pago a título de direito autoral por tiragem é avençado entre o escritor e seu editor, geralmente, na base de 8 a 10% sobre o preço da capa de cada exemplar vendido. O tradutor e o copista recebem por serviços prestados.

---

161. Lei nº 9.609, de 19.2.1998, dispõe sobre a proteção da propriedade intelectual de programa de computador, sua comercialização no País, e dá outras providências.

5.5. Músicas

Os principais direitos autorais relativos à música são: direito de execução; direito de papel, isto é, da partitura; direito fonomecânico; de disco; e, direito de sincronização, fundo musical em filmes. Os dados de execução das músicas são coletados pela firma particular INFORMASOM e transmitidos ao Escritório Central de Arrecadação (ECAD), que faz a arrecadação de todos os direitos e distribui entre as várias sociedades, como SICAM, SBACEM, SOMBRAS, SADEMBRA, e estas por sua vez aos compositores. Antigamente eram as próprias sociedades que faziam a arrecadação. Depois de 1977, com a criação do Conselho Nacional de Direito Autoral (CNDA), que delegou poderes ao ECAD para realizar toda a arrecadação, as sociedades arrecadadoras ficaram encarregadas apenas da distribuição.

5.6. Teatros

O recolhimento do direito autoral em teatros era feito pela Sociedade Brasileira dos Autores Teatrais (SBAT) desde 1917, quando foi criada. Mas, a partir de maio de 1980, pela Resolução nº 19, do Conselho Nacional de Direito Autoral (CNDA), a arrecadação de direitos autorais e dos que lhe são conexos, no Brasil, passou a ser de exclusiva competência do Escritório Central de Arrecadação (ECAD), sendo vedado a quaisquer outras entidades associativas, cujos integrantes, pelas suas obras, interpretações, fonogramas e videofonogramas, gerem direitos autorais e conexos, exercerem essa atividade.

6. GREVES

A Constituição Federal assegura aos trabalhadores da empresa privada amplo direito de greve, competindo aos mesmos decidir sobre a oportunidade de exercê-lo e sobre os interesses que devam por meio dele defender (CF, art. 9º).

A lei ordinária define as atividades essenciais e o atendimento das necessidades inadiáveis da comunidade. Os abusos sujeitarão os responsáveis às penas da lei. O servidor público civil da administração direta, indireta ou fundacional da União, Estados, Distrito Federal e Municípios tem assegurado o direito de associação sindical e o direito de greve nos limites da lei. O servidor público militar tem proibida a sindicalização e a greve.

As entidades sindicais ou a comissão de greve e os trabalhadores são obrigados, durante o período de greve, a atender às necessidades inadiáveis da comunidade, assegurando a prestação dos serviços mínimos indispensáveis à sua satisfação, sob pena de requisição civil e sem prejuízo da imposição das sanções previstas em lei.

São considerados serviços ou atividades essenciais: tratamento e abastecimento de água, produção e distribuição de energia elétrica, gás e combustíveis; assistência médica e hospitalar; distribuição e comercialização de medicamentos e alimentos; funerários; transporte coletivo; captação e tratamento de esgoto e lixo;

telecomunicações; guarda, uso e controle de substâncias radioativas, equipamentos e materiais nucleares; processamento de dados ligados a serviços essenciais; controle de tráfego aéreo; e, compensação bancária.

Piquete: — O Delegado de Polícia deve estar atento a qualquer movimento político-social, comunicando imediatamente as anormalidades chegadas ao seu conhecimento - quando não tiver atribuições específicas nessa área para agir - ao seu superior hierárquico. Na greve legal é permitida a ação de piquetes pacíficos para a arrecadação de fundos e a livre divulgação do movimento. Em nenhuma hipótese, os meios adotados por empregados e empregadores poderão violar ou constranger os direitos e garantias fundamentais de outrem.[162]

Repressão: — Na ação repressiva, consoante instruções da Secretaria da Segurança Pública de São Paulo, o objetivo da missão é de competência do Delegado de Polícia, cabendo a execução à Polícia Militar, sob orientação e comando do Oficial ou graduado de maior hierarquia. A repressão se faz para impedir ou dissolver a formação de piquetes que infrinjam a Lei de Greve. Os recalcitrantes devem ser indiciados em inquérito policial, nos termos do art. 15, da Lei nº 7.783/1989, aplicando-se os dispositivos do Código Penal. A repressão é feita também para coibir a ação dos piquetes, ainda que pacífica, que tiver por objetivo o incitamento à paralisação de serviços públicos ou atividades essenciais, o que constitui crime contra a Segurança Nacional, consoante dispõe o art. 36, V, da Lei nº 5.620, de 17.12.1978. A competência para processamento dos feitos, nos casos de infração à Lei de Greve, é da Justiça Federal e, casos de infringência à Lei de Segurança Nacional, é da Justiça Militar.[163]

7. HELICÓPTERO POLICIAL

Em São Paulo, o Serviço Aerotático (SAT-DEIC), da Polícia Civil foi criado em 1984, para missões e operações policiais. A tripulação da aeronave é constituída por dois pilotos, Delegados de Polícia, e dois Investigadores, com treinamentos especializados.

O Serviço funciona na Capital, no Campo do Marte, com heliporto elevado junto à base, no prédio da Garagem Alfredo Issa, no centro da cidade, sendo acionado via rádio Cepol, código Pelicano.

Missões: — Auxílio em cerco e prisões; buscas a pessoas perdidas; resgates e salvamentos; transportes de emergência (feridos, remédios, equipes de policiais, autoridades, etc.); apoio em casos de calamidade pública ou desastres; reconhecimento de áreas; apoio em casos de revolta ou motins; perseguição à pessoas ou veículos em fuga; patrulhamento de áreas específicas; apoio em operações policiais (rodovias, locais de difícil acesso, cobertura de grandes áreas).

---

162. Lei nº 7.783, de 28.6.1989, dispõe sobre o exercício do direito de greve, define as atividades essenciais e regula o atendimento das necessidades inadiáveis da comunidade e dá outras providências (revoga a Lei nº 4.330/1964 e o Decreto-Lei nº 1.632/1978). V. Código Penal, arts. 197 *usque* 207.

163. "Diagnóstico de eventos adversos e planos de prevenção", opúsculo editado pela SSP de São Paulo, 1980, p. 19.

8. OUVIDORIA

Em 1809, foi criada na Suécia a figura do *ombudsman*, com as atribuições de controlar a observância das leis e denunciar aqueles agentes públicos que, no exercício de suas funções públicas, cometeram ilegalidades no desempenho das funções inerentes ao cargo e canalizar as queixas, reclamações e sugestões do povo relacionadas à administração pública. Esse país em 1915 criou o mesmo mecanismo com competência exclusiva no âmbito militar. E em 1987 houve a fusão em um único *ombudsman* de caráter civil.

A experiência da Suécia foi seguida por outros países da Escandinávia, Europa, América e alguns da África.

Pioneira no Brasil, a Ouvidoria da Polícia do Estado de São Paulo, uma espécie de *ombudsman*, foi criada no Gabinete do Secretário da Segurança Pública pelo Decreto Estadual nº 39.900, de 1º.1.1995, instalada em 20.11.1995 e institucionalizada através da Lei Complementar Estadual nº 826, de 20.7.1997.

O nome do Ouvidor é escolhido pelo Governador, a partir de uma lista tríplice elaborada pelo Conselho Estadual de Defesa dos Direitos da Pessoa Humana (Condepe), e o mandato é de 2 anos, com direito a uma única recondução.

A Ouvidoria da Polícia tem como atribuições ouvir, encaminhar e acompanhar as denúncias, reclamações e representações da população referentes a atos arbitrários, desonestos, indecorosos ou que violem os direitos individuais ou coletivos praticados por autoridades e agentes policiais, civis e militares.[164]

9. REGISTROS POLICIAIS

Empresas comerciais que prestam determinados tipos de serviços precisam ter autorização do Poder competente para poder funcionar. Essas empresas são registradas e fiscalizadas por certos órgãos da Administração Pública, conforme a sua atividade, renovando periodicamente o seu alvará de funcionamento.[165]

9.1. Despachantes Policiais

Despachante é a pessoa incumbida de resolver determinada missão, mediante recebimento pecuniário, pelas despesas e serviços.

O despachante atua, *extra judicium*, no trato de assuntos policiais, civis, comerciais, contábeis, aduaneiros e outros, junto aos órgãos governamentais e às empresas particulares: repartições públicas, federais, estaduais, municipais, autarquias, sociedades de economia mista e sociedades civis e comerciais.

---

164. Lei Estadual (SP) nº 10.294, de 20.4.1999, dispõe sobre proteção e defesa do usuário do serviço público do Estado de São Paulo e dá outras providências.

165. Portaria DGP nº 7, de 1º.6.1998, institui rotinas de trabalho sobre a fiscalização de estabelecimentos que atuam no comércio e fundição de ouro, metais nobre, jóias e pedras preciosas (*DOE* 4.6.1998).

No exercício de suas funções, os despachantes se qualificam como aduaneiros, policiais e de serviços de despacho em geral. Constituem um categoria profissional, prestando bons serviços à coletividade.

Em São Paulo, a pessoa que deseja trabalhar como despachante policial precisa habilitar-se junto à Secretaria da Segurança Pública, recebendo a credencial necessária. O Serviço de Fiscalização de Despachantes, do Departamento de Identificação e Registros Diversos da Polícia Civil (DIRD), é o órgão incumbindo do registro e da fiscalização das atividades de despachantes policiais.[166]

9.2. Detetive Particular

Os estabelecimentos de informações reservadas ou confidenciais, comerciais ou particulares, de propriedade de pessoas físicas ou jurídicas, só podem funcionar depois de registrados nas Juntas Comerciais dos seus Estados ou Territórios e nas repartições policiais do local em que operem.[167]

Essas empresas não podem praticar atos ou serviços privativos das autoridades policiais e devem exercer sua atividade abstendo-se de atentar contra a inviolabilidade ou recato dos lares, a vida privada ou a boa fama das pessoas.

Em São Paulo o registro e a fiscalização dessas empresas eram feitos na Delegacia de Ordem Política, do então DEOPS. Com a extinção desse órgão, essa competência passou para o Departamento de Identificação e Registros Diversos (DIRD).

Para obtenção do Certificado de Registro policial a empresa deve apresentar os seguintes documentos: *a)* requerimento (2 vias), solicitando a emissão do Certificado de Registro, em papel com timbre da empresa; *b)* cópia do contrato que determina o tipo e a razão social da empresa, devidamente registrado no órgão competente. No caso de empresa individual (autônoma), deverá ser apresentada a cópia da inscrição como autônomo na Prefeitura; *c)* cópia do Cadastro Nacional de Pessoa Jurídica (CNPJ) para as empresas; ou do Cadastro de Pessoa Física para os autônomos; *d)* cópia do Cadastro de Contribuinte Municipal (CCM); *e)* ficha fornecida pelo Divisão de Registros Diversos, do Departamento de Identificação e Registros Diversos (DIRD), preenchida pelo requerente; *f)* atestado de antecedentes criminais, acompanhado de cópia da cédula de identidade, dos dirigentes e seus auxiliares (somente os que trabalhem, a qualquer título, na coleta, fornecimento ou ma-

---

166. Leis Estaduais (SP) nºs 2.600/1954, 7.154/1962, 2.128/1979 e 2.789/1981, 20.872/1983 e 8.107/1992; Decretos Estaduais (SP) nºs 34.243/1958, 37.421/1993 e 44.448/1999, art. 36, III; Resoluções SSP nºs 141/1986, 30/1971, 28/1978; Instruções para Concurso de 14.11.1978; Portarias DGP nºs 22/1969 e 16/1998, sobre a obrigatoriedade da comunicação ao Serviço de Fiscalização de Despachantes de a prática de atos definidos como infrações penais por despachantes Policiais ou seus empregados auxiliares; Portaria do SFD nº 3/1998, dispõe sobre a renovação do alvará de funcionamento de estabelecimentos e do crachá de identificação de despachante e seus empregados auxiliares para o exercício de 1999.

167. Lei nº 3.099, de 2.2.1957; e, Decreto Federal nº 50.532, de 3.5.1961, dispõe sobre o funcionamento de estabelecimento de informações reservadas ou confidenciais, comerciais ou particulares; Ato SSP nº 7, de 19.12.1961, cria na Delegacia Especializada de Ordem Política e Social o serviço de registro e fiscalização das empresas de informações reservadas. Com a extinção dessa unidade Policial, o registro passou a ser feito no Departamento de Identificação e Registros Diversos (DIRD).

nuseio de informações); *g)* duas fotos 3x4 recentes para as pessoas acima indicadas; *h)* cópia da GARE, com a taxa devidamente recolhida.

E a renovação do Certificado de Registro deve ser feita anualmente, sempre até o último dia útil de janeiro (Portaria DGP-1, de 21.3.2001).

9.3. Empresa de Segurança

As empresas especializadas em prestação de serviços de vigilância e de transporte de valores, constituídas sob a forma de empresas privadas, são regidas pela legislação específica e ainda pelas disposições das legislações civil, comercial e trabalhista. A propriedade e administração dessas empresas são vedadas a estrangeiros e os seus diretores e demais empregados não poderão ter antecedentes criminais. E o capital integralizado não pode ser superior a mil vezes o maior valor de referência vigente no País.[168]

Certificado de Segurança: — O interessado que pretender autorização para funcionamento de empresa de segurança privada, categoria vigilância, transporte de valores ou curso de formação de vigilantes, deverá inicialmente, requerer à Comissão de Vistoria do Departamento de Polícia Federal da circunscrição, a realização da vistoria prévia em suas instalações, para a expedição do Certificado de Segurança, de acordo com a atividade pretendida (Portaria nº 992/DPF, de 25.10.1995, arts. 9º e 12).

Comissões de Vistoria: — Em cada Unidade da Federação haverá pelo menos uma Comissão de Vistoria, constituída por ato do Superintendente Regional do Departamento de Polícia Federal, cujas atribuições são as constantes da Portaria nº 992/DPF e demais normas internas do órgão.

De acordo com o volume de trabalho existente no Órgão descentralizado, incluindo-se as Divisões e Delegacias de Polícia Federal, o Superintendente Regional do Departamento de Polícia Federal poderá criar quantas comissões que se fizerem necessárias.

A Comissão de Vistoria é constituída por 3 membros efetivos e 3 suplentes, todos funcionários policiais, tendo no mínimo 1 Delegado de Polícia Federal, que a presidirá, e 1 Perito Criminal Federal.

---

168. Lei nº 7.102 de 20.6.1983, dispõe sobre segurança para estabelecimentos financeiros, estabelece normas para constituição e funcionamento das empresas particulares que exploram serviços de vigilância e de transporte de valores e dá outras providências; Decreto Federal nº 89.056, de 24.11.1983, atualizado pelo Decreto Federal nº 1.592, de 10.8.1995, regulamenta a Lei Federal nº 7.102/1983; Portarias MJ nº 601 e 602, ambas de 12.12.1986, conferem à Cornissão Executiva para Assuntos de Vigilância e Transporte de Valores competência para autorizar a compra de armas e munições pelas Empresas de Segurança e ao Departamento de Polícia Federal para cumprir de plano as exigências contidas no art. 54 do Decreto nº 89.056/1983, enviando ao Serviço de Fiscalização de Produtos Controlados (SFPC), do Ministério do Exército, a relação das empresas especializadas em funcionamento. As Empresas de Segurança, de Vigilância e de Transporte de valores, com sede no Estado de São Paulo, estão vinculadas ao Sindicato das Empresas de Segurança e Vigilância do Estado de São Paulo (Código 002.127.02833-8), órgão representativo da categoria econômica Empresas de Segurança e Vigilância, do plano da Confederação Nacional do Comércio, conforme Carta respectiva assinada em 26 de janeiro de 1988.

Não havendo Perito Criminal Federal lotado na Superintendência Regional do Departamento de Polícia Federal ou em suas descentralizadas, caberá ao dirigente do órgão a nomeação de um Perito *ad hoc*, quando da constituição da Comissão de Vistoria.

Não havendo disponibilidade de Delegado de Polícia Federal no órgão descentralizado, a critério do Superintendente Regional do Departamento de Polícia Federal, poderá ser indicado para presidir a Comissão de Vistoria ocupantes de outras categorias do Grupo Polícia Federal, dando preferência a aqueles que possuírem formação de nível superior.

Funcionamento: — Cabe ao Ministério da Justiça, por intermédio do Departamento de Polícia Federal, autorizar, controlar e fiscalizar o funcionamento das empresas especializadas, dos cursos de formação de vigilantes e das empresas que exercem serviços orgânicos de segurança. Além de autorizadas, para operarem nos Estados e no Distrito Federal, devem promover comunicação à Secretaria da Segurança Pública da respectiva unidade da federação.[169]

Fiscalização: — O Ministério da Justiça, por intermédio do Departamento de Polícia Federal ou mediante convênio com as Secretarias de Segurança Pública dos Estados e do Distrito Federal compete a fiscalização, pelo menos um vez por ano, no estabelecimento financeiro, quanto ao cumprimento das disposições relativas ao sistema de segurança.

Renovação do Alvará: — O alvará de registro da empresa de segurança deve ser renovado até 31 de janeiro do exercício seguinte. Para isso, a empresa deve apresentar requerimento instruído com os seguintes documentos: certificado de regularidade da situação com a Previdência Social e prova de quitação de tributos federais, estaduais ou municipais que eventualmente incidam sobre a sua atividade.

Transporte de Numerário: — O transporte de numerário e valores em montante superior a 20 mil Unidades Fiscais de Referência (UFIR), para suprimento ou recolhimento do movimento diário dos estabelecimentos financeiros, é obrigatoriamente efetuado por meio de veículo especial da própria instituição ou de empresa especializada. O transporte de numerário entre 7 mil e 20 mil UFIRs pode ser efetuado em veículo comum, com a presença de, no mínimo, 2 vigilantes.[170]

Vigilante: — O vigilante de empresa de segurança ou de transporte de valores deve preencher os seguintes requisitos: I - ser brasileiro; II - ter idade mínima de 21 anos; III - ter instrução correspondente à 4ª série do 1º grau; IV - ter sido aprovado em curso de formação de vigilante, realizado em estabelecimento com funcionamento autorizado; V - ter sido aprovado em exame de saúde física, mental e psicotécnico; VI - não ter antecedentes criminais registrados; e, VII - estar quite com as obrigações eleitorais e militares.

---

169. Lei nº 7.102/1983; Portaria DGP nº 14, de 30.11.1998, dispõe que as Empresas Especializadas e as que executam Serviços Orgânicos de Segurança, para operarem no Estado de São Paulo, deverão comunicar sua efetiva atuação, alteração dos dados anteriormente fornecidos na comunicação anterior ao Serviço de Vigilância, da Divisão de Registros Diversos (DIRD); Decreto Federal nº 89.056, de 24.11.1983 e Decreto Federal nº 1.592, de 10.8.1995.

170. Lei nº 7.102/1983, atualizada pelas Leis nºs 8.863/1994 e 9.017/1995. A Medida Provisória nº 1.973/2000 extiguiu a UFIR, estabelecendo a reconversão dos créditos para o Real, para fins de débitos de qualquer natureza com a Fazenda Nacional.

Após a apresentação desses documentos, o exercício da profissão será registrado na Delegacia Regional do Trabalho do Ministério do Trabalho, sendo-lhe fornecida Carteira de Trabalho e Previdência Social, com a especificação de sua atividade.

É assegurado ao vigilante: I - uniforme especial, aprovado pelo Ministério da Justiça às expensas do empregador; II - porte de arma, quando no exercício de atividade de vigilância no local de trabalho; III - prisão especial por ato decorrente do exercício da atividade de vigilância; e, IV - seguro de vida em grupo, feito pelo empregador.

9.4. Guardas Particulares e Municipais

Em São Paulo, na Capital, a Divisão de Registros Diversos, do DIRD, é o órgão competente para o registro e o controle das Guardas Municipais e corpos de segurança própria de pessoas jurídicas, bem como o credenciamento de seus integrantes e dos vigilantes noturnos autônomos.[171]

9.5. Guarda-Noturno Autônomo

O credenciamento do vigilante noturno autônomo depende de apresentação da autoridade policial do Distrito ou do Município onde o interessado pretende exercer suas funções. Para obter a credencial, o interessado deve requerer o documento ao Delegado Chefe da Divisão de Registros Diversos, do Departamento de Identificação e Registros Diversos (DIRD), por intermédio do Delegado do Distrito, juntando: atestado de antecedentes criminais; prova de alfabetização; cédula de identidade; certificado militar; título de eleitor e cinco fotos 3x4.

9.6. Hotéis e Similares

Os proprietários de estabelecimentos de hospedagem eram obrigados a registrar suas casas perante a autoridade policial competente. Em São Paulo, na Capital, o registro era feito junto ao Serviço de Registro e Fiscalização de Hotéis e Similares, da então Divisão de Registros Diversos; no Interior, na Delegacia de Polícia da localidade em que se situar o estabelecimento.

Em 1994, o registro desses estabelecimentos passou a ser feito na Secretaria de Esportes e Turismo, que expede os alvarás de registro e funcionamento, com validade para um ano, no qual constam o número de ordem e o nome do estabelecimento, bem como o de seus proprietários ou diretores.[172]

---

171. Lei Estadual (SP) nº 207/1979; Decretos nºs 50.301/1968, 51.422/1969, 37/1972, 25.265/1986, 25.319/1986 e Portarias SSP nº 40/1968, DGP nºs 2/1968 e 26/1986, DARE nº 6/1979.

172. Lei Estadual (SP) nº 8.556, de 7.3.1994, dispõe sobre o registro e fiscalização do estabelecimento de hospedagem.

O estabelecimento de hospedagem não pode, em hipótese alguma, funcionar sem esse alvará, sob pena do infrator sujeitar-se às penalidades administrativas previstas em lei, além das sanções penais cabíveis.

O estabelecimento deve manter um livro de registro de hóspedes, conforme modelo aprovado pela referida Secretaria, no qual constam a entrada e saída dos hóspedes, bem como sua qualificação. O titular é responsável pela apresentação, junto à recepção do estabelecimento, dos documentos de identidade exigidos, responsabilizando-se pelas informações neles contidas, inclusive quanto ao acompanhante. E ao hóspede menor de 18 anos deve ser exigida a autorização do pai ou responsável ou, ainda, do juiz de menores, que será anotada no livro de registro.

Os dados pessoais do hóspede, bem como o número do aposento por ele ocupado, devem ser anotados em livro de registro próprio.

A Lei Estadual nº 8.556, de 7.3.1994, disciplina o registro dos estabelecimentos de hospedagem junto à Secretaria de Esportes e Turismo, mas silencia quanto à sua fiscalização. Entendemos que essa fiscalização deve ser feita não só pela referida Secretaria, como também pela Prefeitura, pela Polícia e pelo Juizado de Menores.[173]

9.7. Estrangeiros

O estrangeiro pode entrar no Brasil desde que satisfaça as condições estabelecidas pela lei brasileira e apresente o *Visto,* conforme o caso, de trânsito, de turista, temporário, permanente, de cortesia, oficial e diplomático. O visto é pedido ou requerido pelo estrangeiro, e a classificação feita pela autoridade consular.

Os vistos são concedidos, no exterior, pelas Missões Diplomáticas, Consulados de carreiras, Consulados privativos e honorários, estes últimos, quando devidamente autorizados pelo Ministério das Relações Exteriores, e, no Brasil, quando for o caso, pelo Ministério da Justiça.

No Brasil, ainda, os vistos podem ser concedidos, em caráter excepcional, pelo Ministério das Relações Exteriores, respeitadas, condições de admissibilidade previstas no Regulamento do Estatuto do Estrangeiro.

9.7.1. Registro

O estrangeiro, admitido no Brasil em caráter temporário, permanente ou de asilado, é obrigado a registrar-se no Ministério da Justiça, dentro dos 30 dias seguintes ao desembarque, e a identificar-se pelo sistema datiloscópico. O registro é feito sumariamente, mediante identificação e exame do passaporte ou documento equivalente, que é restituído no ato. Ao ser registrado, o estrangeiro recebe um documento comprobatório de identidade.[174]

---

173. Resolução SSP nº 1, de 4.1.1974, dispõe sobre diligências em hotéis suspeitos.

174. Decreto nº 3.572, de 22.8.2000, altera dispositivos do Decreto nº 2.771, de 8.9.1998, que regulamenta a Lei nº 9.675, de 29.6.1998, que dispõe sobre o registro provisório para o estrangeiro em situação ilegal no território nacional (*DOU* Seção I, 23.8.2000, p. 1).

O estrangeiro registrado como temporário ou permanente é obrigado a comunicar ao Departamento de Polícia Federal, no prazo de 30 dias, a mudança de residência ou domicílio, pessoalmente ou pelo correio, com registro postal. Quando a mudança for para outra unidade da Federação, a comunicação deve ser feita ao órgão do DPF sediado no lugar da nova residência ou domicílio.

O estrangeiro registrado como permanente que, ausentando-se do País, a ele retorne com excesso dos prazos legais é obrigado a revalidar o registro, no prazo de 15 dias seguintes ao desembarque.

E todos os estrangeiros residentes no Território Nacional, em caráter definitivo, e os que nele exerçam ou venham a exercer profissão ou atividade remunerada devem preencher o formulário denominado Cadastro de Estrangeiros e entregar na Delegacia da Polícia Federal a que estiver jurisdicionado.

9.7.2. Extradição

A extradição consiste no ato de entrega de um indivíduo homiziado em um país estrangeiro ao governo de outro país, a pedido deste, para ser julgado ou cumprir a pena que lhe foi imposta. A medida pode ser concedida quando o governo de outro país a solicitar, invocando convenção ou tratado firmado com o Brasil e, em sua falta, a existência de reciprocidade de tratamento.

O Estatuto do Estrangeiro (EE), Lei nº 6.815, de 19.8.1980, alterada pela Lei nº 6.964, de 9.12.1981, ambas ainda em vigor, define a situação jurídica do estrangeiro no Brasil e trata da extradição, nos arts. 76 a 94.

Segundo essa legislação, não é concedida extradição nos seguintes casos: *a)* de brasileiro, salvo se a aquisição dessa nacionalidade se verificar após o fato determinante do pedido; *b)* quando o fato que a motivar não for considerado crime pela lei brasileira ou pelo Estado requerente; *c)* quando o Brasil for competente, segundo suas leis, para julgar o crime imputado ao extraditando; *d)* quando a lei brasileira impuser ao ilícito pena de prisão igual ou inferior a um ano; *e)* quando o extraditando estiver sendo processado ou já houver sido condenado ou absolvido no Brasil pelo mesmo fato em que se fundar o pedido; *f)* quando estiver extinta a punibilidade pela prescrição, segundo a lei brasileira ou a do Estado requerente; *g)* quando se tratar de crime político; *h)* quando o extraditando tiver de responder, no país requerente, perante Tribunal ou juízo de exceção.

9.7.3. Deportação

Nos casos de entrada ou estada irregular de estrangeiro, se este não se retirar voluntariamente do território brasileiro, no prazo fixado em Regulamento e notificado pela Polícia Federal, a autoridade policial promoverá a sua imediata deportação.

Deportação é, assim, a saída compulsória do estrangeiro para o país de sua nacionalidade ou procedência ou para outro que consinta em recebê-lo.

O alienígena, enquanto não se efetivar a sua deportação, poderá ser preso preventivamente, por ordem judicial, ou ser submetido ao regime de liberdade vigiada.

Neste caso, deve permanecer no lugar designado pelo Ministro da Justiça, enquanto aguarda a execução da medida, obedecendo às normas de comportamento que lhe forem estabelecidas.

O estrangeiro poderá ser dispensado de qualquer penalidade relativa à entrada ou estada irregular no Brasil, ou formalidade cujo cumprimento possa dificultar a deportação. Não sendo possível a deportação imediata, ou quando existirem indícios sérios de periculosidade ou indesejabilidade do estrangeiro, proceder-se-á a sua expulsão (EE, arts. 60 e 62).

9.7.4. Expulsão

É um ato administrativo, tomado pelo poder público, para retirar do território nacional, o estrangeiro que se mostra prejudicial aos interesses do país. Não é pena mas uma medida preventiva de Polícia, praticada no interesse nacional, sem a preocupação de saber se o alienígena é procurado como delinqüente, no território de outro país.

A expulsão ocorre quando o estrangeiro atentar, de qualquer forma, contra a segurança nacional, a ordem política ou social, a tranqüilidade ou moralidade pública e a economia popular, ou cujo procedimento o torne nocivo à conveniência e aos interesses nacionais

E passível de expulsão o estrangeiro que: *a)* praticar fraude a fim de obter a sua entrada ou permanência no Brasil; *b)* havendo entrado no território nacional com infração à lei, dele não se retirar no prazo que lhe for determinado para fazê-lo, não sendo aconselhável a deportação; *c)* entregar-se à vadiagem ou à mendicância; ou *d)* desrespeitar proibição especialmente prevista em lei para estrangeiro (EE, art. 65, parágrafo único).

O estrangeiro condenado por tráfico de entorpecentes e drogas afins será também expulso do território nacional, como dispõe o Decreto nº 98.961, de 15.2.1990.

Pelo Estatuto do Estrangeiro não se procederá à expulsão: I - se implicar extradição inadmitida pela lei brasileira; ou II - quando o estrangeiro tiver: *a)* cônjuge brasileiro do qual não esteja divorciado ou separado, de fato ou de direito, e desde que o casamento tenha sido celebrado há mais de 5 anos; ou *b)* filho brasileiro que, comprovadamente, esteja sob sua guarda e dele dependa economicamente (EE, art. 75).

Não constitui impedimento à expulsão a adoção de filho brasileiro superveniente ao fato que a motivar. Por outro lado, verificados o abandono do filho, o divórcio ou a separação, de fato ou de direito, a expulsão poderá efetivar-se a qualquer tempo.

Observe-se, outrossim, que o restabelecimento da garantia de não expulsão de estrangeiro casado com nacional há mais de 5 anos, ou pai de menor brasileiro, foi a principal modificação apresentada pela Lei Federal nº 6.964, de 9.12.1981, que modificou apenas nove artigos e acrescentou um parágrafo ao Estatuto dos Estrangeiros, aprovado em 1980 e ainda em vigor.

Por fim, a decisão sobre a conveniência e a oportunidade da expulsão do estrangeiro compete ao Presidente da República (EE, art. 66).

9.7.5. Prisão

A autoridade policial, nos termos do art. 36 da Convenção de Viena, sobre Relações Consulares, sempre que ocorrer prisão de estrangeiro, deverá comunicar o fato ao cônsul do respectivo país, requerendo a sua imediata presença na Delegacia de Polícia, a qualquer hora do dia ou da noite, mesmo em dias em que não haja expediente normal, e solicitar-lhe que assine um termo de comparecimento.

Se o cônsul por qualquer motivo não comparecer, o fato deverá ser registrado nos autos do inquérito.

O cônsul ou funcionários consulares podem entrevistar-se com o detido, preso em flagrante delito ou preventivamente, conversar e corresponder-se com ele e providenciar a sua defesa perante os tribunais. E podem visitar o nacional de seu país preso penalmente em virtude de execução de sentença. Mas não podem intervir a favor do preso sempre que o próprio interessado a isso se opuser expressamente.

Em face do que dispõe a Constituição Federal (art. 5º, LXI), o Ministério da Justiça baixou a Portaria nº 557/1988, estabelecendo procedimentos a serem adotados pelo Departamento de Polícia Federal e pela Subsecretaria de Estrangeiros da Secretaria de Direitos da Cidadania, relativamente a prisões para fins de deportação, expulsão e extradição, nos seguintes termos:

Quanto à prisão, ao regime de liberdade vigiada e à efetivação das medidas compulsórias, a autoridade policial do DPF representará a Justiça Federal, nos casos de prisão de estrangeiros para fins de deportação, expulsão e extradição, previstos nos arts. 61, 69, 81 e 82 da Lei nº 6.815, de 19.8.1980.

A representação deverá conter as razões do pedido e ser instruída com os seguintes documentos:

I - no caso de deportação: *a)* cópia do termo de notificação para deixar o país; *b)* documentos que comprovem a conveniência e o interesse nacional, na hipótese do art. 57, § 2º, da Lei nº 6.815/1980;

II - no caso de expulsão, além da cópia do pedido de autorização ao Ministro da Justiça para a instauração do inquérito: *a)* se houver prisão em flagrante, cópia do auto de prisão e do laudo de constatação ou das principais peças do inquérito; *b)* nas demais situações, cópia da sentença condenatória e da certidão de seu trânsito em julgado;

III - no caso de extradição: *a)* cópia do pedido formal do país requerente; *b)* cópia da Nota Verbal ou de qualquer outro documento, desde que contenha informação precisa do exigido no art. 80 ou, em caso de urgência, no art. 82 da Lei nº 6.815/1980.

Os documentos acima mencionados poderão ser apresentados por cópia carbono ou reprográfica ou transcritos por telex ou fac-símile. No caso de extradição, o pedido de prisão formulado pelo país requerente e os respectivos documentos serão encaminhados pela Subsecretaria de Estrangeiros à DPMAF do DPF, para a formulação da representação à Justiça Federal.

A autoridade policial do DPF controlará os prazos da prisão, requerendo à Justiça Federal, conforme o caso, a sua prorrogação, a transformação da mesma em regime de liberdade vigiada ou o seu relaxamento. E a prisão, sempre que possível, será cumprida em dependências do DPF.

A DPMAF comunicará à Subsecretaria de Estrangeiros a decretação da prisão e a data de sua efetivação, devendo adotar idêntico procedimento nas hipóteses de prorrogação ou relaxamento da prisão, de concessão de liberdade vigiada, de transferência de local de custódia e de efetivação da deportação, da expulsão ou da extradição.

Nos casos em que não tiver sido decretada a prisão, o Ministro da Justiça poderá, a qualquer tempo, submeter o estrangeiro ao regime de liberdade vigiada, procedendo de ofício ou por provocação da DPMAF, através da Subsecretaria de Estrangeiros.

A efetivação da expulsão e da extradição dependem de prévia e expressa autorização do Ministro da Justiça. A Subsecretaria de Estrangeiros comunicará a autorização à DPMAF para cumprimento, cabendo a esta, se for o caso, requerer a liberação do estrangeiro à autoridade judiciária competente. Efetivada a expulsão ou a extradição, o Serviço de Polícia Marítima, Aérea e de Fronteiras (SPMAF) competente encaminhará cópia do respectivo termo à Subsecretaria de Estrangeiros, por intermédio da DPMAF.[175]

10. VEÍCULOS - DESMANCHES

Em São Paulo, os estabelecimentos que atuam na revenda de peças usadas de veículos automotores são obrigados a se registrarem no órgão competente da Secretaria da Segurança Pública e a adotar procedimentos que permitam comprovar a regularidade das operações realizadas, como dispõe expressamente a Lei Estadual nº 8.520, de 29.12.1993, regulamentada pelo Decreto nº 40.988, de 3.7.1996.[176]

Esse registro deve efetuar-se, de acordo com o local onde funciona o estabelecimento, nas seguintes repartições: I - na Capital, perante a 3ª Delegacia - Desmanches e Desmontes Delituosos - da Divisão de Investigações Sobre Furtos e Roubos de Veículos e Cargas (DIVECAR), do Departamento de Investigações sobre o Crime Organizado (DEIC); II - nos municípios sede de Delegacias Seccionais de Polícia, perante estas; III - nos demais municípios, nas respectivas Delegacias de Polícia.

O pedido de registro deve ser instruído com os seguintes documentos: I - cópia autenticada do contrato social e do registro do estabelecimento na Junta Comercial; II - relação nominal dos responsáveis pelo estabelecimento e de seus empregados,

---

175. V. Luiz Carlos Rocha, *Prática Policial*, pp. 231 e segts.

176. V. ainda Lei Federal nº 8.722/1993, que torna obrigatória a baixa de veículos vendidos como sucata e dá outras providências; Decreto Federal nº 1.305/1994, que regulamenta a Lei Federal nº 8.722/1993; Portaria DGP nº 13/2001, que institui rotinas de trabalho e estabelece modelos de impressos para instrumentalizar o processo de registro e fiscalização de estabelecimentos comerciais que operam a comercialização de componentes veiculares usados; Comunicado DGP nº 1/1997 sobre a Lei Federal nº 9.426/1996, que alterou dispositivos do Código Penal, referentes à receptação; Resolução SSP nº 284, de 26.8.1997, que cria o Programa de Prevenção e Redução de Furtos, Roubos e Desvio de Carga (PROCARGA).

com os respectivos endereços residenciais, acompanhada de cópia de suas cédulas de identidade e atestados de antecedentes criminais; III - comprovante do recolhimento da taxa prevista para o registro.

Ocorrendo alteração da sociedade comercial ou do quadro de empregados, o fato deverá ser comunicado à autoridade competente no prazo de 48 horas, completando-se a documentação acima referida quanto aos novos elementos.

Sem prejuízo das sanções criminais cabíveis, as infrações da legislação acima citada são passíveis das seguintes penalidades: I - multa, de 10 (dez) a 100 (cem) Unidades Fiscais do Estado de São Paulo (Ufesps); II - cassação do registro (Lei nº 8.520/1993, art. 4º). Outrossim, a taxa fixada para o Alvará de Registro e Licença Anual de funcionamento desses estabelecimentos corresponde ao valor de 10 (dez) Ufesps (art. 5º).

10.1. Portaria DGP nº 13, de 9.5.2001

Institui rotinas de trabalho e estabelece modelos de impressos para instrumentalizar o processo de registro e fiscalização de estabelecimentos comerciais que operam a comercialização de componentes veiculares usados.

O Delegado Geral de Polícia, com específico fundamento no art. 15, inciso I, alíneas "f" e "p", do Decreto nº 39.948, de 8.2.1995;

Considerando que, por força do que dispõe a Lei Estadual nº 4.980, de 8.4.1986, ainda vigente, regulamentada pelos Decretos Estaduais nºs 26.810, de 25.2.1987, e 27.721, de 2.12.1987, bem como a Lei Estadual nº 8.520, de 29.12.1993, alterada pela Lei Estadual nº 10.213, de 8.1.1999, regulamentada pelos Decretos Estaduais nºs 40.988, de 3.7.1996, e 41.259, de 31.10.1996, compete à Polícia Civil o registro e fiscalização dos estabelecimentos que operam o desmonte e remonte de veículos automotores e/ou a comercialização das respectivas peças usadas;

Considerando, ainda, que os órgãos técnicos da Secretaria da Fazenda manifestaram-se pela exigibilidade das taxas de Alvará de Registro e de Licença Anual dos precitados estabelecimentos, perfiladas na "Tabela B", relativas aos Atos Decorrentes do Poder de Polícia, por disposição da Lei nº 7.645, de 23.12.1991, alterada pela Lei nº 9.250, de 14.12.1995, a teor do constante no Processo DGP nº 2.659/1996,

Considerando, finalmente, a necessidade de estabelecer sistemática de atuação uniforme das unidades policiais civis, em âmbito estadual, de molde a prevenir e reprimir eficazmente a transação de veículos de origem criminosa, empregando a tarefa de fiscalização da enfocada atividade comercial como meio de desestímulo e efetivo contraste reflexo à subtração; resolve:

Art. 1º. As atribuições de registro e fiscalização dos estabelecimentos que operam o desmonte e remonte de veículos automotores e/ou a comercialização das respectivas peças usadas, nos termos dos Decretos Estaduais nºs 40.988, de 3.7.1996, e 41.259, de 31.10.1996, são acometidas:

I - à 3ª Delegacia de Polícia da Divisão de Investigações Sobre Furtos e Roubos de Veículos e Cargas,Divecar, do Departamento de Investigações Sobre Crimes Patrimoniais, Depatri, na Capital do Estado;

II - às Delegacias Seccionais de Polícia nos municípios em que estas forem sediadas;

III - às respectivas Delegacias de Polícia, nos demais municípios.

Art. 2º. As atribuições disciplinadas no artigo antecedente compreendem:

I - emissão de alvará inicial e de licença anual de funcionamento;

II - fiscalização de entrada e saída de componentes veiculares usados;

III - imposição de penalidades administrativas;

IV - apreciação de recursos às penalidades aplicadas;

V - criação e manutenção de arquivo atualizado, nos termos do art. 7º desta Portaria;

VI - recepção e processamento das relações semanais de veículos entrados, encaminhadas pelos estabelecimentos sob fiscalização, nos termos do art. 4º do Decreto nº 40.988, de 3.7.1996;

VII - realização de visitas de inspeção, com periodicidade mínima mensal, para detecção de eventual irregularidade administrativa ou infração criminal;

VIII - outras atividades legais relativas ao desempenho das funções disciplinadas nesta Portaria.

§ 1º. No desempenho das atividades previstas neste artigo, o agente ou a Autoridade Policial responsável deverá lançar, através de carimbo, nome, número de registro geral, cargo e unidade de exercício, em todos os documentos que, obrigatoriamente, registrarão o ato fiscalizatório executado.

§ 2º. Em caso de inspeção ordinária em que inocorra constatação de quaisquer irregularidades, bastará o registro da visita no livro de entrada e saída de veículos referido no art. 3º, IV, desta portaria, mediante aposição de carimbo contendo completa identificação do agente e unidade fiscalizadora, bem como data e hora da diligência.

§ 3º. As unidades policiais mencionadas no art. 1º desta portaria deverão manter livro específico, sempre submetido às correições ordinárias e extraordinárias, para registro obrigatório de todas as visitas e inspeções realizadas nos estabelecimentos existentes na sua circunscrição, objetivando a documentação da regularidade de suas atividades, o controle na periodicidade das inspeções e a alimentação segura da estatística mensal prevista no art. 10 desta portaria.

Art. 3º. O requerimento a que alude o artigo anterior deverá ser apresentado instruído com:

I - cópia autenticada do contrato social e do registro do estabelecimento na junta comercial;

II - relação nominal dos responsáveis pelo estabelecimento e dos empregados ou auxiliares em exercício, permanentes, transitórios ou eventuais, com os respectivos endereços residenciais, acompanhada de cópia autenticada de suas cédulas de identidade e atestados de antecedentes criminais;

III - comprovante de recolhimento, mediante exibição de uma via da guia de arrecadação própria, da taxa devida no valor fixado pela Secretaria da Fazenda em tabela anual oficialmente publicada;

IV - cópia autenticada dos termos de abertura e de encerramento e da última folha preenchida do livro de movimento de entrada e saída de veículos, exigido pelo art. 330 do Código de Trânsito Brasileiro, Lei nº 9.503, de 23.12.1997, ou dos seus correspondentes impressos regulamentados pela Resolução nº 60, de 21.5.1998, do Conselho Nacional de Trânsito, Contran;

Art. 4º. Recebido em ordem e devidamente instruído o requerimento de que trata o artigo antecedente, a unidade policial responsável expedirá protocolo, com validade máxima de 60 dias, o qual se prestará a garantir a regularidade da empresa requerente até a emissão do registro definitivo.

Parágrafo único. Na hipótese de expedição de alvará anual, para estabelecimento que estiver iniciando suas atividades, a taxa será devida, proporcionalmente, a partir do mês em que ocorrer a solicitação do mesmo.

Art. 5º. Os estabelecimentos sujeitos à fiscalização nos termos desta portaria deverão encaminhar, semanalmente, aos órgãos referidos no art. 1º, em formulário próprio (anexo VIII) a relação dos veículos submetidos a desmanche, com as seguintes informações:

I - numeração de placa, chassis e motor;

II - tipo, marca, modelo e cor predominante;

III - ano de fabricação;

IV - número do certificado de registro e licenciamento de veículo e do Renavam;

V - qualificação completa do vendedor quando não estiver em nome deste registrado o veículo, ou razão social, CNPJ (Cadastro Nacional de Pessoas Jurídicas) e endereço se o vendedor se tratar de empresa;

VI - outros elementos julgados necessários pela autoridade policial responsável.

Parágrafo único. A relação mencionada no *caput* seguirá instruída com o comprovante de remessa dos documentos de registro e licenciamento de veículos e do pedido de baixa junto ao órgão de trânsito competente.

Art. 6º. A constatação de infração às normas contidas em qualquer dos dispositivos da Lei nº 8.520/1993, independentemente das providências de caráter criminal, vinculará a Autoridade Policial e seus agentes à observância dos seguintes procedimentos:

I - lavratura imediata do auto de constatação de infração, nos moldes do Anexo "V" desta Portaria, pela Autoridade Policial competente ou por seus agentes, em duas vias, colhendo-se a assinatura do elaborador, de duas testemunhas e do infrator;

II - expedição de notificação imediata ao infrator para comparecimento, no prazo de 05 dias, perante a autoridade policial competente, a fim de prestar declarações acerca da infração e, se quiser, oferecer defesa escrita;

III - recebimento e incontinenti decisão fundamentada quanto a eventual defesa escrita, ou oral a termo reduzida, apresentada pelo infrator, no prazo fixado no inciso anterior, tornando, se for o caso, insubsistente o auto de constatação lavrado, ou, ao revés, validando-o e elaborando, em conformidade com o Anexo VI, o auto de infração em 03 vias, destinadas:

a) a primeira via à homologação pela autoridade policial de hierarquia imediatamente superior à daquela que determinou a autuação do infrator;

b) a segunda via ao órgão policial expedidor do registro;

c) a terceira via ao infrator ou ao seu representante legal.

IV - conhecimento e julgamento, pela Autoridade Policial de hierarquia imediatamente superior à daquela responsável pela homologação, de recurso eventualmente interposto pelo autuado com observância ao prazo de 10 dias contados da ciência da homologação;

V - declaração de exaurimento da via recursal administrativa pela Autoridade Policial responsável, se denegado o recurso interposto ou precluso o prazo para seu oferecimento, com a imediata expedição de notificação ao infrator (anexo VII) para recolhimento da multa junto à Secretaria da Fazenda ou aos bancos autorizados, no prazo de 15 dias a partir da ciência;

VI - posterior remessa do expediente ao órgão expedidor do registro, para anotações, e, persistindo o não recolhimento da penalidade pecuniária imposta, à Procuradoria Geral do Estado, para cobrança judicial.

Parágrafo único. Na imposição das penalidades de multa ou cassação de registro previstas no art. 4º da Lei nº 8.520/1993, deverá a Autoridade Policial competente proceder à dosimetria da sanção em correspondência com a natureza da infração, do dolo do agente, de eventual reincidência e das condições pessoais do autuado.

Art. 7º. As unidades policiais fiscalizadoras manterão arquivos físicos contendo:

I - prontuário individualizado de cada estabelecimento comercial instruído com:

a) qualificação completa de proprietários, funcionários e auxiliares, com respectivos extratos de antecedentes criminais resgatados junto aos terminais do IIRGD, atualizados periodicamente;

b) relações semanais de veículos entrados, encartadas em rigorosa ordem cronológica de recebimento, consoante previsto no art. 2º, VI, desta Portaria;

c) alvará de licença anual instruído com o comprovante de recolhimento das taxas devidas;

d) cópias de documentos relativos a eventuais penalidades aplicadas;

e) eventuais comunicados de alterações da sociedade comercial ou do quadro de empregados, nos termos do art. 3º da Lei nº 8.520/1993;

II - acervo de estabelecimentos dessa natureza que tiveram suas atividades cessadas espontaneamente ou não.

Parágrafo único. Sem prejuízo do acervo físico tratado no *caput* deste artigo, as unidades policiais responsáveis pela fiscalização deverão processar as informações colhidas, preferencialmente através de sistema informatizado acessível por qualquer unidade policial civil, objetivando racional emprego desses dados na prevenção especializada e repressão criminais.

Art. 8º. As atribuições fiscalizadoras disciplinadas nesta Portaria não excluem a concorrente atividade adminstrativa dos órgãos de trânsito, a incumbência das unidades policiais civis especializadas na apuração dos delitos fiscais e, também, a atuação disciplinar das unidades subordinadas à Corregedoria Geral da Polícia Civil.

Art. 9º. Os impressos constantes do anexo, modelos I, IV e VIII são destinados ao uso do público interessado, mediante aquisição própria, enquanto os modelos II, III, V, VI e VII são de uso privativo dos órgãos policiais e serão confeccionados com recursos das unidades de despesa respectivas.

Art. 10. Os departamentos aos quais se acham subordinadas as unidades policiais responsáveis pela fiscalização tratada nesta portaria remeterão, mensalmente, à Delegacia Geral de Polícia quadro de ações pormenorizado contendo os seguintes dados mínimos:

I - número de estabelecimentos sob fiscalização;

II - número de alvarás de funcionamento expedidos;

III - número de visitas de inspeção realizadas;

IV - número de autos de constatação de infração lavrados;

V - número de recursos providos e improvidos;

VI - número de penas pecuniárias impostas;

VII - número de penas de cessação de atividade impostas;

VIII - somatória geral dos valores arrecadados com a concessão de alvará inicial e de licença anual e com a imposição de penas pecuniárias.

Art. 11. Esta portaria entrará em vigor na data de sua publicação, revogando-se as disposições em contrário, em especial a Portaria DGP nº 5/1988.

ANEXO I

REQUERIMENTO DE ALVARÁ

Ilustríssimo Senhor Doutor Delegado de Polícia Titular da ______________________

____

(unidade policial responsável)

____

(razão social ou nome do proprietário)

estabelecido na____nº ______________

Bairro______________________________CEP __________tel. ______________

neste município, vem, respeitosamente, à presença de Vossa Senhoria requerer o (   ) registro inicial (   ) licença anual de seu estabelecimento, nos termos do art. 1º da Lei nº 8.520/1993 e art. 2º do Decreto Estadual nº 40.988/1996, juntando a documentação exigida e fornecendo abaixo a relação das pessoas que prestam serviços à empresa.

1.____ RG ______________

Pai ____

Mãe ____

Natural de _________________Estado________ Data de nascimento: ___________

Residência: ____

Função:____________________________Data de admissão: ________________

2.____ RG ______________

Pai ____

Mãe ____

Natural de _________________Estado________ Data de nascimento: ___________

Residência: ____

Função:____________________________Data de admissão: ________________

3.____ RG ______________

Pai ____

Mãe ____

Natural de _________________Estado________ Data de nascimento: ___________

Residência: ____

Função:____________________________Data de admissão: ________________

4.____ RG ______________

Pai ____

Mãe ____

Natural de _________________Estado________ Data de nascimento: ___________

Residência: ____

Função:____________________________Data de admissão: ________________

5.____ RG ______________

Pai ____

Mãe ____

Natural de ____________________Estado__________ Data de nascimento: ______________

Residência: ____

Função:____________________________Data de admissão: ___________________

Declara, também, ter conhecimento que, em caso de admissão ou demissão de qualquer empregado, deverá comunicar a alteração a Vossa Senhoria no prazo de 48 (quarenta e oito) horas.

Declara, por final, ter pleno conhecimento dos termos da Lei Estadual nº nº 8.520/1993 e do Decreto Estadual nº 40.988/1996.

Termos em que

Pede Deferimento.

____________(SP),____de____________de 2____.

____

(assinatura)

Caso existentes mais de cinco empregados, relacioná-los no verso ou em folha à parte, consignando idênticas informações completas.

ANEXO II

PROTOCOLO

SECRETARIA DA SEGURANÇA PÚBLICA

POLÍCIA CIVIL DO ESTADO DE SÃO PAULO

DELEGACIA: ________________________________

PROTOCOLO

Nº____________

Delegacia de Polícia ____

Município ____

A empresa ____

estabelecida na ____

requereu ( ) registro inicial ( ) licença anual, nos termos da Lei nº 8.520/1993.

__________________(SP), _____ de ______________ de 20___.

Delegado de Polícia,

____

VÁLIDO POR SESSENTA DIAS A PARTIR DA EMISSÃO

ANEXO III

ALVARÁ

SECRETARIA DA SEGURANÇA PÚBLICA

POLÍCIA CIVIL DO ESTADO DE SÃO PAULO

DELEGACIA: ______________________________

Brasão
do
Estado

ALVARÁ DE REGISTRO E LICENÇA DE ESTABELECIMENTO DE DESMANCHE DE VEÍCULO AUTOMOTOR

A empresa ____
estabelecida na ____
neste Município, CNPJ nº ____
está regularmente registrada nesta Delegacia de Polícia sob nº ________________ .
nos termos da Lei nº 8.520/1993, com licença anual válida para o exercício de 200____ .

________________(SP), _____de__________de 20__.

O Delegado de Polícia,

____

ANEXO IV

COMUNICADO DE ALTERAÇÃO NO QUADRO DE EMPREGADOS

Ilustríssimo Senhor Doutor Delegado de Polícia da ______________________________
(unidade policial responsável)

A empresa ______________________________
estabelecida neste município, à ______________________________
nº _____, registrada nessa Delegacia de Polícia sob nº _____________ vem, nos termos do art. 3º da Lei nº 8.520/1993, comunicar a Vossa Senhoria a alteração em seu quadro de empregados, como segue:

______________________________ RG ______________
Pai ______________________________
Mãe ______________________________
Natural de ______________________ Estado ______________
Data de Nascimento: ______________________________
Residência: ______________________________
Função: ______________________ Data da admissão ____/____/ ____

Atenciosamente,

____________________ (SP) _____de ___________de 20__.

____
(representante legal)

ANEXO V

AUTO DE CONSTATAÇÃO DE INFRAÇÃO

SECRETARIA DA SEGURANÇA PÚBLICA
POLÍCIA CIVIL DO ESTADO DE SÃO PAULO
DELEGACIA: ______________________________

AUTO DE CONSTATAÇÃO DE INFRAÇÃO Nº____/_____

Às_____horas do dia ___/___/_____ no estabelecimento ____________

____,

situado na ____ nº __________,
neste Município, durante fiscalização, em presença das testemunhas infra assinadas e do proprietário/responsável ______________________________________

_____________________________________ RG nº __________________,
CONSTATEI infração ao(s) artigo(s)____________________ da Lei nº 8.520/1993, eis que [descrição sucinta da(s) infração(ões)] ______________________________

____

____

____

____

____

pelo que lavrei o presente, notificando o responsável a comparecer à presença da Autoridade Policial competente dentro de 05 (cinco) dias para, se quiser, oferecer defesa oral ou escrita.

Nome______________________________Cargo ____________________

Assinatura ____

Testemunhas:

Nome ____________________________ Nome ____________________

RG ______________________________ RG ______________________

Endereço _________________________ Endereço __________________

Assinatura ________________________ Assinatura _________________

....

(destacável)

Recebi cópia do presente em data e hora supra, estando ciente da imputação e do prazo para defesa preliminar.

Nome______________________________________RG ______________

Função ____

Assinatura ____

ANEXO VI

AUTO DE INFRAÇÃO

SECRETARIA DA SEGURANÇA PÚBLICA
POLÍCIA CIVIL DO ESTADO DE SÃO PAULO
DELEGACIA: ______________________________

Brasão do Estado

AUTO DE INFRAÇÃO Nº __________________

Em vista do Auto de Constatação de Infração lavrado aos ___/__/______ e arquivado nesta repartição, autuo, nesta data, a empresa ______________________

____

situada na ____

neste Município, por infração ao(s) artigo(s) ______________________________ da Lei nº 8.520/1993, em consonância com o disposto no Decreto nº 40.988, de 3 de julho de 1996, aplicando-lhe a penalidade de ______________________________

____,

(   ) tendo (   ) não tendo comparecido o representante legal da mesma, devidamente intimado pelo auto de Constatação de Infração supra mencionado.

_____________(SP), ________de_______________de 20___.

____

O Delegado de Polícia

Ciente:_______________________________

(Infrator ou representante legal)

HOMOLOGO

________/________/200__

1ª Via destinada à homologação

2ª Via ao arquivo da unidade policial

3ª Via ao infrator

(carimbo da autoridade)

ANEXO VII

NOTIFICAÇÃO

SECRETARIA DA SEGURANÇA PÚBLICA
POLÍCIA CIVIL DO ESTADO DE SÃO PAULO

DELEGACIA: ________________________________

Brasão
do
Estado

NOTIFICAÇÃO nº ______/200__.

Ao Sr. ____

Rua ____

Por incumbência do Senhor Delegado de Polícia da ________________________

____

NOTIFICO Vossa Senhoria, nos termos do art. 5º, inciso V, do Decreto nº 40.988/1996, a recolher junto à Secretaria da Fazenda, ou bancos autorizados, no prazo de 15 (quinze) dias, a multa que lhe foi imposta através do Auto de Infração nº________/200___, em virtude de homologação do mesmo aos ___/______/____.

O Escrivão de Polícia,

____

....

(destacável)

Recebi a notificação referente ao auto de infração nº___________________________, ficando ciente da penalidade imposta e do prazo para pagamento da multa.

_________________(SP), _____ de ___________de 200__.

____

Assinatura do notificado

ANEXO VIII (anverso)

RELAÇÃO SEMANAL DOS VEÍCULOS SUBMETIDOS A DESMANCHE

Ilustríssimo Senhor Doutor Delegado de Polícia Titular da

A empresa..., registrada sob nº........ nessa repartição policial, em obediência à Lei nº 8.520/1993 vem comunicar a relação dos veículos submetidos a desmanche no período de....../...../......... a....../....../........., anexando ao presente os comprovantes de pedido de baixa dos respectivos certificados de registro e licenciamento junto ao órgão de trânsito, também relacionando no verso informações relativas aos respectivos vendedores.

Nº	Placas	Município	U.F.	Marca/ Modelo	Ano	Cor	CLRV	RENAVAM	Chassis	Motor	Data de Entrada	Data de Desmanche
01												
02												
03												
04												
05												
06												
07												
08												
09												
10												

São Paulo, ... de..................... de 200......

Nome e assinatura do Responsável

ANEXO VIII (verso)

RELAÇÃO DOS VENDEDORES DOS VEÍCULOS DISCRIMINADOS NO ANVERSO				
Nº	Nome/Razão Social	RG e CPF / CNPJ	Filiação	Endereço
01				
02				
03				
04				
05				
06				
07				
08				
09				
10				
São Paulo, ... de.......................... de 200......			Nome e assinatura do Responsável	

Capítulo VIII

Procedimentos Básicos

1. PLANTÃO POLICIAL

O Delegado de Polícia de plantão, além de outras atribuições, deve: *a)* cumprir o horário; *b)* fiscalizar a sua Equipe; *c)* atender diretamente as partes; *d)* determinar o registro de todas as ocorrências que lhe forem apresentadas, coligindo os dados necessários à eventual instauração de inquéritos policiais; *e)* tomar conhecimento das prisões e das recolhas; *f)* prender e autuar em flagrante os acusados de crimes e lavrar Termo Circunstanciado, nos casos de infrações penais de menor potencial ofensivo; *g)* arbitrar fiança, nos termos da lei; *h)* comunicar de imediato às autoridades e órgãos competentes as ocorrências de maior vulto ou interesse policial, informando sobre as providências tomadas; *i)* determinar medidas preventivas, como a custódia de ébrios, loucos e turbulentos; *j)* aguardar no posto seu substituto, representando sobre falta ou atraso ao superior imediato; *l)* cientificar o seu substituto sobre as ocorrências relevantes verificadas em seu turno de serviço e as providências efetuadas, bem como os fatos que exijam a continuidade do atendimento policial.[177]

Entrada em Serviço: — Ao assumir o plantão, o Delegado verifica se a sua Equipe está completa e se não há qualquer ocorrência para ser atendida ou em andamento. Todos os casos devem vir ao seu conhecimento.

Nas ocorrências de trânsito, as vítimas não devem ser retidas para esclarecimentos enquanto não forem devidamente socorridas e medicadas. Somente depois

177. Portaria DGP nº 9, de 9.6.1998, dispõe sobre a obrigatoriedade de comunicação, ao DENARC, nos casos que especifica e dá providências correlatas.

destas providências é que a autoridade determina a elaboração do Boletim de Ocorrência ou do Termo Circunstanciado. Nesses casos, quando uma das partes estiver embriagada, deve ser submetida ao exame de dosagem alcoólica.

No caso de flagrante, o Delegado ouve as partes, para constatar se se trata realmente de flagrante.

Nos casos de morte natural, sem assistência médica, ou por moléstia mal definida, os cadáveres deverão ser obrigatoriamente transportados diretamente ao Serviço de Verificação de Óbitos.

Em São Paulo, o delegado é obrigado a elaborar BO sobre qualquer subtração ou extravio de carteiras de identidade e comunicar o fato, imediatamente, ao Centro de Comunicações e Operações da Polícia Civil (CEPOL). O CEPOL, por sua vez, retransmite a ocorrência, imediatamente, ao Instituto de Identificação "Ricardo Gumbleton Daunt" (IIRGD), que insere tal informação em seu cadastro, registrando o bloqueio do documento.[178]

E nas ocorrências com mandatários populares, o delegado deve instaurar o procedimento competente, colher as provas suscetíveis de desaparecer no decurso de tempo e enviar os autos respectivos ao seu superior hierárquico, para prosseguimento.[179]

No encerramento do plantão, o Delegado deve evitar de passar ou deixar ocorrências para serem atendidas pelo seu substituto.

1.1. Atendimento de Ocorrências

A maior parte das chamadas da polícia são para prestação de serviços, pouco tendo a haver com o crime. São emergências médicas, acidentes, questões familiares, briga de vizinhos, problemas com menores, com animais abandonados ou feridos, etc., e poucas são as ocorrências envolvendo crimes, que devam ser investigados. Não obstante a polícia deve estar atenta para toda e qualquer chamada.

Em São Paulo, as autoridades policiais devem comunicar imediatamente ao CEPOL as ocorrências de manifesta gravidade, tão logo de sua ciência.[180]

Nos termos da Lei nº 9.099/1995, o policial civil ou militar que tomar conhecimento da prática de infração penal deve comunicá-la, imediatamente, à autoridade policial da respectiva circunscrição policial. E essa comunicação, sempre que possível, far-se-á com a apresentação do(s) autor(es) do fato, da vítima(s) e da(s) testemunha(s).[181]

---

178. Portaria DGP nº 14, de 6.10.1998, dispõe sobre os procedimentos a serem seguidos no atendimento de ocorrências envolvendo a subtração ou o extravio de carteiras de identidade e dá outras providências.

179. Portaria DGP nº 9, de 29.3.1983, sem ementa.

180. Portaria DGP nº 11, de 10.7.1998, dispõe sobre a retransmissão de ocorrências relevantes ao CEPOL e dá outras providências. Portaria DGP nº 18, de 8.11.1991, institui o Manual de Telecomunicações e de Elaboração de Mensagens Telexadas.

181. Resolução SSP nº 353, de 27.11.1995.

Polícia Militar: — O policial militar, ao atender um local, deve isolar e preservar a área e transmitir a ocorrência ao COPOM que a retransmitirá ao CEPOL e este, por sua vez, conforme o caso, acionará o IC, o IML e a Delegacia competente.

As guarnições da Rádio Patrulha que atenderem ocorrências de natureza criminal devem limitar a sua atuação à apresentação das partes ou dos dados, que interessarem aos procedimentos da polícia judiciária, ao Distrito Policial competente.[182]

Polícia Civil: — No Distrito Policial, o delegado, recebendo a comunicação, deverá certificar-se se o CEPOL acionou os órgãos mencionados, dirigindo-se imediatamente ao local. No local, verificar o que houve, tomando as providências cabíveis. O retardamento injustificado no atendimento à ocorrência, em que fase seja, será passível de sanção.[183]

Em nenhuma hipótese o policial que primeiro tomar conhecimento de uma ocorrência pode negar devido atendimento, tanto o que estiver em serviço de rua como o em serviço no interior de unidade policial.

Quando a ocorrência verificar-se próximo a limite territorial entre Municípios ou Distritos Policiais deve ser levada ao conhecimento da Delegacia de Polícia mais próxima.

O Delegado, certificando-se, com exatidão, do local da ocorrência, deve: *a)* adotar as providências exigíveis se o local for de sua competência territorial; ou *b)* tomar as providências imediatas e encaminhar os documentos que autuou à autoridade policial competente, se o local não for de sua competência territorial.

É vedado o encaminhamento de policiais ou partes de uma para outra unidade policial, sem antes serem tomadas as providências imediatas para o caso.

A diligência policial não deve ser interrompida, sob pretexto algum, principalmente, no que diz respeito à ultrapassagem de um setor para outro, de um distrito para outro ou de um município para outro. Sempre que possível, deve ser obtida prévia autorização da unidade policial na qual o executor exerce suas funções.

Quando a diligência ultrapassar o limite do município onde foi iniciada, deve ser levada ao conhecimento da autoridade policial antes, durante ou após sua realização, de maneira a evitar que se fruste. Nestes casos, a unidade policial na qual o executor exerce suas funções deverá, em 48 horas, convalidar a diligência e comunicá-la ao Delegado do local onde se realizou ou se indevida, promover as responsabilidades.[184]

Ocorrência com Policial: — Na ocorrência envolvendo policial, tanto na posição de autor como de vítima, principalmente, em caso de homicídio e de resistência seguida de morte ou lesão corporal, o local deve ser preservado, isolando-se a área e impedindo-se que nele ingresse qualquer pessoa, inclusive familiares da vítima, até que seja liberada pela autoridade competente.

---

182. Resolução SSP nº 21, de 4.4.1978.

183. Resolução SSP nº 382, de 1º.9.1999; Portaria DGP nº 9, de 30.3.1987, dispõe sobre a imediata comunicação de ocorrências de furto e localização de veículos automotores e da outras providências; Resolução SSP nº 56, de 10.5.1988, dispõe sobre a presteza e celeridade com que devem ser atendidas as ocorrências Policiais e dá outras providências correlatas; Portaria DGP nº 4, de 18.2.1993, sem ementa, referentes ao BO de roubo/furto de veículo. (*DOE* de 19.2.1993, com alteração em 12.5.1993).

184. Recomendação DGP nº 2, de 8.9.1992.

Se a ocorrência envolver disparo de arma de fogo, o exame residuográfico é obrigatório, nos envolvidos, autor e vítima. [185]

Ocorrência com Refém: — Em São Paulo, o Secretário da Segurança disciplinou as atividades do Grupo Especial de Resgate da Polícia Civil (GER) e do Grupo de Ações Táticos Especiais da Polícia Militar (GATE); no atendimento de ocorrências com reféns, dispondo que: *a)* até a chegada do GER e do GATE, a responsabilidade pela ação policial cabe ao Delegado de Polícia de Classe mais elevada e ao Oficial da Polícia Militar de maior patente no local: *b)* a comunicação da ocorrência recebida pelo CEPOL, deve ser imediatamente retransmitida ao GER e ao COPOM, ao passo que, recebida pelo COPOM é também retransmitida ao GATE e ao CEPOL.

A Polícia Militar, através do GATE, deve providenciar o imediato isolamento da área de operações, mediante o emprego de cavaletes, cordas ou outros meios necessários, sendo expressamente vedada a entrada de terceiros, policiais civis e militares estranhos à operação e da imprensa dentro do perímetro de segurança.

Essa vedação tem por finalidade exclusiva a salvaguarda da integridade física e da vida das pessoas não envolvidas diretamente na operação, implicando o seu desatendimento em crime de desobediência ou falta disciplinar.

O Comandante do Policiamento de Choque e o Delegado de Polícia Diretor do DEIC devem manter no local o contingente necessário ao bom desempenho da missão, fazendo retornar às suas atividades normais os demais policiais militares e civis.

As equipes do GER e do GATE devem aproximar-se do local com a máxima discrição, sem o porte ostensivo de equipamentos especiais.

Somente participarão das operações o GER e o GATE, restando proibido o emprego e a permanência de outras unidades da Polícia Civil e da Polícia Militar, salvo requisições específicas efetuadas pelo Delegado de Polícia Diretor do DEIC e pelo Comandante do CP Choque ou seus representantes legais presentes ao local.

Ao chegar ao local da ocorrência o Diretor do DEIC ou seu representante legal assumirá ou manterá de imediato a direção das negociações, enquanto o Comandante do CPChoque, ou seu representante legal providenciará o isolamento da área.[186]

1.2. Acidentes com Aeronaves e Pilotos

Nos acidentes com aeronaves fora de aeródromo, o Delegado de Polícia deve comparecer ao local e tomar as providências necessárias, para socorrer as vítimas e remover os corpos dos cadáveres; acionar os serviços necessários, de bombeiros e de eletricidade, conforme as circunstâncias e o local; mandar isolar a área e proteger os destroços, para perícia do Instituto de Criminalística e da Aeronáutica, arrolar testemunha, lavrar o BO e instaurar inquérito.

---

185. Resolução SSP nº 244, de 3.6.1998, dispõe sobre o atendimento de ocorrência envolvendo Policial (*DOE* 4.6.1998).

186. Resolução SSP nº 22, de 11.4.1990, disciplina as atividades do Grupo Especial de Resgate da Polícia Civil e do Grupo de Ações Táticas Especiais da Polícia Militar, no atendimento de ocorrências com reféns. Resolução SSP nº 52, de 17.7.1989.

A Polícia Militar deve providenciar a proteção e salva-guarda do local do acidente, bem como dos destroços e dos vestígios do aparelho sinistrado, até a chegada do pessoal credenciado para a competente investigação, elaborando o Talão de Ocorrência.

O material recolhido e sob guarda, como pertences de tripulantes e os destroços da aeronave devem ser protegidos e entregues com as cautelas necessárias para as pessoas legalmente autorizadas.

Comunicação: Os órgãos policiais devem imediatamente comunicar o fato ao Serviço Regional de Aviação Civil, do Ministério da Aeronáutica.

Dentro da área de São Paulo (CIPAA-4), a comunicação deverá ser feita a uma das seguintes unidades: Quartel General do 4º Comando Aéreo Regional; Academia da Força Aérea (Pirassununga); Base Aérea de São Paulo (Cumbica-Guarulhos); Parque de Material Aeronáutico de São Paulo (Campo do Marte); Serviço Regional de Proteção ao Vôo de São Paulo (Aeroporto de Congonhas); Base Aérea de Santos (Guarujá); Escola de Especialistas de Aeronáutica (Guaratinguetá); Destacamento de Proteção ao Vôo (nos Aeroportos de Bauru, Campinas, Presidente Prudente, Ribeirão Preto, São Roque e Urubupungá).

Dentro das possibilidades, deve constar da comunicação o tipo e a matrícula da aeronave.

Pouso fora de Aeródromos: — Na hipótese de pouso ocasional em rodovia ou em qualquer outro local fora de aeródromos, a aeronave deve ser retida para averiguação de sua documentação e da documentação do piloto.

Nessa hipótese, sem que se tenha caracterizado acidente ou incidente aeronáutico, o fato deve ser comunicado pela polícia ao Serviço Regional de Aviação Civil, para fins de apuração de infração às normas de tráfego aéreo, conforme estabelece o Código Brasileiro de Aeronáutica, elaborando a Polícia Militar o Talão de Ocorrência e a Polícia Civil o respectivo Boletim de Ocorrência.

Em São Paulo, a comunicação é feita ao Serviço Regional de Aviação Civil-4 (SERAC-4), telefone (0xx11) 240-2333, rede Telex Ministério da Aeronáutica ZWU - 24436, Divisão de Investigação e Prevenção de Acidentes Aeronáuticos.

Ultraleves: — As aeronaves ultraleves não podem sobrevoar áreas densamente povoadas, sendo a altura mínima para as demais áreas igual a 100 metros no período do dia, compreendido entre o nascer e o pôr do sol.

Os ultraleves devem possuir matrícula de identificação com letras e números visíveis sob as asas, e certificado de aeronavegabilidade expedido pelo Ministério da Aeronáutica, bem como seguro obrigatório contra terceiros.

Os operadores dessas aeronaves devem possuir certificados de habilitação específica e capacidade física válidos.

Essas aeronaves somente podem operar a partir de pistas homologadas ou sítios de pouso previamente aprovados pelo Ministério da Aeronáutica.

Em princípio, a primeira autoridade policial ou policial militar que tomar conhecimento da ocorrência deve comunicar o fato à autoridade aeronáutica administrativa competente.

Os órgãos policiais estaduais devem aplicar no que couber a legislação pertinente, particularmente, o art. 35 da Lei das Contravenções Penais - Abuso na prática da aviação.

Em São Paulo, as ocorrências envolvendo ultraleves devem ser comunicadas pelos órgãos policiais imediatamente ao Serviço Regional de Aviação Civil - 4, do Ministério da Aeronáutica.

Helicópteros: — As mesmas providências acima mencionadas se aplicam, no que couber, às atividades e ocorrências envolvendo helicópteros.[187]

1.3. Acidentes Ferroviários

Nos acidentes com composição ferroviária, o Delegado deve dirigir-se imediatamente ao local, acompanhado do Escrivão e de outros policiais. No local, deve providenciar a remoção das vítimas, para os hospitais e prontos-socorros mais próximos, e requisitar o comparecimento urgente dos peritos do IC e de guarnições do Corpo de Bombeiros, se for o caso. Ao final, elaborar o BO e determinar a instauração de inquérito, para se apurar devidamente os fatos e responsabilidades.

Nos casos de atropelamento ou choque com veículo, as composições não podem ficar retidas no local. A polícia, com o auxílio do pessoal na estrada de ferro, devem remover os veículos, os cadáveres ou feridos do leito da linha — antes mesmo da chegada dos peritos do IC para evitar a retenção do trem e o conseqüente impedimento da linha, com a paralisação do tráfego.[188]

As informações sobre a identidade do maquinista, do condutor, do chefe do trem e do guarda-trem serão fornecidas pelo chefe da estação local ou mais próxima. Depois, o delegado oficia à direção da estrada de ferro, solicitando o endereço dos funcionários envolvidos e a sua apresentação à delegacia, ou, se residirem em outras cidades, expede Carta Precatória, para ouvi-los.

1.4. Acidentes de Trabalho

Nos casos de acidente do trabalho, o Delegado faz constar no histórico do BO minucioso relato dos fatos e requisita exame pericial do IC e do IML. Quando da requisição para exame de lesões corporais ou necroscópico, menciona no histórico a natureza do acidente e as circunstâncias em que se verificou.

O Delegado vai ao local e, se possível, acompanha a perícia, ouve as testemunhas, o empregador e os membros da Comissão Interna de Prevenção de Acidentes (CIPA) e o SESMT, quando houver.

Dependendo da gravidade do acidente, pode providenciar a interdição do local, devendo, posteriormente, solicitar a presença de engenheiro de segurança do trabalho.

---

187. Resolução SSP nº 8, de 17.1.1991, dispõe sobre o atendimento de ocorrências com aeronaves pelos órgãos Policiais estaduais (*DOE* 18.1.1991).

188. Lei nº 5.970, de 11.12.1973; Circular SSP-SP nº 7/1967; e, Resoluções SSP-SP nºs 19/1974 e 108/1977.

Na empresa, verifica as instalações e condições de trabalho. Indaga se houve outros acidentes no local e quais os objetos ou máquinas que o causaram. Na mesma oportunidade, toma depoimentos, para o esclarecimento dos fatos.

Ocorrendo morte, o fato deve ser comunicado à Secretaria do Trabalho e, nos acidentes na construção civil ou em obra de engenharia, ao Conselho Regional de Engenharia, Arquitetura e Agronomia (CREA). [189]

Vítima Policial: — Em São Paulo, quando o acidente for com policial civil, o Delegado instaura também sindicância. Esse procedimento depois de relatado é encaminhado ao Departamento de Perícias Médicas do Estado, para enquadramento da licença do policial, como doença profissional (Decreto nº 29.180/1988).

Se a autoridade não tomou essa providência, a vítima deve requerer a sindicância, no prazo de 8 dias contados a partir do fato. Caso contrário, a licença médica é concedida para tratamento de saúde (Lei nº 10.261/1968, art. 193) e não para tratamento de acidente no trabalho.[190]

Morte: — Ainda em São Paulo, qualquer falecimento de policial civil, ocorrido quando em serviço ou em razão de suas funções, deve ser imediatamente comunicado ao CEPOL, pelo delegado que o registrar. E assim que informado da liberação do corpo pelo IML, o Diretor do Departamento ao qual estiver classificado o policial morto, em contato com a família enlutada mandará lhe oferecer o recinto apropriado da Academia de Polícia para a realização do velório, como primeira homenagem da Instituição ao policial falecido no cumprimento do dever.[191]

1.5. Acidentes de Trânsito

Os policiais que atenderem às ocorrências de acidente de trânsito com vítima devem, incontinenti, encaminhar os dados à delegacia para a elaboração do BO e, sempre que possível, também as partes envolvidas ou seus familiares.[192]

Autoria Conhecida: — Nos casos de acidentes de autoria conhecida, a instauração de inquérito ou a lavratura do termo circunstanciado é feita pela Delegacia, em cuja área o fato ocorreu.

---

189. Portarias DGP nºs 25, de 21.9.1983, e 9, de 21.10.1986. Lei nº 10.261/1968. Portaria DGP nº 11, de 19.7.1995, fixa norma de procedimento em caso de acidente de trabalho. Portaria DGP nº 31, de 24.11.1997, dispõe sobre a atuação do policial civil na repressão às infrações penais relacionadas a acidentes do trabalho, e dá outras providências. V. opúsculo de Nélson Silveira Guimarães, *Polícia e Acidentes de Trabalho*, SP, Fundacentro, 1998.

190. Portaria DGP nº 19, de 30.12.1998, cria no âmbito da Polícia Civil, o Grupo de Prevenção de Acidentes e dá outras providências (*DOE* 31.12.1998).

191. Portaria DGP nº 1, de 6.1.1997, institui normas de procedimentos a serem observadas para a realização de rituais fúnebres de policiais civis mortos em serviço ou em razão da função, e dá outras providências.

192. Decreto Estadual (SP) nº 44.2342, de 23.10.1999, regulamenta a Lei nº 9.823, de 31.10.1997, que dispõe sobre a prestação de informações às vítimas e/ou familiares de acidentes de trânsito, através de Boletim de Ocorrência. Portaria DGP nº 8, de 7.6.1998, dispõe sobre o encaminhamento dos registros Policiais judiciários relacionados a acidentes de trânsito com vítima aos órgãos que especifica e dá outras providências (*DOE* 13.6.1998). V. ainda Resolução SSP nº 19, de 31.7.1974, dispõe sobre atendimento de local de acidente de trânsito, e Portaria DGP nº 21, de 6.7.1988, dispõe sobre fornecimento de cópia de BO, em acidentes de trânsito com vítima, a órgão da Administração Municipal da Capital.

Autoria Desconhecida: — Na Capital de São Paulo, a investigação de acidentes de autoria desconhecida é feita pela Divisão de Crimes de Trânsito, do DETRAN, que pode atuar em outros Municípios, por ordem superior.[193]

Essa Divisão funciona no mesmo prédio do DETRAN, com delegado titular, assistentes, supervisor das equipes, chefia do cartório, chefia dos investigadores e equipes básicas, contando cada uma com o concurso de peritos criminais e fotógrafos do Instituto e Criminalística.

Carros-Forte: — Nos casos de acidentes de trânsito com vítima, o veículo blindado deve permanecer fechado no local, até a chegada da autoridade policial ou seus agentes, quando então o responsável pela guarnição, desarmado, deixará o veículo para oferecer os dados necessários à elaboração do registro da ocorrência.[194]

Remoção de Veículo: — O policial que primeiro tomar conhecimento de acidente de trânsito poderá autorizar, independentemente de exame do local, a imediata remoção dos veículos envolvidos que estiverem no leito da via pública, prejudicando o tráfego.

Nos acidentes com vítimas, os veículos devem ser removidos para local próximo, onde não perturbem o trânsito, para serem examinados e fotografados pela polícia técnica. A autorização de remoção deve abranger também as pessoas feridas ou mortas, procedida da coleta sobre seus dados qualificativos.

Em caso de acidentes em que os veículos e os mortos estejam imobilizados no meio da via pública e prejudicando o tráfego, deve-se preservar o local e solicitar à perícia técnica os exames de praxe (CPP, art. 6º, I, e 169).

Sem Vítimas: — Nos acidentes de trânsito dos quais resultarem apenas prejuízos materiais, as partes envolvidas se assim o acordarem podem dirigir-se à autoridade competente, para lavratura do BO. Se impossibilitados de remoção do local pelos seus próprios meios, os veículos devem ser retirados para local adequado, desde que estejam prejudicando o trânsito onde a autoridade policial poderá vistoriá-los se assim entender.

Crime: — Nos acidentes de trânsito, se das circunstâncias se evidenciam que qualquer das pessoas envolvidas cometeram ilícito penal, a polícia deve efetuar a prisão em flagrante se for o caso, procedendo-se na forma do disposto no Código de Processo Penal.[195]

Ainda em São Paulo, Capital, os veículos relacionados com acidentes de trânsito e práticas delituosas que os sujeitem a exame pericial, uma vez removidos do local, onde foram encontrados, devem ser apresentados para perícia, nos pátios das Delegacias onde funcionam postos do Instituto de Criminalística.[196]

---

193. Decreto Estadual (SP) nº 38.674, de 26.5.1994, cria a Divisão de Crimes de Trânsito, e dá outras providências. Resolução SSP nº 212, de 13.10.1994, fixa a competência e regulamenta as atividades da Divisão de Crimes de Trânsito (DCT), do Departamento Estadual de Trânsito (DETRAN).

194. Resolução SSP nº 83, de 19.3.1977.

195. Resolução CONTRAN nº 81, de 19.11.1998, disciplina o uso de medidores da alcoolemia e a pesquisa de substâncias entorpecentes no organismo humano, estabelecendo os procedimentos a serem adotados pelas autoridades de trânsito e seus agentes (*DOE* 25.11.1998).

196. Resoluções SSP nºs 22/1983, 19/1977, sobre veículo abandonado na via pública; 79/1977, idem nas estradas, competência do delegado para providenciar a remoção do veículo; 23/1983, disciplina a remoção de veículos de local prejudicado e os casos que se excetuam (art. 4º); Mensagem do IC

1.6. Acidentes com Veículos Oficiais

Nos acidentes com veículos oficiais, com danos pessoais, morte ou lesões corporais, ou apenas danos materiais, é obrigatório o exame pericial.[197] A remoção, em tais casos, é feita imediatamente para local próximo desde que estejam na situação prevista pela Lei Federal nº 5.970, de 1973, aguardando-se a presença dos peritos.

Nesses casos recomenda-se o pronto atendimento do local, por parte das autoridades e dos agentes policiais de plantão, tanto na Delegacia ou no Distrito, quanto no Instituto de Criminalística. E na área administrativa, é instaurada sindicância, para apurar responsabilidades e o ressarcimento dos danos.[198]

Em São Paulo, no caso de acidente com viatura da Polícia Civil, a autoridade que dele tomar conhecimento deve providenciar imediatamente: *a)* o preenchimento do BO; *b)* o exame pericial do local do acidente e dos veículos acidentados (Lei Federal nº 5.970/1973); *c)* o exame médico-legal de motoristas que, aparentemente, estiverem sob ação de substâncias alcoólica ou entorpecente.

Os exames periciais e médico-legais, no Município da Capital e naqueles que sediar seções ou setores IC ou do IML, são realizados por peritos oficiais. Nos demais Municípios, por peritos nomeados e compromissados pelo Delegado.

A documentação referente ao acidente deve ser encaminhada, dentro de 5 dias: *a)* à CORREDORIA, quando o acidente ocorrer no Município da Capital; *b)* ao DEMACRO ou aos DEINTERs, para remessa à Delegacia de Polícia respectiva, quando o acidente ocorrer em Município da Região da Periferia da Capital ou nos demais Municípios do Interior.

Esses órgãos devem instaurar sindicância para apurar: *a)* se o dano resultou de ação ou omissão voluntária, negligência, imprudência ou imperícia do condutor do veículo oficial, de outro funcionário ou servidor ou de terceiros; *b)* se em razão do mesmo fato ocorreu infração disciplinar (Lei Complementar Estadual (SP) nº 207/1979 e Lei Estadual (SP) nº 10.261/1968), imputável ao condutor do veículo oficial, ou a outro funcionário ou servidor.

Nos Municípios do Interior e nos da Região da Periferia da Capital, as sindicâncias são presididas pelo Delegado Titular da Delegacia de Polícia respectiva, ou por outro delegado em exercício na mesma Unidade, designado pelo Titular.

A sindicância, iniciada por portaria que descreverá os fatos e especificará os dispositivos legais eventualmente infringidos, deve ser concluída no prazo de 30 dias, prorrogável por igual período, à vista da representação motivada.

---

disciplina locais para atendimento pericial; Recomendação DGP nº 1 de 1978, sobre veículos do correio, recomenda imediata liberação da carga postal, caso haja retenção do veículo.

197. Decreto Estadual (SP) nº 42.850, de 30.12.1963.

198. Resolução SSP nº 103, de 22.8.1985, dispõe sobre a instauração de sindicâncias para apuração de responsabilidades em acidentes com veículos da Polícia Civil, e dá outras providências. V. Resolução SSP nº 19, de 31.7.1974, que dispõe sobre o atendimento no local de acidentes de trânsito, e Resolução SSP nº 24, de 11.3.1983, sem ementa, dá nova redação ao art. 5º e seu parágrafo, da Resolução SSP nº 19, de 1974, aplicando-a no que couber aos veículos oficiais acidentados. Portaria DGP nº 1, de 20.2.1981, dispõe sobre o fluxo de documentos relativos a acidentes com veículos oficiais.

À sindicância são juntados 3 (três) orçamentos de oficinas idôneas, bem como laudo orçamentário, relacionando o custo do material e da mão-de-obra para reparação da viatura, a serem providenciados pelos dirigentes das respectivas subfrotas.

Cumpridas essas providências, o sindicado poderá manifestar-se pela liqüidação amigável dos danos, pelo orçamento de menor preço, mediante declaração expressa, autorizando os órgãos pagadores da Secretaria da Fazenda procederem aos descontos nos respectivos vencimentos, na forma prevista no art. 66, parágrafo único, da Lei Complementar nº 207/1979 e art. 248 da Lei nº 10.261/1968.

A sindicância segue o procedimento previsto no art. 93 da Lei Complementar Estadual (SP) nº 207/1979 ou, se for ocaso, no art. 275 da Lei Estadual (SP) nº 10.261/1968, assegurada ao sindicado ampla defesa. O relatório deve ser conclusivo sobre a ocorrência de responsabilidade disciplinar do sindicado e responsabilidade civil deste ou de terceiros. E, uma vez concluída, é encaminhada à autoridade competente para aplicação da penalidade disciplinar.

Decidida a sindicância sob o aspecto disciplinar, os autos são encaminhados à Chefia de Gabinete, à qual caberá: I - remetê-los, desde logo, à Secretaria da Fazenda, quando instruídos para a liqüidação amigável dos danos; II - nas demais hipóteses: *a)* determinar o cumprimento de diligências eventualmente propostas, bem como a audiência de órgãos consultivos e demais providências que entender cabíveis para a regularidade do procedimento; *b)* submetê-los à final apreciação do Titular da Pasta.

Reconhecida a responsabilidade civil do sindicado ou de terceiros, quando for o caso, o processo será transmitido à Procuradoria Geral do Estado, por intermédio da Secretaria da Justiça, para a propositura da competente ação de ressarcimento, a cargo da Procuradoria Judicial.[199]

Essas medidas são aplicadas também no que couber: *a)* aos casos de acidentes com veículos pertencentes ao Gabinete do Secretário e ao DETRAN; *b)* às hipóteses de danos, não decorrentes de acidentes de trânsito, ocasionados por dolo ou culpa do condutor do veículo oficial.[200]

1.7. Boletim de Ocorrência

Origem: — Em São Paulo, o Boletim de Ocorrência (BO) foi criado para fins administrativos e estatísticos em 1956, através do Decreto Estadual (SP) nº 25.410, de 30.1.1956. Nele se descreve um fato, simplesmente, sem qualquer pretensão de ordem jurídica. Mas, é importante como veículo de informação, para cruzamento de dados não só para a estatística como para a investigação de crime e o seu valor é reconhecido pelos nossos tribunais.[201]

---

199. Resolução PGE s/n, de 19.3.1999, sem ementa, dispondo sobre ajuizamento de demandas objetivando o ressarcimento de prejuízos sofridos pela Fazenda do Estado (*DOE* de 2.7.1999).

200. Resolução SSP nº 103, de 22.8.1985, dispõe sobre a instauração de sindicâncias para apuração de responsabilidades em acidentes com veículos da Polícia Civil e dá outras providências.

201. V. jurisprudência: "*O Boletim de Ocorrência não impugnado oportunamente e nem invalidado, em suas narrativas e conclusões, por elementos probantes eficazes, prevalece para efeitos de fixação da culpa em sinistro de circulação (...)*". (TJSC, 1ª Câm. Cível, Ap. Cível nº 98.007.366.9, Criciúma-SC, Rel. Des. Trindade dos Santos; j. 20.4.1999; v.u., ementa).

Modelos: — O Boletim de Ocorrência é o documento utilizado pelos órgãos policiais, para o registro da notícia do crime. No início havia apenas um tipo de BO mas com a evolução foi aprimorado e instituídos 10 tipos ou modelos de BO: 1 - Boletim de Ocorrência de Autoria Conhecida (Decreto Estadual (SP) nº 25.410/1956); 2 - Boletim de Ocorrência de Autoria Desconhecida (Decreto Estadual (SP) nº 25.410/1956); 3 - Boletim de Ocorrência de Acidente de Trânsito com Veículos Oficiais Sem Vítimas (Resolução SSP nº 24, de 11.3.1983); 4 - Boletim de Ocorrência de Desaparecimento de Pessoas (Portaria DGP nº 1, de 5.1.1988); 5 - Boletim de Ocorrência de Furto ou Roubo de Auto (Portaria DGP nº 12, de 28.4.1988, alterada pela Portaria DGP nº 4, de 18.2.1993); 6 - Boletim de Ocorrência de Acidente de Trânsito com Vítima Fatal (Resolução SSP nº 212, de 13.10.1994); 7 - Boletim de Ocorrência de Furto, Roubo ou Extravio de Arma de Fogo (Portaria DGP nº 34, de 30.12.1997); 8 - Boletim de Ocorrência de Furto, Roubo ou Extravio de Carga (Portaria DGP nº 5, de 17.4.1998); 9 - Boletim de Ocorrência de Furto, Roubo, Extravio de Cédula de Identidade (Portaria DGP nº 14, de 16.10.1998); e, 10 - Boletim Eletrônico de Ocorrência (BEO) (Portaria DGP nº 1, de 4.2.2000).

Na Europa há apenas um modelo de Boletim de Ocorrência. Na França, por exemplo, nos plantões policiais, o *Compte Rendu d'Infraction Initial*, do *Ministere de l'Interieur, Direction Generale de la Police Nationale, Pref.Pol/DPUP*, contém alguns quadros para serem preenchidos, os 3 primeiros à esquerda se referem, respectivamente, à vítima, ao prejuízo e à infração. No centro, o quadro maior, encimado com o título *Proces Verbal*, é destinado ao histórico sucinto da ocorrência. Nos Estados Unidos, conforme a cidade, é adotado um tipo de BO. O modelo do BO da Califórnia, de acidentes de trânsito, mais elaborado, inclusive, com espaço para croqui, foi adotado pela polícia militar de alguns países sul-americanos.

Solução: — Ainda em São Paulo, por determinação do Delegado Geral, a autoridade policial deve dar solução imediata aos BOs sobre delitos de qualquer natureza, instaurando, de pronto, inquérito, desde que disponha de todas as informações necessárias para essa providência. E a solução referente a cada caso deve ser objeto de despacho fundamentado, exarado no próprio BO.

Havendo necessidade de juntada de laudos periciais, para propiciar elementos de convicção sobre a existência de delito, a decisão não poderá, em qualquer hipótese, ultrapassar o prazo máximo de 5 dias, contados do recebimento do último laudo.

Registro: — Cada BO tem um número que é registrado em ordem seqüencial, independentemente da natureza do fato, em livro próprio (Livro de Registro de Ocorrências), constando a solução em espaço a ela destinado.[202]

O Boletim Eletrônico de Ocorrência, cuja numeração é feita pelo CEPOL, órgão incumbido de receber e fazer a sua divulgação, é transmitido às unidades de base territorial, para providências e registro em livro próprio.

Relação: — Os titulares de Distritos e de Delegacias municipais, quando removidos de suas unidades, devem elaborar relação dos BO, de seu conhecimento, pendentes de providências, em 3 vias, transmitindo a 1ª ao seu sucessor e desti-

---

202. Recomendação DGP nº 1, de 6.4.1982 e Portaria nº 38, de 5.11.1985, sobre a expedição de Certidão de Ocorrência Policial relativa à acidente de trânsito.

nando a 2ª e a 3ª vias, respectivamente, ao arquivo da unidade policial e à Delegacia Seccional a que estiver subordinada a unidade.

Correição: — Os Delegados, ao procederem trabalhos de correição, devem fiscalizar o cumprimento das disposições acima mencionadas, considerando-se falta funcional, passível de punição, a sua não observância.[203]

Crimes de Carga: — Nas ocorrências de furto, roubo e desvio de carga, bem como nos alusivos à receptação de produtos oriundos dessas modalidades delituosas, deve ser preenchido o formulário do BO sobre Crimes de Carga.[204]

Menores: — Nas ocorrências em que figura(m) menor(es) de 18 anos, como vítima(s) de violência, com ou sem autoria conhecida, o BO deve ser preenchido com uma via suplementar, para ser encaminhado ao Banco de Dados do Departamento de Administração e Planejamento (DAP).[205] E os responsáveis pelos Órgãos de Execução da Polícia Civil devem encaminhar, mensalmente, ao referido departamento, juntamente com o Boletim Estatístico mensal, os formulários devidamente preenchidos, informando o número de vítimas menores de 18 anos envolvidas em ocorrências policiais durante o período correspondente.

Cópias: — Certidões ou cópias de BO podem ser fornecidas, independentemente de requerimento ou de recolhimento de taxa, à pessoa interessada, envolvida em acidentes de trânsito ou na qualidade de vítima de crime patrimonial. É autorizado também o fornecimento de BO de Acidente de Trânsito, requisitados pela Secretaria de Higiene e Saúde do Município de São Paulo.[206]

Encaminhamento: — O Delegado ao registrar uma ocorrência na qual conste como indiciado elemento integrante de Corporações ou Entidades da Administração Pública Federal, Estadual, Municipal ou de Economia Mista atuantes na ordem e segurança pública deve encaminhar, através de ofício, uma cópia do BO ao respectivo Comando ou Chefia.[207]

Informações: — Na lavratura do BO, quando se tratar de crime de ação penal pública condicionada, a autoridade deve informar à vítima que o prazo de decadência para apresentar representação é de 6 meses, a contar da data em que tomou conhecimento da autoria do fato. A mesma informação deve ser dada, quando se tratar de crime de ação penal privada. No caso de crime de estupro, a vítima deve ser informada sobre a lei que permite o aborto legal, em hospital público (Lei nº 10.291, de 7.4.1999).

Na lavratura do BO de acidente de trânsito, com morte ou lesões corporais, as partes ou seus representantes legais, devem ser informados sobre os procedimentos para o recebimento do seguro obrigatório (Lei nº 6.194, de 19.12.1974) e do prazo de prescrição da ação contra a companhia seguradora que é de 1 ano (Código Civil, art. 178, § 6º, II).

---

203. Portaria DGP nº 5, de 6.3.1979.

204. Portaria DGP nº 5, de 17.4.1998.

205. Resolução SSP nº 275, de 27.12.1994, dispõe sobre a implantação do SEIVA, Sistema Estadual de Informações sobre a Violência Contra a Criança e o Adolescente, no âmbito da Secretaria da Segurança Pública. Resolução SSP nº 412, de 16.9.1998, altera o art. 3º da Resolução SSP nº 275/1994.

206. Portaria DGP nº 38, de 6.11.1984 e Portaria DGP nº 21, de 6.7.1988.

207. Portaria DGP nº 4, de 13.4.1993.

Arquivamento: — Não sendo caso de instauração de inquérito, o Delegado titular pode determinar o arquivamento do BO, através de despacho fundamentado na via original, depois do que, registrado no livro próprio, será mantido no arquivo, à disposição das autoridades corregedoras.[208]

Termo Circunstanciado de Ocorrência (TC): — A Lei nº 9.099/1995 que instituiu o Termo Circunstanciado de Ocorrência, para registro e apuração das infrações penais de pequeno potencial ofensivo, aboliu o BO para essas infrações. O TC tem numeração e registro próprios e dispensa a instauração de inquérito.

208. Portaria DGP nº 5, de 6.3.1979 e Portaria DGP nº 18, de 25.11.1998.

1.8. Modelos de Boletim de Ocorrência

1.8.1. Autoria Conhecida - Modelo I [209]

GOVERNO DO ESTADO DE SÃO PAULO
SECRETARIA DA SEGURANÇA PÚBLICA
POLÍCIA CIVIL DE SÃO PAULO
DELEGACIA DE POLÍCIA DE ________

BOLETIM DE OCORRÊNCIA DE AUTORIA CONHECIDA

Natureza da ocorrência: .... Data: ...../....../......
Local:...Circ: ....
Hora da comunicação:.................................Hora do fato: ....
INDICIADO: ....
Doc. Ident. Nº ....Veio ao Plantão:......................................
(Espécie e repartição expedidora)
Pai:...
Mãe:..
Cor:..............Idade:..........Est. Civil:........... Prof.:..
Nac:..Nat.:...
Residência:...
(Rua, número, cidade, bairro, fone, meio de condução)
Local de trabalho:..
(Rua, número, firma, cidade, bairro, fone, meio de condução)
Foi internada?..........................Onde?..
....
TESTEMUNHAS:
(Nome, res., fone, meio de condução, doc. identidade, local de trabalho - bairro condução, fone)
1) -
2) -
3) -
4) -
5) -
SOLUÇÃO:...
(BO, inquérito, termo circunstanciado, outra)
EXAMES REQUISITADOS:...
(IC, IML, outros exames - por extenso)
Elaborado por:...................................,..................de................. de..................................

______________________ ______________________
(assinatura) (assinatura da autoridade)
(nome e cargo datilografados)

(Modelo de impresso antigo - V. Decreto nº 25.410/1956)

209. Modelos de impressos da Imprensa Oficial do Estado (IMESP), utilizados pela SSP-SP.

1.8.2. Autoria Conhecida - Modelo II [210]

SECRETARIA DE ESTADO DOS NEGÓCIOS DA SEGURANÇA PÚBLICA
POLÍCIA CIVIL DO ESTADO DE SÃO PAULO

Dependência: .... DP FL.: 001
Boletim Número: .... Emitido em: .../ .../...

BOLETIM DE OCORRÊNCIA DE AUTORIA CONHECIDA

NATUREZA(S) : (p.ex., Furto)..
LOCAL : ....
TIPO-LOCAL : ....
CIRCUNSCRIÇÃO :...
DATA OCORRÊNCIA : ... / ... / ... HORA ...
DATA COMUNICAÇÃO : ... / ... / ... HORA ...
ELABORADO EM : ... / ... / ... HORA ...

Indiciado
— Nome: (...) - Presente/não presente ao Plantão (...) - Nacionalidade: (...) - Sexo: (...).
— Cor da pele: (...) - Endereço Residencial: (...).

Vítima(s)
— Nome: (...) - Presente ao Plantão (...) - Documento: (...)
— Pai: (...) - Mãe: (...) - Natural de (...) - Nacionalidade (...)
— Sexo: (...) - Cor da Pele: (...) - Nascimento: ... / ... / ... - ... anos - Estado Civil: (...)
— Profissão: (...) - Instrução: (...) - Endereço Residencial: (...) - LOCAL DOS FATOS (...)
— Fone: (...)

HISTÓRICO

Compareceu nesta Unidade Policial, a vítima(s) acima qualificada(s), noticiando que na data, horário e local dos fatos, por motivos ..., o indiciado(a) acima qualificado(a)... fez ... (narra o fato) NADA MAIS.

Ass. da vítima (a)...

Solução: ... (por exemplo: BO AGUARDANDO REPRESENTAÇÃO)

________________ ________________

(a) Escrivão de Polícia (a) Delegado de Polícia

210. Modelo grafado nos disquetes dos computadores dos DPs da Capital-SP.

1.8.3. Autoria Desconhecida

SECRETARIA DE ESTADO DOS NEGÓCIOS DA SEGURANÇA PÚBLICA
POLÍCIA CIVIL DO ESTADO DE SÃO PAULO
DELEGACIA DE POLÍCIA DE...

BOLETIM DE OCORRÊNCIA DE AUTORIA DESCONHECIDA

Nº .....

NATUREZA DA OCORRÊNCIA:..
Data da ocorrência: ....
Hora do fato: ....
Local: Circunscrição: ....
Hora da comunicação: ....

INDICIADO: A ESCLARECER.
Se o indiciado foi visto pela vítima ou terceiro, informar:

- — Sexo: ....
- — Compleição física: ....
- — Cor dos olhos: ....
- — Cor da cútis: ....
- — Altura: ....
- — Óculos:............................... Descrever: ....
- — Barba: .... Descrever: ....
- — Bigode: .... Descrever: ....
- — Cabelos: .... Cor: ....
- — Tatuagem:.......................... Descrever: ....
- — Cicatriz: .... Descrever: ....
- — Defeito físico: .... Descrever: ....
- — Dentes: ....
- — Desvio de conduta: .... Descrever: ....
- — Peculiaridades físicas:......... Descrever: Canhoto, tique, cacoete, sotaque estrangeiro, sotaque regional, personifica o sexo oposto, peculiaridades no andar, fala defeituosa, mudo, olhos orientais, manchas na pele, sardas e pintas, peruca, albino, sarará, etc.

VÍTIMA: .... ALCUNHA, DOCUMENTO DE IDENTIDADE - RG Nº ....
CPF: (...) CTPS Nº: (...) SÉRIE: (...) EMITIDA EM: (...)
RENAVAM: (...) FILHO DE: (...) E: (...)
COR: (...) NACIONALIDADE: (...) NATURAL DE: (...)
COM IDADE DE: (...) ANOS, NASCIDO AOS: (...) ESTADO CIVIL: (...)
PROFISSÃO: (...) RESIDENTE NA: (...) LOGRADOURO, Nº, BAIRRO, CIDADE, CEP, FONE
LOCAL DE TRABALHO EM: (...) LOGRADOURO, Nº, BAIRRO, CIDADE, CEP, FONE
FOI NTERNADO(A): (...) ONDE?: (...)
VEIO AO PLANTÃO?...
SOLUÇÃO: ....
EXAMES REQUISITADOS: ....
HISTÓRICO: Compareceu nesta unidade

....
(assinatura da vítima)

Localidade .... / ... / ...

Elaborado por .... Delegado de Polícia ....

(V. Decreto nº 25.410/1956) Delegado de Polícia

1.8.4. Especial para Veículos Oficiais

Nº_______

SECRETARIA DA SEGURANÇA PÚBLICA
BOLETIM ESPECIAL DE OCORRÊNCIA PARA VEÍCULOS OFICIAIS
(DECRETO Nº 20.416 DE 28.1.1983)

LOCAL .... DATA..............................
HORA DA COMUNICAÇÃO .... HORA DO FATO ....

NATUREZA DA OCORRÊNCIA

COLISÃO ☐ CHOQUE ☐ CAPOTAMENTO ☐ ABALROAMENTO ☐ ATROPELAMENTO ☐ OUTRO

DESCRIÇÃO DO LOCAL

DA VIA E DO TRÂNSITO

ESPÉCIE		ALINHAMENTO		PAVIMENTO – TIPO		PAVIMENTO – ESTADO		PAVIMENTO – OBRAS E ARTE	
SIMPLES		Reta	☐	Concreto	☐	Sêco	☐	Ponte	☐
2 Faixas de Rolamento	☐	Curva	☐	Asfalto	☐	Molhado	☐	Túnel	☐
3 Faixas de Rolamento	☐	Nível	☐	Paralelep.	☐	Elameado	☐	Passag./Inf.	☐
4 Faixas de Rolamento	☐	Declive	☐	Cascalho	☐	Oleoso	☐	Passag./Sup.	☐
DUPLA		Aclive	☐	S/Revest.	☐	Danificado	☐		
4 Faixas de Rolamento	☐	Baixada	☐			Em Obras	☐		
6 Faixas de Rolamento	☐								

MÃO DE DIREÇÃO		TEMPO		ILUMINAÇÃO		SINALIZAÇÃO		SEMÁFORO	
Única	☐	Bom	☐	Do Dia	☐	Placas	☐	Funcionando	☐
Dupla	☐	Neblina	☐	Noite C/ Ilum.	☐	Oficiais	☐	Defeituoso	☐
		Chuva	☐	Artificial	☐	Particulares	☐	Desligado	☐
				Noite S/ Ilum.	☐	Outras	☐	Inexistente	☐

CONDUTORES

VEÍCULO - 1 - PLACAS.................. MUNICÍPIO.............................ESTADO....................
MARCA.........................ANO......... COR.....................CERT. PROPRIEDADE..........................
CONDUTOR.. SEXO F ☐ M ☐
CART. HABILITAÇÃO...................... AMADOR ☐ PROFISSIONAL ☐ RG ....
CIDADE..............................ESTADO..................EXAME MÉDICO VÁLIDO ATÉ....................

VEÍCULO - 2 - PLACAS.................. MUNICÍPIO.............................ESTADO....................
MARCA.........................ANO......... COR.....................CERT. PROPRIEDADE..........................
CONDUTOR.. SEXO F ☐ M ☐
CART. HABILITAÇÃO...................... AMADOR ☐ PROFISSIONAL ☐ RG ....
CIDADE..............................ESTADO..................EXAME MÉDICO VÁLIDO ATÉ....................

VEÍCULOS

CATEGORIA:
OFICIAL ☐1 ☐2 PARTICULAR ☐1 ☐2 ALUGUEL ☐1 ☐2 OUTROS ☐1 ☐2
ESPÉCIE: PASSAGEIRO ☐1 ☐2 MISTO ☐1 ☐2 CORRIDA ☐1 ☐2 CARGA ☐1 ☐2 TRAÇÃO MOTRIZ ☐1 ☐2 ESPECIAL ☐1 ☐2

TIPO:		Perua	☐1 ☐2	Reboque	☐1 ☐2	Bicicleta	☐1 ☐2
Automóvel	☐1 ☐2	Camioneta	☐1 ☐2	Chassi	☐1 ☐2	Trator ou Similar	☐1 ☐2
Ônibus	☐1 ☐2	Caminhão	☐1 ☐2	Motocicleta	☐1 ☐2	Outros	☐1 ☐2

VEÍCULOS

LOCAL DAS AVARIAS:

FRENTE		TRAZEIRA		LADO DIREITO	
Paralamas Direito	1 2	Paralamas Direito	1 2	Paralamas Dianteiro	1 2
Paralamas Esquerdo	1 2	Paralamas Esquerdo	1 2	Paralamas Trazeiro	1 2
Parachoque	1 2	Parachoque	1 2	Portas	1 2
Capô	1 2	Capô	1 2	LADO ESQUERDO	
Grade	1 2	Lanterna	1 2	Paralamas Dianteiro	1 2
Faróis	1 2	TETO	1 2	ParalamasTrazeiro	1 2
Lanternas	1 2			Portas	1 2

OUTRAS ANOTAÇÕES: ....

....

....

....

....

FALHAS OU POSSÍVEIS FALHAS

Defeito nos Freios	1 2	Falta de Cinto de Segurança	1 2
Defeito na Direção	1 2	Falta de Sinal de Emergência	1 2
Defeito na Roda	1 2	Falta de Lanternas	1 2
Defeito Mecânico	1 2	Falta de Sinaleiros	1 2
Defeito no Limpador de Pára-brisa	1 2	Iluminação Deficiente	1 2
Deslizamento de Carga	1 2	Incêndio	1 2
Estouro de Pneu	1 2	Outros	1 2

INFRAÇÕES

Avançou o Sinal	1 2	Mudou Subitamente de Direção	1 2
Contra-Mão	1 2	Não Guardou Distância	1 2
Cortou a Frente de outro Veículo	1 2	Não Usou os Freios	1 2
Deixou de Fazer Sinal	1 2	Ofuscado por Luz Alta	1 2
Dobrou em Lugar Proibido	1 2	Ofuscado pelo Sol	1 2
Dormiu na Direção	1 2	Parado na Pista	1 2
Desobedeceu a Sinalização	1 2	Parou Subitamente	1 2
Excesso de Velocidade	1 2	Perdeu o Controle da Direção	1 2
Entrou ou Saiu Errado da Pista	1 2	Ultrapassou em Cruzamento	1 2
Embriagado	1 2	Ultrapassou na Curva	1 2
Forçou a Passagem	1 2	Ultrapassou em Lombada	1 2
Invadiu Faixa de Pedestre	1 2	Ultrapassou em Obras	1 2
Manobra Indevida na Pista	1 2	Outras	1 2

AVARIAS

OUTRAS PROPRIEDADES ATINGIDAS:

Proprietário: ....

Natureza das Avarias: ....

....

....

....

VÍTIMAS

VÍTIMA - 1 - NOME .... RG ....
RESIDÊNCIA .... Nº .... Bairro ....
CIDADE .... ESTADO ....SEXO F M
LOCAL DE TRABALHO: ....Bairro ....
CIDADE ....ESTADO ....
CONDIÇÃO: ❑ CONDUTOR ❑ PASSAGEIRO ❑ PEDESTRE
SOCORRIDO .... ONDE..

VÍTIMA - 2 - NOME .... RG ....
RESIDÊNCIA .... Nº .... Bairro ....
CIDADE .... ESTADO ....SEXO F M
LOCAL DE TRABALHO: ....Bairro ....
CIDADE ....ESTADO ....
CONDIÇÃO: ❑ CONDUTOR ❑ PASSAGEIRO ❑ PEDESTRE
SOCORRIDO .... ONDE..

TESTEMUNHAS

TESTEMUNHA - 1 - NOME .... RG ....
RESIDÊNCIA .... Nº .... Bairro ....
CIDADE .... ESTADO ....SEXO F M
LOCAL DE TRABALHO: ....Bairro ....
CIDADE ....ESTADO ....

TESTEMUNHA - 2 - NOME .... RG ....
RESIDÊNCIA .... Nº .... Bairro ....
CIDADE .... ESTADO ....SEXO F M
LOCAL DE TRABALHO: ....Bairro ....
CIDADE ....ESTADO ....

CROQUI

VESTÍGIOS (LOCALIZAR NO CROQUI)
— ÓLEOS NA PISTA 1 2
— MARCAS DE FRENAGEM 1 2 (EXTENSÃO NO CROQUI)
— OUTROS VESTÍGIOS: ....
— DESCRIÇÃO SUMÁRIA: ....
DATA / / ASSINATURA DO RESPONSÁVEL

(Após preenchido deve ser remetido à repartição detentora do veículo a fim de instruir o competente procedimento administrativo destinado à apuração das circunstâncias do evento e das responsabilidades funcionais dele decorrentes - V. Resolução SSP nº 24, de 11.3.1983).

SECRETARIA DA SEGURANÇA PÚBLICA Nº__
BOLETIM ESPECIAL DE OCORRÊNCIA PARA VEÍCULOS OFICIAIS
(DECRETO Nº 20.416 DE 28.1.1983)

DATA: .... CHAPA: .... PATRIMÔNIO: ....
MARCA: .... ANO: .... TIPO: ....
COR: .... CHASSI Nº: ....

MÃO-DE-OBRA

1 - SERVIÇO DE BORRACHARIA
.... R$ ....
.... R$ ....
.... R$ ....
.... R$ ....
.... R$ __________________
S/TOTAL R$ ....

2 - SERVIÇO DE ELETRICIDADE
.... R$ ....
.... R$ ....
.... R$ ....
.... R$ ....
.... R$ ....
.... R$ __________________
S/TOTAL R$ ....

3 - SERVIÇO DE FUNILARIA
.... R$ ....
.... R$ ....
.... R$ ....
.... R$ ....
.... R$ ....
.... R$ ....
.... R$ ....
.... R$ ....
.... R$ ....
.... R$ ....
.... R$ ....
.... R$ ....
.... R$ ....
.... R$ ....
.... R$ ....
.... R$ __________________
S/TOTAL R$ ....

4 - SERVIÇO DE MECÂNICA

.... R$ ....
.... R$ ....
.... R$ ....
.... R$ ....
.... R$ ....
.... R$ ....
.... R$ ______________

S/TOTAL R$ ....

5 - SERVIÇO DE PINTURA

.... R$ ....
.... R$ ....
.... R$ ....
.... R$ ....
.... R$ ....
.... R$ ....
.... R$ ....
.... R$ ....
.... R$ ______________

S/TOTAL R$ ....

6 - SERVIÇO DE TAPEÇARIA

.... R$ ....
.... R$ ....
.... R$ ....
.... R$ ....
.... R$ ______________

S/TOTAL R$ ....

7 - PEÇAS TROCADAS

.... R$ ....
.... R$ ....
.... R$ ....
.... R$ ....
.... R$ ....
.... R$ ....
.... R$ ______________

S/TOTAL R$ ______________

TOTAL GERAL R$ ....

Avaliação efetuada pelo chefe da frota da Secretaria a qual pertence o veículo, Sr. ....
....

.............., ... de .... de ....

ASSINATURA DO RESPONSÁVEL

1.8.5. Desaparecimento de Pessoa - Modelo I

SECRETARIA DE ESTADO DOS NEGÓCIOS DA SEGURANÇA PÚBLICA
POLÍCIA CIVIL DO ESTADO DE SÃO PAULO
DELEGACIA DE POLÍCIA DE ....

BOLETIM DE OCORRÊNCIA DE DESAPARECIMENTO DE PESSOA

Nº: _____

NATUREZA DA OCORRÊNCIA: DESAPARECIMENTO DE PESSOA
DATA DA OCORRÊNCIA: ....
HORA DO FATO: ....
LOCAL: ....
CIRCUNSCRIÇÃO: ....
HORA DA COMUNICAÇÃO: ....

NOME DO DESAPARECIDO: ....
DOCUMENTO DE IDENTIDADE - RG Nº ....
CPF (......) - CTPS Nº (......) - SÉRIE (......) - EMITIDA EM (......)
RENAVAM (......) - FILHO DE (......) - E DE (......) - COR (......)
NACIONALIDADE (......) - NATURAL DE (......) - COM IDADE DE (......)
NASCIDO AOS (......) - ESTADO CIVIL (......) - PROFISSÃO (......)
RESIDENTE NA (logradouro, nº, bairro, cidade, CEP, telefone)
LOCAL DE TRABALHO EM (logradouro, nº, bairro, cidade, CEP, telefone)
FOI INTERNADO(A)? (......) - ONDE? (......)
VEIO AO PLANTÃO? (......)

CARACTERÍSTICAS FÍSICAS:
SEXO: (......) - COR: (......) - OLHOS: (......) - ALTURA: (......)
COMPLEIÇÃO FÍSICA: ....
ÓCULOS: .... DESCREVER: ....
BARBA: .... DESCREVER: ....
BIGODE: .... DESCREVER: ....
CABELOS:.............................. ....
TATUAGEM: .... DESCREVER: ....
CICATRIZ: .... DESCREVER: ....
DEFEITO FÍSICO: .... DESCREVER: ....
FALTAM DENTES?: .... QUAIS?: ....
DESVIO DE CONDUTA: ...... DESCREVER: ....
PECULIARIDADES FÍSICAS: DESCREVER: ALCOOLISMO, TOXICOMANIA, HOMOSSEXUALISMO, OUTROS - ESPECIFICAR.
SOFRE DAS FACULDADES MENTAIS? ....
TEVE AMNÉSIA?..................

VESTUÁRIO:

CALÇA: .... TIPO: ( ) COR: ( ) CARACTERÍSTICA: ( )
CAMISA: .... TIPO: ( ) COR: ( ) CARACTERÍSTICA: ( )
JAQUETA: .... TIPO: ( ) COR: ( ) CARACTERÍSTICA: ( )
SAIA: .... TIPO: ( ) COR: ( ) CARACTERÍSTICA: ( )
ROUPA ÍNTIMA: .... TIPO: ( ) COR: ( ) CARACTERÍSTICA: ( )
CALÇADO: .... TIPO: ( ) COR: ( ) CARACTERÍSTICA: ( )
MEIA: .... TIPO: ( ) COR: ( ) CARACTERÍSTICA: ( )

DESAPARECEU ANTERIORMENTE?

ONDE ESTEVE? ....
JÁ ESTEVE PRESO? ( ) ONDE? ....
MOTIVO: ....
DESAPARECEU SOZINHO OU ACOMPANHADO? ....
DESAPARECEU DE CARRO OU A PÉ? ....

SE DE CARRO: DADOS DO(S) VEÍCULO(S):

MARCA: .... MODELO: ....
ANO DE FABRICAÇÃO/MODELO: .... COR: ....
COMBUSTÍVEL: .... CHASSI: ....
PLACA: .... CRV: .... RENAVAM: ....

TEM NAMORADO(A)? (..............) ENDEREÇO: ....
QUAL RELACIONAMENTO DO DESAPARECIDO COM OS FAMILIARES? ....
OUTRAS INFORMAÇÕES ÚTEIS: ....

INFORMANTE

NOME: ....
DOCUMENTO DE IDENTIDADE: RG Nº .... CPF ....
CTPS Nº (............) SÉRIE (............) EMITIDA EM ....
RENAVAM ....
GRAU DE PARENTESCO OU AMIZADE: ....
RESIDÊNCIA: ....
SERVIÇO: ....
TELEFONE DE RECADO OU DO VIZINHO: ....
QUAIS AS PROVIDÊNCIAS JÁ TOMADAS PELA FAMÍLIA? ....

TESTEMUNHAS:

1. QUALIFICAÇÃO E ENDEREÇO COMPLETO ....

MENSAGENS EXPEDIDAS: ....
....

SOLUÇÃO: ....
....

HISTÓRICO: COMPARECEU NESTA UNIDADE ....

ELABORADO POR ....

DELEGADO DE POLÍCIA

LOCALIDADE _____/_____/______

(Impresso padrão - V. Portaria DGP nº 1, de 5.1.1988).

1.8.6. Desaparecimento de Pessoa - Modelo II (Modelo gravado nos computadores dos DPs)

Boletim Eletrônico de Ocorrência

Desaparecimento de Pessoa

Os campos com * são de preenchimento obrigatório. No entanto, quanto mais dados nos forem fornecidos nos demais campos, maior a possibilidade de localizarmos a pessoa.

Local, data e hora do desaparecimento

Rua, avenida, praça | Local onde foi visto pela última vez*
Bairro
Ponto de referência | *
Cidade | Estado
Data | / / | Horário aproximado

Dados do declarante

Nome completo | *
Grau de parentesco com o desaparecido
Endereço completo | *
Bairro | CEP | - *
Cidade | Estado
E-mail | (para contato) *
DDD - Telefone 0 __ | - | * Ramal | exceto celular
Nº da Carteira de Identidade | * Estado emissor | *
CPF | / *
Data de nascimento | / / *
Profissão | *

Dados sobre a pessoa desaparecida

Nome completo | *
Apelido(s)
Nome da mãe | *
Nome do pai | *
Endereço completo | *
Bairro | CEP | *
Cidade | Estado
DDD - Telefone 0 __ | - | * Ramal | exceto celular
Nº da Carteira de Identidade | * Estado emissor | *
Data de nascimento | / / *

Idade Aparente

Natural de (cidade)

Sexo

Orientação sexual ☐ heterossexual ☐ homossexual

Altura aproximada Cor da pele cor dos olhos

Tipo de cabelos Cor dos Cabelos

Cicatriz ☐ Não ☐ Sim Onde?

Deficiências ☐ Não apresenta ☐ Física ☐ Mental ☐ Física e mental

Qual tipo de deficiência?

Tatuagem ☐ Não ☐ Sim Onde?

Faz uso de drogas? ☐ Não ☐ Sim

Faz uso de bebidas alcoólicas? ☐ Não ☐ Raramento ☐ Constantemente

É a 1ª vez que desaparece? ☐ Não ☐ Sim Quantas foram?

Vestimentas da pessoa desaparecida

Tipo de calça		Cor		Marca	
Tipo de camisa		Cor		Marca	
Tipo de agasalho		Cor		Marca	
Tipo de saia		Cor		Marca	
Tipo de roupa íntima		Cor		Marca	
Tipo de calçado		Cor		Marca	

Outras vestimentas que a pessoa desaparecida usava

Objetos que a pessoa desaparecida portava

Veículo que a pessoa desaparecida usava

Para ajudar na localização do veículo é muito importante que você preencha os campos abaixo.

Marca e tipo		Cor	
Ano		Placas	
Município		Estado	
Proprietário			

Conte-nos como aconteceu

Em no máximo 30 minutos, um policial civil confirmará os dados fornecidos, através do número do telefone informado neste formulário. Portanto, dentro do possível, mantenha a linha desocupada nesse período. Você receberá um *e-mail* com uma senha para imprimir uma cópia do Boletim Eletrônico de Ocorrência.

Declaro, sob as penas da lei, que as informações acima são verdadeiras.

Ciente e enviar	Limpar tudo	<< Voltar para a página anterior

Caso a pessoa desaparecida seja localizada, não deixe de nos comunicar através do *e-mail* webpol@policia-civ.sp.gov.br **, ou ainda através da página de** encontro de pessoas desaparecidas.

Caso possua fotos digitalizadas da pessoa desaparecida e queira divulgar no *site* da Polícia Civil do Estado de São Paulo, por favor envie uma mensagem para *webpol@policiaciv.sp.gov.br*, onde conste o nome da pessoa desaparecida, o número do respectivo Boletim de Ocorrência e anexe a foto da pessoa desaparecida.

Mais informações: webpol@policia-civ.sp.gov.br

(Portaria DGP nº 1, de 4.2.2000, disciplina a recepção e o registro de ocorrências policiais e denúncias por meio eletrônico).

1.8.7. Encontro de Pessoa Desaparecida (Modelo gravado nos computadores dos DPs)

Boletim Eletrônico de Ocorrência

Encontro de Pessoa Desaparecida

Os campos com * são de preenchimento obrigatório.

Local, data e hora do encontro

Rua, avenida, praça *

Bairro

Ponto de referência *

Cidade Estado

Data / / Horário aproximado

Dados do declarante

Nome completo *

Grau de parentesco com o desaparecido

Endereço completo *

Bairro CEP - *

Cidade Estado

E-mail (para contato) *

DDD - Telefone 0 _ _ - * Ramal exceto celular

Nº da Carteira de Identidade * Estado emissor *

CPF / *

Data de nascimento / / * Naturalidade / *

Profissão *

Dados sobre a pessoa que estava desaparecida

Nome completo *

Nome da mãe *

Nome do pai *

Endereço completo *

Bairro CEP *

Cidade Estado

DDD - Telefone 0 _ _ - * Ramal exceto celular

Nº da Carteira de Identidade * Estado emissor *

Data de nascimento / / * Naturalidade / *

Sexo

Informações do Boletim de Desaparecimento

Unidade Policial onde foi comunicado	*
Nº do Boletim de Ocorrência	*
Data da queixa	/ / *

Informe em que circunstâncias a pessoa reapareceu

Em no máximo 30 minutos, um policial civil confirmará os dados fornecidos, através do número do telefone informado neste formulário. Portanto, dentro do possível, mantenha a linha desocupada nesse período. Você receberá um *e-mail* com uma senha para imprimir uma cópia do Boletim Eletrônico de Ocorrência.

Declaro, sob as penas da lei, que as informações acima são verdadeiras.

Ciente e enviar	Limpar tudo	<< Voltar para a página anterior

Mais informações: webpol@policia-civ.sp.gov.br

1.8.8. Subtração de Veículo - Modelo I
(Frente)

SECRETARIA DE ESTADO DOS NEGÓCIOS DA SEGURANÇA PÚBLICA
POLÍCIA CIVIL DO ESTADO DE SÃO PAULO
DELEGACIA DE POLÍCIA DE ....

BOLETIM DE OCORRÊNCIA DE AUTORIA DESCONHECIDA

Nº: ____

SUBTRAÇÃO DE VEÍCULO AUTOMOTOR: ⌋ ROUBO ⌋ FURTO ⌋ OUTROS

Local..Data.../ ... / ... D.P. ....
Hora da Comunicação.................... Hora do Fato....... Código do local ....
VÍTIMA
Doc. de Ident. nº...................(espécie e repartição expedidora).....Veio ao plantão? ....
Pai: ....
Mãe: ....
Cor........................ Idade................ Est. Civil ....Prof. ....
Nacionalidade...Natural de ....
Residência: (Rua, número, firma, cidade, bairro, fone, condução) ....
Rua principal mais próxima:
Local de Trabalho (Rua, número, firma, cidade, bairro, fone, condução): ....
Foi internada? .... Onde?

CARACTERÍSTICAS DO VEÍCULO:
Marca... Tipo.................... Cor........................ Ano ....
Placas............................... Município.. UF ....
Combustível................................Chassi nº ....
Documento de propriedade em nome de ....
O veículo estava segurado? Sim (   ) Não (   ) Apólice nº ....
Nome da Cia. Seguradora
Os documentos do veículo foram levados? Sim (   ) Não (   )
Quais? ....
Outras observações ou características do veículo:..
Tempo em que a vítima esteve ausente do local:..
....................................de.................................de.................

(Nome e cargo datilografados) Assinatura autoridade

Mod. 26 - IMPRENSA OFICIAL DO ESTADO S.A - IMESP

(Verso)

TESTEMUNHAS: (nome - residência - local de trabalho - doc. de identidade e telefone)

1. ....

....

2. ....

....

3. ....

....

4. ....

....

5. ....

....

PROVIDÊNCIAS TOMADAS PELA AUTORIDADE DE SERVIÇO: ....

....

....

UNIDADES POLICIAIS ACIONADAS: ....

....

EXAMES REQUISITADOS: ....

....

MENSAGENS TELETIPADAS EXPEDIDAS: ....

....

DESCRIÇÃO DO(S) AUTOR(ES): (Sexo, cor, idade aparente, altura aprox., tipo de cabelos, cor dos olhos, roupa, uso de barba ou bigode, presença de deformidades, tatuagens, cicatrizes, existência de eventual sotaque; armas usadas: marca - modelo - tamanho do cano - cromada ou oxidada).

COMPLEMENTAÇÃO DO HISTÓRICO: ....

....

....

....

....

Assinatura da vítima ou representante: ....

(Modelo anexo à Portaria DGP nº 4, de 18.2.1993, publicada no DOE de 19.2.1993, com alteração em 12.5.1993).

1.8.9. Subtração de Veículo - Modelo II (Modelo gravado nos computadores dos DPs)

Boletim Eletrônico de Ocorrência

Furto de Veículos na Cidade de São Paulo

Os campos com * são de preenchimento obrigatório.

Local, data e hora do Fato

Rua, avenida, praça ____ *

Bairro ____

Ponto de referência ____ *

Cidade **São Paulo** Estado **São Paulo**

Tipo de Local ____

Data / / Horário aproximado ____

Dados do Declarante

Nome completo ____ *

Endereço completo ____ *

Bairro ____ CEP ____ - *

Cidade ____ Estado ____

E-mail ____ (para contato) *

DDD - Telefone 0 _ _ ____ - ____ * Ramal ____ exceto celular

Nº da Carteira de Identidade ____ * Estado emissor ____ *

CPF ____ / *

Data de nascimento / / *

Profissão ____ *

Dados do Proprietário do Veículo

Nome completo ____ *

Endereço completo ____ *

Bairro ____ CEP ____ *

Cidade ____ Estado ____

Dados do Veículo

Marca e tipo ____ * Cor ____ *

Ano ____ * Placas ____ *

Município ____ * Estado ____ *

Chassi ____ *

Possui seguro? ❑ Sim ❑ Não

Conte-nos como aconteceu

Em no máximo 30 minutos, um policial civil confirmará os dados fornecidos, através do número do telefone informado neste formulário. Portanto, dentro do possível, mantenha a linha desocupada nesse período. Você receberá um *e-mail* com uma senha para imprimir uma cópia do Boletim Eletrônico de Ocorrência.

Declaro, sob as penas da lei, que as informações acima são verdadeiras.

Ciente e enviar	Limpar tudo	<< Voltar para a página anterior

Mais informações: webpol@policia-civ.sp.gov.br

1.8.10. Acidente de Trânsito

SECRETARIA DE ESTADO DOS NEGÓCIOS DA SEGURANÇA PÚBLICA
POLÍCIA CIVIL DO ESTADO DE SÃO PAULO
DELEGACIA DE POLÍCIA DE...

BOLETIM DE OCORRÊNCIA DE ACIDENTE DE TRÂNSITO COM VÍTIMA - LESÃO CORPORAL/FATAL

Nº .....

NATUREZA DA OCORRÊNCIA: ACIDENTE DE TRÂNSITO COM VÍTIMA
❑ LESÃO CORPORAL ❑ FATAL DATA DA OCORRÊNCIA: ....
HORA DO FATO:......................... HORA DA COMUNICAÇÃO: ....
LOCAL: .... CIRCUNSCRIÇÃO: ....

❑ **INDICIADO(S)** ❑ **MOTORISTA(S) ENVOLVIDO(S):**
NOME: .... ALCUNHA: ....
DOCUMENTO DE IDENTIDADE RG Nº .... CPF Nº ....
CTPS Nº .... SÉRIE .... EMITIDA EM ....
RENAVAM ....
FILHO DE .... E DE ....
COR .... NACIONALIDADE .... NATURAL DE ....
COM IDADE DE .... ANOS, NASCIDO AOS ....
ESTADO CIVIL .... PROFISSÃO ....
RESIDENTE NA (logradouro, nº, bairro, cidade CEP, telefone) ....
....
LOCAL DE TRABALHO EM (logradouro, nº, bairro, cidade, CEP, telefone) ....
FOI INTERNADO(A)? ....ONDE? ....
VEIO AO PLANTÃO? ....

VÍTIMAS(S):
NOME: .... ALCUNHA: ....
DOCUMENTO DE IDENTIDADE RG Nº .... CPF Nº ....
CTPS Nº .... SÉRIE .... EMITIDA EM ....
RENAVAM ....
FILHO DE .... E DE ....
COR .... NACIONALIDADE .... NATURAL DE ....
COM IDADE DE .... ANOS, NASCIDO AOS ....
ESTADO CIVIL .... PROFISSÃO ....
RESIDENTE NA (logradouro, nº, bairro, cidade CEP, telefone) ....
....
LOCAL DE TRABALHO EM (logradouro, nº, bairro, cidade, CEP, telefone) ....
FOI INTERNADO(A)? ....ONDE? ....
VEIO AO PLANTÃO? ....

TESTEMUNHAS(S):
NOME: .... ALCUNHA: ....
DOCUMENTO DE IDENTIDADE RG Nº .... CPF Nº ....
CTPS Nº .... SÉRIE .... EMITIDA EM ....
RENAVAM ....
FILHO DE .... E DE ....
COR .... NACIONALIDADE .... NATURAL DE ....
COM IDADE DE .... ANOS, NASCIDO AOS ....
ESTADO CIVIL .... PROFISSÃO ....
RESIDENTE NA (logradouro, nº, bairro, cidade CEP, telefone) ....
....
LOCAL DE TRABALHO EM (logradouro, nº, bairro, cidade, CEP, telefone) ....
....
FOI INTERNADO(A)? ....ONDE? ....
VEIO AO PLANTÃO? ....

DADOS DO(S) VEÍCULO(S):
MARCA: .... MODELO: ....
ANO DE FABRICAÇÃO/MODELO: .... COR: ....
COMBUSTÍVEL: ....CHASSI: ....
PLACAS: .... CRV: ....
CRLV: .... RENAVAM: ....

DADOS DA(S) CNH(S) DO(S) CONDUTORE(S):
NÚMERO ESPELHO: .... NÚMERO REGISTRO:.......................
CATEGORIA: .... EXAME DE SAÚDE VÁLIDO: ....
EXPEDIDA EM: .... PELA CIRETRAN DE ....

SOLUÇÃO: ....
....
....
....
....

EXAMES REQUISITADOS: ....
....

HISTÓRICO: Compareceu nesta unidade:...
....

....

LOCALIDADE ..../........./.......... DELEGADO DE POLÍCIA

(V. Resolução SSP nº 212, de 13.10.1994, que fixa a competência e regulamenta as atividades da Divisão de Crimes de Trânsito (DCT), do Departamento Estadual de Trânsito (DETRAN).

1.8.11. Furto/Roubo/Extravio de Arma de Fogo

SECRETARIA DE ESTADO DOS NEGÓCIOS DA SEGURANÇA PÚBLICA
POLÍCIA CIVIL DO ESTADO DE SÃO PAULO
DELEGACIA DE POLÍCIA DE..

BOLETIM DE OCORRÊNCIA
DE FURTO/ROUBO/EXTRAVIO DE ARMA DE FOGO

Nº .....

NATUREZA DA OCORRÊNCIA:

❑ FURTO ❑ ROUBO ❑ EXTRAVIO DE ARMA DE FOGO

DATA DA OCORRÊNCIA: ....

HORA DO FATO:.......................... HORA DA COMUNICAÇÃO: ....

LOCAL: .... CIRCUNSCRIÇÃO: ....

INDICIADO(S):

NOME: .... ALCUNHA: ....

DOCUMENTO DE IDENTIDADE RG Nº .... CPF Nº ....

CTPS Nº .... SÉRIE .... EMITIDA EM ....

RENAVAM ....

FILHO DE .... E DE ....

COR .... NACIONALIDADE .... NATURAL DE ....

COM IDADE DE .... ANOS, NASCIDO AOS ....

ESTADO CIVIL .... PROFISSÃO ....

RESIDENTE NA (logradouro, nº, bairro, cidade, CEP, telefone) ....

....

LOCAL DE TRABALHO EM (logradouro, nº, bairro, cidade, CEP, telefone) ....

FOI INTERNADO(A)? ....ONDE? ....

VEIO AO PLANTÃO? ....

VÍTIMAS(S):

NOME: .... ALCUNHA: ....

DOCUMENTO DE IDENTIDADE RG Nº .... CPF Nº ....

CTPS Nº .... SÉRIE .... EMITIDA EM ....

RENAVAM ....

FILHO DE .... E DE ....

COR .... NACIONALIDADE .... NATURAL DE ....

COM IDADE DE .... ANOS, NASCIDO AOS ....

ESTADO CIVIL .... PROFISSÃO ....

RESIDENTE NA (logradouro, nº, bairro, cidade, CEP, telefone) ....

LOCAL DE TRABALHO EM (logradouro, nº, bairro, cidade, CEP, telefone) ....

FOI INTERNADO(A)? ....ONDE? ....

VEIO AO PLANTÃO? ....

TESTEMUNHAS(S):

NOME: .... ALCUNHA: ....

DOCUMENTO DE IDENTIDADE RG Nº .... CPF Nº ....

CTPS Nº .... SÉRIE .... EMITIDA EM ....

RENAVAM ....

FILHO DE .... E DE ....

COR .... NACIONALIDADE .... NATURAL DE ....

COM IDADE DE .... ANOS, NASCIDO AOS ....

ESTADO CIVIL .... PROFISSÃO ....

RESIDENTE NA (logradouro, nº, bairro, cidade, CEP, telefone) ....

LOCAL DE TRABALHO EM (logradouro, nº, bairro, cidade, CEP, telefone) ....

FOI INTERNADO(A)? ....ONDE? ....

VEIO AO PLANTÃO? ....

DADOS DA(S) ARMA(S):

NÚMERO: (escreva a numeração completa da arma, incluindo letras - caso a numeração não esteja legível, esfregue um giz) ....

MARCA: ....

ESPÉCIE:

❑ garrucha ❑ pistolão ❑ metralhadora ❑ garruchão

❑ espingarda ❑ submetralhadora ❑ revólver ❑ carabina

❑ fuzil ❑ pistola ❑ rifle

CALIBRE: .... QUANTIDADE DE CANOS: ....

DIMENSÃO:

❑ curto (até 3 polegadas) ❑ médio (de 4 a 5 polegadas)

❑ longo (mais de 6 polegadas) ❑ superlongo (espingarda, rifle, carabina, etc.)

ACABAMENTO:

❑ oxidado ❑ niquelado ❑ cromado ❑ inox ❑ prateado

❑ dourado ❑ anodizado ❑ polímero ❑ tenifer

SISTEMA: ❑ simples ❑ repetição ❑ semi-automático ❑ automático

CORONHA: ❑ plástico ❑ madeira ❑ madrepérola ❑ borracha

TIPO: ....

CAPACIDADE: NÚMERO DE BALAS NO PENTE..

PAÍS DE FABRICAÇÃO: ....

SOLUÇÃO: ....

....

MENSAGENS EXPEDIDAS: ....

....

EXAMES REQUISITADOS: ....

....

HISTÓRICO: Compareceu nesta unidade

....

LOCALIDADE ..../.........../.......... DELEGADO DE POLÍCIA

(V. Portaria DGP nº 34/1997)

1.8.12. Furto/Roubo/Extravio de Carga

SECRETARIA DE ESTADO DOS NEGÓCIOS DA SEGURANÇA PÚBLICA

POLÍCIA CIVIL DO ESTADO DE SÃO PAULO

DELEGACIA DE POLÍCIA DE..

BOLETIM DE OCORRÊNCIA
DE FURTO/ROUBO/EXTRAVIO DE CARGA

Nº .....

NATUREZA DA OCORRÊNCIA:

❑ FURTO ❑ ROUBO ❑ EXTRAVIO DE CARGA

DATA DA OCORRÊNCIA: ....

HORA DO FATO:.......................... HORA DA COMUNICAÇÃO: ....

LOCAL: .... CIRCUNSCRIÇÃO: ....

INDICIADO(S):

NOME: .... ALCUNHA: ....

DOCUMENTO DE IDENTIDADE RG Nº .... CPF Nº ....

CTPS Nº .... SÉRIE .... EMITIDA EM ....

RENAVAM ....

FILHO DE .... E DE ....

COR .... NACIONALIDADE .... NATURAL DE ....

COM IDADE DE .... ANOS, NASCIDO AOS ....

ESTADO CIVIL .... PROFISSÃO ....

RESIDENTE NA (logradouro, nº, bairro, cidade, CEP, telefone) ....

....

LOCAL DE TRABALHO EM (logradouro, nº, bairro, cidade, CEP, telefone) ....

FOI INTERNADO(A)? ....ONDE? ....

VEIO AO PLANTÃO? ....

SE O INDICIADO FOI VISTO PELA VÍTIMA OU TERCEIRO, INFORMAR:

— Sexo: ....

— Compleição física: ....

— Cor dos olhos: ....

— Cor da cútis: ....

— Altura: ....

— Óculos: Descrever ....

— Barba: Descrever ....

— Bigode: Descrever ....

— Cabelos: Cor ....

— Tatuagem: Descrever ....

— Cicatriz: Descrever ....

— Defeito físico: Descrever ....

— Dentes: ....

— Desvio de conduta:Descrever: ....

— Peculiaridade físicas:Descrever: (canhoto, tique, cacoete, sotaque estrangeiro, sotaque regional, personifica o sexo oposto, peculiaridades no andar, fala defeituosa, mudo): ....

VÍTIMAS(S):

NOME: .... ALCUNHA: ....

DOCUMENTO DE IDENTIDADE RG Nº .... CPF Nº ....

CTPS Nº .... SÉRIE .... EMITIDA EM ....

RENAVAM ....

FILHO DE .... E DE ....

COR .... NACIONALIDADE .... NATURAL DE ....

COM IDADE DE .... ANOS, NASCIDO AOS ....

ESTADO CIVIL .... PROFISSÃO ....

RESIDENTE NA (logradouro, nº, bairro, cidade, CEP, telefone) ....

LOCAL DE TRABALHO EM (logradouro, nº, bairro, cidade, CEP, telefone) ....

FOI INTERNADO(A)? ....ONDE? ....

VEIO AO PLANTÃO? ....

TESTEMUNHAS(S):

NOME: .... ALCUNHA: ....

DOCUMENTO DE IDENTIDADE RG Nº .... CPF Nº ....

CTPS Nº .... SÉRIE .... EMITIDA EM ....

RENAVAM ....

FILHO DE .... E DE ....

COR .... NACIONALIDADE .... NATURAL DE ....

COM IDADE DE .... ANOS, NASCIDO AOS ....

ESTADO CIVIL .... PROFISSÃO ....

RESIDENTE NA (logradouro, nº, bairro, cidade, CEP, telefone) ....

....

LOCAL DE TRABALHO EM (logradouro, nº, bairro, cidade, CEP, telefone) ....

FOI INTERNADO(A)? ....ONDE? ....

VEIO AO PLANTÃO? ....

TIPO DO CRIME:

DIA DA SEMANA: ....

CARACTERÍSTICAS DA CARGA

TIPO

— ☐ ELETRO-ELETRÔNICO

— ☐ TÊXTEIS, MANUFATURADOS - tecidos, roupas, calçados, etc.

— ☐ METAIS

— ☐ MEDICAMENTOS, PERFUMARIA, PRODUTOS DE LIMPEZA

— ☐ PRODUTOS QUÍMICOS

— ☐ CIGARROS

— ❑ PEÇAS AUTOMOTVAS, ACESSÓRIOS, PNEUS, GÊNEROS ALIMENTÍCIOS
— ❑ CARGA MISTA - produtos diversificados
— ❑ OUTRAS CARGAS ESPECIFICAR: ....
MARCAS: ....
CARACTERÍSCAS PECULIARES: ....
NÚMERO DE SÉRIE: ....
ORIGEM: ❑ NACIONAL ❑ IMPORTADO
NÚMERO DAS NOTAS FISCAIS: ....
VALOR DA CARGA: ....

SEGURO:
NOME DA EMPRESA SEGURADORA: ....
VALOR DO SEGURO: ....
APÓLICE: ....

EMBARCADOR:
NOME DO EMBARCADOR: ....
LOCAL DE EMBARQUE: ....
DESTINO DA CARGA: ....

RECUPERAÇÃO DA CARGA:
CARGA RECUPERADA: ❑ TOTALMENTE ❑ PARCIALMENIE
LOCAL DA RECUPERAÇÃO: ....
DATA E HORA DA RECUPERAÇÃO: ....
VALOR ESTIMADO DA RECUPERAÇÃO: ....

VEÍCULOS ENVOLVIDOS:
❑ SUBTRAÍDO ❑ SUSPEITO
MARCA/TIPO: .... ANO DE FABRICAÇÃO/MODELO: ....
COR: .... PLACA: .... CHASSI: ....
— ❑ CAVALO MECÂNICO — ❑ S/REBOQUE
— ❑ PICKUP — ❑ ÔNIBUS
— ❑ CAMINHÃO — ❑ CARRO — ❑ MOTO
CARACTERÍSCAS PECULIARES DO VEÍCULO: ....
LOGOTIPO ❑ DESCREVER: ....
— ❑ RASTREADOR — ❑ TACÓGRAFO
— ❑ OUTRO: ....

ESCOLTA: ....
RECUPERAÇÃO: ....
LOCAL DA RECUPERAÇÃO: ....
DATA DA RECUPERAÇÃO: ....
HORA DA RECUPERAÇÃO: ....
NOME DO CONDUTOR: ....

DOCUMENTO DE IDENTIDADE: ....
VEIO AO PLANTÃO? ....
PAI: ....
MÃE: ....
DATA DE NASCIMENTO: ....
ESTADO CIVIL: .... PROFISSÃO:..
NACIONALIDADE: .... NATURALIDADE: ....
RESIDÊNCIA: (logradouro, nº, bairro, cidade, CEP, telefone): ....
LOCAL DE TRABALHO: (logradouro, nº, bairro, cidade, CEP, telefone): ....
FOI INTERNADA? .... ONDE?: ....
CNH: (número, categoria, validade do exame de saúde, data de expedição e Ciretran):...
....

DADOS SOBRE A VÍTIMA (seqüestrada ou mantida em cárcere privado)
LOCAL DO ABANDONO: ....
LOCAL DO CÁRCERE: ....
DATA DO ABANDONO: ....
LIBERTAÇÃO - DIA E HORA: ....
FOI VÍTIMA DESSE DELITO ANTERIORMENTE? ....
LOCAL: ....
DATA: ....
CIRCUNSCRIÇÃO POLICIAL: ....

PERÍCIAS REALIZADAS OU REQUISITADAS: (Especificar) ....
....

MENSAGENS EXPEDIDAS: ....
....

SOLUÇÃO: ....
....

HISTÓRICO: Compareceu nesta unidade.

(assinatura - pessoa que comunicou o fato)

ELABORADO POR:...................

LOCALIDADE ..../...... / ....

....
DELEGADO DE POLÍCIA

(V. Portaria DGP nº 5/1998)

1.8.13. Furto/Roubo/Extravio de RG - Modelo I

SECRETARIA DE ESTADO DOS NEGÓCIOS DA SEGURANÇA PÚBLICA
POLÍCIA CIVIL DO ESTADO DE SÃO PAULO
DELEGACIA DE POLÍCIA DE...

BOLETIM DE OCORRÊNCIA
DE FURTO/ROUBO/EXTRAVIO DE RG

Nº .....

NATUREZA DA OCORRÊNCIA:

☐ FURTO ☐ ROUBO ☐ EXTRAVIO DE RG

DATA DA OCORRÊNCIA: ....
HORA DO FATO: .... HORA DA COMUNICAÇÃO: ....
LOCAL: .... CIRCUNSCRIÇÃO: ....

INDICIADO(S):

NOME: .... ALCUNHA: ....
DOCUMENTO DE IDENTIDADE RG Nº .... CPF Nº ....
CTPS Nº .... SÉRIE .... EMITIDA EM ....
RENAVAM ....
FILHO DE .... E DE ....
COR .... NACIONALIDADE .... NATURAL DE ....
COM IDADE DE .... ANOS, NASCIDO AOS ....
ESTADO CIVIL .... PROFISSÃO ....
RESIDENTE NA (logradouro, nº, bairro, cidade, CEP, telefone) ....
....
LOCAL DE TRABALHO EM (logradouro, nº, bairro, cidade, CEP, telefone) ....
FOI INTERNADO(A)? ....ONDE? ....
VEIO AO PLANTÃO? ....

VÍTIMAS(S):

NOME: .... ALCUNHA: ....
DOCUMENTO DE IDENTIDADE RG Nº .... CPF Nº ....
CTPS Nº .... SÉRIE .... EMITIDA EM ....
RENAVAM ....
FILHO DE .... E DE ....
COR .... NACIONALIDADE .... NATURAL DE ....
COM IDADE DE .... ANOS, NASCIDO AOS ....
ESTADO CIVIL .... PROFISSÃO ....
RESIDENTE NA (logradouro, nº, bairro, cidade, CEP, telefone) ....
LOCAL DE TRABALHO EM (logradouro, nº, bairro, cidade, CEP, telefone) ....
FOI INTERNADO(A)? ....ONDE? ....
VEIO AO PLANTÃO? ....

TESTEMUNHAS(S):

NOME: .... ALCUNHA: ....
DOCUMENTO DE IDENTIDADE RG Nº .... CPF Nº ....
CTPS Nº .... SÉRIE .... EMITIDA EM ....
RENAVAM ....
FILHO DE .... E DE ....
COR .... NACIONALIDADE .... NATURAL DE ....
COM IDADE DE .... ANOS, NASCIDO AOS ....
ESTADO CIVIL .... PROFISSÃO ....
RESIDENTE NA (logradouro, nº, bairro, cidade, CEP, telefone) ....
LOCAL DE TRABALHO EM (logradouro, nº, bairro, cidade, CEP, telefone) ....
VEIO AO PLANTÃO? ....

DADOS DO RG

NÚMERO DO RG: .... ÓRGÃO EXPEDIDOR: ....
DATA DE EMISSÃO DO RG: ....
NOME DO IDENTIFICADO: ....
FILIAÇÃO DO IDENTIFICADO: ....
NATURALIDADE: .... DATA DE NASCIMENTO: ....
ENDEREÇO RESIDENCIAL: ....

MENSAGENS EXPEDIDAS: ....
....

SOLUÇÃO: ....
....

HISTÓRICO: Compareceu nesta unidade.

ORIENTAÇÃO: Nesta oportunidade, a vítima foi orientada a comparecer ao órgão expedidor (Delegacia de Polícia), para obtenção de nova via do RG. Para tanto, deverá levar os seguintes documentos:

a) duas fotos 3x4 coloridas e recentes (observação: cabelos soltos; sem lenço na cabeça; se do sexo masculino - sem brincos nas orelhas).

b) xerox da Certidão de Nascimento/Casamento.

c) número do RG extraviado.

d) se menor de 16 anos, é necessário a presença do representante legal, com o respectivo RG.

(assinatura - da vítima ou seu representante)

ELABORADO POR:...................
LOCALIDADE ...., .../...... / ....

....
DELEGADO DE POLÍCIA

CERTIDÃO

.... Escrivão de Polícia, em exercício na Delegacia de Polícia de .... atendendo a requerimento da parte interessada e em cumprimento a despacho exarado pelo Sr. Delegado de Polícia.

(V. Portaria DGP nº14/1998)

1.8.14. Furto/Roubo/Extravio de RG - Modelo II (Modelo gravado nos computadores dos DPs)

Boletim Eletrônico de Ocorrência

Perda ou Furto de Documentos

Os campos com * são de preenchimento obrigatório

Meus documento foram:

☐ perdidos

☐ subtraídos sem meu conhecimento

Local, data e hora do fato

Rua, avenida, praça *

Bairro

Ponto de referência *

Cidade Estado

Data / / Horário aproximado

Dados sobre a vítima

Nome completo *

Nome da mãe *

Nome do pai *

Endereço completo *

Bairro CEP *

Cidade Estado

E-mail *

DDD - Telefone 0_ _ - * Ramal exceto celular

Nº da Carteira de Identidade * Estado emissor *

CPF / *

Data de nascimento / / * Naturalidade / *

Profissão *

RG do Estado de

Se possível Data de Emissão

Outros documentos perdidos ou subtraídos

Talões de Cheques e/ou Cartões de Crédito

Em no máximo 30 minutos, um policial civil confirmará os dados fornecidos, através do número do telefone informado neste formulário. Portanto, dentro do possível, mantenha a linha desocupada nesse período. Você receberá um *e-mail* com uma senha para imprimir uma cópia do Boletim Eletrônico de Ocorrência.

Declaro, sob as penas da lei, que as informações acima são verdadeiras.

Ciente e enviar	Limpar tudo	<< Voltar para a página anterior

Atenção: A Carteira de Identidade do Estado de São Paulo, furtada ou perdida, será bloqueda. Mesmo sendo localizada, você deverá solicitar outra via em um dos postos do Poupa Tempo.

O Bloqueio só será efetivado se todos os dados fornecidos estiverem corretos.

Mais informações: webpol@policia-civ.sp.gov.br

1.8.15. Crime contra as Relações de Consumo

SECRETARIA DE ESTADO DOS NEGÓCIOS DA SEGURANÇA PÚBLICA
POLÍCIA CIVIL DO ESTADO DE SÃO PAULO

DELEGACIA DE POLÍCIA DE..

CRIME CONTRA AS RELAÇÕES DE CONSUMO

BOLETIM DE OCORRÊNCIA Nº______

NATUREZA: Crime contra as relações de consumo
DATA DA OCORRÊNCIA: .... HORA DO FATO: ....
LOCAL: Rua............................., nº ...., bairro ....
DATA E HORA DA COMUNICAÇÃO: (dia, mês, ano e hora) ....
EMPRESA AVERIGUADA: ....
REPRESENTANTE: ....
DOCUMENTO RG Nº: ....
FILIAÇÃO: ....
COR: .... DATA DO NASC. :...... / ...../ ...... EST. CIVIL: ....
PROFISSÃO: .... NACIONALIDADE: ....
RESIDÊNCIA: ....
LOCAL DE TRABALHO: ....
TESTEMUNHA: ....
OBJETOS APREENDIDOS: ....
HISTÓRICO: Segundo consta, os policiais civis desta ...., dirigiram à empresa averiguada e, após se identificarem a o representante legal e terem suas entradas franqueada, localizaram no interior do estabelecimento os produtos supra discriminado, os quais exibiam data de validade expirada.
SOLUÇÃO: posterior deliberações - Aguardar laudo.
EXAMES REQUISITADOS: Vig. Sanitária

Data: ..../......./..........

ELABORADO POR

(a)____________________ (a)____________________
Escrivão de Polícia *Delegado de Polícia*

1.9. Bomba

Quando há ameaça de bomba, a veracidade da informação deve ser checada o mais rápido possível. As pessoas que trabalham no local ameaçado e que conhecem as suas instalações devem fazer imediatamente uma vistoria e se encontrarem algum objeto suspeito, devem aguardar a equipe especializada da Polícia.

A primeira providência ao se localizar um artefato suspeito é retirar as pessoas do local e não tocar no objeto, isto é, não fazer a sua remoção.

Quando a ameaça de bomba for feita por telefone, ouvir a pessoa que recebeu a chamada, indagando tudo o que for possível a respeito de quem telefonou. Se a ameaça for feita através de carta, preservar o papel, para exame pericial.

No caso de explosão, providenciar socorro para as vítimas, preservação do local, afastamento dos curiosos e chamar a equipe especializada, tomando cuidado porque pode haver uma segunda bomba armada. Observe-se, outrossim, que as pessoas suspeitas, encontradas no local ou nas suas imediações, devem ser identificadas e argüidas sumariamente.

1.10. Crimes de Trânsito

Aos crimes previstos no Código de Trânsito Brasileiro (CTB), nos arts. 304, 305, 307, 309, 310, 311 e 312, aplica-se a Lei nº 9.099/1995 (Juizado Especial Criminal) que dispõe no seu art. 69, parágrafo único, o seguinte: *Ao autor do fato que, após a lavratura do termo, for imediatamente encaminhado ao juizado ou assumir o compromisso de a ele comparecer, não se imporá prisão em flagrante, nem se exigirá fiança.*

Assim, ocorrendo um desses crimes, o Delegado não lavra o Auto de Prisão em Flagrante, apenas o Termo Circunstanciado (TC), se o autor do fato delituoso assumir o compromisso de comparecer em juízo.

Atente-se, outrossim, que estão fora da competência do Juizado Especial Criminal, posto que apenas com pena de detenção superior a um ano, os seguintes crimes:

Homicídio Culposo (art. 302): — Se o motorista prestou pronto e integral socorro à vítima, a ele não se imporá a prisão em flagrante, nem se exigirá a fiança, nos termos do art. 301, do Estatuto de Trânsito.

O Delegado baixa portaria e instaura inquérito. E em juízo, o Ministério Público não pode pedir a suspensão condicional do processo, nos termos dos arts. 89 e seguintes da Lei nº 9.099/1995, porque a pena cominada *in abstrato* ao homicídio culposo praticado na direção de veículo automotor é de detenção de 2 a 4 anos.

Lesão Corporal Culposa (art. 303): — Se o motorista prestou pronto e integral socorro à vítima, igualmente, a ele não se imporá a prisão em flagrante, nem se exigirá a fiança.

O Delegado baixa portaria e instaura inquérito, informando a vítima sobre o procedimento legal, reduzindo a termo a sua Representação. Na hipótese do motorista ter se recusado a prestar socorro, o Delegado o autuará em flagrante delito, não presando, para isso, de representação da vítima.

Embriaguez ao Volante (art. 306): — O condutor de veículo automotor, envolvido em acidente de trânsito ou que for alvo de fiscalização de trânsito, sob suspeita de dirigir embriagado, deve ser submetido à exame toxicológico (CTB, art. 277).[211]

Constatada a embriaguez, o Delegado deve lavrar o Auto de Prisão em Flagrante e arbitrar fiança, nos termos do art. 325, *b*, do CPP.

Aplica-se à hipótese a seguinte decisão do Tribunal de Alçada Criminal de São Paulo:

"*Embriaguez ao volante. Representação. Não exigência. São, inquestionavelmente, de ação pública incondicional, todos os tipos criminais expostos sob a égide da proteção da incolumidade pública, como, por exemplo, a embriaguez ao volante, onde o bem da vida tutelado é a segurança viária; não caberia à vítima, destarte, autorizar ou não a ação penal, ex* vi *do disposto no art. 291,* caput, *da Lei nº 9.503/1997, que determina a aplicação da Lei nº 9.099/1995 no que couber (Mandado de Segurança nº 340.662/3, Presidente Prudente, 7ª Câmara, j. 10.6,1999, v.u., rel. juiz Salvador D'Andréa).*

Racha (CTB, art. 308): — O Delegado instaura inquérito, por Portaria ou por Auto de Prisão em Flagrante, podendo arbitrar fiança.

A inexistência de vítima determinada não exclui o crime, uma vez que a possibilidade de dano refere-se à incolumidade pública ou privada.

Em Juízo, nos termos do parágrafo único do art. 291, do CTB, aplicam-se aos crimes acima mencionados, exceto ao de homicídio culposo, as seguintes disposições da Lei nº 9.099/1995: art. 74 (composição dos danos civis); art. 76 (aplicação imediata de pena restritiva de direitos ou multa) e art. 88 (representação da vítima no caso de lesões corporais culposas).

1.11. Dementes e Indigentes

As pessoas que apresentem sintomas evidentes de moléstia mental, encontradas perambulando pela via pública e que não tenham residência fixa nem parentes, ou que não possam informar sobre esses dados devem ser encaminhadas da seguinte forma: *a)* beneficiários de previdência social, de ambos os sexos, por meio do INSS, para o hospital especializado; *b)* não-beneficiários (em São Paulo, Capital): homens - Hospital Psiquiátrico da Água Funda (DAP); mulheres - Hospital Psiquiátrico da Vila Mariana (DAP).[212]

Na Capital de São Paulo, o recolhimento de indigentes é feito pelo CETREN, órgão da Secretaria da Criança, Família e Bem-Estar Social.

O Delegado que encaminhar dementes de todo gênero: indigentes, menores extraviados, abandonados ou infratores, deve, incontinenti, transmitir o fato à 2ª, Delegacia de Polícia de Divisão de Proteção à Pessoa, do Departamento de Homicídios e de Proteção à Pessoa (DHPP), através de ofício ou mensagem teletipada,

---

211. V. Resolução CONTRAN nº 81, de 19.11.1998, disciplina o uso de medidores da alcoolemia e a pesquisa de substâncias entorpecentes no organismo humano, estabelecendo os procedimentos a serem adotados pelas autoridades de trânsito e seus agentes (*DOE* 25.11.1998).

212. *Normas sobre uso da rede Policial civil*, São Paulo, SSP, 1978.

apondo no expediente todos os dados referentes possíveis, quanto ao nome, qualificação, vestuário, caracteres físicos e outros de interesse para sua identificação.[213]

1.12. Diligências Policiais

Em São Paulo, sob pena de responsabilidade administrativa, civil e penal, qualquer diligência só pode ser feita com expressa determinação do Delegado, devendo este, sempre que possível, conduzi-la pessoalmente.

A diligência que em razão de eventual urgência realizar-se sem autorização, ainda que em curso, deverá ser comunicada incontinenti ao Delegado que, reputando a atividade irregular ou inconveniente, determinará sua imediata paralisação. O Delegado ao receber a comunicação devera inteirar-se dos fatos e decidir sobre a necessidade de seu efetivo comparecimento ao local.

Diante da impossibilidade do Delegado realizar pessoalmente a diligência, os policiais que dela participaram devem elaborar relatório, informando: *a)* nome, qualificação e endereço do preso; *b)* local, hora e motivo da prisão; *c)* valores, objetos, substâncias entorpecentes ou armas eventualmente apreendidas; *d)* nome, qualificação e endereço das testemunhas que presenciarem os fatos; *e)* qualquer incidente verificado no curso da diligência e os demais dados que ao caso se apresentarem relevantes; *f)* relação completa dos policiais civis que tomaram parte na diligência.

A participação de policiais civis estranhos ao quadro da unidade responsável pela diligência dependerá de expresso consentimento do Delegado que determinou a medida, excetuados os casos de operações conjuntas ou de apoios ou socorros emergentes.

Os policiais devem zelar pelos direitos à imagem e à privacidade das pessoas submetidas a investigação ou presas, a fim de que às mesmas e os seus familiares não sejam causados prejuízos, decorrentes da exposição de suas imagens ou da divulgação de circunstâncias ainda objeto de apuração. Essas pessoas, após orientadas sobre seus direitos, somente serão fotografadas ou entrevistadas, se o consentirem, mediante manifestação escrita ou por termo devidamente assinado, observando-se ainda as normas editadas pelos Juízos Corregedores da Polícia Judiciária da Comarca.

Visando, ainda, garantir o êxito das investigações e evitar a exposição de terceiros a risco, é proibido o acesso, a participação, o acompanhamento ou a assistência de pessoas estranhas às carreiras policiais, sob qualquer pretexto, em diligências e em sua formalização, ressalvadas as hipóteses previstas em lei.[214]

---

213. Portaria DGP nº 35, de 15.12.1988, dispõe sobre comunicação de encaminhamento de dementes de todo o gênero, indigentes, menores extraviados, abandonados ou infratores.

214. Portaria DGP nº 8, de 2.4.1979, baixa normas para a execução de diligências Policiais. Portaria DGP nº 16, de 30.5.1983, regulamenta a autorização para realização de diligência Policial fora do Estado. Portaria DGP nº 18, de 19.7.1997, disciplina a execução de diligências Policiais e dá outras providências.

2. ADVOGADO

Consoante disposições legais, incluem-se entre as prerrogativas dos Advogados a de "examinar em qualquer repartição policial, mesmo sem procuração, autos de flagrantes e de inquérito, findos ou em andamento, ainda que conclusos à autoridade, podendo copiar peças e tomar apontamentos".[215]

A Autoridade Policial deve propiciar aos Advogados as facilidades possíveis para essas atividades.

Sigilo: — O Delegado pode impor segredo no inquérito policial ou em qualquer outro procedimento, tão-somente quando a natureza das investigações possa sofrer gravame com a sua quebra. Nesse caso, deve ser justificada a medida, com despacho fundamentado nos autos.[216]

O sigilo, todavia, não alcança o advogado que poderá consultar e examinar todos os procedimentos, inclusive aqueles que versarem sobre prisão temporária e interceptação telefônica.

3. CADÁVERES

O Código de Processo Penal dispõe expressamente, nos arts. 164 *usque* 166, sobre a arrecadação e autenticação de objetos úteis ao reconhecimento de cadáveres; quando deve ser feita a necropsia; sobre as providências a tomar, quando houver dúvida sobre a identidade do cadáver; em caso de morte violenta, sobre o valor do exame externo; como se deve proceder a exumação para exame cadavérico: dia marcado pela autoridade judicial ou policial e lavratura de auto circunstanciado e, finalmente, os requisitos para fotografias de cadáveres.

O policial, no exercício de suas funções, freqüentemente se depara com esses problemas e outros não previstos pelo Estatuto Processual Penal. Assim, dado o interesse, abordaremos a seguir alguns tópicos sobre a matéria em tela.

3.1. Atestado de Óbito

O Atestado de óbito é o documento expedido pelo médico, atestando a causa da morte. Se o falecimento ocorrer em hospital e se houver médicos acompanhando o caso, o óbito será fornecido pelo próprio médico atendente. Se a morte for repentina ou se ocorrer em casa sem assistência médica, a família deverá procurar a Delegacia de Polícia ou Distrito Policial mais próximo e solicitar a remoção do corpo para o Serviço de Verificação de Óbitos do Município, a quem caberá emitir a Declaração de Óbito.

---

215. Lei Federal nº 8.906, de 4.7.1994 - Estatuto da Advocacia e a Ordem dos Advogados do Brasil - OAB. Sigilo: Código de Processo Penal, art. 20.

216. *Constituição Federal*, art. 5º, LV, LXIII, e art. 133. V. Recomendação SSP-SP nº 8/1975, vista sob a ótica do texto constitucional de 1988, e Mandado de Segurança nº 23.576-4 Distrito Federal, sobre CPI do Narcotráfico e as prerrogativas do advogado.

Se a morte for violenta, a família deverá solicitar junto à Delegacia de Polícia ou Distrito Policial a remoção do corpo para o IML, que emitirá a Declaração de Óbito, após a necropsia do corpo.

3.2. Cremação

No Brasil a cremação de cadáveres é regida pela Lei Federal nº 6.015, de 31.12.1973 (Lei dos Registros Públicos). O § 2º do art. 77 desse diploma foi acrescentado pel Lei Federal nº 6.216, de 30.6.1975. Na Capital de São Paulo, o crematório do Cemitério de Vila Alpina é pioneiro no País, havendo, ainda em Santos, São Bernardo do Campo, Porto Alegre, São Leopoldo, Maringá, Belo Horizonte e no Rio de Janeiro.

Pela legislação municipal paulistana só pode ser cremado o cadáver: *a)* daqueles que, em vida, houver demonstrado esse desejo, por instrumento público ou particular, exigida, neste último caso, a intervenção de três testemunhas e o registro do documento; *b)* se ocorrida a morte natural, a família do morto assim o desejar e sempre que, em vida, o *de cujus* não haja feito declaração em contrário, por uma das formalidades acima mencionadas.[217]

Considera-se família, atuando sempre um na falta do outro e na ordem estabelecida por essa legislação, o cônjuge sobrevivente, os ascendentes, os descendentes e os irmãos, estes e aqueles últimos, se maiores. *Em* caso de morte violenta, a cremação só pode ser levada a efeito mediante prévio e expresso consentimento da autoridade judicial.[218]

A cremação só pode ser efetuada após o decurso de 24 horas, contadas a partir do falecimento, ao passo que o sepultamento se realiza em prazos bem menores.

Morte Natural: — O atestado de óbito deverá ser firmado por 2 médicos e parente de 1º grau para autorização da cremação.

Morte Violenta: — O atestado de óbito deverá ser assinado por um médico legista e só será efetuada a cremação mediante autorização do poder judiciário, o qual exige uma declaração do Delegado de Polícia e do Instituto Médico Legal (IML), não se opondo à cremação.[219]

Nesse caso, a pessoa que estiver providenciando a cremação deve solicitar junto ao Fórum uma autorização judicial. Para isso, deve levar: Boletim de Ocorrência; Declaração do Delegado de Polícia e atestado de óbito do IML, não se opondo à cremação; declaração de vontade do *de cujus* ou de um parente de grau direto firmada com duas testemunhas.[220]

---

217. Lei Municipal (SP) nº 7.017, de 19.4.1967.

218. Cremação: v. Lei Municipal (SP) nº 7.017, de 19.4.1967; Provimento do Conselho Superior da Magistratura (SP) nº 532/1995, dispõe sobre os plantões judiciários nas comarcas do interior (art. 1º, 2, dispõe sobre os pedidos de cremação de cadáveres); e, Provimento CG nº 13/1980 da Corregedoria Geral do Tribunal de Justiça do Estado de São Paulo.

219. Provimento nº 13/1980, da Corregedoria Geral do Tribunal de Justiça do Estado de São Paulo.

220. Em São Paulo, Capital, no caso de morte violenta, a pessoa que estiver providenciando a cremação, deve solicitar uma autorização ao MM. Juiz Corregedor da Polícia Judiciária, no DIPO 5, no Viaduto Dona Paulina, nº 80, 16º andar, salas 1.613 e 1.615, nos dias de semana e, nos sábados, domingos e feriados, no Plantão Judiciário, no mesmo prédio, no 4º andar.

Cremação de Ossos: — O interessado deve apresentar xerox do Atestado de óbito, declaração assinado por um parente de grau direto e uma testemunha maior de 21 anos de idade e comprovante do pagamento da taxa de cremação.

3.3. Cinzas

As cinzas resultantes da cremação são recolhidas em urnas individualizadas, perfeitamente identificáveis, e recebem o destino indicado pelo falecido ou por sua família. No caso de divergência entre os familiares, relativamente à efetivação do ato, mesmo no caso de expresso desejo do extinto, a cremação só será realizada por ordem judicial.

O transporte de cinzas para o Exterior, por via aérea, é feita através de uma Urna tipo frasqueira, lacrada na Polícia Federal. O interessado vai à Polícia Federal, levando a urna de cinzas (frasqueira), cópia e original da Certidão de Óbito; Certidão de Cremação, com firma reconhecida; documentos de quem for viajar com as cinzas e RG, RNE ou passaporte do falecido.[221]

3.4. Liberação

Em São Paulo, na Capital, os corpos necropsiados pela Divisão de Perícias Médico-Legais do IML são entregues às seguintes pessoas consideradas idoneamente qualificadas: aos familiares da vítima, com parentesco comprovado; companheiro(a), mediante comprovação de que é beneficiário do falecido no INSS ou em outra instituição idônea.

Na falta de familiares, podem retirar o corpo pessoas com quem a vítima residia ou dependia, desde que comprovada essa dependência, ou beneficiário em testamento, seguros de vida, montepio ou aposentadoria. E também os responsáveis pela firma em que a vítima trabalhava, desde que a empresa assuma a responsabilidade pela inumação e apresente declaração em papel timbrado de inexistência ou impossibilidade de comparecimento dos familiares, comprovação do vínculo empregatício com identificação e cargo ocupado pelo responsável pela retirada do corpo.

Nos casos de filhos menores, a autorização para a retirada deve ser suprida pelo Juizado de Infância e Juventude, a quem os interessados devem ser encaminhados. Nos casos de estrangeiros, na ausência de familiares ou companheiros, a pessoa devidamente autorizada e credenciada pelo Consulado da nação de origem da vítima. Quando militares, pelos oficiais ou graduados das respectivas corporações, devidamente credenciados para a liberação. Em sendo funcionário público, e desde que haja permissão da família, o representante devidamente credenciado da associação de classe a que pertencia o servidor falecido.[222]

---

221. Ofício nº 050/1999/DPF/SP, de 20.1.1999, dispondo sobre a lacração de urna funerária. Polícia Federal, em São Paulo, Capital, Av. Prestes Maia, nº 700, 4º andar, bairro da Luz. Reconhecimento de firma da Certidão de Cremação, em São Paulo, 26º Cartório de Notas, Rua do Orfanato, 340.

222. Portaria DGP nº 10, de 4.5.1993, regulamenta a liberação de corpos necropsiados pelo Instituto Médico Legal (*DOE* 5.5.1993, com alteração em 13.5.1993, pela Portaria DGP nº 13/1993).

A entrega de corpos a pessoas não relacionadas só será procedida mediante autorização do Delegado de Polícia da área onde a ocorrência foi registrada.

3.5. Transporte

A condução dos cadáveres deve ser feita em veículos próprios, sendo proibido fazê-lo em carros de praça ou particulares. Os carros deverão ser de forma que se prestem a lavagem e desinfecção necessárias e será revestido de placa metálica ou impermeável onde pousar o caixão funeral.[223]

Não se pode transportar cadáver em ambulância. Esse veículo, em ocasiões normais, tem por finalidade o transporte de doentes ou feridos e, em tempos de guerra, é verdadeiro hospital de emergência, para a prestação dos primeiros socorros aos necessitados, de acordo com a própria etimologia do termo.[224]

Na Polícia de São Paulo, a administração, a operação e o controle de veículos destinados à remoção de cadáveres, na área da Capital, são atribuídos, com exclusividade, ao IML.[225]

3.6. Verificação de Óbito

A Secretaria da Segurança Pública de São Paulo colabora com o Serviço de Verificação de Óbitos do Município da Capital (SVOC) no controle da entrada, saída e no transporte de cadáveres do Município da Capital. Os cadáveres de pessoas falecidas no Município da Capital, de morte natural, sem atestado médico, ou com atestado de moléstia mal definida, são obrigatoriamente transportados para o SVOC pelos carros do IML.

Sempre que a autoridade policial, após investigação sumária, tiver fundadas razões para suspeitar que a morte não tenha sido de causa natural, determinará a remoção do cadáver ao IML, acompanhado de requisição de exame em que constem as razões que a motivaram.

A requisição de exame necroscópico e demais serviços policiais pertinentes, deve ser procedido pelo delegado da área onde ocorreu o óbito mesmo que o local do evento que motivou a atuação policial seja diverso. Recebido o laudo necroscópico, o mesmo deve ser remetido à Autoridade Policial do local do fato, para instruir o respectivo procedimento policial.[226]

Os cadáveres enviados ao IML são obrigatoriamente necropsiados pelo médico legista de serviço, que expede o respectivo atestado de óbito e providencia a lavratura do laudo necroscópico.

223. Decreto Federal nº 2.918, de 9.4.1918 (*Código Sanitário*), art. 538 e parágrafo único. E Decreto-Lei Estadual nº 211, de 30.3.1970.

224. Circular (SP) nº 45/1967, da Secretaria da Saúde.

225. Portaria DGP nº 14, de 25.7.1978.

226. Portaria DGP nº 26, de 3.12.1993.

Ainda em São Paulo, os óbitos motivados por moléstia mal definida, que ocorrerem nos Municípios do Interior do Estado onde não funcionem Serviços de Verificação de Óbitos, são atestados por médicos da Secretaria da Saúde.

Os Delegados de Polícia dos Municípios do Interior somente solicitam o concurso do médico legista da região nos casos de morte violenta ou quando, após investigações sumárias, houver fundadas razões de suspeita de que o óbito tenha ocorrido por causas não naturais.

Nesses casos, quando verificarem a existência de lesões traumáticas ou tiverem conhecimento de circunstâncias relevantes que os levem a suspeitar que a morte não tenha sido de causa natural, os médicos comunicam o fato ao Delegado de Polícia do Município, que fará uma investigação sumária e decidirá sobre a conveniência ou não de instaurar inquérito e requisitar o concurso do médico legista.

As Faculdades de Medicina do Interior podem assumir a responsabilidade pela criação do Serviço de Verificação de Óbitos, nos mesmos moldes do SVOC da Capital, desde que estejam em condições e possam manter médico patologista à disposição do Serviço, diariamente, inclusive aos domingos, feriados e dias de ponto facultativo, para a realização de necropsias e outras providências correlatas.

Os cadáveres de indivíduos desconhecidos são identificados e necropsiados pelo IML. Quando, durante a necropsia, os Serviços de Verificação de Óbitos concluírem que se trata de morte não natural, devem encaminhar o cadáver para o IML, para a complementação da necropsia e elaboração do laudo pericial.[227]

4. DELEGACIA ELETRÔNICA

Em São Paulo, a partir do dia 13.1.2000, passou a funcionar a Delegacia de Polícia virtual e as pessoas podem comunicar as ocorrências policiais via *Internet*.

Na Capital, quem quiser registrar um BO sobre perda ou furto de documentos, desaparecimento, encontro ou fotos de pessoas desaparecidas, furto de veículos ou solicitar uma cópia de BO da PM, deve acessar o endereço www.ssp.sp.gov.br ou www.policia-civ.sp.gov.br.

O mesmo devendo fazer quando quiser saber a localização dos principais órgãos públicos e delegacias da Capital ou, ainda, fazer denúncias ou sugestões.

BO Eletrônico: — Pode ser feito pela pessoa interessada, acessando os *sites* mencionados. Preencher os dados no computador e os encaminhar para a delegacia, via *Internet*. Depois, recebe um telefonema da delegacia, que checa os dados, tira as dúvidas e fornece a senha para impressão do BO.[228]

---

227. Lei Estadual (SP) nº 10.095, de 3.5.1968; Decreto Estadual (SP) nº 51.014, de 5.12.1968, regulamenta a Lei nº 10.095/1968; Portaria DGP nº 36, de 15.12.1988, dispõe sobre o encaminhamento de relações de laudos de cadáveres de identidade desconhecida, ou daqueles de identidade conhecida porém não reclamados em tempo hábil, acompanhados de fotografias, à 2ª Delegacia de Polícia da Divisão de Proteção à Pessoa do DHPP.

228. Portaria DGP nº 1, de 4.2.2000, disciplina a recepção e o registro de ocorrências Policiais e denúncias por meio eletrônico (*DOE* 8.2.2000).

A Polícia Rodoviária de São Paulo, por sua vez, a partir de março de 2000, colocou na *Internet* os BO dos acidentes em estradas estaduais. O serviço faz com que os motoristas poupem tempo na hora de pedirem o documento para o ressarcimento de danos ou acionar o seguro do veículo. Para isso, basta entrar no *site* do Policiamento rodoviário (www.polmil.sp.gov.br/unidades/cprv) e clicar na opção Boletim de Ocorrência.

4.1. *Intranet* e *Intraseg*

A criação da *Intranet* foi prevista no Plano Diretor de Informática da Polícia Civil, elaborado em 1997. Inicialmente, para atender as unidades que dispõe de telex e depois a todas as demais, dada a simplicidade de instalação e a exigência de poucos recursos técnicos (um microcomputador com a configuração básica e uma linha telefônica).

O provedor de acesso da *Intranet* está instalado no Núcleo de Gerenciamento Eletrônico da Informação, do Departamento de Telemática da Polícia Civil, na Rua Brigadeiro Tobias, 527, Mezanino, desde janeiro de 1998.

No Núcleo se encontra toda a estrutura básica para o funcionamento da rede. Foi adotada a plataforma Microsoft e utilizados os sistemas *Microsoft Windows NT 4.0, Microsoft Proxy Server, Microsoft Exchange, Microsoft SQL Server, Microsoft 155, Firewall -1 Sun Microsystems* e, para maior segurança, *softwares* de *encriptação* de dados e *antivírus* apropriados para redes.

A finalidade inicial da *Intranet* foi a substituição da rede de telex, prevista para abril de 2000, com incontáveis vantagens: possibilita a troca de textos, o envio de imagens e sons, com a mesma eficiência, videoconferência, etc. E, através dos micros, será possível acessar o Banco de Dados Prodesp com extrema rapidez.

Para facilitar a elaboração das mensagens, foi desenvolvido um *aplicativo,* no formato de páginas *HTML* com recursos do *Microsoft VBScript*. Trata-se de formulários eletrônicos contendo as principais ocorrências e os dados peculiares que cada uma exige, conduzindo o usuário a um preenchimento adequado.

A mensagem será montada e enviada, automaticamente, às diversas Unidades policiais, de acordo com a natureza do delito. Elas serão depositadas nas caixas postais dos destinatários que deverão se conectar, periodicamente, para baixá-las.

Uma cópia ainda será depositada em local especial, servindo para, automaticamente, alimentar o Banco de Dados Central, com todas as informações da ocorrência, disponibilizando-as de imediato a quem puder interessar.

Há também formulários para envio de pedidos de Carros de Cadáveres, Perícias, Consultas à Divisão de Capturas, Furto/Extravio de RG e Textos Livres.

Intraseg: — Através da página principal da *Intranet*, será possível também acessar: *a)* Resenha policial (resumo das ocorrências e comunicados julgados de interesse policial, cuja alimentação fica a cargo do CEPOL); *b)* resenha Pró-carga (resumo das ocorrências relacionadas a Desvio de Cargas dos últimos 5 dias, igualmente alimentadas pelo CEPOL); *c)* Legislação (consulta a Bancos contendo Leis, Decretos e Portarias de interesse policial); *d)* Endereços e Telefones de todas as Unidades Policiais do Estado; *e)* Conexão ao *mainframe* Prodesp; *f)* O *Site* Institucional da Polícia Civil (as páginas disponíveis na *Internet*); *g)* Todos os sites oficiais de todas as Secretarias Estaduais; *h)* Modelos de documentos.[229]

4.2. Crimes Cibernéticos

Os Delegados devem encaminhar, por ofício, diretamente ao Departamento de Telemática da Polícia Civil (DETEL), cópia de BO, TC, Portaria ou Auto de Prisão em Flagrante delito, porventura elaborado acerca do uso indevido de computadores, da *Internet* e de meios eletrônicos, a fim de criar arquivo e suplementar estatisticamente futuro banco de dados sobre casos da espécie.[230]

Em 14.1.2000 foi instituído no DETEL o Setor de Investigações de Crime de Alta Tecnologia (*DOE* de 16.1.2000).

5. ECONOMIA POPULAR

O consumidor pode apresentar sua reclamação pessoalmente ou por telegrama, carta, telex, fac-símile ou qualquer outro meio de comunicação, a quaisquer dos órgãos oficiais de proteção e defesa do consumidor.[231]

Em São Paulo, na Capital, consultas e reclamações podem ser feitas ao PROCON (Grupo Executivo de Proteção ao Consumidor, da Secretaria da Justiça e Defesa da Cidadania).

Os crimes de sonegação fiscal são apurados, na Capital, pela Delegacia Especializada de Crimes Contra a Fazenda, do DECAP, e nos demais municípios pelas Delegacias de Polícia.[232]

---

229. *Intranet, Manual de Referência*, 1999, p. 2. Portaria DGP nº 13, de 25.8.1998, dispõe sobre medidas a serem adotadas pelas unidades Policiais civis com vista a implantação do sistema INTRASEG, e dá outras providências correlatas (*DOE* 22.8.98). Resoluções SSP nºs 10 e 11, de 15.1.2000, dispõem, respectivamente, sobre o Centro de Processamento de Dados da Administração Superior e da Sede e dá outras providências e institui a metodologia para a Gestão de Projetos de Informática da Pasta (*DOE* 15.1.2000).

230. Portaria DGP nº 14, de 22.10.1999, estabelece rotinas de trabalho para as investigações efetuadas pela Polícia Civil, referentes aos crimes cometidos pelo uso indevido de computadores, da *Internet* e de meios eletrônicos, e dá outras providências. Portaria DGP nº 18, de 28.12.1999, estabelece rotina de trabalho para as investigações efetuadas pela Polícia Civil, referentes aos crimes cometidos pelo uso indevido de computadores, da *Internet* e de meios eletrônicos, e dá outras providências (*DOE* 30.12.1999).

231. Decreto Federal nº 51.260, de 13.12.1962 (modificado pelos Decretos Federais nºs 54.663/1994 e 57.689/1996), regulamenta a SUNAB (A Medida Provisória nº 1.631-9, de 12.2.1998, posteriormente convertida na Lei nº 9.618, de 2.4.1998, dispôs sobre a extinção da SUNAB, transferindo para o Ministério da Fazenda o seu acervo e competência, para instruir os procedimentos no contexto da Lei nº 8.884/1994). Lei nº 1.521, de 26.12.1951, altera disposições vigentes sobre crimes contra a economia popular. Decreto Federal nº 2.181, de 20.3.1997, dispõe sobre a organização do Sistema Nacional de Defesa do Consumidor (SNDC), estabelece normas gerais de aplicação das sanções administrativas previstas na Lei nº 8.078, de 11.9.1990, revoga o Decreto nº 861, de 9.7.1993, e dá outras providências. Código do Consumidor Bancário, Resolução CMN nº 2.892, de 27.9.2001.

232. Lei nº 1.521, de 26.12.1951; e, Lei nº 8.137, de 27.12.1990, definem os crimes contra a ordem tributária, econômica e contra as relações de consumo, e dão outras providências. Ver Lei nº 8.884, de 11.6.1994, dispõe sobre a CADE e a prevenção e a repressão às infrações contra a ordem econômica e dá outras providências.

6. FURTO E ROUBO DE VEÍCULO

Em São Paulo, as comunicações sobre furto, roubo, apropriação indébita e localização de veículos automotores são feitas por intermédio do Centro de Comunicações da Polícia Civil (CEPOL), pelos meios disponíveis.

O CEPOL, por sua vez, transmite de imediato a comunicação à Divisão de Investigações sobre Furtos e Roubos de Veículos e Carga (DIVECAR), do DEIC.

A integração com o sistema do Departamento Nacional de Trânsito, de informações sobre veículos furtados ou roubados e localizados, é efetuada por meio da cessão de fita magnética processada no CPD da PRODESP, com base nos dados recebidos da DIVECAR.[233]

Observe, outrossim, que o CEPOL atende durante 24 horas, mas só informa se o veículo foi encontrado pela Polícia, se tiver sido feito o BO.[234]

Nos casos de roubo/furto de veículo, o procedimento é o seguinte: a vítima comparece no plantão policial e comunica o fato. É feito um BO e comunicado à CEPOL. E, depois, quando o veículo for localizado, será feito outro BO de veículo localizado e entregue, dando-se baixa no CEPOL.

BO: — Autoria desconhecida, o preenchimento é feito da seguinte maneira:

> Natureza: Roubo consumado-veículo; Local:(...); Complemento: bairro(...); Tipo-local: via pública; Circunscrição: (...) DP; Data ocorrência: (...); Data comunicação: (...); Elaborado em: (...); Vítima: (dados); Veículo: (dados); *Histórico*: Comparece nesta unidade policial, a vítima noticiando à autoridade de plantão que a hora e local dos fatos (...) (o que aconteceu, p. ex: 2 indivíduos desconhecidos armados de ..., sob grave ameaça, subtraíram o veículo supra, bem como um relógio de pulso marca..., no valor de ..., evadindo-se, posteriormente, tomando rumo ignorado. Características dos meliantes: 2 indivíduos brancos, aproximadamente (...) m. de altura, aparentando (...) anos, cabelos (...), trajando (...), armados de (...). *a)* vítima. Providências tomadas: MSG (...)/ CEPOL. *a)* Escrivão(ã). Idem, Delegado(a).

---

233. Portaria DGP nº 9, de 30.3.1987, dispõe sobre a imediata comunicação de ocorrência de furto ou roubo e localização de veículos automotores e dá outras providências (*DOE* 31.3.1987); Resolução SSP nº 284, de 26.8.1997, cria o Programa de Prevenção e Redução de Furtos, Roubos e Desvio de Carga (PROCARGA); Portaria DGP nº 24, de 19.9.1997, institui rotina de trabalho voltada a operacionalização, pela Polícia Civil, do Programa de Prevenção e Redução de Furtos, Roubos e Desvios de Carga (PROCARGA). Portaria DGP nº 5, de 17.4.1998, institui formulário de BO sobre crimes de carga (*DOE* 23.4.1998).

234. Resolução SSP nº 100/1999, dispõe sobre emissão de Certidão Negativa de Furtos e Roubos de Veículos e Certidão de não localização de veículos furtados e roubados nas unidades de POUPA-TEMPO.

BO: — Autoria desconhecida, de encontro e entrega de veículo. Preencher como na forma acima, mencionando no *Histórico*:

> Comparece nesta unidade policial o PM (...), RE (...), encarregado da viatura (...), noticiando à autoridade de plantão, que, na hora e local dos fatos, logrou êxito em localizar o veículo supra, em estado de abandono, produto de roubo/furto nesta área, conforme BO nº (...), datado de... . Veículo apreendido em auto próprio e verificado que não consta nada e sem avarias o veículo foi entregue à vítima. *a)* vítima. Providências tomadas: MSG (...)/ - DEPOL. Solução: BO p/ registro. *a)* Escrivão(ã). Idem, Delegado (a)

7. MENOR

A criança e o adolescente, em face da legislação especial, que visa a sua assistência, proteção e vigilância, está sujeito a uma série de restrições e impedimentos, sendo proibida:

a) a entrada e permanência em salas de espetáculos teatrais, cinematográficos, circenses, de rádio, televisão e congêneres de menor de 10 anos, quando desacompanhado dos pais ou responsáveis; *b)* a entrada de menor de 18 anos em estabelecimentos que explorem comercialmente bilhar, sinuca ou congênere ou em casas de jogos; *c)* a hospedagem de menores de 18 anos, salvo se autorizados ou acompanhados pelos pais ou responsáveis, em hotel, motel, pensão ou estabelecimento congênere.[235]

O menor de 18 anos depende de autorização judiciária para viajar, desacompanhado dos pais ou responsável, para fora da comarca onde reside.[236]

O Delegado de Polícia de plantão deve encaminhar à Autoridade Judiciária competente o menor que se encontre em situação irregular.

8. PESSOAS DESAPARECIDAS

A pessoa desaparecida geralmente é procurada pela família, pelos amigos, pelos parentes e pela própria Polícia.

No primeiro momento, percebido ou notado o desaparecimento, os interessados devem dirigir-se a determinados locais, como, por exemplo, à casa de parentes, amigos ou colegas, e depois aos prontos-socorros mais próximos do bairro em que

---

235. Lei Federal nº 8.069, de 13.7.1990, dispõe sobre o Estatuto da Criança e do Adolescente (*DOU* 16.7.1990, Retificada em 27.9.1990, arts. 74 e segts).

236. Lei Federal nº 8.069/1990, art. 83. A Lei Estadual (SP) nº 10.336, de 30.6.1999, cria a Delegacia da Criança e do Adolescente.

residem. Se não for encontrada, o interessado deve ir à Delegacia de Polícia do bairro onde mora e registrar o desaparecimento.

Caso não se localize a pessoa, as buscas devem continuar. Nesse trabalho é importante que o interessado o faça pessoalmente, fornecendo todas as características físicas da pessoa procurada, inclusive quanto às roupas que vestia e, quando possível, foto mais recente do desaparecido.

O Delegado de Plantão, por sua vez, ao receber a comunicação de desaparecimento, verifica se houve efetivo desaparecimento ou se a pessoa procurada optou por deixar ou seu lar. Manda registrar o fato, em livro próprio e em BO, expede telex aos demais órgãos policiais e orienta o interessado para procurar o desaparecido nos locais acima mencionados, recomendando-lhe que, logo que for localizada a pessoa, seja dado baixa no registro.

No BO deve constar o nome, o RG, o número do telefone da pessoa desaparecida, de parente, vizinho, comercial ou residencial, sempre que possível. Local da residência e local do desaparecimento.

Em São Paulo, a autoridade policial que encaminhar doentes mentais, indigentes, crianças abandonadas ou infratoras, ou que prender alguém, deverá transmitir o fato, incontinenti, via telex, fac símile ou equivalente, com todas as especificações, à Delegacia de Pessoas Desaparecidas e Identificação de Cadáveres, da Divisão de Proteção à Pessoa, do Departamento de Homicídios e Proteção à Pessoa (DHPP).[237]

9. VÍTIMAS

Os Delegados e seus auxiliares, quando atenderem ocorrências que envolvam pessoas mortas, feridas ou vítimas de mal súbito, devem diligenciar no sentido da mais rápida comunicação aos familiares, informando o destino dado às vítimas.

Os objetos e valores encontrados com as vítimas são arrecadados pela Autoridade competente, em auto próprio, para posterior entrega a quem de direito.

Proteção: — A legislação federal estabelece normas para a organização e a manutenção de programas especiais de proteção a vítimas e a testemunhas ameaçadas ou coagidas em virtude de colaborarem com a investigação ou o processo-crime, instituídos no âmbito da Secretaria de Estado dos Direitos Humanos do Ministério da Justiça, e dispõe sobre a atuação da Polícia Federal nas hipóteses previstas em seus dispositivos.[238]

237. Lei Estadual (SP) nº 10.299, de 29.4.1999, institui medidas tendentes a facilitar a busca e a localização de pessoas desaparecidas, e dá outras providências. Lei Estadual (SP) nº 10.464, de 20.12.1999, determina à autoridade Policial e aos órgãos da segurança pública a busca imediata de pessoa desaparecida menor de 16 anos ou pessoa de qualquer idade portadora de deficiência física, mental ou sensorial (*DOE* 21.12.1999). Portaria DGP nº 30, de 17.9.1996, sem ementa, dispõe sobre a comunicação do registro da ocorrência de pessoa desaparecida ou localizada e de cadáveres de identidade desconhecida à 2ª Delegacia da Divisão de Proteção à Pessoa, do DHPP, Portaria DGP nº 1, de 5.1.1988, institui impresso padrão para registro de desaparecimento de pessoa.

238. Lei nº 9.807, de 13.7.1999, regulamentada pelo Decreto nº 3.518, de 20.6.2000.

Em São Paulo, as vítimas ou testemunhas coagidas ou submetidas a grave ameaça, em assim desejando, não terão quaisquer de seus endereços e dados de qualificação lançados nos termos de seus depoimentos. Aqueles ficarão anotados em impresso distinto, remetidos pela Autoridade Policial ao Juiz competente juntamente com os autos do inquérito após edição do relatório. No Ofício de Justiça, será arquivada a comunicação em pasta própria, autuada com, no máximo, duzentas folhas, numeradas sob responsabilidade do Escrivão.[239]

Acidente de Trânsito: — Em São Paulo, quando da lavratura do BO, os policiais são obrigados a informar à vítima ou aos seus familiares os procedimentos para o recebimento do seguro obrigatório.[240]

Para esse recebimento são necessários os seguintes documentos:

Caso de Morte: — I - documentos apresentados pelo segurado: *a)* Aviso do Sinistro, preenchido pelo segurado em duas vias com firma reconhecida; *b)* Bilhete de Seguro (xerox); *c)* Certificado de Registro do veículo (xerox); *d)* Certificado de Registro e Licenciamento do veículo (xerox); II - documentos apresentados pela família da vítima: *a)* Questionário de reclamação, em quatro vias, assinado e com firma reconhecida; *b)* Certidão de Óbito; *c)* Certidão de Casamento (xerox autenticado); *d)* Certidão de Nascimento (xerox); *e)* Certidão da autoridade policial sobre a ocorrência; *f)* cópia do Laudo do Instituto de Criminalística; *g)* cópia do Laudo Necroscópico (IML); *h)* Alvará Judicial (no caso da vítima ser solteira e maior); *i)* procuração.

Caso de Invalidez Permanente: — *a)* Certidão da autoridade policial sobre a ocorrência (BO); *b)* prova de atendimento da vítima por hospital, ambulatório ou médico-assistente e relatório do médico-assistente atestando o grau de invalidez do órgão ou membro atingido.

Caso de Despesas de Assistência Médica e Suplementares: — *a)* Certidão da autoridade (BO); *b)* prova do atendimento da vítima por hospital, ambulatório ou médico-assistente; *c)* Nota Fiscal ou recibo do hospital/médico.

Estupro: — Na lavratura do BO, os policiais devem informar às vítimas, que, caso venham a engravidar, poderão interromper, legalmente, a gravidez, conforme determina o art. 128 do Código Penal, fornecendo a relação das unidades hospitalares públicas, com os respectivos endereços, aptas a realizarem a referida interrupção da gravidez. E devem informar também às vítimas de crimes contra liberdade sexual que elas têm direito de tratamento preventivo contra a contaminação pelo vírus HIV.[241]

---

239. Tribunal de Justiça (SP), Corregedoria-Geral da Justiça, Provimento CG nº 32/2000.

240. Decreto Estadual (SP) nº 44.349, de 22.10.1999, regulamenta a Lei nº 9.823/1997. Portaria DGP nº 38, de 5.11.1984, sem ementa, dispõe sobre elaboração de BO de crimes contra o patrimônio e acidente de trânsito e o fornecimento de cópias aos interessados, independentemente de requerimento formal ou do pagamento de taxas.

241. Lei Estadual (SP) nº 10.291, de 7.4.1999, obriga os servidores das Delegacias a informarem às vítimas de estupro sobre o direito de aborto legal; e, Lei Estadual (SP) nº 10.920, de 11.10.2001, que dispõe sobre o direito de tratamento preventivo contra a contaminação pelo vírus HIV.

CAPÍTULO IX

EXPLOSIVOS, ARMAS E MUNIÇÕES

PRODUTOS CONTROLADOS PELO EXÉRCITO

1. DEFINIÇÃO

Segundo definição legal, produto controlado pelo Exército é o produto que, devido ao seu poder de destruição ou outra propriedade, deva ter seu uso restrito a pessoa física ou jurídica legalmente habilitadas, capacitadas técnica, moral e psicologicamente, de modo a garantir a segurança social e militar do país.[242]

1.1. Órgãos de Fiscalização

O Ministério do Exército é o órgão competente para autorizar e fiscalizar a produção e o comércio de produtos controlados, de explosivos, armas e munições e ainda de determinados produtos químicos — ácidos, tóxicos, inflamáveis e venenosos.

As atividades de registro e de fiscalização desses produtos são supervisionados pelo D. Log., por intermédio de sua Diretoria de Fiscalização de Produtos Controlados (DFPC). E as atividades administrativas de fiscalização são executadas pelas Regiões Militares (RMs), por intermédio das redes regionais de fiscalização.

---

242. Decreto nº 3.665, de 20.11.2000, dá nova redação ao Regulamento para a Fiscalização de Produtos Controlados (R-105) art. art. 3º, LXIX (*DOU* de 20.11.2000).

A fiscalização é feita também pelos seguintes elementos auxiliares: I - os órgãos policiais; II - as autoridades de fiscalização fazendária; III - as autoridades federais, estaduais ou municipais que tenham encargos relativos ao funcionamento de empresas cujas atividades envolvam produtos controlados; IV - os responsáveis por empresas, devidamente registradas no Exército, que atuem em atividades envolvendo produtos controlados; V - os responsáveis por associações, confederações, federações ou clubes esportivos, devidamente registrados no Exército, que utilizem produtos controlados em suas atividades; VI - as autoridades diplomáticas ou consulares brasileiras e os órgãos governamentais envolvidos com atividades ligadas ao comércio exterior.

Departamento de Polícia Federal: — colabora com os órgãos do Exército e as instruções que expede sobre a fiscalização de produtos controlados têm por base as disposições do Regulamento (R-105).

Secretarias de Segurança: — têm as seguintes atribuições:

I - fiscalizar o comércio e tráfego de produtos controlados, em área sob sua responsabilidade;

II - identificar as pessoas físicas e jurídicas que estejam exercendo qualquer atividade irregular com esses produtos;

III - registrar e autorizar o porte de armas de uso permitido;

IV - comunicar aos órgãos de fiscalização qualquer irregularidade envolvendo produtos controlados;

V - instaurar inquérito, perícia ou atos análogos, por si ou em colaboração com autoridades militares, em casos de acidentes, explosões e incêndios provocados por armazenagem ou manuseio de produtos controlados, fornecendo aos órgãos de fiscalização do Exército os documentos e fotografias que forem solicitados;

VI - cooperar com o Exército no controle da fabricação de fogos de artifício e artifícios pirotécnicos e fiscalizar o uso e o comércio desses produtos;

VII - autorizar o trânsito de armas registradas dentro da Unidade da Federação respectiva, ressalvados os casos expressamente previstos em lei;

VIII - realizar as transferências ou doações de armas registradas;

IX - apreender: *a)* as armas e munições de uso restrito encontradas em poder de pessoas não autorizadas; *b)* as armas encontradas em poder de civis e militares, que não possuírem autorização para porte de arma, ou cujas armas não estiverem registradas na polícia civil ou no Exército; *c)* as armas que tenham entrado sem autorização no país ou cuja origem não seja comprovada no ato do registro; *d)* as armas adquiridas em empresas não registradas no Exército;

X - exigir dos interessados na obtenção da licença para comércio, fabricação ou emprego de produtos controlados, assim como para manutenção de arma de fogo, cópia autenticada do Título ou Certificado de Registro fornecido pelo Exército;

XI - controlar a aquisição de munição de uso permitido por pessoas que possuam armas registradas, por meio de verificação nos mapas mensais;

XII - fornecer, após comprovada a habilitação, o atestado de Encarregado do Fogo (*Blaster*);

XIII - exercer outras atribuições que vierem a ser estabelecidas em leis ou regulamentos.[243]

Receita Federal: — compete: I - verificar se as importações e exportações de produtos controlados estão autorizadas pelo Exército; II - colaborar com o Exército no desembaraço de produtos controlados importados por pessoas físicas ou jurídicas, ou trazidos como bagagem.

DECEX: — O Departamento de Operações de Comércio Exterior só emite licença de importação ou registro de exportação de produtos controlados, após autorização do Exército.

DIRD: — Em São Paulo, a Divisão de Produtos Controlados, do Departamento de Identificação e Registros Diversos (DIRD), controla:

I - a fabricação, comércio e depósito de explosivos, armas e munições, produtos químicos agressivos e corrosivos, fogos e materiais correlatos;

II - o uso ou emprego desses produtos;

III - a posse, porte de armas e munições;

IV - as coleções de armas de particulares;

V - os estandes e clubes de tiro;

VI - a queima de fogos.

No interior, as Delegacias têm competência para autorizar e fiscalizar a utilização industrial, transporte e comércio de produtos controlados, observadas as formalidades fixadas pelo DIRD, excetuando-se a expedição de certificados de Encarregado de Fogo (*Blaster*)[244] e de Técnico de Explosivos ou Pirotécnico. Nas cidades onde não existe Delegacia de Município, essas atribuições são exercidas pelas respectivas Delegacias Seccionais de Polícia.[245]

1.2. Registro Federal

O registro no Ministério do Exército é obrigatório para todas as pessoas físicas ou jurídicas, de direito público ou privado, que trabalhem com produtos controlados.[246]

O registro é formalizado pela emissão do Título de Registro (TR) ou do Certificado de Registro (CR), que terá validade fixada até 3 anos, a contar da data de sua concessão ou revalidação, podendo ser renovado a critério da autoridade competente, por iniciativa do interessado.

Título de Registro: — é o documento hábil que autoriza a pessoa jurídica à fabricação de produtos controlados.

---

243. Decreto nº 3.665/2000, art. 34.

244. Certificado de *Blaster* é fornecido, após a devida habilitação, à pessoa encarregada de organizar e conectar a distribuição e disposição dos explosivos e acessórios empregados no desmonte de rochas e outras atividades próprias estabelecidas em leis ou regulamentos.

245. Decreto Estadual (SP) nº 44.448/1999, art. 23, I, §§ 1º e 2º.

246. Decreto nº 3.665/2000, Título IV, arts. 39 e segts.

Certificado de Registro: — é o documento hábil que autoriza as pessoas físicas ou jurídicas à utilização industrial, armazenagem, comércio, exportação, importação, transporte, manutenção, reparação, recuperação e manuseio de produtos controlados pelo Exército.

Apostila ao Registro: — é documento complementar anexo ao TR ou ao CR.

Revalidação: — na revalidação do TR e do CR é emitida uma nova Apostila. A revalidação deve ser feita até 90 dias que antecede o término da validade do Registro. Vencido o prazo, o Registro é cancelado.

Suspensão: — O Registro poderá ser suspenso temporariamente ou cancelado: I - por solicitação do interessado; II - em decorrência de penalidade; III - pela não-revalidação; IV - pelo não-cumprimento das exigências legais (R-105).

Cancelamento: — as pessoas ou empresas que desistirem de trabalhar com produtos controlados, devem requerer o cancelamento do Registro.

1.3. Título de Registro

O requerimento para obtenção do TR é endereçado à RM regional, instruído com os seguintes documentos (original e cópia):

I - Requerimento ao Chefe do D. Log.;

II - Declaração de Idoneidade do requerente;

III - cópia da licença para localização fornecida pela autoridade estadual ou municipal competente;

IV - prova de inscrição no Cadastro Nacional de Pessoa Jurídica (CNPJ);

V - ato de constituição da pessoa jurídica (cópia do contrato social, publicação da ata de eleição da diretoria ou cópia do registro da firma na junta comercial);

VI - Termo de Compromisso;

VII - Dados para Mobilização Industrial;

VIII - planta geral do terreno de localização da fábrica, com fotografias;

IX - relação das máquinas, equipamentos e instalações;

X - descrição dos processos de fabricação, com indicação dos prédios;

XI - descrição do produto a ser fabricado e o efeito desejado;

XII - nomenclatura e fórmulas percentuais de seus produtos, sendo que, para armas e munições, deverão ser anexados desenhos gerais e detalhados com as características balísticas de cada tipo e calibre, e no caso de artifícios pirotécnicos de uso civil, relatório dos testes a que foram submetidos no Campo de Provas da Marambaia ou em órgão semelhante da Marinha ou da Aeronáutica;

XIII - documentação referente ao responsável técnico pela produção, que comprove, vínculo empregatício, com a pessoa jurídica e filiação à entidade profissional;

XIV - quesitos para Concessão ou Revalidação do Título de Registro, devidamente respondido.[247]

247. Decreto nº 3.665/2000, art. 55, XIV.

Nas fábricas em instalação são feitas vistorias para fixar a situação dos pavilhões e das oficinas e precisar a área perigosa e, após o término das construções, é feita vistoria final.

Revalidação e Alteração: — O interessado requer a revalidação e alteração do TR ao Chefe do D. Log., por intermédio da RM de vinculação, anexando os documentos necessários (R-105, art. 55), conforme os arts. 64 e segts. do Decreto nº 3.665/2000. Deferido o pedido, será emitido um novo TR, mantendo-se a numeração anterior, devendo o interessado manter os originais vencidos em seu arquivo, à disposição da fiscalização.

1.4. Isenção de Registro

As repartições públicas federais, estaduais e municipais, exceto as que possuam serviço orgânico de segurança armada, estão isentas do registro. Para adquirir produtos controlados devem oficiar ao Chefe do D. Log., ou ao Comandante da RM, solicitando autorização e informando o produto a adquirir, a quantidade, a empresa onde será feita a aquisição, o local onde será depositado e o fim a que se destina.

As repartições que possuam serviço orgânico de segurança armada, ou armas e munições próprias para a sua vigilância contratada, devem proceder de acordo com a legislação em vigor.

São isentas de registro: I - as organizações agrícolas que usam produtos controlados apenas para adubo; II - as organizações hospitalares quando usarem produtos controlados apenas para fins medicinais; III - as organizações que usarem produtos controlados apenas na purificação de água; IV - farmácias e drogarias que somente vendam produtos farmacêuticos embalados e aviem receitas, dentro do limite de 250 mililitros; V - os bazares de brinquedos que no ramo de produtos controlados apenas comerciarem com armas de pressão por ação de mola, de uso permitido.

São isentas de registro, ainda, as pessoas físicas ou jurídicas que necessitarem, eventualmente, de até 2 quilogramas de qualquer produto controlado, a critério dos órgãos de fiscalização. Comprovada a necessidade, será fornecida ao interessado uma permissão especial e concedido o visto na Guia de Tráfego (GT).

Os estabelecimentos fabris dos Ministérios Militares, quando produzirem apenas para consumo próprio, estão isentos do Registro.

São, também, isentos de registro, os estabelecimentos fabris da Marinha, do Exército e da Aeronáutica, quando produzirem apenas para consumo próprio.

As sociedades de economia mista e os prestadores de serviço para as repartições públicas, bem como os laboratórios fabricantes ou fornecedores de produtos farmacêuticos ou agrícolas, não se enquadram nas isenções acima previstas, sendo registrados na forma estabelecida no R-105.

Os isentos de registro não podem empregar produtos controlados no fabrico de pólvoras, explosivos e seus elementos e acessórios, fogos de artifício e artifícios pirotécnicos e produtos químicos controlados, mesmo em escala reduzida (R-105, arts. 100, 101 e 102). E as empresas que efetuarem vendas para esses beneficiários devem obedecer para o tráfego de produtos controlados as disposições do Regulamento (R-105).

1.5. Alvará Policial

Para a fabricação, depósito e comércio de armas, munições e produtos químicos, o interessado deverá obter o Título de Registro ou Certificado de Registro e, depois, o competente Alvará Policial.

Em São Paulo, na Capital, o alvará é obtido junto à Divisão de Produtos Controlados, do DIRD. No Interior, o documento é requerido por intermédio da Delegacia de Polícia da cidade ou da Delegacia Seccional de Polícia onde estiver instalada a firma.

2. OFICINAS DE ARMAS

O proprietário de oficina de armas deve requerer o *Registro Sumário* da firma, declarando que a finalidade é para reparação de armas de fogo de uso permitido. O pedido é instruído com os seguintes documentos: *a)* Atestados de Antecedentes; *b)* Licença de Localização, expedida pela Prefeitura Municipal; *c)* Prova de constituição da firma; *d)* Questionário; e, *e)* Compromisso.

No questionário, elaborado em apartado, o interessado declara: 1) Nome da oficina (quando diferente da firma registrada); 2) Firma comercial responsável; 3) Nome e nacionalidade do proprietário, sócios ou diretores, quando cabível, de acordo com o contrato social; 4) Localização da oficina (endereço completo); 5) Finalidade do registro (reparação de armas de fogo de uso permitido); 6) Local onde são depositadas as armas; 7) Declarar-se ciente da obrigatoriedade de registrar-se no órgão especializado da polícia civil, de só efetuar reparos em armas legalizadas e de manter um registro minucioso das armas que reparar, com anotação do endereço dos seus proprietários e as características das mesmas.[248]

3. CLUBES DE TIRO E ASSEMELHADOS

O registro de associação ou entidade esportiva de tiro se processa como no caso acima, preenchendo-se os seguintes requisitos: *a)* Nome do Clube; *b)* Nome e qualificação do Presidente; *c)* idem do Diretor de Tiro; *d)* Localização da sede do clube; *e)* idem do Estande de Tiro (próprio ou não); *f)* Finalidade do registro (aquisição e uso de armas e munições por seus associados); *g)* Local onde são depositadas as armas e munições; *h)* Declarar-se ciente da obrigatoriedade da apresentação periódica do Mapa de Estocagem de Produtos Controlados (de armas e munições), com informação sobre seus fornecedores, no máximo até 10 dias após o término do período.[249]

---

248. Decreto nº 3.665/2000, Anexo XX.

249. Decreto nº 3.665/2000, Anexo XXV.

4. FÁBRICAS E DEPÓSITOS DE EXPLOSIVOS

As fábricas de produtos controlados só podem ser instaladas se os seus responsáveis fizerem prova de posse de área perigosa julgada suficiente pelos órgãos de fiscalização do Exército.

Dentro dessa área, todas as construções devem satisfazer às Tabelas de quantidades-distâncias.[250] E as munições, explosivos e acessórios são classificados de acordo com o grau de periculosidade que possam oferecer em caso de acidente.

Não são permitidas instalações dessas fábricas no perímetro urbano das cidades, vilas ou povoados, devendo ficar afastadas dessas localidades e, sempre que possível, protegidas por acidentes naturais do terreno ou por barricadas, de modo a preservá-las dos efeitos de explosões.

Os depósitos são construções destinadas ao armazenamento de explosivos e seus acessórios, munições e outros implementos de material bélico. Quanto aos requisitos para construção, são classificados em rústicos, aprimorados ou paiós e depósitos barricados.

Cabe exclusivamente ao Exército, pelos órgãos de fiscalização, fixar dentro da área aprovada, o local exato do depósito, condições técnicas de segurança a que o mesmo deverá satisfazer e quantidade máxima de explosivos que poderá ser armazenada.[251]

5. EMPRESAS DE DEMOLIÇÕES

As pessoas jurídicas que empregarem pólvoras, explosivos e seus elementos e acessórios para fins de demolições industriais, como pedreiras, desmontes para construção de estradas, trabalhos de mineração, dentre outros, devem ter seus depósitos vistoriados e aprovados pelos órgãos de fiscalização do Exército para obtenção do CR.

A pessoa jurídica, após obter o CR, deverá, munida desse documento, registrar-se na repartição da polícia local incumbida da fiscalização de explosivos e no órgão municipal incumbido da fiscalização de desmontes industriais, para fins de estabelecer as condições de execução de suas respectivas atividade.

E ao órgão da polícia local cabe verificar assiduamente os estoques mantidos nos depósitos dessas empresas, que não poderão ultrapassar as quantidades máximas especificadas no CR.

O responsável pela empresa deve requerer Alvará de Licença Policial, para funcionamento, instruído com os seguintes documentos: *a)* prova de constituição da firma; *b)* Atestados de Antecedentes Criminais; *c)* possuir Encarregado de Fogo; *d)* estar a firma localizada no mínimo a 500m do ponto povoado mais próximo e com a proteção natural dos acidentes do terreno; *e)* o depósito de explosivos conter somente pólvora e dinamite. As espoletas e estopins devem estar armazenados em

---

250. Decreto nº 3.665/2000, Anexo XV.

251. Decreto nº 3.665/2000, arts. 124 e segts.

outro local; *f)* termo de responsabilidade pelo emprego do material explosivo; *g)* CR do Exército; *h)* guia de recolhimento de taxa. O outro requerimento é para Vistoria Policial, instruído com a guia de recolhimento da taxa.

Em São Paulo, no Interior, o Delegado, ao encaminhar o requerimento ao DIRD, manifesta-se sobre o pedido ou informa que nada tem a opor. E, na entrega do Alvará inicial, é lavrado um Termo de Responsabilidade, em 3 vias, assinado pelo Delegado, pelo interessado, por 2 testemunhas e pelo Escrivão de Polícia.

6. RELAÇÃO DE PRODUTOS CONTROLADOS PELO EXÉRCITO

Nº de Ordem	Categoria de Controle	Grupo	Nomenclatura do Produto
		A	
0010	1	AcAr	acessório de arma
0020	1	AcEx	acessório explosivo
0030	1	Ac In	acessório iniciador
0040	1	Ex	acetileneto de prata
0050	1	Ex	acetileneto de cobre
0060	5	PGQ	ácido benzílico *(ácido-alfa-hidroxi-alfa-fenil-benzenoacético)*
0070	1	GQ	ácido 2,2-difenil-2-hidroxiacético
0080	1	PGQ	ácido fluorídrico *(fluoreto de hidrogênio)*
0090	5	PGQ	ácido metilfosfônico
0100	4	QM	ácido nítrico
0110	2	QM	ácido perclórico
0120	1	Ex	ácido picrâmico *(dinitroaminofenol)*
0130	1	Ex	ácido pícrico *(trinitrofenol)*
0140	1	GQ	acroleína *(aldeido acrílico; 2-propenal)*
0150	1	GQ	agente de guerra química *(agente químico de guerra)*
0160	5	PGQ	álcool 2-cloroetílico *(2-cloroetanol)*
0170	1	GQ	alquil [metil, etil, propil (n ou iso)] fosfonofluoridratos de o-alquila ($\subseteq$ c10, incluída a cicloalquila) exemplo: sarin: metilfosfonolfluoridrato de o-isopropila. soman: metilfosfonofluoridrato de o-pinacolila.
0180	5	PGQ	álcool pinacolílico *(3,3-dimetil-2-butanol)*
0190	2	QM	alumínio em pó lamelar e suas ligas
0200	1	GQ	aminofenol
0210	1	GQ	amiton: fosforotiolato de 0,0-dietil s-2[(dietilamino) etil] e sais alquilados ou protonados correspondentes
0220	1	Ar	arma de fogo
0230	1	Ar	arma de fogo automática
0240	1	Ar	arma de fogo de repetição de uso permitido
0250	1	Ar	arma de fogo de repetição de uso restrito
0260	3	Ar	arma de fogo para uso industrial

0270	1	Ar	arma de fogo semi-automática de uso permitido
0280	1	Ar	arma de fogo semi-automática de uso restrito
0290	1	Ar	arma de pressão por ação de gás comprimido
0300	3	Ar	arma de pressão por ação de mola *(ar comprimido)*
0310	1	Ar	arma de uso restrito
0320	3	Ar	arma especial para dar partida em competição esportiva
0330	3	Ar	arma especial para sinalização pirotécnica ou para salvatagem
0340	1	Ar	armamento pesado
0350	1	Ar	armamento químico
0360	1	AcEx	artefato para iniciação ou detonação de cabeça de guerra de míssil ou foguete
0370	3	Pi	artifício pirotécnico
0380	1	Ex	azida de chumbo
0390	1	QM	azida de sódio
		B	
0400	3	Ar	baioneta
0410	5	PGQ	benzilato de metila
0420	1	GQ	benzilato de 3-quinuclidinila *(BZ)*
0430	1	PGQ	bifluoreto de amônio *(hidrogeno fluoreto de amônio)*
0440	1	PGQ	bifluoreto de potássio *(hidrogeno fluoreto de potássio)*
0450	5	PGQ	bifluoreto de sódio *(hidrogeno fluoreto de sódio)*
0460	5	Dv	blindagem balística
0470	1	Mn	bomba explosiva
0480	1	Mn	bomba para guerra química
0490	1	GQ	brometo de benzila *(alfa-bromotolueno; ciclita)*
0500	1	GQ	brometo de cianogênio
0510	1	GQ	brometo de nitrosila
0520	1	GQ	brometo de xilila *(bromoxileno)*
0530	5	GQ	bromoacetato de etila
0540	1	GQ	bromoacetato de metila
0550	1	GLQ	bromoacetona
0560	1	GQ	bromometiletilcetona
0570	4	QM	butil-ferroceno *(n-butil-ferroceno)*
0580	1	Ex	butiltetril *(2,4,6-trinitrofenil-n-butilnitramina)*
		C	
0590	1	Mn	cabeça de guerra de míssil ou foguete, mesmo inerte ou de treinamento
0600	1	Dv	capacete a prova de balas
0610	4	QM	carboranos e seus derivados
0620	1	GQ	carbonato de hexaclorodimetila *(carbonato de hexaclorometila; oxalato de hexaclorodimetila; trifosgênio)*

0630	1	Ex	carga de projeção para munição de arma de fogo
0640	1	Ex	carga de projeção para munição de arma de fogo leve
0650	1	Ex	carga de projeção para munição de armamento pesado
0660	1	QM	catoceno
0670	1	GQ	cianeto de benzila *(fenilacetonitrila)*
0680	1	GQ	cianeto de bromobenzila *(BBC; 2-bromo-alfa-cianotolueno)*
0690	1	GQ	cianeto de hidrogênio *(AC; ácido cianídrico, ácido prússico; formonitrilo; gás cianídrico)*
0700	1	PGQ	cianeto de potássio
0710	1	PGQ	cianeto de sódio
0720	1	GQ	cianoformiato de etila *(cianocarbonato de etila)*
0730	1	GQ	cianoformiato de metila *(cianocarbonato de metila)*
0740	1	Ex	ciclometilenotrinitramina *(ciclonite; hexogeno; RDX)*
0750	1	Ex	ciclotetrametilenotetranitroamina *(HMX; homociclonite; octogeno)*
0760	2	QM	clorato de potássio
0770	1	GQ	cloreto de benzila
0780	1	GQ	cloreto de carbonila *(dicloreto de carbonila; fosgênio; oxicloreto de carbono)*
0790	1	GQ	cloreto de cianogênio *(CK; marguinita)*
0800	1	GQ	cloreto de difenilestibina
0810	1	PGQ	cloreto de dimetilamina *([dimethylamine HCl])*
0820	4	PGQ	cloreto de enxofre *(monocloreto de enxofre; dicloreto de enxofre)*
0830	1	GQ	cloreto de fenilcarbilamina
0840	1	GQ	cloreto de nitrobenzila
0850	1	GQ	cloreto de nitrosila
0860	5	PGQ	cloreto de N, N-diisopropil-beta-aminoetila
0870	1	GQ	cloreto de oxalila
0880	1	GQ	cloreto de sulfurila *(ácido clorossulfúrico; bicloridrina sulfúrica; cloreto de sulfonila; oxicloreto sulfúrico)*
0890	1	GQ	cloreto de tiocarbonila *(tiofosgênio)*
0900	1	GQ	cloreto de tiofosforila
0910	4	PGQ	cloreto de tionila
0920	1	PGQ	cloreto de trietanolamina
0930	1	GQ	cloreto de xilila
0940	1	GQ	cloridrina de glicol *(cloridrina etilênica)*
0950	1	GQ	cloroacetato de etila
0960	1	GQ	cloroacetofenona *(CN)*
0970	1	GQ	cloroacetona *(tomita)*
0980	1	GQ	clorobromoacetona *(martonita)*
0990	1	GQ	cloroformiato de clorometila *(palita)*
1000	1	GQ	cloroformiato de diclorometila *(palita)*

1010			cloroformiato de etila *(clorocarbonato de etila)*
1020	1	GQ	cloroformiato de metila *(clorocarbonato de metila)*
1030	1	GQ	cloroformiato de triclorometila *(cloreto de tricloroacetila; difosgênio; super palita)*
1040	1	GQ	N,N-dialquil ([metil, etil propil (n ou isopropila)] aminoetanol-2 e sais protonatos correspondentes, exceções: N,N-dimetilaminoetanol e sais protonados)
1050	1	GQ	N,N-dialquil ([metil, etilm propil (n ou isopropila)] aminoetanotiol-2 e sais protonatos correspondentes
1060	1	GQ	clorossulfonato de etila *(sulvinita)*
1070	1	GQ	clorossulfonato de metila *(vilantita)*
1080	1	GQ	clorovinildicloroarsina *(lewisita)*
1090	2	Dv	colete a prova de balas de uso permitido
1100	2	Dv	colete a prova de balas de uso restrito
1110	1	GQ	composto aditivo potencializador de efeito de agente de guerra química, de interesse militar
1120	1	GQ	composto com efeito fisiológico hematóxico *(tóxico do sangue)*, de interesse militar
1130	1	GQ	composto com efeito fisiológico lacrimogêneo, de interesse militar
1140	1	GQ	composto com efeito fisiológico neurotóxico *(tóxico dos nervos)*, de interesse militar
1150	1	GQ	composto com efeito fisiológico paralisante, de interesse militar
1160	1	GQ	composto com efeito fisiológico psicoquímico, de interesse militar
1170	1	GQ	composto com efeito fisiológico sobre animais, de interesse militar
1180	1	GQ	composto com efeito fisiológico sobre o solo, de interesse militar
1190	1	GQ	composto com efeito fisiológico sobre vegetais, de interesse militar
1200	1	GQ	composto com efeito fisiológico sufocante, de interesse militar
1210	1	GQ	composto com efeito fisiológico vesicante, de interesse militar
1220	1	GQ	composto com efeito fisiológico vomitivo *(esternutatório)*, de interesse militar
1230	1	GQ	composto com efeito fumígeno, de interesse militar
1240	1	GQ	composto com efeito iluminativo, de interesse militar
1250	1	GQ	composto com efeito incendiário, de interesse militar
1260	1	GQ	composto precursor de *(matéria prima para)* agente de guerra química, de interesse militar
1270	1	AcEx	cordel detonante
1280	1	Ex	cresilato de amônio *(ecrasita)*
1290	1	Ex	cresilato de potássio

D			
1300	4	QM	decaboranos e seus derivados
1310	1	Ex	detonador *(espoleta)* elétrico
1320	1	Ex	detonador *(espoleta)* de qualquer tipo
1330	1	Ex	detonador *(espoleta)* não elétrico
1340	1	GQ	N,N-diaquil [metil, etil, propil (n ou iso)] fosforamidocianidratos de O-alquila (<=C10, inclui cicloalquila) Exemplo: Tabun: N,N-dimetilfosforamidocianidrato de O-etila
1350	1	GQ	S-2 diaquil [metil, etil, propil (n ou iso)] aminoetilalquil [metil, etil, propil (n ou iso)] fosfonotiolatos de O-alquila (H ou <=C10, inclusive a cicloalquila) e sais alquilados ou protonados correspondentes Exemplo: VX: S-2 diisopropilaminoetilfosfonotiolato de O-etila
1360	1	GQ	O-2-dialquil [metil, etil, propil (n ou iso)] aminoetilalquil, ou fosfonitos de O-alquila (H ou £ C10, inclusive a cicloalquila) e sais alquilados ou protonados correspondentes Exemplo: QL: O2-diisopropilaminoetilmetilfosfonito de O-etila
1370	1	Ex	diazodinitrofenol *(DDNP)*
1380	1	Ex	diazometano *(azimetileno)*
1390	1	PGQ	dicloreto de enxofre
1400	1	PGQ	dicloreto de etilfosfonila
1410	1	PGQ	dicloreto de metilfosfonila
1420	1	PGQ	dicloreto etilfosfonoso *(dicloreto do ácido etil fosfonoso [ethylphosphonous dicloride])*
1430	1	PGQ	dicloreto metilfosfonoso *(dicloreto do ácido metilfosfonoso [methylphosphonous dicloride])*
1440	1	GQ	diclorodinitrometano
1450	1	GQ	2, 2' dicloro-dietil-metilamina *(HN-2)*
1460	1	GQ	dicloroformoxima *(CX; fosgênio oxima)*
1470	1	GQ	2, 2' dicloro-trietilamina *(HN-1)*
1480	5	PGQ	dietilaminoetanol *(N, N-dietiletanolamina; 2-dietilaminoetanol)*
1490	1	GQ	difenilaminacloroarsina *(adamsita; cloreto de fenarsazina; DM)*
1500	1	GQ	difenilbromoarsina
1510	1	GQ	difenilcianoarsina *(cianeto de difenilarsina;Clark I; Clark II; DC)*
1520	1	GQ	difenilcloroarsina *(DA; cloreto de difenilarsina)*
1530	1	PGQ	difluoreto de etilfosfonila *(difluoreto do ácido etilfosfônico [ethyphosphonyl difluoride])*
1540	1	PGQ	difluoreto de metilfosfonila *(methyphosphonyl difluoride)*
1550	1	PGQ	difluoreto etilfosfonoso *(difluoreto do ácido etilfosfonoso [ethylphosphonous difluoride])*

1560	1	PGQ	difluoreto metilfosfonoso *(difluoreto do ácido metilfosfonoso [methylphosphonous difluoride])*
1570	1	GQ	diisocianato de isoforona *([isophorone diisocyanate])*
1580	5	PGQ	diisopropilamina
1590	5	PGQ	diisopropilaminoetanotiol *(N, N-diisopropilaminoetanotiol)*
1600	5	PGQ	diisopropil - (beta) - aminoetanol *(N, N-diisopropil - (beta) - aminoetanol)*
1610	1	PGQ	dimetilamina
1620	1	PGQ	dimetil fosforoamidato de dietila *(N, N-dimetilfosforoamidato de dietila)*
1630	1	Ex	dimetil hidrazina assimétrica
1640	1	Ex	dimetilnitrobenzeno *(nitroxileno)*
1650	1	Ex	dinamite
1660	1	Ex	dinitrato de dietilenoglicol *(DEGN)*
1670	1	Ex	dinitrato de trietilenoglicol *(TEGN)*
1680	1	Ex	dinitrobenzeno
1690	1	Ex	dinitroglicol
1700	1	Ex	dinitrotolueno *(dinitrotoluol, DNT)*
1710	4	QM	dióxido de nitrogênio *(monômero do tetraóxido de dinitrogênio)*
1720	1	GQ	dioxina (*tetraclorodibenzeno-p-dioxina-2-3-7-8)*
1730	4	Ex	dispositivo gerador de gás instantâneo com explosivos ou mistura pirotécnica em sua composição
1740	1	Dv	dispositivo para acionamento de minas
1750	1	Dv	dispositivo para lançamento de gás agressivo *(tubo de gás paralisante)*
1760	3	Dv	dispositivo para sinalização pirotécnica ou salvatagem
		E	
1770	1	Dv	escudo a prova de balas
1780	1	Dv	equipamento especialmente projetado para controle de tiro de artilharia, foguetes ou mísseis
1790	1	Ar	equipamento especialmente projetado para lançamento de foguetes ou mísseis
1800	1	Dv	equipamento *(máquina)* especialmente projetado para produção de agente químico de guerra
1810	1	Dv	equipamento *(máquina)* especialmente projetado para produção de armas e munições
1820	1	Dv	equipamento *(máquina)* especialmente projetado para produção de explosivos
1830	1	Ar	equipamento especialmente projetado para transporte e lançamento de foguetes ou mísseis
1840	1	Dv	equipamento para detecção de minas
1850	1	Dv	equipamento para lançamento de minas
1860	1	Dv	equipamento para recarga de munições e suas matrizes

1870	1	Dv	equipamento para visão noturna *(luneta; óculos; etc; {imagem térmica; infravermelho; luz residual; etc})*
1880	3	Ar	espada ou espadim de uso exclusivo das Forças Armadas ou Forças Auxiliares
1890	1	Ar	espargidor de agente de guerra química
1900	1	Ac In	espoleta elétrica
1910	1	Mn	espoleta *(cápsula)* para cartucho de arma de fogo
1920	1	Mn	espoleta para munição explosiva
1930	1	Ac In	espoleta pirotécnica *(espoleta comum)*
1940	1	MnAp	estágio individual para míssil ou foguete
1950	1	Ex	estifinato de chumbo *(trinitrorresorcinato de chumbo)*
1960	1	Mn	estojo *(cartucho vazio)* para munição de arma de fogo
1970	1	Mn	estopilha *(cápsula; espoleta)* para carga de projeção de armamento pesado
1980	1	Ac In	estopim de qualquer tipo
1990	1	GQ	éter dibromometílico
2000	1	GQ	éter diclorometílico
2010	1	GQ	etilcarbazol *(N-etilcarbazol)*
2020	1	GQ	Etildibromoarsina *(dibromoetilarsina)*
2030	1	GQ	etildicloroarsina *(dicloroetilarsina; ED)*
2040	4	PGQ	Etildietanolamina
2050	1	Ex	Etilenodiaminodinitrato *(etilenodinitroamina)*
2060	5	PGQ	etilfosfonato de dietila
2070	5	PGQ	etilfosfonato de dimetila
2080	1	GQ	etil-S-2-diisopropilaminoetilmetilfosfonotiolato *(VX)*
2090	1	Ex	explosivos não listados nesta relação
2100	1	Ex	explosivo plástico
		F	
2110	1	GQ	Fenildibromoarsina *(dibromofenilarsina)*
2120	1	GQ	Fenildicloroarsina *(diclorofenilarsina; PD)*
2130	5	PGQ	fluoreto de potássio
2140	5	PGQ	fluoreto de sódio
2150	5	PGQ	fluorfenoxiaetato de clorobutila *(4-fluorfenoxiacetato de 2-clorobutila)*
2160	3	Pi	fogos de artifício
2170	1	MnAp	foguete anti-granizo
2180	1	MnAp	foguete de qualquer tipo, suas partes e componentes (material bélico)
2190	1	PGQ	fosfito de dietila *(dietilester do ácido fosforoso, dietil fosfito; fosfito dietílico)*
2200	1	PGQ	fosfito de dimetila *(dimetil fosfito; fosfito dimetílico)*
2210	1	PGQ	fosfito de trietila *(fosfito trietílico; trietil fosfito)*
2220	1	PGQ	fosfito de trimetila *(fosfito trimetílico; trimetil fosfito)*

2230	1	GQ	fosfonildifluoretos de alquila [metil, etil, propil (n ou iso)] Exemplo: DF: metilfosfonildifluoretos
2240	1	GQ	fósforo branco ou amarelo
2250	1	Ex	fulminato de mercúrio *(cianato mercúrico)*
		G	
2260	1	QM	glicidil azida polimerizada
2270	1	Mn	granada de exercício e suas partes
2280	1	Mn	granada de manejo e suas partes
2290	1	Mn	granada explosiva e suas partes
2300	1	Mn	granada perfurante e suas partes
2310	1	Mn	granada química e suas partes
2320	1	Ex	grão moldado (propelente) para foguete ou míssil
		H	
2330	1	Ex	hexanitroazobenzeno
2340	1	Ex	hexanitrocarbanilida
2350	1	Ex	hexanitrodifenilamina *(hexil)*
2360	1	Ex	hexanitrodifenilsulfeto
2370	1	Ex	hidrazina
2380	5	PGQ	hidroximetilpiperidina *(3-hidroxi-1-metilpiperidina)*
		I	
2390	1	GQ	iodeto de benzila
2400	1	GQ	iodeto de cianogênio *(cianeto de iodo)*
2410	1	GQ	iodeto de fenarsazina
2420	1	GQ	iodeto de fenilarsina *(iodeto de difenilarsina; iodeto de fenarsina)*
2430	1	GQ	iodeto de nitrobenzila
2440	1	GQ	iodoacetato de etila
2450	1	GQ	iodoacetona
2460	1	Ex	isopurpurato de potássio
		L	
2470	1	Ar	lança-chamas (material bélico)
2480	1	Ar	lançador de bombas
2490	1	Ar	lançador de granadas
2500	1	Ar	lançador de mísseis e foguetes
2510	1	Ar	lança-rojões (material bélico)
2520	1	GQ	lewisitas: lewisita 1: 2-clorovinildicloroarsina lewisita 2: bis (2-clorovinil) cloroarsina lewisita 3: tris (2-clorovinil) arsina
2530	1	AcAr	luneta para armas
		M	
2540	1	QM	magnésio e suas ligas, em pó
2550	3	Dv	máscara contra gases

2560	1	Ar	material bélico não listado nesta relação
2570	3	Pi	material para sinalização pirotécnica e salvatagem
2580	1	Ex	metais pulverizados, misturados a percloratos, cloratos ou cromatos
2590	1	Ex	metais pulverizados, misturados a substâncias utilizadas como propelentes
2600	1	GQ	metildicloroarsina *(diclorometilarsina; MD)*
2610	5	PGQ	metildietanolamina
2620	1	PGQ	metilfosfonato de dimetila
2630	1	PGQ	metilfosfonato de 0-etil-2-diisopropilaminoetilo
2640	1	PGQ	metilfosfonito de dietila
2650	1	Ex	metilidrazina
2660	1	Mn	mina explosiva e suas partes
2670	5	AcAr	mira optrônica
2680	1	MnAp	míssil de qualquer tipo, suas partes e componentes (material bélico)
2690	4	QM	misturas poliméricas compostas de ácido acrílico-polibutadieno-acrilonitrila
2700	4	QM	misturas poliméricas compostas de ácido acrílico e polibutadieno
2710	1	GQ	mostardas de enxofre: clorometilsulfeto de 2-cloroetila gás-mostarda: sulfeto de bis (2-cloroetila) bis (2-cloroetiltio) metano sesquimostarda: 1,2-bis (2-cloroetiltio) etano 1,3-bis (2-cloroetiltio) n-propano 1,4-bis (2-cloroetiltio) n-butano 1,5-bis (2-cloroetiltio) n-pentano bis (2-cloroetiltiometil) éter mostarda O: bis (2-cloroetiltioetil) éter
2720	1	Dv	motores para foguetes ou mísseis de qualquer tipo ou modelo
2730	1	Mn	munição de exercício e suas partes
2740	1	Mn	munição de manejo e suas partes
2750	1	Mn	munição *(cartucho)* de uso permitido para arma de fogo e suas partes
2760	1	Mn	munição *(cartucho)* de uso restrito para arma de fogo e suas partes
2770	1	Mn	munição *(cartucho; foguete; rojão; tiro; etc)* para armamento pesado *(canhão; lança foguete; lança granada; lança rojão; morteiro; obuseiro; etc)* e suas partes
2780	3	Mn	munição *(cartucho)* para arma de uso industrial e suas partes
2790	1	Mn	munição química e suas partes
2800	1	AcAr	mira laser
		N	
2810	1	GQ	NAPALM *(puro ou como gasolina gelatinizada para uso em bombas incendiárias e lança-chamas)*

2820	1	Ex	Nitrato de amila
2830	1	QM	Nitrato de amônio
2840	1	Ex	Nitrato de etila
2850	1	Ex	Nitrato de mercúrio
2860	1	Ex	Nitrato de metila
2870	2	QM	Nitrato de potássio
2880	1	Ex	Nitroamido
2890	1	Ex	Nitrocelulose ou solução de nitrocelulose com qualquer teor de nitrogênio *(algodão pólvora; colódio; pirocelulose, etc)*
2900	1	Ex	Nitrodifenilamina
2910	1	Ex	Nitroglicerina *(trinitrato de glicerila; trinitrato de glicerina; trinitroglicerina)*
2920	1	Ex	Nitroglicol
2930	1	Ex	Nitroguanidina
2940	1	Ex	nitromanita *(hexanitrato de manitol)*
2950	1	Ex	nitronaftaleno *(mono; di; tri; tetra)*
2960	1	Ex	nitropenta *(nitropentaeritrita; nitropentaeritritol; PETN; tetranitrato de pentaeritritol)*
2970	1	Ex	Nitroxilenos
		O	
2980	1	GQ	ortoclorobenzalmalononitrila *(CS)*
2990	1	PGQ	oxicloreto de fósforo
3000	1	GQ	óxido de dimetilaminoetoxicianofosfina *([ethyl N, N-dimethylphosphoramido-cyanidate]; etil éster do ácido fosforoamidociânico; GA; [monoetil-dimetil-amido-cianofosfato]; TABUN)*
3010	1	GQ	óxido de metilisopropiloxiflorofosfina *(GB; [iso-propil methylphosphono-fluoridate]; 1-metil-etil éster do ácido metilfosfonofluorídrico, [monoisopropil-metil-fluorofosfato]; SARIN)*
3020	1	GQ	óxido de metilpinacoliloxifluorifosfina *(GD; [monopinacol-metil-fluorofosfato]; [1,2,2-trimethylpropyl methylphosphonofluoridate]; 1,2,2-trimetil-propil éster do ácido metilfosfonofluorídrico, SOMAN)*
3030	1	GQ	óxido de tri (1-(2-metil) aziridinil) fosfina
		P	
3040	1	Ar	peça para arma de fogo
3050	1	Ar	peça para arma de fogo automática
3060	1	Ar	peça para arma de fogo de repetição de uso permitido
3070	1	Ar	peça para arma de fogo de repetição de uso restrito
3080	1	Ar	peça para arma de fogo para uso industrial
3090	1	Ar	peça para armamento pesado
3100	1	Ar	peça para arma de fogo semi-automática de uso permitido

3110	1	Ar	peça para arma de fogo semi-automática de uso restrito
3120	1	Ar	peça para arma de uso restrito
3130	1	Ar	peça para arma especial para dar partida em competição esportiva
3140	1	Ar	peça para arma especial para sinalização pirotécnica ou para salvatagem
3150	1	Ar	peça para arma para guerra química
3160	1	Dv	peça para equipamento de controle de tiro de arma de fogo
3170	1	Dv	peça para equipamento de controle de tiro de míssil e foguete
3180	1	Dv	peça para veículo blindado de emprego militar (material bélico)
3190	1	Dv	peça para veículo lançador de míssil ou foguete
3200	1	PGQ	Pentacloreto de fósforo
3210	1	GQ	PFIB: 1,1,3,3,3-pentafluoro-2-(trifluormetil) - propeno
3220	1	PGQ	Pentassulfeto de fósforo
3230	4	QM	pentóxido de dinitrogênio
3240	1	Ex	perclorato de amônio
3250	1	Ex	perclorato de potássio
3260	1	Ex	peróxido de cloro
3270	1	Ex	picrato de amônio
3280	1	GQ	pimenta líquida *(gás pimenta; oleoresin capsicum (capsaicinoides): capsaicina; diidrocapsaicina; e nordiidrocapsaicina)*
3290	5	PGQ	pinacolona *(3,3-dicloro-2-butanona)*
3300	4	QM	Polibutadieno carboxiterminado
3310	4	QM	Polibutadieno hidroxiterminado
3320	1	Ex	pólvoras mecânicas *(branca; chocolate; negra)*
3330	1	Ex	pólvoras químicas de qualquer tipo
3340	1	Mn	projétil para munição para arma de fogo
3350	1	Ex	propelentes composite
		Q	
3360	5	PGQ	Quinuclidinol *(3-quinuclidinol; 1-azabiciclo[2,2,2] octan-3-o1)*
3370	5	PGQ	Quinuclidinona *(3- quinuclidinona)*
		R	
3380	1	Ex	Reforçadores *(detonadores)*
3390	1	GQ	ricina
3400	1	MnAp	rojão, suas partes e componentes *(munição para lança-rojão)*
		S	
3410	1	GQ	Saxitoxina
3420	2	Ex	silicieto de hidrogênio

3430	1	Ar	simulacro de arma de guerra
3440	1	GQ	substâncias químicas que contenham um átomo de fósforo ao qual estiver ligado um grupo metila, etila ou propila (n ou isopropila), mas não outros átomos de carbono. Ex: dicloreto de metilfosfonila metilfosfonato de dimetila Exceção: fonofos etilfosfonotiolotionato
3450	1	GQ	sulfato de dimetila *(sulfato de metila)*
3460	1	GQ	sulfeto de 1, 2-bis (2-cloroetiltio) etano *(Q; sesqui-mostarda)*
3470	1	Ex	sulfeto de nitrogênio
3480	1	PGQ	sulfetos de sódio
3490	1	GQ	sulfeto diclorodietílico *(gás mostarda; HD; iperita; sulfeto de diclorodietila; sulfeto de dicloroetila; sulfeto de etila diclorado; sulfeto dicloroetílico)*
		T	
3500	2	Dv	tecido a prova de balas
3510	4	QM	tepan *(reação de tetraetilenopentamina e acrilonitrila; HX879)*
3520	4	QM	tepanol *(reação de tetraetilenopentamina, acrilonitrila e glicidol; HX878)*
3530	3	QM	tetracloreto de titânio (cloreto de titânio, fumegerita)
3540	1	GQ	tetraclorodinitroetano
3550	1	Ex	tetranitroanilina
3560	1	Ex	tetranitrocarbasol
3570	1	Ex	tetranitrometano
3580	1	Ex	tetranitrometilanilina *(tetril)*
3590	4	QM	tetraóxido de dinitrogênio *(dímero do dióxido e nitrogênio)*
3600	1	Ex	tetrazeno
3610	1	PGQ	tiodiglicol
3620	1	PGQ	tricloreto de arsênio
3630	1	PGQ	tricloreto de fósforo
3640	1	GQ	tricloreto de nitrogênio *(cloreto de nitrogênio)*
3650	1	GQ	2, 2', 2''- tricloro-trietilamina *(HN-3)*
3660	1	GQ	tricloronitrometano *(aquinita; cloropicrina; nitrotriclorometano)*
3670	1	PGQ	trietanolamina *(tri(2-hidroxietil) amina)*
3680	1	GQ	triidreto de arsênio *(arsina; SA)*
3690	1	Ex	trinitrato de 1,2,4-butanotriol
3700	1	Ex	trinitrato de trimetiloletano *(TMEN; trinitrato de pentaglicerina)*
3710	1	Ex	trinitroacetonitrila
3720	1	Ex	trinitroanilina *(picramida)*
3730	1	Ex	trinitroanisol *(eter metil-2,4,6-trinitrofenílico)*

3740	1	Ex	trinitrobenzeno
3750	2	Ex	trinitroclorometano
3760	1	Ex	trinitrometacresol *(2,4,6-trinitrometacresol, cresilita)*
3770	2	Ex	trinitronaftaleno *(naftita)*
3780	1	Ex	trinitroresorcina *(ácido estifínico; 2,4,6- trinitrorresorcinol)*
3790	1	Ex	trinitrotolueno *(TNT)*
		V	
3800	3	Dv	veículo blindado de emprego civil
3810	1	Dv	veículo *(viatura)* blindado de emprego militar, com ou sem armamento
3820	1	Dv	veículo especial para transporte de munição, míssil ou foguete
3830	5	Dv	veículo (carro) de passeio blindado
3840	1	Dv	veículo projetado ou adaptado para lançamento de míssil ou foguete
3850	4	Dv	verniz

7. APREENSÃO DE PRODUTOS CONTROLADOS

O produto controlado será apreendido quando:

I - estiver sendo fabricado em estabelecimento não registrado ou com prazo de validade do registro vencido, ou ainda, se não constar tais produto do documento de registro;

II - sujeito a controle de tráfego, estiver transitando dentro do país, sem Guia de Tráfego ou Autorização Policial para Trânsito;

III - sujeito a controle de comércio, estiver sendo comercializado por firma não registrada no Ministério do Exército;

IV - sujeito à licença de importação ou desembaraço alfandegário, tiver entrado ilegalmente no país;

V - não for comprovada a sua origem;

VI - tratar-se de armas, petrechos e munições de uso restrito em poder de pessoas físicas ou jurídicas não autorizadas;

VII - no caso de munições, explosivos e acessórios, tiver perdido a estabilidade química ou apresentar indícios de decomposição;

VIII - tiver sido fabricados em desacordo com os dados constantes do seu processo para obtenção do TR;

IX - seu depósito, comércio e demais atividades sujeitas à fiscalização, contrariarem as disposições do R-105. A apreensão não isenta os infratores das penalidades previstas no R-105 e na legislação penal.

A apreensão será feita mediante a lavratura do Termo de Apreensão, de modo a caracterizar perfeitamente a natureza do material e as circunstâncias em que foi apreendido (R-105, arts. 240 e segts.). E aos produtos apreendidos será aplicada a legislação específica, cumpridas as prescrições do R-105 (art. 245).

8. FOGOS DE ARTIFÍCIO

Os fogos de artifício são classificados em:

I - Classe A: *a)* fogos de vista, sem estampido; *b)* fogos de estampido que contenham até 20 centigramas de pólvora, por peça; *c)* balões pirotécnicos.

II - Classe B: *a)* fogos de estampido que contenham até 25 centigramas de pólvora, por peça; *b)* foguetes com ou sem flecha, de apito ou de lágrimas, sem bomba; *c) pots-à-feu, morteirinhos de jardim, serpentes* voadoras e outros equiparáveis.

III - Classe C: *a)* fogos de estampido que contenham acima de 25 centigramas de pólvora, por peça; *b)* foguetes, com ou sem flecha, cujas bombas contenham até 6 gramas de pólvora, por peça;

IV - Classe D: *a)* fogos de estampido, com mais de 2,50 gramas de pólvora, por peça; *b)* foguetes, com ou sem flecha, cujas bombas contenham mais de 6 gramas de pólvora; *c)* baterias; *d)* morteiros com tubos de ferro; *e)* demais fogos de artifícios.

Os fogos incluídos na Classe A podem ser vendidos a quaisquer pessoas, inclusive menores, e sua queima é livre, exceto nas portas, janelas, terraços, etc, dando para a via pública.

Os fogos incluídos na Classe B podem ser vendidos a quaisquer pessoas, inclusive menores, sendo sua queima proibida nos seguintes lugares: I - nas portas, janelas, terraços, etc, dando para a via pública e na própria via pública; II - nas proximidades dos hospitais, estabelecimentos de ensino e outros locais determinados pelas autoridades competentes.

Os fogos incluídos nas Classes C e D não podem ser vendidos a menores de 18 anos e sua queima depende de licença da autoridade competente, com hora e local previamente designados, nos seguintes casos: I - festa pública, seja qual for o local; II - dentro do perímetro urbano, seja qual for o objetivo.

Os fogos de artifício permitidos somente poderão ser expostos à venda devidamente acondicionados e com rótulos explicativos de seu efeito e de seu manejo e, onde estejam discriminadas sua denominação usual, sua classificação e procedência (R-105, art. 112).

8.1. Fogos Proibidos

É proibida a fabricação de fogos de artifício e artifícios pirotécnicos contendo altos explosivos em suas composições ou substâncias tóxicas.

Em São Paulo é terminantemente proibido o comércio e uso dos seguintes fogos: *a)* foguetinhos infantis com ou sem bombas; *b)* diabinhos malucos (busca-pés) e similares; *c)* assovios pirotécnicos pela queima no chão; *d)* bombas, bombardas e similares, qualquer que seja a denominação (artigos de chão) com mais de 20 centigramas de massa de tiro por todos aqueles que contenham substâncias tóxicas, como sejam os conhecidos sob os nomes de *estalo*, *traques*, *pipocas, espanta coió* e outros, cuja fabricação foi proibida; *e)* bombas de parede, bombas acondicionadas com material plástico; *f)* balões em geral, excetuando-se as lanternas japonesas com mecha de peso não superior a 2 gramas; *g)* os piões de trepa-moleques com ou sem bomba; *h)* os fogos de qualquer espécie em cuja composição tenha sido empregada dinamite, qualquer de seus similares e fósforo branco.

É também proibido fazer ou alimentar fogueiras nas ruas ou logradouros; colocar bombas nas ruas, nas passagens de veículos de cargas ou de passageiros; e atirar bombas de veículos para a via pública.

8.2. Fábrica de Fogos

As fábricas de fogos de artifício só são permitidas nas zonas rurais, e as suas instalações ficam subordinadas ao regulamento do Exército (R-105, art. 69). Para poderem funcionar, precisam de alvará policial, que é concedido mediante apresentação da prova de registro do Exército. E para a licença inicial deve ser previamente requerida uma vistoria policial no local da instalação.

Nenhuma dessas fábricas poderá funcionar sem assistência técnica de um pirotécnico, devidamente habilitado, com certificado expedido pela Polícia.

O interessado requer à Polícia alvará de funcionamento, juntando atestados de antecedentes criminais, comprovante do recolhimento da taxa, informando a localização do estabelecimento, com a descrição dos seus depósitos e pavilhões, e o nome do pirotécnico, responsável pela fabricação dos fogos de artifício.

A autoridade determina que se proceda vistoria no estabelecimento, verificando-se a sua localização; a distância entre as instalações e as casas vizinhas; o número de pavilhões e a finalidade de cada um; quais os produtos empregados e sujeitos a controle; e o estoque máximo permanente, bem como outros elementos referentes à segurança do estabelecimento e dos moradores da área.

Os fabricantes de fogos são obrigados a manter um livro de escrituração do estoque de produtos químicos básicos, registrado no Ministério do Exército, onde lançarão, diariamente, as compras e o consumo de material, enviando ao Ministério do Exército ou aos seus órgãos competentes mapas bimestrais, resumidos, dos quais devem constar as entradas com nomes dos fornecedores, as saídas e saldos existentes.

8.3. Comércio

O comércio de fogos somente pode ser exercido mediante licença prévia da Polícia, não sendo concedida para instalação de barracas em vias e praças públicas, quando julgadas inconvenientes.

A venda de fogos pode ser feita nos seguintes locais: *a)* lojas sem pavimentos superiores; *b)* lojas com pavimentos superiores não ocupados para residências; *c)* lojas com pavimentos superiores ocupados por residências, desde que as respectivas lajes tenham sido construídas de concreto armado; *d)* barracas, desde que instaladas a 200m, aproximadamente, de hospitais e casas de saúde e a 100m de casas de diversões, postos de gasolina e outros locais que devam ser preservados a critério da autoridade policial.

Os fogos de qualquer classe, expostos à venda, deverão estar devidamente acondicionados, com informações sobre manejo, efeito, denominação, classe, procedência e o nome do fabricante. E dentro do limite mínimo de 200m em que funciona a fábrica de fogos não é permitida a venda desses produtos a varejo.

Os fogos permitidos das classes A e B podem ser vendidos livremente. Os das classes C e D somente podem ser vendidos a varejo com licença da Polícia. Mas esses fogos não podem ser vendidos a menores de 18 anos.

É proibida a venda de drogas pirotécnicas a quem não tenha licença para fabricação ou comércio de matérias-primas e nas notas emitidas deverá constar obrigatoriamente o número do registro do comprador ou a data do título expedido pelo Ministério do Exército.

8.4. Queima ou Uso

Em São Paulo, os fogos permitidos da classe A podem ser queimados livremente, exceto nas portas, janelas ou terraços que dêem para a via pública. Os fogos de classes B e C não podem ser queimados nas portas, janelas ou terraços que dêem para a via pública nem nas vizinhanças de hospitais, casas de saúde, estabelecimentos de ensino, durante aulas, repartições, casas que comerciam fogos e postos de gasolina. A distância a ser respeitada é de 300m.

A queima de fogos de classe D depende de alvará policial, com hora e local previamente designados, nos seguintes casos: *a)* para festas públicas, seja qual for o local; *b)* dentro do perímetro urbano, seja qual for o objetivo.

É proibida a queima de fogos por particulares nos lugares de trânsito intenso ou de aglomeração e em qualquer lugar onde a queima se torne perigosa ou inconveniente. A queima de fogos de estampidos ruidosos pode ser feita no período das 6 às 22 horas, salvo licença especial da Polícia. E, nos dias e vésperas das tradicionais festas de Santo Antônio, São João e São Pedro, a queima poderá prolongar-se até às 24 horas.

8.5. Transporte

O transporte, por via terrestre, de produtos controlados, deve seguir as normas prescritas no Anexo II ao Decreto nº 1.797, de 25.1.1996, e demais legislações pertinentes ao transporte de Produtos Perigosos emitidas pelo Ministério dos Transportes; o transporte por via marítima, fluvial ou lacustre, as normas do Comando da Marinha; o transporte por via aérea, as normas do Comando da Aeronáutica.

Cabe as autoridades policiais locais exercer fiscalização sobre as normas dispostas a respeito do transporte dos produtos controlados (V. especificação no R-105, arts. 160 e segts.). Independe de licença policial o transporte de fogos particulares. O fogos da classe D depende da guia da autoridade policial, quando feito de comerciante ou industrial para comerciante.

8.6. Fiscalização

Em São Paulo, a Divisão de Produtos Controlados, do DIRD, tem competência para fiscalizar a fabricação, comércio, transporte e uso de fogos de artifício, auxiliada nos municípios do Estado pelos respectivos Delegados de Polícia.

Os fogos que forem encontrados nas casas comerciais em situação irregular são apreendidos e recolhidos ao depósito dessa Divisão. Após o pagamento da multa, os fogos proibidos serão inutilizados, com as formalidades legais, e os permitidos, regularizada a situação do infrator, poderão ser restituídos.

A inobservância de qualquer dispositivo da legislação sobre a matéria em tela será punida com penas de multa, estando o infrator sujeito ainda às sanções decorrentes de acidentes pessoais e materiais, previstas no Código Penal (art. 163 e parágrafo único, e art. 251 e seus §§), na Lei das Contravenções Penais (art. 28, parágrafo único), e no Decreto Federal nº 2.998, de 23.3.1999.

9. ARMAS E MUNIÇÕES

O Regulamento do Exército sobre produtos controlados classifica as armas em: armas de uso restrito e armas de uso permitido.

Armas de uso restrito: — são as seguintes:

I - armas, munições, acessórios e equipamentos iguais ou que possuam alguma característica no que diz respeito aos empregos tático, estratégico e técnico do material bélico usado pelas Forças Armadas nacionais;

II - armas, munições, acessórios e equipamentos que, não sendo iguais ou similares ao material bélico usado pelas Forças Armadas nacionais, possuam características que só as tornem aptas para emprego militar ou policial;

III - armas de fogo curtas, cuja munição comum tenha, na saída do cano, energia superior a 300 libras-pé ou 407 Joules e suas munições, como por exemplo, os calibres .357 Magnum, 9 Luger, .38 Super Auto, .40 S&W, .44 SPL, .44 Magnum, .45 Colt e .45 Auto;

IV - armas de fogo longas raiadas, cuja munição comum tenha, na saída do cano, energia superior a mil libras-pé ou 1.355 Joules e suas munições, como por exemplo, .22-250, .223 Remington, .243 Winchester, .270 Winchester, 7 Mauser, .30-06, .308 Winchester, 7,62 x 39, .357 Magnum, .375 Winchester e .44 Magnum;

V - armas de fogo automáticas de qualquer calibre;

VI - armas de fogo de alma lisa de calibre 12 ou maior com comprimento de cano menor que 24 polegadas ou 610 milímetros;

VII - armas de fogo de alma lisa de calibre superior ao 12 e suas munições;

VIII - armas de pressão por ação de gás comprimido ou por ação de mola, com calibre superior a 6 milímetros, que disparem projéteis de qualquer natureza;

IX - armas de fogo dissimuladas, conceituadas como tais os dispositivos com aparência de objetos inofensivos, mas que escondem uma arma, tais como bengalas-pistola, canetas-revólver e semelhantes;

X - arma a ar comprimido, simulacro do Fz 7,62mm, M964, FAL;

XI - armas e dispositivos que lancem agentes de guerra química ou gás agressivo e suas munições;

XII - dispositivos que constituam acessórios de armas e que tenham por objetivo dificultar a localização da arma, como os silenciadores de tiro, os quebra-chamas e outros, que servem para amortecer o estampido ou a chama do tiro e também os que modificam as condições de emprego, tais como os bocais lança-granadas e outros;

XIII - munições ou dispositivos com efeitos pirotécnicos, ou dispositivos similares capazes de provocar incêndios ou explosões;

XIV - munições com projéteis que contenham elementos químicos agressivos, cujos efeitos sobre a pessoa atingida sejam de aumentar consideravelmente os danos, tais como projéteis explosivos ou venenosos;

XV - espadas e espadins utilizados pelas Forças Armadas e Forças Auxiliares;

XVI - equipamentos para visão noturna, tais como óculos, periscópios, lunetas, etc;

XVII - dispositivos ópticos de pontaria com aumento igual ou maior que 6 vezes e diâmetro da objetiva igual ou maior que 36 milímetros;

XVIII - dispositivos de pontaria que empregam luz ou outro meio de marcar o alvo;

XIX - blindagens balísticas para munições de uso restrito;

XX - equipamentos de proteção balística contra armas de fogo portáteis ou de porte de uso restrito tais como coletes, escudos, capacetes, etc.;

XXI - veículos blindados de emprego civil ou militar.

Armas de uso permitido: — As armas, acessórios, petrechos e munições de uso permitido são as seguintes:

I - armas de fogo curtas, de repetição ou semi-automáticas, cuja munição comum tenha, na saída do cano, energia de até 300 libras-pé ou 407 Joules e suas munições, como por exemplo, os calibres .22 LR, .25 Auto, .32 Auto, .32 S&W, .38 SPL e .380 Auto;

II - armas de fogo longas raiadas, de repetição ou semi-automáticas, cuja munição comum tenha, na saída do cano, energia de até mil libras-pé ou 1.355 Joules e suas munições, como por exemplo os calibres .22 LR, .32-20, .38-40 e .44-40;

III - armas de fogo de alma lisa, de repetição ou semi-automáticas, calibre 12 ou inferior, com comprimento de cano igual ou maior do que 24 polegadas ou 610 milímetros; os de menor calibre, com qualquer comprimento de cano, e suas munições de uso permitido;

IV - armas de pressão por ação de gás comprimido ou por ação de mola, com calibre igual ou inferior a 6 milímetros e suas munições de uso permitido;

V - armas que tenham por finalidade dar partida em competições desportivas, que utilizem cartuchos contendo exclusivamente pólvora;

VI - armas para uso industrial ou que utilizem projéteis anestésicos para uso veterinário;

VII - dispositivos óticos de pontaria com aumento menor que 6 vezes e diâmetro da objetiva menor que 36 milímetros;

VIII - cartuchos vazios, semi-carregados ou carregados a chumbo granulado, conhecidos como *cartuchos de caça*, destinados a armas de fogo de alma lisa de calibre permitido;

IX - blindagens balísticas para munições de uso permitido;

X - equipamentos de proteção balística contra armas de fogo portáteis ou de porte de uso permitido tais como coletes, escudos, capacetes, etc.;

XI - veículo de passeio blindado (R-105, art. 17).

9.1. Importação

As armas, petrechos e munições de uso restrito podem ser importadas quando se destinarem ao Exército, suas Forças Auxiliares e Organizações Policiais, depois de obtida a licença prévia do Ministro do Exército, não podendo vir consignadas a particulares (R-105, art. 183).

Os representantes de fábricas estrangeiras de armas, munições e equipamentos, devidamente registrados, podem ser autorizados a importar produtos controlados de uso restrito, quando se destinarem a experiências junto às Forças Armadas Forças Auxiliares e Organizações Policiais, desde que juntem documentos comprobatórios do interesse dessas empresas, em tais experiências.[252]

9.2. Aquisição e Venda

A aquisição de armas e munições de Uso Restrito, por parte dos governos estaduais e municipais, forças auxiliares e demais órgãos federais estranhos ao Exército, depende de autorização do Ministério do Exército. Nesse caso, o órgão interessado deverá dirigir-se em ofício ao Comando da Região Militar na qual se acha sediado, solicitando autorização para a compra (R-105).[253]

No comércio, para a aquisição e venda de armas e munições de Uso Permitido, para as pessoas físicas e jurídicas, devem ser observadas as Normas estabelecidas pela Exército, nos seguintes termos:[254]

9.2.1. Venda de Armas para Civis

Cada cidadão somente pode possuir como proprietário, no máximo, 6 armas de uso permitido, sendo: *a)* 2 armas de porte; *b)* 2 armas de caça raiadas; *c)* 2 armas

---

252. Decreto nº 3.665/2000, arts. 183 a 204.

253. Portaria nº 549, de 30.7.1997, do Ministério do Exército, dispõe sobre a regulamentação do Sistema Nacional de Armas (SINARM) e dá outras providências.

254. Portaria nº 1.261, de 17.10.1980, do Ministério do Exército, aprova as Normas que regulam a compra e venda de armas e munições por pessoas físicas e jurídicas.

de caça de alma lisa. E poderá adquirir, anualmente, observada essa quantidade, 3 armas diferentes, sendo cada uma delas de um do seguintes tipos: *a)* uma arma de porte (arma curta ou de defesa pessoal): revólver, pistola ou garrucha; *b)* uma arma de caça de alma raiada (arma longa ou de esporte): carabina, rifle, pistolete, arma longa para competição de tiro ou rifle-espingarda; e, *c)* uma arma de caça de alma lisa (arma longa): espingarda ou toda arma congênere de alma lisa de qualquer modelo, calibre e sistema.

Formalidades: — A venda de armas só poderá ser efetuada, depois de atendidas as seguintes formalidades: *a)* preenchimento do formulário para registro de arma, na firma vendedora, no ato da compra, mediante apresentação, pelo comprador, de documento de identidade e de atestado de antecedentes criminais, para efeitos de registro da arma. Na ocasião deve também ser preenchido o formulário de *Declaração de Compra de Armas e Munições*, exigido pelo SFPC. Os formulários para registro de arma devidamente completados devem ser entregues, pelo logista, semanalmente, na Polícia Civil; *b)* expedição do *Registro de Arma* (*Certificado de Propriedade)* pelo órgão competente da Secretaria da Segurança Pública, nas capitais ou no interior, com dados obtidos do formulário recebido; *c)* recebimento do *Registro de Arma* pela firma vendedora, para só então, e juntamente com ele, ser entregue a arma ao comprador.[255]

Exceção: — A venda de espingardas (armas de caça de alma lisa), exclusivamente, aos seringueiros da Amazônia (Acre, Amazonas, Rondônia, Roraima, Pará e Amapá) estão isentas da exigência de averiguação policial de antecedentes (*Nada consta*).

9.2.2. Militares

A venda de armas e munições de uso permitido aos militares das Forças Armadas, para uso próprio, depende de autorização do Comandante, Chefe ou Diretor da OM a que o militar estiver subordinado. Para oficiais da reserva remunerada ou reformados, a autorização pode ser concedida pelo Comandante da Unidade a que estejam vinculados.

Essa autorização não é concedida para os militares que estiverem classificados no comportamento "Mau" ou "Insuficiente".

As armas adquiridas são individuais, não sendo necessário o registro nas repartições policiais.

Cada militar somente poderá adquirir no comércio as seguintes quantidades:

I - a cada dois anos, uma arma de porte, uma arma de caça de alma raiada e uma arma de caça de alma lisa; II - a cada semestre, a seguinte quantidade máxima de munição: *a)* 300 cartuchos carregados a bala, para arma de porte; *b)* 500 cartuchos carregados a bala, para arma de caça de alma raiada; e *c)* 500 cartuchos carregados a chumbo, para arma de caça de alma lisa.

---

255. Portaria nº 9, de 17.8.1998, da Divisão de Produtos Controlados do DIRD (SP), disciplina a remoção da arma comprada, logo após a aquisição, do estabelecimento comercial até a residência ou domicílio do comprador, isto, face ao art. 10, da Lei nº 9.437/1997, que considera crime o porte de arma de fogo, em desacordo com a determinação legal ou regulamentar.

Os procedimentos para aquisição e pagamento são realizados diretamente entre a Organização Militar do interessado e a fábrica produtora ou seu representante legal.

Recebidas as armas ou munições, a Unidade, Repartição ou Estabelecimento publicará em Boletim Interno Reservado, a entrega das mesmas, citando a data de aquisição e especificando quantidade, tipo, marca, calibre, modelo, número da arma, comprimento do cano, capacidade ou número de tiros, tipo de funcionamento e país de fabricação. Essa publicação, corresponde ao registro das armas e após esse registro, as armas são cadastradas na DFPC, por meio da RM.

9.2.3. Policiais Militares

Os cabos e soldados das Polícias Militares, de bom comportamento, e com dois ou mais anos na Corporação, a critério e com autorização do respectivo Comandante Geral, poderão adquirir uma arma de porte, para uso exclusivo em sua segurança pessoal.[256]

A venda de armas de fogo de uso permitido e munições para policiais militares ativos ou inativos, bem como o limite de aquisição e posse desses materiais, deve ser efetuada observando-se o Regulamento (R-105), com autorização do respectivo Comandante, Chefe ou Diretor.

9.2.4. Policiais Federais

Nos mesmos limites das quantidades e prazo fixados para os civis, a venda de armas aos Policiais Federais (Delegados, Peritos, Agentes, Escrivães e Papiloscopistas) e demais funcionários administrativos pode ser efetuada após satisfeitas as seguintes exigências: *a)* apresentação ao vendedor pelo adquirente, da Licença para compra de arma concedida pelo Delegado do DOPS da Polícia Federal (ou Diretor da Divisão ou Chefe de Delegacia com sede no interior da UF) e da respectiva Carteira de Identidade; e, *b)* cumpridas as demais formalidades exigidas para os civis.

9.2.5. Policiais Civis

A venda de armas aos Policiais Civis dos Estados, Territórios e do Distrito Federal (Delegados, Comissários, Inspetores, Peritos, Escrivães e Agentes) pode ser efetuada, nos mesmos limites das quantidades e prazo fixados acima para os civis, após satisfeitas as seguintes exigências: *a)* apresentação ao vendedor pelo adquirente da Licença concedida pelo Delegado do órgão competente da SSP, na Capital, ou da Delegacia de Polícia com sede no interior da UF e da respectiva Carteira de Identidade Funcional; e, *b)* cumpridas as demais formalidades exigidas para os civis.

---

256. Portaria nº 1.227, de 18.11.1986, do Ministério do Exército.

Na venda de armas aos demais integrantes da Polícia Civil (funcionários aposentados, investigadores e motoristas) devem ser obedecidas as seguintes exigências: *a)* preenchimento do formulário para registro de arma, na firma vendedora, no ato da compra, mediante apresentação, pelo comprador, de documento de identidade e de atestado de antecedentes criminais, para efeitos de registro da arma. Na ocasião deve também ser preenchido o formulário de *Declaração de Compra de Armas e Munições*, exigido pelo SFPC; *b)* expedição do *Registro de Arma (Certificado de Propriedade)* pelo órgão competente da Secretaria da Segurança Pública, nas capitais ou no interior, com dados obtidos do formulário recebido.

9.2.6. Armas de Pressão

O logista pode vender, sem limite na quantidade, mediante a apresentação de documento de identidade pelo próprio comprador, pistolas, espingardas ou carabinas de pressão por mola com calibre menor ou igual a 6cm e que atiram setas metálicas, balins ou grãos de chumbos, proibida a menores de 18 anos.

9.2.7. Venda de Munições

No comércio, cada pessoa pode comprar, mensalmente, até a quantidade máxima que se segue: *a)* 50 cartuchos para arma de porte de que seja possuidor, inclusive, o cartucho calibre 22; *b)* 50 cartuchos carregados a bala para arma de caça de alma raiada, inclusive o cartucho calibre 22; *c)* 200 cartuchos para caça (carregados, semicarregados ou vazios), para arma de caça de alma lisa; *d)* 1.000 espoletas para cartuchos de caça; *e)* sem limite chumbo para caça; e, *f)* um quilograma de pólvora de caça.

No ato da compra de munições deverão ser apresentados ao logista os seguintes documentos, conforme o caso: *a)* Civis, Carteira de identidade ou Carteira Profissional e Registro(s) de Arma(s); *b)* Militares, Carteira de identidade e Autorização do Comandante, Chefe ou Diretor da respectiva Organização Militar ou Registro(s) de Arma(s); *c)* Policiais civis, Carteira de identidade ou Carteira de identidade funcional, Registro(s) de Arma(s) ou Licença do órgão policial competente.

O comprador receberá a munição no ato da compra em qualquer dos casos citados, devendo ser preenchido o formulário próprio denominado *Declaração para Compra de Munições*, exigido pelos SFPC.

A compra de munição pode ser feita em uma única vez no mesmo ano, até o limite máximo de: *a)* 200 cartuchos para arma de porte; *b)* 300 cartuchos para arma de caça de alma raiada; *c)* 300 cartuchos para arma de caça de alma lisa; *d)* 1.000 espoletas de caça; *e)* 1.500 gramas de pólvora de caça. Para isso, deve ser apresentada ao logista autorização da autoridade competente.

Autoridades competentes: — Em São Paulo, as autoridades competentes da Polícia Civil para autorizar o registro, porte e venda de armas e munições são as seguintes: *a)* Delegado de Polícia Chefe da Divisão de Produtos Controlados, do DIRD, aos residentes na Capital do Estado; *b)* Delegado Seccional de Polícia de

Santos, aos residentes nessa cidade; *c)* Delegados de Polícia, aos moradores dos demais municípios do Estado.

Caçadores e atiradores: — Caçador é a pessoa física praticante de caça desportiva, devidamente registrada na associação competente, ambas reconhecidas e sujeitas às normas baixadas pelo Exército. Para cada caçador é permitida a venda de, no máximo, 14 armas, assim discriminadas: *a)* 4 armas de caça de alma raiada, de modelos e calibres diferentes (carabinas, rifles, pistoletes e/ou rifle-espingarda); *b)* 10 armas de caça de alma lisa de modelos e/ou calibres diferentes (espingardas).

Cada caçador poderá adquirir, no máximo, 5 armas por ano (até alcançar o limite de 14, acima discriminado) sendo: 2 armas de caça de alma raiada, de modelo e/ou calibre diferente e 3 armas de caça de alma lisa, de modelos e/ou calibres diferentes.

Atirador é a pessoa física praticante do esporte de tiro, devidamente registrado na associação competente, ambas reconhecidas e sujeitas às normas baixadas pelo Exército. Para cada atirador é permitida a venda de armas para a prática de tiro que poderá possuir como proprietário, no máximo, 14 armas, assim discriminadas:

I - 5 pares de armas de porte (armas curtas) especiais de tiro ao alvo, pertencente cada par a uma das seguintes modalidades de provas: *a)* fogo central (revólver especial de tiro, cal. 32 ou 38, de alça regulável; *b)* pistola especial de tiro, semi-automática, cal. 32 ou 38, alça regulável); *c)* tiro rápido (pistola semi-automática, cal. 22, curta; pistola *standard;* pistola semi-automática, cal. 22 LR;); *d)* pistola livre (pistola cal. 22 LR); *e)* pistola de ar (pistola de ar comprimido, cal. 177 (4,5 mm).

II - 2 pares de armas de caça de alma raiada para competição de tiro sendo: um par de armas longas especiais, cal. 22 LR e um par de armas longas especiais, de ar comprimido, cal. 177.

Cada atirador poderá adquirir, no máximo, 5 armas num ano (até alcançar o limite máximo de 14, acima discriminado) sendo: 4 armas de porte diferentes, e próprias para a prática de tiro ao alvo, e uma arma longa especial para o tiro ao alvo.

Para a venda de armas para caçadores e atiradores é necessário:

a) Preenchimento do formulário para o registro de arma, pela firma vendedora, no ato da compra, mediante a apresentação pelo adquirente, da Licença para compra de armas expedida pelo órgão policial competente, da respectiva Carteira de sócio de clube de caça e/ou tiro e do recibo do pagamento da mensalidade do referido clube. Na ocasião, deverá ser preenchido o formulário próprio denominado *Declaração para Caçadores*, expedido pelos SFPC.

b) Expedição do Registro de Arma (Certificado de propriedade) pelo órgão competente das SSP, nas capitais e no interior, depois de ter recebido, do logista, o supracitado formulário, devidamente preenchido, e verificado que "nada consta" com relação ao interessado. É dispensável a averiguação do *Nada consta* relativo a caçadores unicamente nos casos de aquisição de armas de caça de alma lisa (espingardas).

c) O recebimento do referido Registro de Armas pelo logista, para só então, e juntamente com ele, ser entregue a arma diretamente ao comprador.

As Confederações, as Federações e o Clube de Caça e/ou Tiro para adquirirem armas, exclusivamente, para sua propriedade e uso dos seus associados, devem apresentar a competente autorização do SFPC Regional no ato da compra.

Munição para caçadores: — O caçador poderá adquirir, no comércio, anualmente, até as quantidades máximas de munição, assim discriminadas: 500 cartuchos carregados a bala cal. 22; 6.000 cartuchos (vazios, semicarregados ou carregados a chumbo) para arma de caça de alma lisa, no total geral; 6.000 espoletas para caça; e 1 kg de pólvora de caça.

A venda só pode ser feita mediante a apresentação da Carteira de sócio de clube de caça e/ou tiro e do respectivo recibo, atualizado de pagamento da mensalidade do clube. No ato da compra, deverá ser preenchido o formulário *Declaração para Caçadores* exigido pelos SFPC e pertinente à quantidade adquirida.

Munição para atiradores: — No comércio, a aquisição de munição para atiradores e clubes de caça e/ou tiro ao alvo só poderá ser feita mediante a apresentação no ato da compra, de Autorização exclusiva do SFPC Regional ou do SFPC/Gu.

Colecionadores: — O colecionador, pessoa física ou jurídica, devidamente registrado, pode comprar armas de uso permitido, de marcas, tipos e calibres diferentes e respectivas munições, no comércio, e armas de uso proibido ou viaturas blindadas desativadas ou alienadas pelas Forças Armadas e Forças Auxiliares nacionais, mediante autorização do Comandante da Região Militar.[257]

Turistas: — O turista, oriundo do país que tenha fronteira e mantenha intercâmbio turístico com o Brasil, pode comprar armas e munições, desde que apresente, no SFPC local, uma *Permissão Específica e Individual*, fornecida exclusivamente, por autoridade competente de seu Consulado.

Empresas particulares: — A compra de arma e munição de uso permitido, no comércio, por pessoas jurídicas de direito público e privado, para emprego exclusivo em serviço de vigilância, só poderá ser efetuada mediante a apresentação, no ato da compra, de *Autorização* expedida pelo SFPC Regional.

9.3. Características das Armas

As armas de fogo, — de acordo com o *Guia Prático,* da Divisão de Explosivos, Armas e Munições, do então Departamento de Ordem Política e Social de São Paulo (DEOPS), atualizado por nós —, apresentam as seguintes características:

a) Espécie: revólver, pistola, garrucha, espingarda, carabina, fuzil, rifle, escopeta, metralhadora, submetralhadora.

b) Tipo: defesa, caça, tiro ao alvo, guerra.

c) Marca: IMBEL, Taurus, Rossi, Beretta, Boito, Castelo, Smith & Welsson, Colt, Uzi, etc.

d) Funcionamento: automática, semi-automática ou de repetição.

e) País de fabricação: conhecido por meio da marca:

I - Alemanha: Mauses, Walther, Simsom, Remo, Erfurt, Mann, Geco, Akab, Diana, Tell, Pfeill, Haenel, Liliput, L.W., Drayse, Heinke, Greys, Rhenus, E. Ley, Sauer & Sohn, Theodor Bergman, Bessel & Sohn, Abesser & Merkel, Franz Stock,

257. Portaria nº 312, de 5.4.1989, do Ministério do Exército, aprova *Normas para colecionador de armas e munições*.

Geyger, Kullner, R. Mahrboldt, Merkel Brothers, Heckler & Koch. País fabricante da pistola "H.K." modelo VP-70, e o fuzil G-3;

II - Argentina: revólver Dobbermann.

III - Áustria: pistola Glock.

IV - Bélgica: Joseph Tholet & Cie., N. Bodson, Masquelier, Galand, Standard, L.D., Vulcan, Courally, Lallemand & Cie., Rauchlos Boschossem, J.F. & Cie., Kaufman, Bayard, Lajot, M.D., Vite, Guinard, Mahillon, F. Delly & Cie., Fernando Thomon, L. Vendrix, Dumoulm, Lepege, F.N., Bernard, Janssen & Filís.

V - Brasil: Taurus, Ina, Castelo, Rossi, Beretta, Caramuru, C.B.C. (Pistolas da Taurus, PT 92 e PT 99, cal. 9 mm., 16 tiros).

V - Checoslováquia: DZ.

VI - Espanha: O.H., H.L., G.H., H.B., H.E., E.E., O.V., M.S.,H.R., D.G., C.M., G.G., C.C., O.M., M.B., H.A., S.H., A.E., C.H.J., A.T., H.C., O.F., A.F., H.CF, H.C.S., A.C.N., G.H.C., S. & C., A.CF, T.A.C., S.O.C., L.Z.C., C.J.A., Tanque, Vencedor, Ciervo, Jak, Defensor, Anitua, Corso, Dectetive, Universal Elba, Stak, Inka, Gloria, Onena, Omega, Girafa, Tinka, Escudo, Seda, Corona, Tigre, Cangela, Cow Boy, Touro, Independencia, Diablo, Hércules, Vesta, Vigilante, Royal, Júpiter, Alde, Demo, Comercial, Astra, Victoria, Casi Sol, Guernica, Granadina, Marte, Savage, Duque, Imperial, Conde Negro, Trust, Esteila, Liberty, Canguru, Elefante, Coliat, Alkarta, Sherlock, Rerrible, Signo, Dragão, Ruby Extra.

VII - Estados Unidos: Smith & Welsson, Remington, Parker Brothers, Winchester, Marlin, Iver Johnson, Colt, Pick, Hopkins & Allen, Harrington & Richardson, J. Stivens Arms, T. Tool & Co., Savage, Walman, Mossberg, Sturm, Springfield.

VIII - França: Saint'Etiènne, Le Gaulais, Ideal, Gastinne Renette, Vicky, Melior, Le Français, Darne.

IX - Inglaterra: James Pudly & Sons, Greener, E. Cox, W.W. Richardson, Webley & Scott, Grant, Holland & Holland, Lancaster.

X - Itália: Bernardelli, Lario, Lanotti, Fiat, Vittoria, Giralda, Salmi, Lorenzotti, Beretta, Toschi, Zanotti, Minerva, F.A.

XI - Israel: Uzi, nas versões Uzi metralhadora, Mini Uzi metralhadora, Pistola Uzi semi-automática, Pistola Eagle Magnum, .357, Pistola Desert Eagle Magnum, .44, Fuzil de assalto Galil, Fuzil semi-automático Galil, 7,62 mm, .308, em vários modelos.

f) Calibre: 1 - Revólveres: 22, 32, 38; Magnum .44; II - Pistolas: 22, *6.35,* 7.65; 9 mm, .44, .45, .357; III - Garruchas: 22, 320, 380; IV - Carabinas: 22, 38, 44; V - Espingardas: 12 (KWS, cal. 12, americana), 16, 20, 24, 28, 32, 36, americana); VI - Fuzis: AK-47, cal. 7,62x39 mm, 30 tiros; AR-15, AR-16, cal. .223 Remington, 20 tiros, (versão civil do M-16) (americanos); V - Rifle M-16 (americano), Submetralhadora Ingram, cal. 45/9 mm, 30 tiros;

g) Capacidade: quantidade de projéteis que a arma comporta quando completamente carregada.

h) Coronha: de madeira, massa, madrepérola, ebonite, osso, chifre, metal, etc.

i) Acabamento: oxidado, niquelado, cromado.

j) Sistema de fechamento: 1 - para revólveres: abertura superior (ou de descanhotar) e abertura lateral (com deslocamento do tambor ou cilindro, geralmente para o lado esquerdo); II - para armas de fogo em geral *Hammer* (cão visível ou externo) e *Hammerless* (cão oculto ou mocho); III - para carabinas: de ferrolho, de alavanca e de corrediça, conforme o caso; IV - para espingarda e garruchas: fogo central (quando usa cartuchos) e de vareta (ou "pica-pau", quando de carregar pela boca).[258]

l) Modelo: MD 1, PT III, PT 917-C, etc.

9.4. Registro

É obrigatório o registro de arma de fogo, excetuadas as consideradas obsoletas, com mais de 100 anos de existência ou das peças de armas históricas, cuja munição não esteja mais sendo vendida. E os proprietários de armas de fogo de uso restrito ou proibido devem fazer seu cadastro como atiradores, colecionadores ou caçadores no Ministério do Exército.[259]

O Certificado de Registro de Arma de Fogo, com validade em todo o Território Nacional, autoriza o seu proprietário a manter a arma de fogo exclusivamente no interior de sua residência ou dependência desta, ou, ainda, no seu local de trabalho, desde que seja ele o titular ou o responsável legal do estabelecimento ou empresa.

A expedição do certificado de registro de arma de fogo deve ser precedida de autorização do SINARM e efetuada pelas Polícias Civis dos Estados e do Distrito Federal.[260]

Em São Paulo, na Capital, o registro e a licença para o porte de arma de fogo devem ser feitos na Divisão de Produtos Controlados, do DIRD, na Rua Moncorvo Filho, nº 410, Butantã, das 9 às 18 horas, observando-se os seguintes requisitos:

---

258. Arinos Tapajôs Coelho Pereira, *Manual de Prática Policial*, p. 123.

259. Portaria nº 764, de 4.12.1998, do Ministério do Exército, dispõe sobre a regulamentação do SINARM.

260. Lei nº 9.437, de 20.2.1997, Institui o Sistema Nacional de Armas (SINARM), estabelece condições para o registro e porte de arma de fogo, define crimes e dá outras providências. Decreto nº 2.222, de 8.5.1997, regulamenta a Lei nº 9.437/1997. A Medida Provisória nº 2.029, de 20.6.2000, que instituiu o Fundo Nacional de Segurança Pública (FNSP), suspendeu temporariamente o registro de arma de fogo. Segundo o art. 6º, do referido diploma, *Fica suspenso, até 31 de dezembro de 2000, o registro de arma de fogo a que se refere o art. 3º da Lei nº 9.437/1997, salvo para: I - as Forças Armadas; II - os órgãos de segurança pública federais e estaduais, as guardas municipais e o órgão de inteligência federal; III - as empresas de segurança privada regularmente constituídas, nos termos da legislação específica.* Em 19.10.2000, o STF suspendeu a MP nº 2.029/2000, em Ação Direta de Inconstitucionalidade, proposta pelo Partido Social Liberal, acolhendo o argumento de que a proibição fere os princípios do art. 170 da Constituição ao impedir a venda de produtos. Antes dessa decisão, outras instâncias da Justiça, em Estados como São Paulo e Rio Grande do Sul, vinham tomando decisões contrárias à orientação do governo federal.

9.4.1. Arma Nova

O interessado deve requerer o registro de arma nova, instruindo o pedido com os seguintes documentos: 1 - Nota Fiscal de compra da arma; 2 - Atestado de Antecedentes; 3 - Prova de pagamento da taxa; 4 - Prova de ocupação lícita (xerox da Carteira de Trabalho ou do último holerith, do Contrato Social ou do registro na Secretaria da Fazenda, etc.); 5 - CPF (xerox); 6 - RG (xerox); 7 - Título de Eleitor (xerox), 8 - Prova de residência (xerox da conta de luz, de água ou de telefone).

9.4.2. Arma Velha

O interessado que tem uma arma que nunca foi registra, deve proceder da mesma forma feita para arma nova. Se não tiver a Nota Fiscal, deve fazer uma declaração na qual conste o número de anos que essa arma está em seu poder.

9.4.3. Arma Tida por Herança

O interessado que tem uma arma registrada em nome de alguém já falecido, antes de transferi-la para o seu nome, deve recadastrá-la. Neste caso, preenche requerimento, juntando o registro anterior. Ao mesmo tempo em que requer a transferência da mesma, instruindo o pedido com os documentos exigidos para registro, e, em lugar da Nota fiscal da arma, juntar xerox da Certidão de Óbito e documento de doação feita pelos outros herdeiros, se houver.

9.5. Porte de Arma

O porte de arma de fogo pode ser autorizado e expedido pela Polícia Federal ou pelas Polícias Civis, sendo de *"eficácia temporal limitada, nos termos de atos regulamentares e dependerá de o requerente comprovar idoneidade, comportamento social produtivo, efetiva necessidade, capacidade técnica e aptidão psicológica para o manuseio de arma de fogo"*.[261]

Ao requerer a licença para o porte, o interessado deve apresentar justificativa plena e satisfatória da necessidade de portar arma, instruindo o seu pedido com os seguintes documentos:

a) Certificado de Registro de arma de fogo, cadastrada no SINARM;

b) Certidões de antecedentes criminais fornecidas pela Justiça Federal, Estadual, Militar e Eleitoral, e de não estar o interessado, por ocasião do pedido, respondendo a inquérito policial ou a processo criminal por infrações penais cometidas com violência, grave ameaça ou contra a incolumidade pública;

c) comprovação de comportamento social produtivo;

---

261. Lei nº 9.437/1997, arts. 6º e 7º. Instrução Normativa nº 4, de 29.8.1997, do DPF, estabelece normas com vistas ao cumprimento da Lei nº 9.437/1997 e do Decreto nº 2.222/1997.

d) prova da efetiva necessidade, em razão de sua atividade profissional, cuja natureza o exponha a risco, seja pela condução de bens, valores e documentos sob sua guarda ou por quaisquer outros fatores;

e) comprovação de capacidade técnica para manuseio de arma de fogo, atestada por instrutor de armamento e tiro do quadro das Polícias Federal ou Civis, ou por estas habilitado;

f) prova de aptidão psicológica para manuseio de arma de fogo, atestada em laudo conclusivo fornecido por psicólogo do quadro das Polícias Federal ou Civis, ou credenciado por estas;

g) comprovante do pagamento da taxa.[262]

Para satisfazer essas exigências, o interessado deve providenciar:

1º) O registro da arma no SINARM. Esse registro é dispensável para quem adquiriu ou recadastrou sua arma após o advento da Lei nº 9.437/1997, bem como, aos que já tenham obtido porte de arma após a edição desse diploma legal.

Em São Paulo, na Capital, a obtenção do cadastro no SINARM pode ser feita pelo próprio interessado, junto ao Departamento de Produtos Controlados, do DIRD, ou na Delegacia Seccional do município em que resida.[263]

2º) Considerando que a autorização de porte de arma é um ato discricionário da autoridade policial, sendo subjetiva a análise dos argumentos para comprovação da efetiva necessidade, e não um direito constitucional de defesa de todos os interessados que preencham os requisitos da lei, como deveria ser; considerando, ainda, que além da taxa, o interessado terá outros gastos com as certidões necessárias, o exame psicológico, as despesas com despachante, quando o serviço não for executado pelo próprio interessado, e os gastos para comprovação da capacidade técnica.

É recomendável, como sugere Alves de Araujo, que "o interessado tenha antes uma audiência com a autoridade competente, explanando-lhe os motivos que o levam a pedir a autorização de porte de arma e se estes são suficientes a tanto. Se a autoridade concordar com o pedido, preenchidos os demais requisitos, pode ser dado continuidade ao procedimento para obtenção do porte, caso contrário, nenhuma despesa restará ao interessado".[264]

3º) Com a anuência verbal da autoridade, para a concessão do porte, o interessado deve providenciar as certidões da Justiça Estadual, Federal, Militar e Eleitoral, bem como, o Atestado de Antecedentes Criminais, para demonstrar a idoneidade exigida pela legislação.

O Decreto nº 2.222/1997, que regulamentou a Lei nº 9.437/1997, não esclarece qual a certidão necessária, mas, diante da parte final do inciso II do art. 13, entende-se que seja a criminal. Não é necessário que as mesmas sejam negativas, mas, sim, apenas e tão somente, que não tenha o interessado condenação ou responda a inquérito policial por infração penal cometida com violência, grave ameaça ou contra a incolumidade pública.

---

262. Decreto nº 2.222 de 8.5.1997, que regulamentou a Lei nº 9.437/1997, art. 13.
263. Portaria DGP nº 24, de 16.9.1997, dispõe sobre a expedição de certificado de registro e concessão de autorização para porte de arma de fogo.
264. Mauro Alves de Araujo, *Procedimento para Obtenção de Porte de Arma*, p. 2.

Pode, entretanto, diante do poder discricionário da autoridade competente, esta entender que qualquer condenação penal ou inquérito policial que o interessado esteja indiciado, é o suficiente para desabonar a idoneidade do mesmo.

No Estado de São Paulo, as certidões são requeridas ao Distribuidor do Foro Estadual da cidade em que o interessado resida, incluindo nesta a Eleitoral, e do Foro Federal da circunscrição em que o interessado resida, e nas duas Auditorias Militares existentes neste Estado, sediadas na Capital.

4º) Apresentar xerox do registro de trabalho constante na Carteira de Trabalho e Previdência Social, ou, no caso de profissional liberal ou autônomo, documento que comprove o exercício de alguma atividade profissional, ou seja, que não é um desocupado, conforme exigido pelo disposto no inciso III do art. 13, supra mencionado.

5º) Redigir um requerimento à autoridade competente, demonstrando as razões do interessado para portar uma arma de fogo, corroborando com documentos, nos termos do inciso IV do art. 13, supra mencionado.[265]

O inciso em questão menciona de forma exemplificativa, as razões que servem para justificar o pedido de porte de arma, mas não esgota os motivos, podendo ser apresentado pelo interessado outros, tais como, a profissão exercida, como, por exemplo, a de advogado, que, apesar de não conduzir bens, valores e documentos, cuja natureza o exponha a risco, este risco existe, pela natureza do *munus* constitucional que exerce.

6º) O exame psicológico deve ser efetuado por psicólogo credenciado pelo Departamento policial competente, o que exige uma busca prévia, junto a autoridade policial para saber quem está habilitado, devendo o laudo ser entregue diretamente a esta, conforme inciso VI do art. 13, c/c o § 2º do mesmo artigo. Em São Paulo, a aferição de aptidão psicológica para o manuseio de arma de fogo é feita por psicólogos autônomos ou vinculados às Clínicas Psicológicas e credenciados pela Divisão de Produtos Controlados do DIRD.

7º) O interessado deve fazer o exame de capacidade técnica para manuseio de arma de fogo, com o instrutor de armamento e tiro do quadro da polícia, ou por quem a autoridade indicar.

Em São Paulo, os exames teóricos e práticos para comprovação da capacidade técnica para manuseio de arma de fogo são realizados por policiais civis, preparados pela Academia de Polícia, com exclusividade.[266]

Este exame consiste numa prova escrita, objetiva, visando saber o conhecimento do interessado sobre a lei que disciplina a concessão do porte de arma; numa avaliação pessoal do mesmo, quanto ao manuseio da arma de fogo perante outras pessoas, inclusive, quando deva entregar a arma a um policial, para o seu exame, em confronto com os documentos e, numa prova prática, em *stand de tiro*, com tiro real, em alvo fixo, disposto a no mínimo 5 metros de distância.

---

265. Recomendação DGP nº 1/1996, recomenda extremo cuidado no exame e avaliação dos motivos alegados pelos interessados na obtenção de autorização de porte de arma (*DOE* 16.7.1996).

266. Portara nº 2/1998, do DIRD (SP) dispõe sobre procedimentos a serem observados em caso de não aprovação, na obtenção de porte de arma (*DOE* 11.5.1998). Portaria nº 4/1998, dispõe sobre a validade dos certificados de credenciamento de instrutor de armamento e tiro (*DOE* 8.4.1998); Portaria DGP nº 4, de 17.3.1999, dá nova redação ao parágrafo único do art. 1º da Portaria DGP nº 23, de 16.9.1997, sobre porte de arma.

Na prova teórica o interessado deve demonstrar o mínimo de conhecimento da legislação pertinente, ou seja, 50% de acerto das questões.

Na avaliação pessoal, o interessado deve ter o cuidado de nunca desmuniciar a arma, apontando-a para uma pessoa ou para algo que, diante de um tiro acidental, possa ricocheteá-lo, colocando em risco a integridade física das pessoas, bem como, não entregar a arma municiada ao policial examinador, ou, mormente, apontando-a para o mesmo, ainda que ciente de estar a mesma desmuniciada.

Na prova prática, a sessão de tiros deve ser de 10 disparos, considerando apto o interessado que tenha no mínimo 50% de aproveitamento.

Ainda em São Paulo, os policiais civis aposentados estão dispensados desses exames teóricos e práticos, mas precisam fazer o exame psicológico. Os guardas Municipais e Vigilantes Particulares credenciados no DIRD devem fazer os exames acima mencionados.[267]

8º) Recolhimento da taxa devida para expedição da autorização para porte de arma, no caso de porte estadual, em São Paulo, através da guia *GARE*.

Em resumo, para se obter a licença em tela, o interessado deve apresentar o cadastro ou registro da arma, que será feito a partir de sua fabricação, comprovante do pagamento de taxa, e provar a necessidade de andar armado, não ter antecedentes criminais e passar por testes psicológicos e de manuseio de arma.

9.5.1. Porte de Arma Coletivo

O Decreto nº 2.222, de 8.5.1997, regulamenta a Lei nº 9.437, de 20.2.1997, que instituiu o Sistema Nacional de Armas (SINARM), estabelece condições para o registro e para o porte de arma de fogo, define crimes e dá outras providências.

No art. 16 esse diploma dispõe que: "*A autorização para o porte de arma de fogo é pessoal, intransferível e essencialmente revogável a qualquer tempo*".

Atente-se, todavia, que determinadas categorias de funcionários públicos, em razão do cargo ou função, trabalham armados, mas não possuem porte pessoal da arma, como os integrantes das Forças Armadas, policiais federais e os policiais civis e militares. Para essas pessoas o porte de arma é concedido de forma genérica e funcional, por meio de leis especiais, recepcionada pela legislação em tela.[268]

Há, também, um tipo de porte de arma de fogo que é autorizado de forma específica e coletiva para os vigilantes de empresas privadas de vigilância armada ou de transporte de valores. Segundo a Lei nº 7.102/1983, esses profissionais estão auto-

---

267. Portaria DGP nº 1/1997, trata do novo sistema de comprovação técnica para porte de arma de fogo. V. Portarias DGP nº 14, de 1º.10.1997, e DGP nº 23, de 16.9.1997, retificada em 1º.10.1997, e alterada em 18.3.1999, sobre a expedição de certificado de registro e concessão de autorização para porte de arma de fogo.

268. Decreto Federal nº 2.532, de 30.3.1998, art. 1º. Esse diploma dá nova redação ao § 1º do art. 28 do Decreto Federal nº 2.222, de 8.5.1997, que regulamenta a Lei nº 9.437, de 20.2.1997, que institui o Sistema Nacional de Armas (SINARM), estabelece condições para o registro e para o porte de arma de fogo, e define crimes. Os magistrados têm a prerrogativa de portar arma de defesa pessoal (Lei Complementar nº 35, de 14.3.1979 (Lei Orgânica da Magistratura, art. 33). E os membros do MP têm porte de arma, independentemente, de qualquer ato formal de licença ou autorização (Lei nº 8.625, de 12.2.1993 (Lei Orgânica Nacional do Ministério Público, art. 42).

rizados a portar arma de fogo, quando *efetivamente em serviço uniformizados e dentro do perímetro que exerçam a vigilância ou o transporte de valores* (art. 19, II). Fora dessas condições, o porte deverá ser específico e pessoal.

9.5.2. Porte de Arma Federal

O porte de arma de fogo federal, com validade em todo o território nacional, somente será autorizado se, além de atendidas as exigências acima mencionadas, o requerente comprovar a efetiva necessidade de transitar por diversos Estados da Federação, exceto os limítrofes ao do interessado, com convênios firmados para recíproca validades nos respectivos territórios.

9.5.3. Porte de Arma para Policial

Os policiais civis e militares e os bombeiros militares, quando no exercício de suas atividades ou em trânsito, poderão portar arma de fogo em todo o território nacional, desde que expressamente autorizados pela autoridade responsável pela ação policial no âmbito da respectiva unidade federada.[269]

Esses policiais podem portar armas de fogo de uso proibido em serviço e desde que fornecidas pelo próprio Estado. Se pretender possuir uma arma de fogo de uso proibido, deverá obter o registro da mesma na condição de colecionador, mas não poderá portá-la.

Os policiais federais em efetivo exercício podem comprar no comércio, para uso próprio, pistolas calibre 45 e 9mm e revólver Magnum. Os oficiais das Forças Armadas da ativa, reserva ou reformados, também podem comprar, no comércio, para uso próprio, essas armas de uso privativo.[270]

Atente-se, outrossim, que os policiais civis ou militares possuem autorização funcional permanente para portarem armas de fogo, por força de disposição legal, por estarem permanentemente em serviço.[271]

Polícia Civil: — Em São Paulo, as autoridades policiais e seus agentes devem portar permanentemente sua cédula de identificação funcional e respectivo distinti-

---

269. Decreto nº 2.532, de 30.3.1998, dá nova redação ao § 1º do art. 28 do Decreto nº 2.222/1997. A Polícia Militar de São Paulo, através da Portaria PM 4-001, de 25.8.1997, regulamentou a concessão do registro e porte de arma para Policiais militares, inclusive os da inatividade, procurando protegê-los contra possíveis desafetos quando exerceram o trabalho ativo na corporação.

270. Portarias nºs 889, de 13.9.1988 e 986, de 7.12.1990, do Ministério do Exército, autorizam a venda de armas proibidas aos Policiais federais e aos militares das Forças Singulares. Lei nº 9.437/1997, dá um novo tratamento jurídico para a posse e porte de armas de fogo e o Decreto nº 3.665, de 20.11.2000, aprova o Regulamento para a Fiscalização de Produtos Controlados (R-105).

271. Decreto nº 2.532, de 30.3.1998 que regulamenta a Lei nº 9.437/ 97, dá nova redação ao § 1º. do art. 28, do Decreto nº 2.222/1997, disciplinando o porte de arma por Policiais, em trânsito pelo território nacional. V. ainda Decreto nº 3.305, de 23.12.1999, sobre a mesma matéria. Código de Processo Penal, art. 301 (sobre prisão em flagrante) c/c a Lei Complementar nº 675, de 5.6.1992, art. 17, e com a Portaria nº PM (SP) 002/1.2/1997. Portaria DGP nº 11, de 13.9.1999, disciplina o Curso de Especialização para Manuseio de Arma de Fogo Semi-Automática para Policiais civis, de que trata a Portaria DGP nº 10, de 13.4.1994.

vo. E, em razão de estar permanentemente em serviço, devem sempre portar arma e algemas.

O policial civil, mesmo fora do horário normal de trabalho é obrigado a intervir em qualquer ocorrência de polícia judiciária de que tenha conhecimento, adotando as medidas que o caso exigir.

Os condutores de viaturas, pintadas nas cores convencionais da Polícia Civil, devem estar armados obrigatoriamente, não podendo se eximir de prestar auxílio a quem dele necessitar, em nenhuma hipótese, sob pena de responsabilidade administrativa e criminal.

O policial civil não está obrigado a entregar sua arma ou respectiva munição a nenhuma outra autoridade administrativa, para ingressar em recinto público ou privado, respondendo, entretanto, pelos excessos que cometer.

Mas o policial deve obedecer prontamente a ordem de desarmamento, nos seguintes casos: I - de estar submetido à prisão; II - por ordem, ainda que verbal, de superior hierárquico; III - de comparecimento a audiência judicial, a critério do juiz competente; IV - por ordem de autoridade corregedora, sindicante ou processante, se essa medida for julgada necessária e conveniente.[272]

Polícia Militar. — Em São Paulo, a Diretoria de Apoio Logístico (DAL), por intermédio do Centro de Suprimento e Manutenção de Armamento e Munição (CSM/AM) é o órgão competente para proceder o cadastro e expedir o Certificado de Propriedade de Arma de Fogo, de uso permitido, pertencente ao policial militar, quer no serviço ou na inatividade, adquirida no comércio e na indústria.

No serviço ativo, o porte de arma de fogo é inerente ao policial militar, restrito aos limites territoriais do Estado de São Paulo, mediante apresentação da Identidade Funcional, instituída pelo Decreto (SP) nº 14.298, de 21.11.1979.

O policial quando de folga, com arma da Corporação, deve portar a Identidade Funcional e Autorização de Carga de Arma de Fogo.

E quando de serviço ou de folga com arma particular, deve portar a Identidade Funcional e o Certificado de Propriedade de Arma de Fogo.

Além dos limites territoriais do Estado de São Paulo, o policial militar somente poderá portar arma de fogo de uso permitido, particular ou pertencente ao patrimônio da Corporação, no exercício de suas atividades ou em trânsito devidamente autorizado pela autoridade policial militar competente, portando sua Identidade Funcional.

Esse trânsito refere-se ao deslocamento do policial militar durante afastamentos legais, sendo a autorização da competência discricionária do respectivo Comandante, Chefe ou Diretor.

A expedição da Autorização para Porte de Arma de Fogo além dos limites territoriais do Estado é limitada a uma arma de fogo e no máximo 50 cartuchos, sendo que o prazo de validade não pode exceder a 90 dias.

---

272. Portaria DGP nº 28, de 19.10.1994, sem ementa (*DOE* de 20.10.1994, republicada em 7.1.1997, com a Portaria DGP nº 1/1997).

Mediante autorização do respectivo Comandante Chefe ou Diretor da OPM, a qual deverá ser publicada em Boletim Interno o policial militar poderá utilizar em serviço arma de fogo de sua propriedade, de porte e uso permitido, em substituição à arma da Corporação e/ou como arma sobressalente, desde que a mesma corresponda aos padrões e características das armas de fogo de uso permitido constante da adoção prevista para a Corporação.

Para autorização do uso de arma particular em serviço os Comandantes de Unidade devem atentar, além da correspondência à dotação da Corporação, para o sistema de segurança do armamento (barra de percussão), obstando o uso de armas obsoletas e dirigindo eventuais dúvidas ao órgão técnico da Corporação CS M/AM).

O policial que utilizar arma particular em serviço deverá, expressamente, acusar ciência da necessidade de apresentação dessa arma juntamente com a da Corporação, quando do envolvimento em ocorrência policial. E as providências para liberação da arma particular utilizada em serviço, ficam por conta do proprietário.

O policial que obtiver autorização para utilizar arma particular em serviço, deve dotá-la do "zarelho" para uso do cordão de segurança, exceto quando se tratar de arma semi-automática e as despesas decorrentes de danos, extravio, etc., envolvendo essas armas particulares utilizadas em serviço, correm por conta do respectivo proprietário.[273]

9.5.4. Porte de Arma para Guardas Municipais

Em São Paulo, o Departamento de Registros Diversos (DIRD) procede o registro das Guardas Municipais e o credenciamento de seus integrantes, nos termos do Decreto Estadual nº 25.265, de 29.5.1986, e da Portaria DGP nº 3, de 17.3.2000, sendo também competente para o fornecimento de porte de arma.

A DIRD, por sua vez, encaminha as credenciais à Divisão de Produtos Controlados do mesmo Departamento, para autorização de porte de arma em serviço.

O DIRD, através da Portaria nº 2, de 27.11.2000, com as alterações que lhe foram introduzidas pelas Portarias nºs 3, 4, 5, 6 e 7, do mesmo ano 2000, especificou as disposições complementares para o credenciamento de todas as Guardas Municipais do Estado, incluindo a Guarda Civil Metropolina da Capital.

Segundo esse diploma, os integrantes dessas corporações, deverão, quando em serviço, portar a respectiva credencial, expedida pelo DIRD.

Os impressos referidos no Decreto Estadual (SP) nº 44.503/1999, destinados a instruir o pedido de credenciamento e porte de arma em serviço, deverão ser nas cores: fundo branco e borda azul marinho; e conterão campo destinado à qualificação do integrante da corporação a ser credenciado (nome, filiação, endereço, data do nascimento).

---

273. Portaria PM 4-001/1.2/1999, de 2.1.199, de 2.1.1999, dispõe sobre o registro e o porte de arma de fogo na Polícia Militar (SP). Portaria PM 4-1/1.2., de 2.1.1999, altera as disposições da Portaria PM 4-001/1.2., de 2.1.1999. Ordem Complementar PM 4-001/1.2/2000, sem ementa (ref. Diretriz-PM s4-003/1.2/1999, de 1.2.1999, sobre porte de arma de fogo por Policiais militares).

Campos ainda para: foto 3x4 do integrante, impressão digital, número do RG, data de admissão, data de expedição da credencial, data de validade da credencial, além de campo próprio com o Brasão Municipal impresso e, ainda, identidade do integrante (número que recebe dentro da corporação), graduação, assinatura do integrante.

Mais o número da credencial e dos campos específicos para as assinaturas das Autoridades Policiais relativas ao Credenciamento, propriamente dito (Divisionário da Divisão de Registros Diversos), e ao Porte de Arma em Serviço (Divisionário da Divisão de Produtos Controlados, na Capital, e Delegado Seccional de Polícia, nas outras cidades do Estado). As dimensões do impresso em apreço serão de 10 cm x 14 cm (Portaria nº 3/2000).

O preenchimento do campo acima mencionado, relativo ao endereço do integrante da Guarda Municipal fica a critério da respectiva entidade, que poderá, ao invés do endereço do integrante fazer constar o endereço da sede da corporação (Portaria nº 4/2000).

Os impressos em questão devem ser encaminhados sempre em 2 vias (Portaria nº 3/2000, art. 20).

Esses impressos devem ser instruídos com a *Declaração* do Prefeito Municipal, no interior, e do Comandante da Guarda Civil Metropolitana, na Capital, de que foram satisfeitas as exigências do art. 30 do Decreto Estadual (SP) nº 25.265, de 29.5.1986, conforme o disposto no art. 20 do Decreto Estadual (SP) nº 44.503, de 9.12.1999.

Os impressos ou fichas, devidamente preenchidos, em 2 vias, devem ser instruídos com os seguintes documentos:

a) Ofício em 3 vias do Prefeito Municipal, solicitando o credenciamento, exceção feita à Capital, onde o ofício será subscrito pelo Comandante da Guarda Civil Metropolitana (GCM);

b) Cópias reprográficas, autenticadas, dos seguintes documentos do interessado a ser credenciado: Cédula de Identidade (R.G.), emitida pela Secretaria de Segurança Pública (IIRGD), Certificado de Reservista; Título de Eleitor, com comprovante de ter votado na última eleição; Atestado de Antecedentes Criminais do IIRGD;

c) Declaração do Delegado de Polícia, no interior, e do Comandante da Guarda Civil Metropolitana, na Capital, de que foram atendidas as exigências legais.

d) Original do laudo de exame psicológico, com parecer conclusivo, assinado por psicólogo credenciado pela Divisão de Produtos Controlados, na Capital ou no Interior;

e) Original de Atestado referente ao manuseio de armas (normas de segurança), assinado por instrutor, com o devido certificado, para armamento e tiro, conforme Portaria DGP nº 24/1997, expedida pela ACADEPOL, e credenciado pelos órgãos competentes das respectivas áreas, do interior ou da Capital.

As Delegacias Seccionais de Polícia encaminharão à Divisão de Registros Diversos os expedientes das respectivas áreas instruídos, somente, com o ofício do Prefeito ou do Comandante da GCM, solicitando o credenciamento. Os originais do laudo de exame psicológico e do atestado referente ao manuseio de arma são protocolados pelas Guardas Municipais nas respectivas Delegacias Seccionais de

Polícia, vez que são exigidos para a expedição do porte de arma em serviço, de atribuição do Delegado de Polícia Seccional (Portaria nº 7/2000).

A Guarda Civil Metropolitana da Capital, para a obtenção do *credenciamento* e do *porte de arma em serviço* dos seus integrantes, obedecerá o seguinte trâmite:

I - Protocolará os seus expedientes, relativos ao pedido do *porte de arma em serviço* e de credenciamento de seus integrantes, individualmente, na Divisão de Registros Diversos, instruindo, cada pedido, com os documentos acima relacionados (Portaria 7/2000).

II - A Divisão de Registros Diversos, após exame dos documentos recebidos, se for o caso, deferirá o pedido e assinará o campo destinado ao *credenciamento* respectivo, encaminhando, em seguida, as fichas assinadas em 2 vias à Divisão de Produtos Controlados, para exame e eventual deferimento e assinaturas referentes ao *porte de arma em serviço;*

III - A Divisão de Produtos Controlados devolve as fichas, já com 2 assinaturas, à Divisão de Registros Diversos que, após as devidas anotações arquivará uma das vias, ficando a outra à disposição da Guarda Civil Metropolitana, para oportuna retirada.

O prazo de validade do Credenciamento e do Porte de Arma em Serviço é de 2 anos, a contar da data de sua expedição.

9.6. Apreensão de Armas

Todas as armas de fogo encontradas sem registro ou sem autorização devem ser apreendidas e, após a elaboração do laudo pericial, recolhidas ao Ministério do Exército que se encarregará de sua destinação.

Em São Paulo, ao formalizar o auto de apreensão de arma, o Delegado determina:

a) lavratura do auto respectivo, com o registro pormenorizado das circunstâncias da apreensão, dos dados da arma e dos projéteis, com a identificação de quem a portava;

b) registro do auto em livro próprio;

c) adoção das demais providências cabíveis;

d) imediata comunicação à Divisão de Produtos Controlados, do DIRD, quando a apreensão for na Capital ou, se ocorrida nos demais municípios, às Delegacias Seccionais que possuam terminais do Sistema de Armas, para os fins previstos no art. 38, do Decreto nº 2.222/1997;

e) as armas, não vinculadas a inquéritos, são encaminhadas à Divisão de Produtos Controlados, juntamente com uma cópia do BO e do auto de apreensão;

f) no caso de devolução da arma ao seu proprietário, o Delegado lavra o auto de entrega, encaminhando cópia e demais documentos à Divisão de Produtos Controlados, com despacho fundamentado acerca dos motivos que determinaram a liberação;

g) se a procedência da arma for desconhecida ou duvidosa, o Delegado, antes de enviá-la à Divisão de Produtos Controlados, a consulta, promovendo, em seguida, as medidas que a resposta obtida vier a determinar. Não existindo dados, a arma deverá ser enviada ao Instituto de Criminalística, para perícia.

A remessa das armas apreendidas ao Poder Judiciário, juntamente com os inquéritos a que se vinculam, deve ser feita de acordo com as normas vigentes em cada Comarca.

As ocorrências referentes a roubo, furto, apropriação indébita ou fraudulenta e extravio de arma de fogo devem ser registras e comunicadas à Divisão de Produtos Controlados. Tratando-se de arma cedida pelo Poder Público, o Delegado que registrar a ocorrência deve comunicar o fato ao superior hierárquico imediato do funcionário responsável pela mesma, bem como ao dirigente do órgão a que a arma estiver vinculada, para as providências cabíveis.[274]

No Rio de Janeiro, as armas apreendidas são encaminhadas ao Departamento Especial de Fiscalização de Armas e Explosivos (DFAE), da Polícia Civil.

Observe-se, outrossim, que é proibida a fabricação, a venda, a comercialização e a importação de brinquedos, réplicas e simulacros de armas de fogo, que com elas se possam confundir. A única exceção, diz respeito àqueles destinados à instrução, ao adestramento, ou à coleção de usuário autorizado, nas condições fixadas pelo Ministério do Exército. E o uso de arma de brinquedo para cometer um crime será um fato criminalizado.

9.7. Devolução de Arma Apreendida

Em São Paulo, no caso de pedido de devolução de arma apreendida, o requerimento do interessado deverá ser dirigido à Divisão de Produtos Controlados, única competente para decidir sobre o pedido, quando a arma não estiver ligada a inquérito policial, devendo ser prestados os seguintes esclarecimentos: *a)* data e local da apreensão; *b)* motivo da apreensão; *c)* se a arma está registrada ou não e, em caso positivo, onde foi feito o registro; *d)* se era possuidor de licença para porte e a data final de validade, esclarecendo-se à Divisão ou Delegacia de Polícia expedidora da licença; *e)* se arma de caça, esclarecer, ainda, se era possuidor de licença para caça, indicando o período de validade e a repartição expedidora da licença; *f)* razões pelas quais entende que a arma deve ser devolvida.

Se o pedido for apresentado à Delegacia de Polícia, em cujo território a apreensão tenha sido feita, a respectiva autoridade policial, encaminhando o pedido, fará sua apreciação sobre o pedido, opinando pela conveniência ou não da devolução solicitada. Se houver BO, juntará cópia do pedido. Esclarecerá, também, se a arma já foi encaminhada à Divisão de Produtos Controlados, quando, por qual via e qual o ofício de encaminhamento.

O prazo para requerer a devolução da arma é de 6 meses, a contar da data da apreensão.

---

274. Portaria DGP nº 34, de 30.12.1997, dispõe sobre o procedimento a ser adotado quando da apreensão de armas de fogo e dá outras providências (*DOE* 3.1.1998).

9.8. Devolução de Arma do Estado

Em São Paulo, o Delegado Geral, visando resguardar o interesse da Administração, baixou portaria dispondo que os chefes de unidades policiais e administrativas, ao tomarem conhecimento de ato demissório ou declaratório de perda de função pública, relativo a funcionário ou servidor subordinado, devem providenciar de imediato: *a)* a devolução de arma pertencente ao Estado, recebida mediante carga, pelo ex-funcionário ou ex-servidor, encaminhando-a, com ofício, à unidade de origem; *b)* a restituição da Identidade Funcional do ex-servidor ou ex-funcionário, encaminhando-a, com ofício, a unidade expedidora.[275]

O eventual extravio ou perda da arma ou do documento será consignado em declaração assinada pelo ex-servidor ou ex-funcionário e remetida, com ofício, à unidade de origem da arma ou expedidora da Identidade Funcional.

Ainda em São Paulo, segundo o Provimento nº 2/2001, da Corregedoria-Geral da Justiça, os magistrados devem sempre que possível, quando não mais houver interesse nas armas apreendidas, pertencentes à Polícia Civil ou Militar, oficiar à Secretaria da Segurança Pública do Estado ou ao Comando da Polícia Militar, conforme o caso, colocando-as à disposição, devendo ser retiradas por autoridade credenciada, conforme a origem da arma.

9.9. Crime

Constitui crime contra a Segurança Nacional importar ou introduzir, no território nacional, por qualquer forma, sem autorização da autoridade federal competente, armamento ou material militar privativo das Forças Armadas, bem, como, sem autorização legal, fabricar, vender, transportar, receber, ocultar, manter em depósito ou distribuir o armamento ou material militar.[276]

A Lei nº 9.437, de 20.2.1997, que instituiu o Sistema Nacional de Armas (SINARM), por sua vez, prescreve no art. 10 crime de ação múltipla, ou, como preferem alguns autores, crime de conteúdo variado, com a seguinte redação:

"Possuir, deter, portar, fabricar, adquirir, vender, alugar, expor à venda ou fornecer, receber, ter em depósito, transportar, ceder, ainda que gratuitamente, emprestar, remeter, empregar, manter sob guarda e ocultar arma de fogo de uso permitido, sem autorização e em desacordo com a determinação legal ou regulamentar.

Pena - detenção de um a dois anos e multa".

Se a arma for de uso proibido ou restrito, a pena cominada *in abstrato* será de 2 a 4 anos de reclusão e multa.

Quem alterar marca, numeração ou qualquer sinal de identificação da arma, modificar as suas características, tiver condenação anterior por crime contra a pessoa ou patrimônio e tráfico de drogas, estará sujeito à pena de até 4 anos de reclusão. Esta pena será aplicada em dobro se o crime for cometido por funcionário público (incluindo policiais). E é crime também utilizar arma de brinquedo para ameaçar as pessoas.

---

275. Portaria DGP nº 13, de 7.6.1978 (*DOE* 9.6.1978).

276. Lei nº 7.170, de 14.12.1983, define os crimes contra a Segurança Nacional, a ordem política e social, estabelece seu processo e julgamento e da outras providências, art. 12 e parágrafo único.

10. MODELOS

10.1. Memorando Autorizando a Compra de Armas e Munições

SECRETARIA DA SEGURANÇA PÚBLICA
AUTORIZAÇÃO PARA COMPRA DE ARMAS E MUNIÇÕES

O Sr. ____________________
filho de ____________________
e de ____________________
de nacionalidade ____________________
natural de (lugar, Estado e país) ____________________
com _____ anos de idade, e estado civil ____________________
de profissão ____________________
residente ____________________
portador do documento de identidade ____________________
está autorizado a adquirir na firma ____________________
estabelecida ____________________
a arma com as características seguintes:
Espécie ____________________ Calibre ____________________
Marca ____________________ Número ____________________
País de Fabricação ______________ Cano ____________________
e seguinte munição: ____________________

Autorizo

Data____________________

(a) Delegado

Ver Decreto nº 3.665, de 20.11.2000, que dá nova redação ao Regulamento para a Fiscalização de Produtos Controlados (R-105), com a Relação de Produtos Controlados pelo Ministério do Exército e os modelos anexos.[277]

---

277. Anexos: Tabela de Nomes Alternativos, Tabela de Emprego e Efeitos Fisiológicos de Produtos Controlados, Requerimento para Obtenção do Título de Registro, Declaração de Idoneidade, Compromisso para Obtenção de Registro, Dados para Mobilização Industrial, Quesitos para Concessão ou Revalidação de Título de Registro, Termo de Vistoria, Título de Registro, Requerimento para Revalidação de Título de Registro, Requerimento para Alteração de Título de Registro, Requerimento para Arrendamento de Fábrica, Requerimento para Apostila em Título de Registro, Tabelas de Quantidades - Distâncias, Requerimento para Concessão e Revalidação do Certificado de Registro, Quesitos para Pessoas Jurídicas que Utilizam Produtos Controlados, Quesitos para Empresas de

10.2. Requerimento para o Registro de Arma de Fogo

(Nome da Firma) ______________________________

Endereço: ______________________________

FORMULÁRIO PARA REGISTRO DE ARMA

REGISTRO DE ARMA

Despacho

Data ______________

(a) Delegado _________

(Nome e identidade do Requerente) ______________________________,
residente (citar rua e número, bairro, cidade e UF) ____________________
de profissão____________________ Nacionalidade ________________
natural de__________________________ com ___________ __anos de idade
nascido em ____ de _____de_____ Estado Civil ____________________
filho de ______________________ e de ______________________
____ desejando
registrar a sua arma para defesa domiciliar, requer a V.Sa. mandar fornecer-lhe o competente Registro da Arma.

Demolições que Utilizam Produtos Controlados, Quesitos para Pessoas Jurídicas que Comerciam Produtos Controlados, Quesitos para Oficinas de Reparações de Armas de Fogo, Quesitos para Clubes de Tiro e Assemelhados, Certificado de Registro, Mapa Demonstrativo das Entradas e Saídas de Produtos Controlados, Mapa de Estocagem de Produtos Controlados, Requerimento para Alteração em Certificado de Registro, Aquisição de Armas Munições, Viaturas Blindadas e Coletes à Prova de Balas pelas Forças Auxiliares, Aquisição de Armas e Munições de Uso Permitido, Autorização para Aquisição de Armas e Munições no Comércio, Guia de Tráfego, Carimbo de Isenção de Visto em Guia de Tráfego, Certificado de Usuário Final, Anverso - Certificado Internacional de Importação e Verso - Requerimento para Obtenção do Certificado Internacional de Importação, Mapa dos Desembaraços Alfandegários, Requerimento para Desembaraço Alfandegário, Carimbo Designando Data para Desembaraço Alfandegário, Guia de Desembaraço Alfandegário, Requerimento para Desembaraço Alfandegário como Bagagem, Termo de Apreensão, Auto de Infração, Notificação, Parecer Conclusivo, Ficha de Informações, Autorização para fabricação de protótipos (Fonte: http://www.planalto.gov.br).

CARACTERÍSTICAS DA ARMA

Espécie____________________________, Nº ______________________________

Fabricação ________________________, Calibre __________________________

Marca _____________________________, Cano ____________________________

Oxidado ou niquelado _______________, IT ______________________________

Cabo de ___________________________, Sistema __________________________

Nota Fiscal Nº ____

Local e Data ____

*Assinatura*______________________________

Observação: O presente documento é preenchido na casa comercial e entregue pelo lojista na DP, juntamente com retratos (...cm x ...cm) do interessado e o comprovante do pagamento da taxa devida ao registro.

Distribuição (alíneas "h" do item 38):

1ª Via - Para as DP ou DPR Locais e

2ª Via - Para o SFPC/RM local

10.3. Requerimento para Obtenção do Porte de Arma - Estadual e Declaração de Residência

ILMO. SR. DR. DELEGADO TITULAR
DA DIVISÃO DE PRODUTOS CONTROLADOS

Fulano_______________, RG________, brasileiro, natural de________________, Estado de__________, com____ anos de idade, nascido aos_____de_____de____, filho de___________________ e_____________ ____, estado civil_____________, Profissão__________, residente e domiciliado em (Cidade)_________, Estado de __________, na___________________, nº____ bairro_________, CEP_________,

vem, mui respeitosamente, requerer a V.Sa., se digne mandar Expedir um porte de arma para defesa, declarando o requerente possuir a competente habilidade técnica para o manuseio de arma de fogo, juntando para isso a documentação devida.

Nestes Termos

P. Deferimento.

Data________________

*(a)*________________

DECLARAÇÃO DE RESIDÊNCIA

Eu, ____________________, brasileiro, casado, profissão, portador da Carteira de Identidade RG ___________, inscrito no Cadastro de Pessoas Físicas do Ministério da Fazenda sob nº _____, declaro, nos termos da lei e para fins de direito, que sou residente e domiciliado nesta Capital do Estado de São Paulo, na Rua__________, nº _____, Bairro da ________, CEP ______________.

Data______________________

*(a)*______________________

10.4. Formulário: Entrevista para Obtenção de Porte de Arma

SECRETARIA DA SEGURANÇA PÚBLICA
DEPARTAMENTO DE IDENTIFICAÇÃO E REGISTROS DIVERSOS
DIVISÃO DE PRODUTOS CONTROLADOS

ENTREVISTADO: ____

1. TEM IMPERIOSA NECESSIDADE DE ANDAR ARMADO?

( ) SIM ( ) NÃO

2. SABE MANEJAR A ARMA PARA A QUAL ESTÁ PEDINDO PORTE?

( ) SIM ( ) NÃO

3. TEM RESPONSABILIDADE PARA PORTAR A ARMA PARA A QUAL ESTÁ PEDINDO O PORTE?

( ) SIM ( ) NÃO

4. O ENTREVISTADO CONHECE NORMAS DE SEGURANÇA PARA A GUARDA E O PORTE DE ARMA?

( ) SIM ( ) NÃO

5. PERGUNTADO AO ENTREVISTADO SE ELE SOFRE OU JÁ SOFREU DE DOENÇAS NERVOSAS OU MENTAIS. RESPONDEU:

( ) SIM ( ) NÃO

6. EM CASO AFIRMATIVO AO QUESITO ANTERIOR, QUAL A DOENÇA?

____

7. PERGUNTADO AO ENTREVISTADO SE COSTUMA INGERIR BEBIDAS ALCOÓLICAS. RESPONDEU:

( ) SIM ( ) NÃO

Data____________________

*(a) Delegado*____________

- O requerente deverá, com a nova lei, comprovar capacidade técnica atestada por instrutor de armamento e tiro, do quadro da Polícia Civil ou por ela habilitado.
- O requerente deverá, com a nova lei, comprovar aptidão psicológica para portar arma de fogo, através de laudo conclusivo fornecido por psicólogo do quadro da Polícia Civil ou por ela credenciado.
- Vide art. 13, V e VI, do Decreto nº 2.222/1997.

10.5. Termo de Compromisso

ILMO. SR. DR. DELEGADO TITULAR
DA DIVISÃO DE PRODUTOS CONTROLADOS

TERMO DE COMPROMISSO

Eu________________________________, filho de __________________ e de _________________________, brasileiro, profissão, residente e domiciliado nesta Capital, na Rua _________________, nº______, portador da Carteira de Identidade RG nº _________________, CPF/MF nº ___________________,através do presente, vem, mui respeitosamente, à presença de V.Sa., para assumir o seguinte compromisso:

1) Que nunca tive PORTE desta arma .... ( )

2) Que junto o PORTE DA ARMA objeto do presente processo .... ( )

3) Que tenho PORTE vencido desta arma .... ( )

4) Que tenho PORTE válido de outra arma .... ( )

5) Que deixo de juntar o PORTE vencido da arma por motivo de extravio . ( )

6) Que só posso possuir dois portes de armas, segundo normas da legislação em vigor - Portaria Federal nº 1.261/1980.

7) Que a arma, objeto do presente, não se encontra apreendida, assim como vinculada a nenhum processo civil ou criminal.

8) Que tenho absoluto conhecimento do texto contido no art. 299 do Código Penal Brasileiro o qual trata de FALSIDADE IDEOLÓGICA.

Data, __________________________

*(a)*_____________________________

10.6. Requerimento para Transferência, Registro, Porte ou Recadastramento de Arma - Pessoa Física - Modelo I

ILMO. SR. DR. DELEGADO DE POLÍCIA
TITULAR DA DIVISÃO DE PRODUTOS CONTROLADOS

O interessado a seguir qualificado

Número RG. RNE *(A)* _____ Data Expedição *(B)* _____ Órgão Expedidor *(C)* ____
Nome *(D)*____
Pai e Mãe *(E)* ____
____
Data do Nascimento *(F)* ______Nacionalidade *(G)*_____Naturalidade *(H)* _______
Cútis *(I)*____ Sexo *(J)* _____ Estado Civil *(K)* _____ Profissão *(L)* ___________
Endereço *(M)* _______________ Bairro *(N)* _______________
Cidade *(O)* ________ UF *(P)* _____ CEP *(Q)* ______ Telefone *(R)* __________
Empresa onde trabalha - CIC ou CNPJ *(S)* _______________________
Endereço da Empresa. Órgão *(T)* _______________________

Vem, mui respeitosamente, requerer a V. Sa.
Transferência ( ) - Registro ( ) - Porte ( ) - Recadastramento ( ) da arma abaixo descriminada

Nº do cadastro no SINARM *(1)* _________Quantidade de raias e sentido *(2)* ______
Número da arma *(3)* ______ Marca *(4)* ________ Espécie *(5)* ____________
Calibre *(6)* ________ Quantidade de Canos *(7)* ________ Comprimento *(8)* ______
Acabamento *(9)* _____ Funcionamento *(10)* __________ Coronha *(11)* _________
Tipo *(12)* _______ Capacidade *(13)* _________ País *(14)* _______________
Modelo *(15)* __________________ Tipo de alma *(16)* _______________
Razão Social do Fabricante *(17)* _______________________
CNPJ (18) _______________ End. *(19)* _______________
Razão Social do Vendedor *(20)* _______________________
CNPJ *(21)* _______________ End. *(22)* _______________

Número e data da Nota Fiscal de Venda *(23)* _______________
(Extrair a Nota Fiscal após Autorização da Autoridade Policial)

Arma esta que se destina a: Defesa Pessoal

Com a seguinte justificativa ____

____

____

____

Termos em que pede deferimento.

Local____________________Data______

Assinatura

Obs.: Fazer preenchimento à máquina em papel tamanho ofício.

10.7. Requerimento para Transferência, Registro, Porte ou Recadastramento de Arma - Pessoa Jurídica - Modelo II

ILMO. SR. DR. DELEGADO DE POLÍCIA
TITULAR DA DIVISÃO DE PRODUTOS CONTROLADOS

O interessado a seguir qualificado

Número RG. RNE *(A)* _____ Data Expedição *(B)* _____ Orgão Expedidor *(C)* ____
Nome *(D)*____
Pai e Mãe *(E)* ____

____
Data do Nascimento *(F)* ______ Nacionalidade *(G)*_____Naturalidade *(H)* _______
Cútis *(I)*____ Sexo *(J)* _____ Estado Civil *(K)* _____ Profissão *(L)* __________
Endereço *(M)* __________________ Bairro *(N)* ____________________________
Cidade *(O)* _________ UF *(P)* _____ CEP *(Q)* ______ Telefone *(R)* __________
Empresa onde trabalha - CIC ou CNPJ *(S)* ____________________________
Endereço da Empresa. Órgão *(T)* _________________________________

Vem, mui respeitosamente, requerer a V. Sa.

Transferência ( ) - Registro ( ) - Porte ( ) - Recadastramento ( ) da arma abaixo descriminada

Nº do cadastro no SINARM *(1)* _________ Quantidade de raias e sentido *(2)* _____
Número da arma *(3)* ______ Marca *(4)* ________ Espécie *(5)* ________________
Calibre *(6)* ________ Quantidade de Canos *(7)* ________ Comprimento *(8)* ______
Acabamento *(9)* _____ Funcionamento *(10)* __________ Coronha *(11)* _________
Tipo *(12)* _______ Capacidade *(13)* _________ País *(14)* ____________________
Modelo *(15)* ____________________ Tipo de alma *(16)* ____________________
Razão Social do Fabricante *(17)* ____
CNPJ (18) ____________________ End. *(19)* ____________________________
Razão Social do Vendedor *(20)* ____
CNPJ *(21)* ____________________ End. *(22)* ____________________________

Número e data da Nota Fiscal de Venda *(23)* ______________________________

(Extrair a Nota Fiscal após Autorização da Autoridade Policial)

Arma esta que se destina a:

( ) **Comercial**
( ) **Empresa de Segurança**
( ) **Órgãos Públicos**
( ) **Outros**

Com a seguinte justificativa ____
____
____
____
____

Termos em que pede deferimento

Local_________________Data______

Assinatura

Obs.: Fazer preenchimento à máquina em papel tamanho ofício.

10.8. Requerimento para Registro de Arma sem Comprovação de Origem - Modelo III (Decreto nº 2.222/1997)

ILMO. SR. DR. DELEGADO DE POLÍCIA
TITULAR DA DIVISÃO DE PRODUTOS CONTROLADOS

Nome ____

Pai ____

Mãe ____

Data do Nascimento _______________ Nacionalidade _______________

Natural de ___________________________ Estado _________________

Estado Civil ____

Residência ____

Bairro __________________________________ Estado _______________

Carteira de Identidade nº _______________ Data Expedição ____________

Órgão Expedidor _______________________ CIC nº ________________

Profissão ____

Local de Trabalho ______________________________________

CNPJ. da Empresa onde trabalha ___________________________

Bairro _________________ CEP_______________ Cidade _______________

Estado _________________________ Telefone Comercial _______________

Requer a Vossa Senhoria que se digne conceder o registro de sua arma de fogo, abaixo discriminada, na conformidade do art. 5º da Lei nº 9.437, de 20 de fevereiro de 1997.

CARACTERÍSTICAS DA ARMA

Espécie ____________________ Marca ______________ Calibre _____________

Modelo ________________________ Nº da Arma __________________________

Quantidade de Canos ________ Comprimento do cano em (mm) _____________

Capacidade de Cartuchos ______ Tipo de Alma ( ) Lisa ( ) Raiada

Quantidade de Raias ____________ Sentido da Raia ____________________

Tipo de Funcionamento ( ) Repetição ( ) Semi-Automática ( ) Automática

País de Fabricação _______________________________________

Nestes Termos

Pede Deferimento.

Local_______________ Data__________________

Assinatura

Obs.: Fazer preenchimento à máquina em papel tamanho ofício.

10.9. Declaração e Termo de Responsabilidade para efeito de Registro de Arma - Modelo IV

Eu, ____

filho de ____

e de ____

RG nº ____________________ CPF nº ____________________

residente na rua ____________________________ nº __________

bairro ______________ na cidade de _______________________

Declaro que possuo a arma abaixo descrita há ______________ anos, a qual foi comprada de ______________________________ (ou doada) por, cujo recibo de venda (ou termo de doação) se encontra extraviado, não estando a mesma vinculada a qualquer ocorrência policial (Roubo, Furto, etc.).

Assim sendo, responsabilizo-me civil e criminalmente pela presente declaração.

CARACTERÍSTICAS DA ARMA

Espécie ____________________ Nº ____________________

Marca ____________________ Calibre ____________________

Capacidade ____________________ Acabamento ____________________

Coronha ____________________ Sistema ____________________

País de fabricação ____________________ Tipo ____________________

São Paulo, _______ de _______________ de ______

(assinatura com firma reconhecida)

Obs.: Fazer preenchimento à máquina em papel tamanho ofício.

10.10. Relação de Quantidade de Raias e Sentido - Modelo V

Revólver INA
Cal. 22 - 6 direita
Cal. 16 - alma lisa
Cal. 38 - 6 direita

Revólver CARAMARU
Cal. 22 - 6 direita
Cal. 32 - 6 direita
Cal. 38 - 6 direita

Revólver TAURUS
Cal. 22 - 6 direita
Cal. 32 - 5 direita
Cal. 38 - 5 direita

Pistola TAURUS
Cal. 22 - 6 direita
Cal. 6,35 - 6 direita
Cal. 7,65 - 6 direita
Cal. 380 - 6 direita

Revólver ROSSI
Cal. 22 - 6 direita
Cal. 32 - 6 direita
Cal. 38 - 6 direita

Espingardas BOITO. ROSSI. CBC
Cal. 12, 16, 20, 24 , 28, 32, 36, 40 - alma lisa

Carabina ROSSI.
Cal. 38, 44, 40 - 6 direita
Cal. 22 - 6 direita

Carabina URKO
Cal. 38 - 6 direita
Cal. 22 - 8 direita

EM GERAL
Espingardas - alma lisa
Garruchas - 6 direita
Garruchão - alma lisa
Pistolão - alma lisa
Pistolete - alma lisa
Rifle - 6 direita
Carabina CBC 122.122.2 - 8 direita
Carabina Imbel Cal. 22 - 6 a direita

COMO PREENCHER OS REQUERIMENTOS MODELOS 10.6 E 10.7

DO REQUERENTE: Se você for pessoa física, preencha o Modelo 1. Se você for pessoa Jurídica preencha o Modelo 2.

Os campos de A a T, são dados que dizem respeita a qualificação do requerente.

DA ARMA:

CAMPO 1 - Não preencher.

CAMPO 2 - V. tabela anexa Modelo 5.

CAMPO 3 - Número da arma.

CAMPO 4 - Marca do fabricante.

CAMPO 5 - Espécie da arma, de acordo com a classificação abaixo:

(...) garrucha (...) pistolão (...) metralhadora (...) garruchão
(...) espingarda (...) submetralhadora (...) revólver (...) carabina
(...) fuzil (...) pistola (...) rifle

CAMPO 6 - Calibre da arma.

CAMPO 7 - Quantidade de canos que a arma possui.

CAMPO 8 - Comprimento da cano como classificação abaixo:

curto (até 3 polegadas)
médio (de 4 a 5 polegadas)
longo (6 polegadas ou mais)

Obs: No caso de armas longas (espingarda, rifle, carabina), escrever Superlongo.

CAMPO 9 - O acabamento da arma observando a classificação:

oxidado	inox	anodizado
niquelado	prateado	polímero
cromado	dourado	eniffer

CAMPO 10 - Funcionamento da arma observando a classificação abaixo:

a) SIMPLES: (garrucha, espingarda de um/dois canos, Rifles que usam uma bala por vez).
b) REPETIÇÃO: revólver, espingarda Pump, Fuzil, Rifles c/ pentes.
c) SEMI-AUTOMÁTICA: pistolas.
d) AUTOMÁTICOS: submetralhadora e metralhadoras.

CAMPO 11 - Coronha de : madeira, plástico, madrepérola, borracha etc.

CAMPO 12 - Destinação da arma: defesa, coleção, competição, caça.

CAMPO 13 - Capacidade de tiros; para pistolas, o número de balas do pente.

CAMPO 14 - País onde a arma foi fabricada.

CAMPO 15 - Modelo constante no Termo de compromisso de compra e venda.

CAMPO 16 - Tipo constante no Termo de compromisso de compra e venda.

CAMPO 17 - Razão Social da fabricante.

CAMPO 18 - CNPJ do fabricante.

CAMPO 19 - Endereço do fabricante.

CAMPO 20 - Razão Social do vendedor.

CAMPO 21 - CNPJ do vendedor

CAMPO 22 - Endereço da vendedor.

CAMPO 23 - Não preencher.

Observações:

1. REGISTRO EM RAZÃO DE TRANSFERÊNCIA - Não preencher os campos 1, 17, 18, 19, 20, 21, 22 e 23.
2. Registro de Armas adquiridas por Empresas conforme Modelo 2.[278]

***Obs.:** Se sua arma não constar na relação acima, consulte o fabricante ou a loja.*

278. Os modelos de 1 a 5, acima reproduzidos, foram elaborados pela Divisão de Produtos Controlados, do Departamento de Identificação e Registros Diversos (DIRD), da Secretaria da Segurança Pública de São Paulo, em 1997, V. opúsculo publicado com a colaboração da Aniam, Setembro/1997.

CAPÍTULO X

ESTABELECIMENTOS PRISIONAIS

1. EXECUÇÃO DAS PENAS

Transitada em julgado a sentença penal condenatória, que imponha pena privativa de liberdade, o Juiz ordenará a expedição de *Guia de Recolhimento* para o cumprimento da pena.[279]

A execução das penas é atividade jurisdicional, onde não houver Juiz especial, incumbirá ao Juiz da sentença, ou, se a decisão for do Tribunal do Júri, ao seu Presidente. Se a decisão for de Tribunal Superior, nos casos de competência originária, caberá ao respectivo Presidente prover-lhe a execução.[280]

Em São Paulo, na Capital, a execução das penas compete ao Juiz das Execuções Criminais e nas Comarcas do Interior aos Juízes de Direito.

Penas Privativas da Liberdade: — Em nosso direito penal comum as penas privativas de liberdade são: *a)* reclusão e detenção, para os crimes; *b)* prisão simples,

---

279. Provimento nº 15/1999, da Corregedoria-Geral da Justiça (SP), dá nova redação ao item 40, do Capítulo V das Normas de Serviço da Corregedoria-Geral da Justiça, sobre as guias de recolhimento que devem obedecer ao modelo oficial impresso em 4 vias, destinando-se a 1ª de cor branca, aos livros do ofício de condenação; a 2ª, de cor verde, constituirá a guia de recolhimento ou de internamento para as execuções criminais; a 3ª, de cor azul, será remetida à Vara das Execuções Criminais da Comarca de São Paulo para organização do Cadastro Geral de Sentenciados; a 4ª, de cor amarela, será remetida à autoridade administrativa incumbida da execução da pena.

280. Código de Processo Penal, art. 668 e parágrafo único.

para as contravenções. A pena de reclusão e a de detenção devem ser cumpridas em penitenciária, ou, à falta, em secção especial de prisão comum.

A pena de reclusão deve ser cumprida em regime fechado, semi-aberto ou aberto. A de detenção em regime semi-aberto ou aberto, salvo necessidade de transferência a regime fechado (CP, art. 33).

No regime fechado, as penas são cumpridas num sistema progressivo. A reclusão passa por quatro fases ou estágios: *a)* período inicial de observação do recluso, sujeito ao exame criminológico de classificação para individualização da execução; *b)* trabalho em comum dentro do estabelecimento ou fora dele, com cautelas próprias, em serviços ou obras públicas; *c)* transferência para colônia penal (regime semi-aberto); e, *d)* livramento condicional.

Regime fechado: — Nesse regime, a pena é cumprida em estabelecimento de segurança máxima ou média, em penitenciária, ou, à falta, em secção especial de prisão comum, com trabalho no período diurno e isolamento durante o repouso noturno. O trabalho será comum dentro do estabelecimento ou fora, em serviços ou obras públicas, na conformidade das aptidões ou ocupações anteriores do condenado, desde que compatíveis com a execução da pena.

Regime semi-aberto: — Cumprem pena nesse regime: I - desde o ínicio, o conde-nado não reincidente, cuja pena seja superior a 4 anos e não exceda a 8; II - o condenado declarado incompatível com o regime aberto se não for determinado seu recolhimento em regime fechado; III - o condenado que recusar o regime aberto, ou que o teve revogado, se o contrário não determinar o Juiz.

No regime semi-aberto a pena é cumprida em estabelecimento apropriado, ou, à falta, em secção especial de penitenciária ou prisão comum.

O condenado fica sujeito a trabalho em comum durante o período diurno, em colônia agrícola, industrial ou estabelecimento similar. O trabalho externo é admissível, bem como a freqüência a cursos supletivos profissionalizantes, de instrução de segundo grau ou superior (CP, art. 35, §§ 1º e 2º)

Regime aberto: — Cumpre pena nesse regime, desde o início, o condenado não reincidente, cuja pena seja igual ou inferior a 4 anos. Esse regime baseia-se na autodisciplina e senso de responsabilidade do condenado. O condenado deverá, fora do estabelecimento e em vigilância, trabalhar, freqüentar curso ou exercer outra atividade autorizada, permanecendo recolhido durante o período noturno e nos dias de folga em casa de albergado ou estabelecimento adequado. Mas ele será transferido desse regime se praticar fato definido como crime doloso, se frustrar os fins da execução ou se, podendo, não pagar a multa cumulativamente aplicada (CP, art. 36, § 2º).

Regime Especial: — As mulheres cumprem pena em regime especial, em estabelecimento próprio, observando-se os deveres e direitos inerentes à sua condição pessoal.[281]

---

281. V. João Benedicto de Azevedo Marques, *Manual de Procedimento 1999 - Regimento Interno Padrão dos Estabelecimentos Prisionais do Estado de São Paulo*, SP, Secretaria da Administração Penitenciária, Imprensa Oficial, 1999.

2. CADEIA PÚBLICA

Este estabelecimento destina-se ao recolhimento de presos provisórios e em cada Comarca deverá ter pelo menos uma, a fim de resguardar o interesse da Administração da Justiça Criminal e a permanência do preso em local próximo ao seu meio social e familiar.[282]

2.1. Direção e Planejamento

O Delegado de Polícia, ao assumir a direção da Cadeia Pública, deve inspecionar o prédio, verificando o estado em que se encontram as suas instalações: a conservação e limpeza; os sistemas de segurança e alarma; o número de xadrezes e de seus ocupantes; as condições gerais dos presos, como estão recolhidos e vivendo, determinando as providências que entender necessárias.

Em seguida, recomenda à Carceragem que qualquer irregularidade lhe seja comunicada imediatamente, a qualquer hora.

Depois de conhecer a cadeia e seus problemas; o Delegado elabora um plano de fiscalização e baixa instruções, dentro das técnicas de segurança, tendo-se em vista a guarda das chaves, o controle dos utensílios e ferramentas de trabalho, a entrada e saída de visitas, a entrada de alimentos, pacotes e objetos diversos, a recontagem diária dos presos, a revista feita em horas incertas e o trânsito de policiais que não podem entrar armados na carceragem, devendo depositar as suas armas em local apropriado.

Cumpre, ainda, à autoridade policial introduzir melhoramentos nos padrões de vida carcerária: limpeza e higiene das celas; alimentação boa; instalações sanitárias adequadas; iluminação e ventilação das celas e locais de trabalho; segurança, prevenindo-se incêndio, fugas e brigas; trabalho ao ar livre; quando possível, separação dos presos sãos dos doentes; separação dos primários e reincidentes, se possível, em pavilhões diferentes; propiciar cuidados médicos e dentários; escola, com aprendizagem de artes e ofícios; atividades recreativas, desportivas e assistência religiosa.[283]

2.2. Livros Obrigatórios

Em São Paulo, os livros obrigatórios nas Cadeias Públicas são os seguintes: *a)* Registro de Entrada e Saída de Presos; *b)* Registro de Objetos e Valores dos Presos; *c)* Registro de Visitas Médicas aos Presos; *d)* Registro de Óbitos; *e)* Registro de Visitas do Ministério Público; *f)* Registro de Termos de Visitas e Correições da Corregedoria da Justiça.

---

282. Lei nº 7.210, de 11.7.1984, arts. 102 e 103.

283. Lei nº 9.982, de 14.7.2000, dispõe sobre a prestação de assistência religiosa nas entidades hospitalares públicas e privadas, bem como nos estabelecimentos prisionais civis e militares (*DOU*, de 17.7.2000).

O Delegado de Polícia procede à abertura dos livros da cadeia, lavra os Termos de Abertura e de Encerramento, rubrica todas as folhas e, em seguida, entrega ao carcereiro que, por sua vez, deve escriturá-los, sem entrelinhas e rasuras, mantendo-os limpos.

O assento de um preso abrange duas páginas do livro aberto, cada qual dividida em duas partes, sendo feito, assim, em quatro colunas.

Na primeira divisão, à esquerda, anota-se: *a)* o ano corrente; *b)* o número correspondente ao preso, em algarismos maiúsculos (numeração seguida, começando cada ano pela unidade); *c)* qualificação completa do preso: nome, apelidos, número do registro geral, nacionalidade, naturalidade, data do nascimento, filiação, estado civil, profissão, número da carteira profissional, residência, grau de instrução; *d)* estatura e corpulência; *e)* caracteres cromáticos: cútis, cabelos, barba, bigode, sobrancelhas, olhos; *f*), defeitos visíveis: se é aleijado, coxo, giboso, etc.; *g)* sinais distintivos: cicatrizes, tatuagens, etc.

Na segunda divisão declarar-se-á: hora, dia, mês e ano da entrada do preso; se o acompanhou ofício ou ordem de prisão e de quem; à disposição de quem fica; quem o apresentou, se patrulha, escolta, investigador, oficial de justiça, etc., e seus respectivos nomes.

Na terceira divisão o carcereiro transcreve o mandado ou a ordem de prisão, datando e subscrevendo o fecho. Deve registrar também, se for o caso, a circunstância de o preso responder por outros crimes. E, no caso de prisão em flagrante, a Nota de Culpa é transcrita nessa coluna.

Na quarta divisão o carcereiro registra tudo quanto a respeito do preso for ocorrendo, bem assim a ordem cronológica do movimento do seu processo. No caso de soltura, o alvará competente é transcrito nessa coluna.

No livro de Registro de Objetos e Valores dos Presos o carcereiro relaciona, na presença de duas testemunhas que não pertençam aos quadros policiais, o que encontrou em poder do preso, quando da revista. Essas testemunhas também assinam o livro.

No livro de Registro de Visitas Médicas aos Presos, o médico responsável pela assistência aos presos deve anotar as visitas feitas, a data de vacinação e os casos que atender. As irregularidades constatadas pelo médico devem ser comunicadas, por intermédio do responsável pelo Posto Médico local, ao Departamento de Administração da Secretaria da Segurança Pública.[284]

2.3. Arquivo

Quanto ao trabalho burocrático, o carcereiro deve arquivar, em pasta própria, os mandados e ordens de prisão e os demais papéis. As notas de culpa, as intimações de despachos e sentenças e os alvarás de soltura devem ser apresentados ao carcereiro antes que aos presos, para que os averbe no assento da sua entrada.

---

284. Decreto Estadual (SP) nº 24.688, de 28.6.1955, atribui aos Postos de Saúde, no Departamento de Saúde, da Secretaria da Saúde, o dever de prestar assistência médica aos reclusos das Cadeias Públicas do Estado *(Lex,* Legislação do Estado de São Paulo, 1955, v. 19, p. 132); Decreto Estadual (SP) nº 29.941, de 22.10.1957 (*DOE* 23.10.1957, p. 10).

Nas carceragens dos Departamentos de Polícia são geralmente organizadas as seguintes pastas: 1) Remoções em definitivo de presos em trânsito; 2) Recibo de documentos de presos em flagrante e condenados, encaminhados à Divisão de Capturas; 3) Recibo de presos entregues à escolta para encaminhamento à Casa de Detenção e Penitenciária; 4) Requisições e recibos de presos encaminhados ao Fórum Criminal da Capital e Comarcas; 5) Recibos de presos da Justiça que tiveram permanência autorizada nas Delegacias do Departamento; 6) Relatórios diários da carceragem, encaminhados à Chefia do Departamento; 7) Recibos de Alvarás de Soltura; 8) Documentos solicitando liberdade de presos, encaminhados pela Divisão de Capturas e devidamente cumpridos pela Carceragem Geral; 9) Guias de Recolhimento de presos condenados, à disposição da Divisão de Capturas; 10) Guias de Recolhimento de presos autuados em flagrante pelas Delegacias do Departamento; 11) Relações de fotos de detentos em flagrante e condenados.

2.4. Normas de Segurança

Em São Paulo, com o intuito de melhorar as condições de segurança interna e externa dos presídios sob a responsabilidade da Polícia, a Secretaria da Segurança tem determinado uma série de providências e expedido Resoluções definindo atribuições, geralmente, nos seguintes termos:

a) em cada unidade policial haverá um Delegado de Polícia responsável pela fiel execução das normas carcerárias e fiscalização dos serviços de administração das cadeias, executados pelos carcereiros;

b) a segurança interna desses estabelecimentos caberá aos policiais civis que neles prestam serviço;

c) a segurança externa dessas cadeias ficará a cargo da Polícia Militar;

d) por segurança interna entende-se a segurança realizada nas dependências existentes a partir da carceragem, compreendidos, neste caso, corredores, xadrezes, refeitórios etc., área essa que confina o preso e na qual é proibido o trânsito de pessoas não autorizadas;

e) por segurança externa entende-se a segurança realizada na área de trânsito comum a funcionários e ao público e vedada aos presos;

f) o comandante da OPM, em colaboração com a autoridade policial local, fornecerá escolta, quando necessário, para auxiliar nas inspeções regulares aos xadrezes e revistas aos detentos, na forma que dispõe o regulamento respectivo;

g) as revistas rotineiras de xadrezes deverão ser feitas sob a supervisão do Delegado e do Comandante da OPM, com a participação de carcereiros e policiais militares (as revistas devem ser completas e minuciosas, lavrando-se termo circunstanciado do que foi observado e verificado, no livro competente);

h) o livro onde são anotadas as revistas deverá ser exibido e examinado, para as providências cabíveis, nas correições que se efetuarem nas cadeias e dependências carcerárias pelas autoridades competentes;

i) as normas relacionadas com a segurança das prisões e prevenção de fugas constantes da legislação especial, devem ser observadas pelos carcereiros e seus auxiliares, devendo a autoridade policial competente zelar pelo seu exato cumprimento, baixando ordens oportunas para prontamente coibir abusos e irregularidades.[285]

Em São Paulo, visando a atuação de rotina da Polícia Civil e da Polícia Militar, sem prejuízo da responsabilidade conjunta pela guarda e vigilância dos detentos recolhidos nos estabelecimentos prisionais sob administração da Secretaria da Segurança Pública, foram fixados critérios para a guarda interna e externa das cadeias e para a escolta armada de presos, nos seguintes termos:

a) incumbe à Polícia Militar a escolta armada dos presos recolhidos nas unidades da Coordenadoria dos Estabelecimentos Penais do Estado (COESP), nas suas movimentações e deslocamentos para apresentação em Juízo e remoção entre os diversos estabelecimentos da referida Coordenadoria;

b) a segurança interna das unidades prisionais da Secretaria da Segurança é aquela realizada dentro dos limites do imóvel onde se encontra instalada a unidade;

c) a segurança externa é aquela realizada fora dos limites das unidades referidas.[286]

2.5. Delegados - Atribuições

Ainda em São Paulo, a Delegacia Geral elaborou um elenco de atribuições mínimas dos Delegados responsáveis pelos estabelecimentos prisionais da Polícia Civil e dos respectivos carcereiros.[287]

Por esse documento compete aos Delegados:

1) organizar e manter atualizados os prontuários do preso e do egresso;

2) comunicar aos órgãos interessados a internação do preso;

3) solicitar a expedição de documentos para formação do prontuário do preso e instrução de petições;

4) decidir sobre a distribuição dos presos pelos diversos xadrezes;

5) fornecer informações e atestados relativos à situação processual e carcerária do preso e do egresso;

6) zelar pela qualidade da alimentação servida aos presos;

7) dispor sobre o regime de visitas;

8) selecionar livros, revistas e jornais destinados aos presos, incentivando a boa leitura;

---

285. Decreto Estadual (SP) nº 4.405-A, de 17.4.1978. Resolução SSP nº 5, de 8.7.1976.

286. Resolução SSP nº 157, de 28.4.1998, fixa critérios para atuação das Polícias Civil e Militar, na guarda e movimentação de presos, mantendo as disposições da Resolução SSP nº 65, de 18.7.1976..

287. Ofício DGP nº 877/1979, de 14.11.1979, sobre medidas para prevenção de fuga. V. Decreto nº 4.405-A/1928 (*Regulamento Policial*); Decretos nºs 24.688/1955, 29.941/1957 e 27.149/1987, sobre assistência médica a recluso de cadeia pública; Decreto nº 42.446/1963, que aprova o Regulamento do DIPIE: Decretos nºs 47.008/1966 e 47.788/1967, que dispõem sobre as tarefas das funções de carcereiro; Decreto nº 1.762/1973, sobre livros obrigatórios nas cadeias; Resolução SSP nº 87/1975, sobre a posse de armas e chaves no interior de cadeias; Resolução SSP nº 005/1976, sobre revista nas cadeias; Portaria DGP nº 20/1976, sobre as atribuições da Divisão de Capturas e Pessoas Desaparecidas, do DEIC.

9) censurar a correspondência dos presos;

10) possibilitar a realização de cursos alfabetizantes e profissionalizantes;

11) incentivar o trabalho e o desenvolvimento da criatividade entre os presos e possibilitar a comercialização de seu produto;

12) aproveitar nos serviços internos da repartição, mediante prévia autorização judicial, as potencialidades do preso;

13) zelar pela integridade física e moral do preso;

14) manter permanente contato com os presos, acompanhando seu comportamento e atividades, ouvindo suas reclamações e pedidos, procurando solucionar seus problemas com humanidade e justiça;

15) organizar comunidades internas com o objetivo de melhorar o comportamento grupal dos presos;

16) prestar orientação religiosa aos presos;

17) providenciar assistência médica e odontológica ao preso;

18) solicitar, quando for o caso, a realização de exame de sanidade mental do preso;

19) executar programas de recreação esportiva, visando a recuperação, o desenvolvimento e a manutenção das condições físicas dos presos;

20) organizar comemorações em datas cívicas ou religiosas de maior relevo, como Natal, Páscoa e Independência;

21) orientar na elaboração e encaminhar às autoridades competentes os recursos e pedidos de benefício em geral;

22) executar programas de preparação para a liberdade;

23) dar cumprimento às determinações judiciais;

24) aplicar penalidades disciplinares aos presos;

25) verificar a compatibilidade do alvará de soltura com os elementos constantes do prontuário do preso;

26) verificar a eventual inadequabilidade de comportamento de funcionário no trato direto com os presos, propondo as medidas que julgar necessárias;

27) orientar a ordem e a segurança interna e externa do estabelecimento, providenciando ou requisitando os serviços de guarda a cargo da Polícia Militar.

A Delegacia Geral, posteriormente, considerando o recrudecimento das evasões e rebeliões carcerárias, estabeleceu novas medidas de segurança, dispondo que: o Delegado de Polícia Diretor de Cadeia Pública deve, em seu estabelecimento, promover e assegurar a observância e o fiel cumprimento das normas constitucionais, infraconstitucionais, destacando-se as carcerárias vigentes, dentre as quais, com maior ênfase e rigor, as que determinam:

I - que o carcereiro, ao menos duas vezes ao dia, sempre em horário e períodos alternados, examine, com muito escrúpulo e máxima atenção, o estado das grades e portas da prisão, correndo primeiramente por todas elas com um instrumento de aço próprio a esse fim;

II - que, no mínimo duas vezes por semana, e, em especial, sempre que haja motivo de suspeita, proceda-se, sob a pessoal coordenação e supervisão do diretor do estabelecimento, minudente exame no interior das celas, no afã de prevenir fugas e rebeliões de presos, buscando, ainda, apreender objetos proibidos. Ao final dessas diligências, deve-se lavrar, em livro próprio, circunstanciado termo acerca do que foi observado e verificado, o qual, quando em correições e inspeções realizadas no estabelecimento, deverá ser exibido a exame do agente fiscalizador, para as providências cabíveis, além de ser, por cópia ou certidão a respeito de seu conteúdo, documento obrigatório na instrução de procedimento administrativo-disciplinar.

O Diretor de Cadeia Pública deve ainda:

I - expedir ordens e instruções necessárias à garantia da segurança interna de seu estabelecimento, precavendo abusos e irregularidades, bem como adotar as providências que se afigurem aptas à frustração de fugas e rebeliões;

II - não permitir que qualquer pessoa, inclusive policiais, transite ou trabalhe armado no interior da Cadeia, bem como trazendo consigo as chaves de suas alas e portões de acesso;

III - coordenar os trabalhos concernentes à visitação aos presos, supervisionando-os pessoalmente;

IV - manter permanente contato com os presos, acompanhando seu comportamento e atividades ouvindo suas reclamações e pedidos, buscando sempre solucionar seus problemas com humanidade e justiça;

V - proceder atenta e acurada fiscalização sobre os serviços executados pelos carcereiros, de forma a não permitir que se afastem do pleno e exato cumprimento das obrigações que lhe estão afetas;

VI - elaborar, com estrita observância do disposto na Lei de Execução Penal, o Regulamento de seu estabelecimento, garantindo a sua ciência e cumprimento dos servidores e presos;

VII - conduzir-se em suas funções em perfeita consonância com as normas legais e regulamentares;

Aos respectivos Diretores dos DEINTERs, no atinente às unidades tratadas nas alíneas "a", "b", e "c", do inciso V, do art. 1º, do Decreto nº 41.793/1997, aos Delegados Seccionais de Polícia dos DEINTERs e aos Delegados de Polícia Dirigentes das Divisões Carcerárias do DECAP e do DEMACRO incumbe ao menos uma vez a cada mês realizar pessoalmente ou por motivada delegação, detida e acurada inspeção nas Cadeias Públicas subordinadas com as seguintes finalidades, dentre outras:

I - fiscalização dos servidores e de seus desempenhos funcionais;

II - verificação sobre a estrita observância da Portaria DGP nº 16/1997 e de outras normas que se vinculem com o sistema carcerário;

III - verificação acerca do emprego de sistema de segurança carcerária, visando a incolumidade de pessoas e patrimônio;

IV - observação sobre o controle disciplinar exercido pele diretor do organismo e pelos servidores que lhe são subordinados;

V - avaliação geral dos presos.

Ao final da inspeção, os trabalhos serão registrados em ata que, devidamente firmada, será encaminhada à ciência do superior hierárquico, de forma a ensejar as providências de sua alçada, as quais deverão ser prontamente adotadas.

Igualmente incumbe às autoridades acima mencionadas:

I - viabilizar o fornecimento aos Diretores de Cadeia Pública, conforme solicitação pertinente recebida, dos recursos necessários ao desempenho em bom termo de suas obrigações, mormente no tocante aos expedientes referentes à visitação aos presos e às revistas das celas;

II - manter permanente contato com os correspondentes Comandos de Policiamento Militar, visando o cumprimento das disposições contidas na Resolução SSP nº 65/1976, convalidada em 1996 pelo Excelentíssimo Senhor Secretário da Segurança Pública, em despacho exarado nos autos do processo OS nº 1570/1996;

III - na ocorrência de fuga ou rebelião de preso, remeter imediatamente à respectiva chefia departamental, pela via disponível mais célere, relatório circunstanciado sobre os fatos e as providências adotadas, sem prejuízo da comunicação incontinenti, por servidor da unidade envolvida, ao Centro de Operações e Comunicações da Polícia Civil (CEPOL), ainda que o quadro verificado não esteja totalmente delineado.

Excetuados os casos ocorridos no município da Capital, que por previsão legal, têm seu curso apuratório pela Corregedoria da Polícia Civil, a presidência dos procedimentos que visem a responsabilização administrativa de servidores, em razão de fugas, rebeliões ou infrações havidas no interior da Cadeia Pública, recairá exclusivamente ao Delegado Regional de Polícia (atual Diretor do DEINTER) e ao Delegado de Polícia Dirigente da Divisão Carcerária do DEMACRO, na conformidade com o local do evento, podendo os Delegados de Polícia Diretores respectivos, fundamentalmente, determinar diversa designação.

O Delegado de Polícia presidente do procedimento acima mencionado deverá circunstanciar o nível de participação do Delegado de Polícia Diretor da Cadeia Pública e de cada um dos servidores direta ou indiretamente envolvidos, quer sobre a conduta adotada que visasse o impedimento do fato em apuração, quer acerca da contribuição, ainda que culposa, para sua ocorrência.[288]

2.6. Carcereiros - Atribuições

Pelo elenco acima mencionado, compete aos carcereiros: 1) receber os presos e encaminhá-los ao xadrez determinado pelo Diretor; 2) receber e conferir documentos referentes à internação do preso; 3) providenciar a identificação dactiloscópica e fotográfica dos presos, pela fiel execução das normas carcerárias e fiscalização dos serviços de administração dos xadrezes.

Além dessas atribuições, o carcereiro deve observar as seguintes recomendações:

288. Portaria DGP nº 16, de 19.6.1997, dispõe sobre medidas de segurança carcerária e dá outras providências (*DOE* 20.6.1997, com alteração publicada em 13.7.1999).

1) Não se afastar do posto, sob qualquer pretexto, durante as horas de serviço. Não se justifica, por exemplo, a saída para comprar objetos, cigarros, refrigerantes etc. a pedido de presos.[289] No início do expediente da Delegacia, o carcereiro deve apresentar-se ao Delegado para receber ordens, deixando de sobreaviso a guarda militar da cadeia.

2) Conservar sempre em seu poder as chaves da prisão, entregando-as somente ao seu substituto ou à autoridade policial.

3) Só recolher presos à cadeia após consultar o Delegado, mesmo durante a noite, e obter sua ordem escrita.

4) Verificar, ao lhe ser apresentado, se o preso está ferido ou doente, antes de recolhê-lo ao xadrez.

5) Revistar minuciosamente o preso que lhe for apresentado, apreendendo todos os objetos e valores, que serão registrados no livro próprio, na presença de 2 testemunhas estranhas à Polícia, que a tudo assistirão e que também o assinam ao final. A devolução de pertences é feita também na presença de testemunhas, lavrando-se recibo no mesmo livro.

6) Colher, com a devida técnica, as impressões digitais das pessoas cuja identificação for determinada pela autoridade.

7) Distribuir os presos pelas celas com observância das determinações legais: *a)* os condenados a pena de reclusão devem ficar separados dos condenados a pena de detenção, mas todos, no interior do Estado, em secção especial da prisão comum; *b)* os condenados a pena de prisão simples ficam sempre separados dos condenados a pena de reclusão e detenção, e a cumprirão, sem rigor penitenciário, em estabelecimento especial ou em secção especial de prisão comum; *c)* sempre que possível, as pessoas presas provisoriamente ficarão separadas das que já estiverem definitivamente condenadas; *d)* os menores infratores que tiverem mais de 18 e menos de 21 anos de idade ficarão separados dos criminosos maiores.

8) Só incluir o preso no mapa de alimentação fornecido pelo Estado com ordem do Delegado.

9) Velar para que a alimentação seja de boa qualidade, em quantidade normal e entregue nos horários marcados.

10) Manter íntegra a autoridade moral sobre os presos, deles não receber presentes nem favores, não fazer com eles transações de qualquer espécie nem permitir que essas se façam entre presos e praças da guarda.

11) Não permitir que os presos sejam espancados ou maltratados.

12) Manter a ordem, disciplina e moralidade na cadeia, para isso tomando todas as medidas necessárias, principalmente: *a)* impedir que pessoas estranhas pernoitem na cadeia; *b)* impedir jogos em todo o recinto; *c)* impedir a entrada e consumo de bebidas alcoólicas; *d)* impedir a entrada e consumo de substâncias entorpecentes ou que produzam dependência física ou psíquica; *e)* exigir o mais profundo silêncio nas prisões depois de fechadas as portas da cadeia; *f)* manter acesa a iluminação nas prisões durante toda a noite; *g)* fazer com que todos os presos participem, alternadamente, dos trabalhos de limpeza, ou de quaisquer outros necessários

289. V. Decreto nº 4.405-A/1928, arts. 89, III, e segts.

dentro do recinto das prisões; *h)* impedir que os presos conservem em seu poder objetos que possam prestar-se a agressões ou tentativas de evasão; *i)* impedir a entrada de estranhos, na cadeia, fora das horas e dias designados para visitas; *j)* não permitir que estranhos se cheguem às grades da cadeia; *l)* nunca consentir o ingresso de estranhos no interior das celas.

13) Impedir a entrada e entrega aos presos de armas, bebidas, tóxicos, ferramentas etc.: *a)* revistando trouxas, bandejas, taboleiros, roupas, comidas etc., destinadas aos presos e que depois lhes serão entregues, *b)* fiscalizando rigorosamente as visitas; *c)* revistando as visitas em caso de suspeita.

14) Permitir visitas aos presos, com as devidas cautelas, só em dias e horas fixados em portaria da autoridade e pelo tempo prefixado. Essas restrições não se aplicam: *a)* ao Delegado responsável pela cadeia, ao Juiz de Direito e ao Promotor Público da Comarca; *b)* aos advogados e solicitadores que tenham clientes presos, para que a esses fique assegurada defesa ampla. Antes de conduzi-los à presença dos reclusos, o carcereiro deve comunicar-se com o Delegado.

15) Exigir que os presos vistam roupa limpa e que, com a freqüência possível, lavem-se, façam a barba e cortem os cabelos.

16) Zelar para que a cadeia esteja sempre limpa.

17) Abrir e fechar as portas da cadeia no horário regulamentar.

18) Levar *in continenti* ao conhecimento do Delegado, para as providências cabíveis: *a)* a existência de presos doentes; *b)* a ocorrência de óbitos de presos.

19) Conservar bem fechados na carceragem: *a)* os ferros, instrumentos e utensílios da cadeia, quando não estiverem em serviço; *b)* as ferramentas usadas pelos presos em pequenos trabalhos de artesanato, como, por exemplo, a fabricação de enfeites, objetos de madeira etc., fora das horas de serviço.

20) Verificar diariamente o estado das grades e portas das prisões e dos cadeados.

21) Duas vezes por semana, normalmente, proceder a minucioso exame no interior das prisões, pela ordem, verificando se conservam a segurança precisa, se há tentativa de arrombamento e se em poder dos presos existem objetos proibidos.

22) Efetuar a revista referida no item anterior sempre que haja motivo de suspeita de que os presos preparam fuga ou têm em seu poder objetos proibidos.

23) Proporcionar banhos de sol aos presos, tomadas as seguintes cautelas: *a)* providenciar Policiamento suficiente para dominar tentativas de fuga; *b)* dividir os presos em pequenas turmas; *c)* alterar constantemente a composição das turmas e horários de saída.

24) Dar aos presos toda assistência moral possível, visando sua readaptação à sociedade.

25) Impedir que cheguem aos presos notícias que possam perturbar seu equilíbrio mental ou emocional, ou que os presos enviem mensagens para o exterior pedindo objetos proibidos ou articulando planos de fuga.

26) Manter limpos os livros da cadeia e escriturá-los corretamente e em dia.

27) Preparar com a devida urgência os boletins de estatística mensal, cujo preenchimento lhe cabe, entregando-os ao Escrivão responsável pelo Cartório da Delegacia de Polícia local.

2.7. Disciplina

A ordem e a disciplina devem ser mantidas nas cadeias públicas. As autoridades não devem consentir que pessoa alguma, a não ser os presos e empregados, pernoitem nas cadeias nem tolerar jogos de qualquer natureza, tampouco que nas prisões se introduzam instrumentos que possam servir para arrombamento, armas e bebidas espirituosas. Os presos devem obedecer ao carcereiro, em tudo que for relativo à boa guarda e polícia das prisões, representando à autoridade contra as injustiças e violências que entendam ter sofrido.

Depois da hora de fechar as cadeias, deverá reinar o mais profundo silêncio nas prisões, e as portas só poderão ser abertas para entrada de presos ou causa justificada de muita ponderação.

Todos os sábados providenciará o carcereiro para que os presos façam a barba, cortem o cabelo, sendo necessário, e se lavem, e para que, aos domingos, vistam roupa limpa.[290]

Os presos só poderão ter em seu poder as navalhas e tesouras durante o tempo em que desses instrumentos se servirem. Os ferros e instrumentos ou utensílios da cadeia, quando não estiverem em serviço, ficarão sempre guardados ao cuidado do carcereiro.

Depois do sol posto, será acesa a iluminação das prisões e assim se conservará até o amanhecer.[291]

O banho de sol deve ser permitido a todos os presos, desde que não apresentem conduta carcerária perigosa, exista local adequado e seguro e número de guardas suficientes para evitar motins ou tentativas de fuga.

Ao autorizar a regalia, o Delegado deve recomendar ao carcereiro que seja realizada em condições de segurança.

2.8. Inspeção

O Delegado responsável pela cadeia pública deve inspecionar o estabelecimento diariamente, verificando se estão sendo cumpridas rigorosamente as determinações legais e regulamentares. Essa inspeção deve ser feita em horas diferentes, para perfeita apreciação de todos os serviços.

Os Delegados de Polícia Regional e Seccional, o Promotor Público e o Juiz de Direito da Comarca inspecionarão também a cadeia pública por ocasião das respectivas correições.[292]

---

290. Uniformes: A Portaria DGP nº 170/1978, dispôs sobre a padronização de uniformes para os sentenciados recolhidos em todos os estabelecimentos penais *(DOE* 31.8.1978, p. 11).

291. Decreto Estadual (SP) nº 4.405-A, de 17.4.1928, arts. 315 e segts.

292. Decreto Estadual (SP) nº 4.786, de 3.12.1930, Regimento das Correições Judiciais do Estado de São Paulo (ainda em vigor).

2.9. Laborterapia

O trabalho nas cadeias públicas é obrigatório para os sentenciados, mas deve ser entendido como recurso terapêutico e não como castigo ou fonte de renda. A finalidade é mais educativa do que econômica, assegurando ao preso o conhecimento de um ofício que lhe será útil quando em liberdade.

Assim entre as normas gerais de regime penitenciário, reguladoras da execução das penas criminais e das medidas de segurança detentivas, em todo o território nacional, figuram: *a)* o trabalho obrigatório dos sentenciados segundo os preceitos da psicotécnica e o objetivo corretivo e educacional daqueles; *b)* a percepção de salário, conforme a espécie de trabalho executado, sua perfeição e rendimento, levado em conta, ainda, o procedimento do sentenciado; *c)* a formação do pecúlio penitenciário, deduzido do salário percebido no trabalho executado; *d)* o seguro contra acidentes no trabalho interno, ou externo, dos estabelecimentos penitenciários.[293]

Esse trabalho deve ser racionalizado, tendo-se em conta os índices psicotécnicos de cada sentenciado, visando a habilitá-lo ao aprendizado, ou aperfeiçoamento, de uma profissão que lhe assegure subsistência honesta na recuperação da vida livre. O trabalho deve atender às circunstâncias ambientais do futuro emprego do sentenciado: meio urbano ou meio rural.

Atendendo a essas circunstâncias, a legislação especial dispõe que o trabalho será: *a)* industrial, ministrado em oficinas de Reformatórios desta atividade; *b)* agropecuário, em Reformatórios ou Colônias dessa especialidade; *c)* de pesca, em Colônias que se lhe destinem.

O trabalho de mulheres deve ser compatível com o seu sexo e executado em estabelecimentos apropriados.

O pagamento do salário aos sentenciados será feito de acordo com a tabela de valores previamente elaborada, deduzidas as percentagens legais. Essa tabela, que leva em conta a espécie de trabalho, sua perfeição e rendimento, como as condições do meio ou local onde este for executado, é organizada, no Distrito Federal, nos Estados e nos Territórios, pelos Diretores dos respectivos estabelecimentos penitenciários.

Em São Paulo, foi instituído, nas cadeias públicas, o trabalho obrigatório para os detentos e sentenciados a penas de curta duração quando, por falta de vaga, não forem transferidos para a Penitenciária do Estado. Os trabalhos consistem em atividades artesanais e agrícolas, permitindo-se o serviço em obras públicas do Estado e dos Municípios aos presos de exemplar comportamento carcerário.[294]

---

293. Lei Federal nº 3.274, de 2.10.1957, dispõe sobre Normas Gerais do Regime Penitenciário, em conformidade ao que estatui o art. 5º, XV, *b,* da Constituição Federal de 1969, e amplia atribuições da Inspetoria Geral Penitenciária. Este diploma foi revogado nos termos do art. 204 da Lei Federal nº 7.210, de 11.7.1984, que instituiu a Lei de Execução Penal, mas muitos de seus dispositivos foram reproduzidos ou serviram de inspiração para a referida lei de execução.

294. Lei Estadual (SP) nº 2.699, de 17.6.1954, dispõe sobre o trabalho obrigatório nas cadeias públicas, para os sentenciados; Decreto nº 26.372, de 4.12.1986, reorganiza o Conselho Penitenciário do Estado de São Paulo e dá providências correlatas; Decreto nº 26.981, de 13.5.1987, institui o Conselho Estadual de Política Criminal e Penitenciária.

2.10. Visitas

As visitas aos presos só devem ser permitidas duas vezes por semana, em dia e hora designados pela autoridade competente. Fora dessas horas ninguém pode entrar na cadeia, para falar aos presos, nem se chegar às suas grades sem ordem da referida autoridade.

O Delegado de Polícia responsável pela cadeia baixa portaria fixando: *a)* os dias de visitas; *b)* as horas em que poderão ser feitas; *c)* o período máximo de cada visita.

As visitas, os pacotes e objetos deverão ser revistados na entrada do prédio da cadeia. As mulheres deverão ser revistadas sempre que possível por policial feminina. Na impossibilidade, para que não haja constrangimento, convém que o Delegado providencie, junto à autoridade superior, a nomeação de algumas Inspetoras de Quarteirão, que serão convocadas para os dias de visitas aos presos, mediante escala previamente estabelecida.

3. ALIMENTAÇÃO DE PRESOS

Em São Paulo, a despesa com alimentação e assistência médica e farmacêutica, nas cadeias públicas do Estado, dos presos em virtude de decisão judicial de qualquer espécie corre, na totalidade, por conta da Secretaria da Administração Penitenciária.

A Secretaria da Segurança Pública, por sua vez, está incumbida de promover licitações para a contratação do fornecimento de alimentação aos presos pobres recolhidos aos estabelecimentos prisionais sob sua responsabilidade.

A contratação de fornecedores de alimentação é feita em todos os municípios onde houver cadeia pública, autorizada a abertura das respectivas licitações pela autoridade competente, verificando-se em cada caso a estrita observância dos princípios da licitação e demais normas legais.[295]

A Delegacia Geral elabora modelos padronizados de editais e contratos para uso de todas as Delegacias que devam realizar licitações.

Os cardápios são padronizados, cabendo a fiscalização do cumprimento de suas especificações à autoridade policial responsável pela cadeia pública, sem prejuízo da que competir às autoridades sanitárias, nos termos do Decreto nº 24.688, de 28 de junho de 1955.

---

295. Lei Estadual (SP) nº 6.544, de 22.11.1989, dispõe sobre o estatuto jurídico das licitações e contratos pertinentes a obras, serviços, compras, alienações, concessões e locações no âmbito da Administração Centralizada e Autárquica, arts. 11 e segts.. Decreto Estadual (SP) nº 31.138, de 9.1.1990, fixa competência das autoridades para a prática dos atos previstos na Lei nº 6.544/1989. Resolução SSP nº 36, de 30.6.1981, dispõe sobre licitações para contratação do fornecimento de alimentação aos presos recolhidos à Cadeias Públicas (*DOE* 1º.7.1981). Portaria SSP nº 129, de 31.5.1988, sobre o valor de referência.

4. ASSISTÊNCIA MÉDICA

Os presos devem ser regularmente assistidos por médicos. Em São Paulo, por disposição legal, cabe aos Postos de Assistência Médico-Sanitária, do Departamento de Saúde, prestar toda a assistência médica aos presos das cadeias públicas do Estado.[296]

Um médico do serviço público, sempre que possível, deve ser destacado para, semanalmente, visitar a cadeia e examinar o estado de saúde e de asseio pessoal dos presos; examinar a alimentação fornecida e providenciar a vacinação necessária contra varíola, tifo e tuberculose.

O médico deve anotar no Livro de Registro Médico os casos atendidos e as vacinas feitas.

Os presos que tiverem recursos podem ser atendidos por médicos particulares.

Além das visitas normais, o médico destacado deve atender os casos de urgência, requisitados pelo Juiz ou pelo Delegado. Havendo necessidade de intervenção cirúrgica ou tratamento especializado urgente, o fato deve ser comunicado imediatamente à autoridade competente.

Quando houver remoção de um presídio para outro, o relatório médico, com as anotações extraídas do livro próprio, deve ser juntado aos papéis que acompanham o preso.

Em São Paulo foi criado, em 1987, na Coordenadoria dos Estabelecimentos Penitenciários do Estado, o Departamento de Saúde do Sistema Penitenciário, para, através das unidades que o integram, prestar serviços de saúde no âmbito dessa Coordenadoria.

Até a instalação e início de funcionamento do Hospital Central desse Departamento, a Divisão de Saúde da Penitenciária do Estado continuaria prestando serviços hospitalares também a presos de outros estabelecimentos penitenciários e a sentenciados de cadeias públicas.

5. MOVIMENTAÇÃO DE PRESOS

É terminantemente proibida a saída de presos das cadeias públicas e dos estabelecimentos penais do Estado. Não são permitidas saídas para visitas em geral e a movimentação de presos só pode ser feita por determinação expressa do Juiz competente, para a prática de atos judiciais ou remoção para hospitais, em casos de enfermidade pessoal.

O juiz da comarca deve ter conhecimento, por ofício da direção do estabelecimento penal sujeito à sua corregedoria permanente, da entrada, saída e fuga de presos.

---

296. Decreto Estadual (SP) nº 24.688, de 28.6.1955. Decreto Estadual (SP) nº 27.149, de 2.7.1987, cria e organiza, na Coordenadoria dos Estabelecimentos Penitenciários do Estado, o Departamento de Saúde do Sistema Penitenciário e dá providências correlatas (*DOE* 3.7.1987).

Requisição: — Em São Paulo, a requisição de preso deve ser efetuada mediante ofício ou por telex ou por qualquer outro meio hábil e idôneo, oriundo de autoridade judiciária ou policial, conforme a seguinte disposição:

I - Com o prazo de 10 dias úteis: *a)* por intermédio da Vara das Execuções Criminais da Capital (DECRIM), que se encarregará de providenciar a localização do preso, para a apresentação na Comarca da Capital, de preso recolhido em Estabelecimentos Penais (COESPE) sujeitos à sua Corregedoria Permanente e Distritos Policiais da Capital; *b)* por intermédio da autoridade policial responsável quando o preso estiver recolhido em cadeia pública ou em distritos policiais da própria Comarca que expedir a requisição.

II - Com o prazo de 20 dias úteis: a) por intermédio do Juiz Corregedor do estabelecimento respectivo, quando o preso estiver em cadeia pública ou distrito policial de Comarca diversa daquela que expedir a requisição; *b)* por intermédio da Corregedoria dos Presídios do respectivo estabelecimento, quando o preso estiver recolhido em presídio da rede da COESPE, ou do DECRIM, nos sujeitos à sua Corregedoria, nos distritos policiais e cadeias públicas da Capital, para apresentação em Comarca do interior do Estado.

III - Com o prazo de 30 dias úteis: *a)* por intermédio do Juiz Corregedor do estabelecimento onde o preso estiver recolhido, bem como à 2ª Delegacia de Vigilância e Capturas (DVC), quando se tratar de presídio de outro Estado.

O prazo de 10 dias úteis estabelecido no item 1, letra "a" é dividido da seguinte forma: caberá ao DECRIM os cinco dias iniciais e à 2ª Delegacia de Vigilância e Capturas da Capital (DVC) os cinco últimos.

As autorizações para a apresentação em Comarca diversa daquela em que o preso estiver recolhido deverão ser comunicadas à 2ª Delegacia de Vigilância e Capturas da Capital (DVC).

Os Ofícios de Justiça devem remeter, em 4 vias, as requisições às Corregedorias de Presídios, ficando uma via arquivada no processo.

A Corregedoria dos Presídios, por sua vez, relaciona, diariamente, as requisições recebidas. Estas são depois encaminhadas com cópia da relação à Divisão de Capturas e POLINTER, COESPE e demais estabelecimentos, conforme o caso, para cumprimento.

Quando o preso estiver recolhido em cadeia pública da própria Comarca deve ser requisitado para a realização de atos processuais, diretamente, ao diretor do estabelecimento. Se a requisição partir de Vara da Comarca da Capital será efetivada através do DECRIM, que tomará as providências necessárias junto à Divisão de Capturas e POLINTER. E o diretor da cadeia pública deve comunicar ao juiz da Comarca a saída e o retorno do preso.

Remoção: — A remoção de preso provisório deve ser precedida de autorização do Juiz Corregedor dos Presídios da Comarca. E as transferências e remoções devem ser comunicadas à Divisão de Capturas e POLINTER, para o necessário registro.

Na Capital, a autoridade policial responsável pelo distrito policial onde estiver recolhido o preso, quando houver necessidade de sua remoção, deverá comunicar o fato, de imediato e por escrito, ao juiz, à ordem de quem estiver preso, bem como à Delegacia de Capturas, esclarecendo o local para onde tenha sido feita a transferência.

Transferência: — Nenhuma transferência de preso pode ser realizada no período de 7 dias úteis anteriores à audiência designada, salvo necessidade urgente, comunicando-se de imediato e por escrito, ao juiz, à ordem de quem o preso estiver recolhido, ao Juiz Corregedor da Polícia Judiciária e à Delegacia de Capturas e POLINTER, indicando, nesse caso, o local para onde for feita a remoção.

A Delegacia de Capturas e POLINTER devem encaminhar, na Capital, uma cópia do ofício, relativo à primeira apresentação em juízo, ao distrito policial onde o preso estiver recolhido, indicando a Vara e o número do processo instaurado, para os fins acima previstos.

Quando a remoção ocorrer no mesmo dia da lavratura do flagrante, a autoridade policial deve mencionar o fato no ofício de comunicação da prisão ao juiz competente, indicando o estabelecimento para onde o indiciado será transferido.

O Juiz Corregedor Permanente do presídio, não sendo o preso de sua Comarca, não deve opor-se à entrada, saída ou retorno do mesmo, mas terá ciência dessa movimentação por ofício do diretor do estabelecimento.

Saídas: — As saídas locais de presos, mesmo os de outras Comarcas, para tratamento médico de urgência que não possa ser prestado no estabelecimento prisional, falecimento ou doença grave do cônjuge, companheiro, ascendente, descendente ou irmão, dependerão de autorização do diretor do estabelecimento penal, com comunicação ao Juiz Corregedor. Para outros fins, dependerão de autorização do Corregedor dos Presídios ou da Polícia Judiciária.

A transferência provisória ou a remoção de preso que cumpre pena privativa de liberdade somente poderá ser efetuada com a autorização do Juiz Corregedor do Presídio da respectiva Comarca à COESPE, que se encarregará de designar o estabelecimento, providenciar a transferência, a comunicação aos Juízes Corregedores dos Presídios das Comarcas de origem e destinatária, bem como à 2ª Delegacia de Vigilância e Capturas e à POLINTER.

Liberdade: — Ao colocar em liberdade qualquer preso, a autoridade responsável pelo estabelecimento fará anotar o endereço em que ele irá residir ou o lugar em que possa ser encontrado, comunicando ao IIRGD.

Os juízes, nos processos criminais, quando houver necessidade de citação por edital de réus, solicitarão à COESPE, à Divisão de Capturas e à POLINTER, na Capital, informações urgentes sobre o paradeiro do citando.

Regime: — A remoção de preso para estabelecimento penitenciário de regime semi-aberto somente se efetuará com a autorização do Juiz Corregedor do Presídio da respectiva Comarca à COESPE, que se encarregará de designar o estabelecimento, providenciar a transferência, a comunicação aos Juízes Corregedores dos Presídios das Comarcas de origem e destinatária, bem como à 2ª Delegacia de Vigilância e Capturas e à POLINTER.

Quando o réu se encontrar preso em Comarca diversa, o juiz da condenação deverá oficiar ao Juiz Corregedor do Presídio dando conhecimento da condenação e para que este providencie a autorização.[297]

---

297. Provimento nº 740/2000, do TJ de São Paulo, regulamenta a movimentação, transferência e remoção de presos no Estado (*DJE* 3.10.2000). Provimento nº 2/2001, da Corregedoria-Geral da Justiça, reforma o Capítulo V das *Normas de Serviço da Corregedoria Geral da Justiça* (*DJE* 8.2.2001).

Observe-se, outrossim, que a Lei de Execução Penal permite aos condenados que cumprem pena em regime fechado ou semi-aberto e aos presos provisórios, com autorização do diretor do estabelecimento (e, acrescente-se, com comunicação ao Juiz Corregedor), sair, com escolta, quando ocorrer falecimento ou doença grave do cônjuge, companheira, ascendente, descendente ou irmão, e quando houver necessidade de tratamento médico.[298]

6. MOTIM DE PRESOS

Nos casos de indisciplina ou motim, as providências a serem tomadas, de acordo com instruções oficiais, são as seguintes:

a) desligar água e luz;

b) trancar as portas de alas não ocupadas ainda pelos presos;

c) providenciar policiamento para a área externa (Polícia Civil e Militar);

d) se não estiver presente, solicitar a presença do Diretor da cadeia;

e) o Diretor da cadeia, por sua vez, deve solicitar a presença do MM. Juiz de Direito Corregedor da Polícia, do Promotor Público da Vara da Corregedoria e do Comandante da Unidade da Polícia Militar local;

f) de acordo com as proporções do evento, comunicar o fato às Unidades da Polícia Civil e Militar mais próximas, para eventualidade de auxílio;

g) o Diretor da cadeia, sem agir com hostilidade, deve dialogar com um representante dos presos;

h) não fazer concessões e prometer apenas o cumprimento das leis e do regulamento da cadeia;

i) se as conversações forem infrutíferas, usar a força moderadamente. Havendo necessidade do emprego de policiais militares, cabe ao Diretor da cadeia determinar os objetivos da ação e ao Comandante da Unidade da Polícia Militar, a tática operacional;

j) a ação dos policiais militares deve ter respaldo legal, elaborando-se o competente auto de resistência que instruirá o inquérito policial respectivo;

l) debelado o motim, neutralizar imediatamente as causas que o motivaram.[299]

7. FUGA DE PRESOS

Os presos valem-se da negligência e da vigilância deficiente, interna ou externa, das cadeias ou ainda da falha ou precária inspeção das celas, o que comumente se verifica em virtude da manifesta inobservância dos regulamentos prisionais, para fugirem.

---

298. Lei nº 7.210/1984, art. 120.

299. *Diagnóstico de Eventos Adversos e Planos de Prevenção,* São Paulo, SSP, 1980. V. Luiz Carlos Rocha, *Investigação Policial*, pp. 173 e segts.

As artimanhas ou processos de fuga traduzem, geralmente, longas e lentas operações mentais, marcadas por secreta e silenciosa pertinácia do preso, que almeja, a qualquer sacrifício, a libertação da prisão.

Em face do nosso direito, a fuga de presos é considerada como um direito subjetivo do condenado, desde que não empregue violência. Mas comete crime quem promove ou facilita a fuga de pessoa legalmente presa ou submetida a medida de segurança detentiva. E é punido administrativa e penalmente o funcionário culpado incumbido da custódia ou guarda do fugitivo.

Com efeito, o Código Penal vigente, no Capítulo dos Crimes contra a Administração da Justiça, dedica quatro artigos ao tema, com as rubricas: *Fuga de pessoa presa ou submetida a medida de segurança; Evasão mediante violência contra a pessoa; Arrebatamento de preso; Motim de presos,* respectivamente, nos arts. 351 *usque 354.*

Assim, ocorrendo fuga de presos, o Delegado de Polícia deve instaurar inquérito policial e sindicância administrativa, destinados à apuração de responsabilidades de funcionários e terceiros nela envolvidos. Comunica o fato ao Juiz da Comarca ou das Execuções Criminais, ao Delegado Seccional e promove diligências para captura dos fugitivos redobrando a vigilância da cadeia.

Em São Paulo, os Delegados da Capital e do Interior do Estado devem remeter *in continenti* à Divisão de Capturas do Departamento de Identificação e Registros Diversos (DIRD), os seguintes documentos: cópia dos mandados de prisão que lhes forem encaminhados; comunicados sobre prisões efetuadas; cumprimento de alvará de soltura e fugas ocorridas nas cadeias públicas sob sua responsabilidade.[300]

Compete, assim, exclusivamente, à Divisão de Capturas receber ou recolher, procedentes de todo o Estado: *a)* mandados de prisão; *b)* contramandados de prisão; *c)* alvarás de solturas; *d)* informações pormenorizadas sobre: prisões em flagrante; cumprimento de mandados de prisão; cumprimento de alvarás de solturas; fugas de presos; recaptura de foragidos.

Essa Divisão recebe também os documentos acima referidos procedentes de outros Estados da Federação. E os Delegados Seccionais de Polícia são competentes para instaurar de ofício sindicância administrativa para apurar responsabilidade de funcionários envolvidos em fuga de presos ocorrida em área da respectiva jurisdição

8. RESGATE DE PRESOS

Em São Paulo, face ao recrudescimento das ocorrências envolvendo resgate de presos que se encontram nas dependências prisionais da Capital e da Grande São Paulo, o Delegado Geral de Polícia criou, no âmbito do Departamento de Investigações sobre Crime Organizado (DEIC), o Grupo de Intervenção em Cenários de Resgate de Presos (GIRP).

---

300. Portaria SSP nº 2, de 23.6.1959 (*DOE* 24.6.1959); Portaria SSP nº 9, de 14.3.1969 (*DOE* 15.3.1969); Portaria SSP nº 13, de 15.7.1980 (*DOE* 16.7.1980).

Esse grupo tem, dentre outras, as seguintes atribuições:

I - Coletar, centralizar e processar as informações sobre ocorrências referentes a resgate de presos das dependências das unidades policiais, organizando banco de dados específico sobre tal modalidade criminosa;

II - Assumir as investigações e presidir os atos de polícia judiciária idôneos à repressão dessa modalidade criminosa no âmbito da Capital e da Grande São Paulo;

III - Propor as medidas necessárias à prevenção de tais delitos.

Os integrantes do GIRP são designados pelo Delegado de Polícia Diretor do DEIC, escolhidos segundo sua capacitação e especialização, dentro do quadro de servidores daquele Departamento.

E toda atividade de investigação e de repressão a resgate de presos observará o mais rigoroso sigilo, sendo vedada qualquer forma de divulgação das circunstâncias que tenham permeado o evento criminoso ou sua subseqüente apuração, sem anuência hierárquica prévia e expressa.

Verificada a consumação ou tentativa de resgate de presos, a unidade policial envolvida deve providenciar a rigorosa preservação dos sítios mediato e imediato e, por intermédio do CEPOL, acionará o GIRP, a quem caberá a sua liberação.

Assumindo, no local, a coordenação dos trabalhos de investigação, o Delegado da Polícia responsável pelo GIRP está autorizado a requisitar quaisquer exames periciais, por intermédio do CEPOL, pela forma mais rápida e possível, ratificando-os posteriormente por mensagem tipada ou outro meio análogo.

Se na ocorrência verificar-se a existência de refém, será acionado o Grupo Especial de Resgate (GER) do DEIC.

E todo policial civil envolvido no atendimento de ocorrência de resgate de preso (tentado ou consumado) deve permanecer à disposição do GIRP para as diligências cabíveis, comunicando tal fato imediatamente à autoridade a qual estiver subordinado que adotará as providências cabíveis à sua substituição, quando necessário.

Por fim, qualquer informação relevante para o esclarecimento dos crimes em tela deverá ser transmitida diretamente ao GIRP no DEIC.[301]

9. MORTE DE PRESO

No caso de morte de preso, o Delegado de Polícia deve tomar as seguintes providências:

a) Morte natural, por doença/moléstia, assistida pelo médico da cadeia. Elabora o BO, requisita laudo necroscópico ou auto de exame externo do cadáver, assinado pelo médico que o assistiu e outro, ou por médico e farmacêutico, devendo ser consignado nesse documento a identidade do morto, a sua doença e a *causa mortis,* e comunica o fato ao Juiz da Comarca ou ao Juiz das Execuções Criminais.

b) Morte natural, súbita. Lavra BO, requisita exame de verificação de óbito e aguarda o resultado. Se o resultado confirmar ter ocorrido morte natural, comunica o fato ao Juiz da Comarca; no caso de homicídio, instaura inquérito.

---

301. Portaria DGP nº 13, de 21.10.1999, dispõe sobre a criação do Grupo de Intervenção em Cenários de Resgate de Presos, e dá outras providências (*DOE* 23.10.1999).

c) Morte acidental. Lavra BO, requisita laudo necroscópico e instaura inquérito.

d) Homicídio ou lesão corporal seguida de morte. No primeiro caso, se a autoria for conhecida e o fato comunicado imediatamente, lavrar Auto de Prisão em Flagrante. Autoria desconhecida, instaurar inquérito. No segundo caso, de lesões corporais seguidas de morte, instaurar inquérito. Em ambos os casos, comunica-se o fato ao Juiz da Comarca.

O laudo necroscópico ou o auto de exame do cadáver, em qualquer das hipóteses, é transcrito pelo carcereiro no livro de Registro de Óbitos.[302]

Em São Paulo, os Provimentos nºs 1/1950 e 44/1953, da Corregedoria Geral da Justiça, dispõem que o Delegado e os peritos que examinaram o cadáver devem assinar o registro lançado no mencionado livro. Uma cópia do laudo/auto de exame deve ser encaminhada ao Juiz de Direito da Comarca ou das Execuções Criminais.

10. REDE DE PRESÍDIOS

Em 9 de maio de 2001, a Secretaria da Administração Penitenciária de São Paulo[303] foi reestruturada e ampliada com a criação de uma Coordenadoria de Saúde no Sistema Penitenciário e a divisão da Coordenadoria de Unidade Prisional em 5 novas unidades: Capital e Região Metropolitana, Vale do Paraíba e Litoral, Região Central, Noroeste e Oeste do Estado.

Além disso, passou a ser da responsabilidade dessa Secretaria, a organização, administração, coordenação, inspeção e fiscalização dos Centros de Detenção Provisória, Centros de Ressocialização, Centros de Observação Criminológica, Centros de Progressão Penitenciária, Colônias Agrícolas, Penitenciárias e Hospitais de Custódia e Tratamento Psiquiátrico.

Em 1979, quando foi criada a Coordenadoria (COESP), ora desmembrada, existiam apenas 15 estabelecimentos penitenciários e no ano de 2001 são 76. Por outro lado, as cadeias da Secretaria da Segurança Pública estão sendo transferidas para essa Secretaria, como Bragança Paulista, Sorocaba, Santo André, Piracicaba, entre outras. E, no final de 2001, o governo iniciou a execução do plano de desativar a Casa de Detenção e a construir novas unidades prisionais.

A Secretaria da Administração Penitenciária de São Paulo, através das Coordenadorias, supervisiona os seguintes estabelecimentos:

Capital: — Penitenciária do Estado, Av. Gen. Ataliba Leonel, 656; Casa de Detenção Prof. Flamínio Fávero, Av. Cruzeiro do Sul, 2.630; Penitenciária Feminina da Capital, Av. Zaki Narchi, 1.369; Penitenciária Feminina do Tatuapé; Penitenciária Feminina do Butantã; Penitenciária Agente de Segurança Penitenciária Joaquim Fonseca Lopes, Parelheiros; Centro de Observação Criminológica (COC).

Interior: — Penitenciária *Valentim Alves da Silva*, Rodovia Mamede Barreto, 349, Álvaro de Carvalho; Penitenciária de Andradina, Estrada Municipal ADD 468 x

---

302. Decreto Estadual (SP) nº 4.405-A/1928, arts. 363, 373 e 374.

303. A Lei Complementar nº 897, de 9.5.2001, altera a Lei nº 8.209, de 4.1.1993, que criou a Secretaria da Administração Penitenciária, e dá outras providências (*DOE* 10.5.2001).

ADD 467, Bairro Maravilha, Andradina; Penitenciária *Dr. Sebastião Martins Silveira,* Araraquara; Penitenciária de Assis; Penitenciária *Paulo Luciano de Campos*, Avaré; Penitenciária *Nelson Marcondes do Amaral,* Rua Antonio Quintiniano Teixeira, 800, Barra Grande, Avaré; Instituto Penal Agrícola *Prof. Noé de Azevedo*, Bauru; Penitenciária *Dr. Alberto Brocchieri*, Bauru; Penitenciária *Dr. Eduardo de Oliveira Viana,* Bauru; Penitenciária do São Bernardo, Campinas; Presídio *Prof. Ataliba Nogueira*, Campinas; Penitenciária *Joaquim de Sylos Cintra*, Estrada de Acesso do Assentamento Rural de Cocais, Casa Branca; Penitenciária 1 *Mário de Moura e Albuquerque,* Rodovia Edgar M. Zamboto, 354, Km 44,5, Fazenda São Roque, Bairro Serra dos Cristais, Franco da Rocha; Penitenciária II *Nilton Silva,* Rodovia Edgar M. Zamboto, 354, Km 44,5, Fazenda São Roque, Bairro Serra dos Cristais, Franco da Rocha; Presídio de Franco da Rocha; Penitenciária *Osiris Souza e Silva*, Estrada Municipal GET, 459 (lado direito da Fazenda Barro Preto), Getulina; Presídio *Adriano Marrey,* Entroncamento da Rodovia Pres. Dutra com a Av Hélio Smidt, Guarulhos; Penitenciária I e II de Hortolândia; Penitenciária *Orlando Brando Filinto,* Rodovia Municipal Dr. José Carlos Campanati, Iaras; Penitenciária *Odon Ramos Maranhão,* Estrada Municipal Iperó-Tauí, Bela Vista, Iperó; Penitenciária de Itaí, Rodovia Eduardo Saigh, 255, Itaí; Penitenciária II *João Batista de Arruda Sampaio,* Rua 02, 623, Distrito Industrial, Itirapina; Penitenciária de Lucélia, Estrada Vicinal LCL 010/Reta Carlos Botelho, Lucélia; Penitenciária de Martinópolis, Rodovia Homero Severo Lins-SP 184, Km 541, Rancharia; Penitenciária *Nestor Canoa*, de Mirandópolis; Penitenciária II de Mirandópolis; Penitenciária de Pacaembú, Rodovia Comandante João Ribeiro de Barros-SP 294, Km 615, Pacaembu; Penitenciária *Dr. Walter Faria Pereira de Queiroz,* Pirajuí; Penitenciária II *Luiz Gonzaga Vieira,* Estrada Municipal Prof. Aníbal Itaman (antigo Aeroporto Municipal), Pirajuí; Penitenciária II *Maurício Henrique Guimarães Pereira,* Rodovia Raposo Tavares, Km 623, Presidente Venceslau; Penitenciária de Ribeirão Preto, Rodovia Abrão Assed, Km 47, Ribeirão Preto; Penitenciária *João Batista de Santana*, Antiga Estrada Municipal Riolândia-Cardoso (1,5 Km da bifurcação com a Estrada Vicinal Delmiro Cavalini), Riolândia; Instituto Penal Agrícola *Dr. Javert de Andrade*, de São José do Rio Preto; Casa de Custódia e Tratamento de Taubaté *Dr. Arnaldo Amado Ferreira*; Centro de Readaptação de Taubaté; Presídio de São Vicente e Presídio Regional do Balneário Flórida Mirim, em Mongaguá; Presídio de Sorocaba; Penitenciária Feminina *Sta. Maria Eufrásia Pelletier*, de Tremembé; Instituto de Reeducação de Tremembé; Penitenciária de Presidente Wenceslau; Penitenciária de Valparaíso, Estrada Municipal VPS 012, Valparaíso.[304]

Alguns Distritos Policiais da Capital também recolhem presos, para aliviar a superpopulação carcerária da Casa de Detenção.[305]

---

304. V. Provimento nº 639/1999, do Conselho Superior da Magistratura (SP), sobre a distribuição dos serviços de exceções criminais e corregedoria permanentes dos novos presídios (*DJE* 3.3.1999, p. 1). Provimento nº 22/1999, da Corregedoria Geral da Justiça do Estado de São Paulo, sobre a descentralização dos serviços das Execuções Criminais e Corregedoria dos Presídios integrantes da rede da COESP (*DJE* 23.7.1999). Cadeia - Escolta: Resolução SSP nº 157, de 28.4.1998, dispõe sobre a incumbência da escolta armada de presos recolhidos nas unidades da COESP (*DOE* 29.4.1998).

305. Resolução Conjunta SSP/SAP nº 1/1999, altera a sistemática do Programa de Transferência Gradativa de Presos Condenados dos Distritos Policiais e Cadeias Públicas para o Sistema Penitenciário da Secretaria da Administração Penitenciária do Estado-COESP (*DOE* 11.5.1999). Resolução

O Hospital de Custódia e Tratamento Psiquiátrico *Prof. André Teixeira Lima*, antigo Manicômio Judiciário, funciona no município de Franco da Rocha, na Grande São Paulo, recolhendo os réus com problemas de saúde mental.

O Presídio Militar *Romão Gomes* funciona na Capital, no Barro Branco, bairro da Água Fria, abrigando o pessoal da Polícia Militar do Estado condenado ao cumprimento de penas privativas de liberdade.

E o Presídio Especial da Justiça Federal, que funcionava anexo ao Presídio Militar *Romão Gomes*, depois da Lei da Anistia, foi desativado.

SSP-SAP nº 1, de 30.6.1995, estabelece normas para guarda e escolta de presos. Portaria DGP nº 24, de 25.7.1996, designa autoridade Policial para coordenar e supervisionar a transferência de presos (*DOE* 26.7.1996). Resolução SSP nº 403, de 18.11.1996, institui o Programa de Readaptação do Sistema Prisional da SSP e dá outras providências (*DOE* 30.11.1996). Resolução SSP/SAP nº 1, de 31.3.1997, institui o Programa de Readequação do Sistema de Transporte, Guarda e Vigilância de Presos do Estado de São Paulo.

Título II
Polícia Judiciária

CAPÍTULO I

INVESTIGAÇÃO

1. CONCEITO

Investigação, do latim *investigatione, é* o ato ou efeito de investigar, o procedimento pelo qual se procura descobrir alguma coisa. E investigar, de *investigatio*, *investigare*, significa indagar com cuidado, observar os detalhes, examinar com atenção, seguir os vestígios, descobrir.[306]

A investigação pode ser feita por órgãos oficiais ou particulares; pelos serviços de segurança e inteligência, policiais e militares; pelas Comissões Parlamentares de Inquérito, pela imprensa, através do jornalismo investigativo, por empresas especializadas e por qualquer pessoa.

A investigação de natureza policial é uma pesquisa sobre pessoas e coisas úteis para a reconstrução das circunstâncias de um fato e sobre a idéia que se tem a respeito do mesmo.

Os métodos de investigação policial são iguais em todos os países, o que difere de um país para outro é o procedimento, a formalização da investigação — a forma de documentar as diligências, os depoimentos e as perícias —, que é feita de acordo com o ordenamento jurídico próprio de cada um.

No Brasil, a formalização da investigação policial sobre crime ou contravenção penal é feita por meio do inquérito policial ou de apuração sumária, aplicando-se o Código de Processo Penal ou a Lei Federal nº 9.099/1995, que dispõe sobre os Juizados Especiais Criminais.

---

306. Cf. Aurélio Buarque de Holanda Ferreira, *Novo Dicionário da Língua Portuguesa*, p. 781; *The Heritage Illustrated Dictionary of the English Language*, p. 689; *Oxford Advanced Learner's Dictionary of Current English*, p. 449; *BBC English Dictionary*, p. 316; Francisco Torrinha, *Dicionário Latino-Português*, p. 447.

Atente-se, outrossim, em que pese a doutrina antiga do processo penal, que não se deve confundir investigação com o inquérito. Investigação é uma coisa e inquérito é outra, seja administrativo em sentido estrito, policial, parlamentar, etc.. Mesmo porque nem sempre a investigação termina em inquérito policial e processo-crime ou sindicância e processo administrativo.

Moraes Pitongo, a respeito, escreve que a investigação consiste no indagar, de modo metódico e continuado a respeito de certa noticiada ocorrência. Quem investiga só rastreia o fato — que lhe pareceu ilícito e típico —, suas circunstâncias, bem como possível autoria. A investigação, ou averiguação, pode levar a uma proposição simples; cabendo à instrução concluir se verdadeiro ou falso o mero enunciado. Em regra e por isso, a investigação antecede à instrução preliminar (diriamos, o inquérito policial). Aduzindo, em seguida, que na fase preliminar, prévia, ou preparatória da ação penal, de índole condenatória, a polícia judiciária pratica atos de investigação e outros de instrução criminal, suscetíveis de se repetirem em juízo ou não.[307]

O inquérito policial, propriamente dito, é um procedimento administrativo de caráter inquisitivo que formaliza a investigação policial, contendo apenas os elementos necessários para instruir a denúncia do Ministério Público, nos crimes de ação penal pública, ou a queixa-crime do ofendido ou do seu representante legal, feita por advogado, nos crimes de ação penal privada.

Em suma, a investigação é uma pesquisa sobre pessoas, objetos e fatos, e o inquérito é a formalização da investigação. No caso de inquérito policial, a investigação é uma atividade estatal da persecução criminal, de caráter informativo, destinada a preparar a ação penal.[308]

2. ESPÉCIES

A investigação é uma atividade administrativa, mas pode ser feita por órgãos não adminstrativos, oficiais ou particulares, e mesmo por qualquer pessoa. Quanto ao órgão oficial que a dirige, como explica Frederico Marques, existem três formas ou espécies de investigação: 1) administrativa, 2) legislativa e 3) judiciária. E a investigação administrativa pode ser de dois tipos: *a) policial* ou *b)* administrativa em sentido estrito.[309]

Investigação Policial: — É feita pela Polícia de Segurança, para obter informações sobre a existência de um crime e de todas as suas circunstâncias, bem como de sua autoria. A investigação é formalizada através do inquérito policial. Com os dados investigatórios que o integram, esse procedimento fornece ao Ministério Público ou ao querelante os elementos necessários para propor a ação penal. A Constituição Federal atribui, com exclusividade, às Políciais Federal e Civis a realização de atos próprios da investigação criminal.[310]

---

307. Sérgio Marcos de Moraes Pitombo, "Mudanças no Código de Processo Penal", *Jornal do Advogado*, pp. 24 e segts.

308. Luiz Carlos Rocha, *Investigação Policial*, p. 6.

309. José Frederico Marques, *Elementos de Direito Processual Penal*, p. 43.

310. O STF manteve entendimento de que não cabe à Polícia Militar a atuação em investigação criminal. A matéria foi reapreciada na Ação Direta de Inconstitucionalidade (Adin) nº 2.128, contra a lei do Estado de Tocantins, que havia conferido à PM poder de investigação para crimes.

Investigação Administrativa em Sentido Estrito: — É feita por órgãos do Poder Executivo, diversos dos da Polícia de Segurança ou Judiciária, que, nos termos da lei, podem exercer função investigatória. Como, por exemplo, a competência das autoridades administrativas para apurar os crimes de sonegação fiscal, contrabando, contra a economia popular, contra a saúde pública, contra a flora e a fauna etc., e, ainda, as sindicâncias e os processos administrativos instaurados contra funcionário público para apurar faltas disciplinares, que podem servir de *notitia criminis* para procedimentos posteriores. Essa investigação é formalizada em sindicância, inquérito ou processo administrativo.

Investigação Legislativa: — É levada a efeito por Comissão Parlamentar de Inquérito (CPI), para conhecimento ou apuração de fatos necessários ao exercício das funções parlamentares, obedecendo, no que lhe for aplicável, as normas do processo penal, nos termos da legislação específica. Essa investigação especial é formalizada em inquérito parlamentar.

Investigação Judiciária: — Prevista na Lei de Falências, é feita pelo juiz cível e formalizada no chamado inquérito judicial, para apurar a notícia de crime falimentar dada pelo síndico ou pelos credores.[311]

Investigação Particular: — É feita por qualquer pessoa e, geralmente, por empresas de detetives particulares, pelas companhias de seguro, para apurar falsas comunicações de sinistros, e pelas administrações de estabelecimentos industriais, comerciais ou bancários, por meio de levantamentos internos ou de auditorias, para apurar os casos de espionagem industrial, desvio de projetos ou desenhos técnicos, pirataria de *software,* escutas clandestinas, revelação indevida a terceiros de segredos técnicos de fabricação ou de comercialização de produtos, apropriação indébita, emprego irregular ou desvio de numerário etc. A formalização dessa investigação é feita através de sindicância interna, auditorias, em papéis e documentos de apuração sumária.

Depois de concluídos, esses procedimentos, feitos por órgãos não estatais, contendo informações sobre o fato criminoso e a sua autoria, com indicação de tempo, de lugar e os elementos de convicção, podem ser enviados, como as representações, nos casos de ação penal pública condicionada, diretamente, ao órgão do Ministério Público que dispensará o inquérito policial se forem oferecidos elementos que o habilitem a promover a ação penal cabível.[312]

3. INÍCIO E FIM

No caso da investigação policial, o trabalho se inicia com a notícia de um fato que desperte o interesse da polícia, mesmo que seja feita através de uma delação anônima. E termina com o seu esclarecimento ou quando se esgotam as diligências sem resultados positivos. Mas, a qualquer tempo, mesmo estando o inquérito policial respectivo arquivado, por determinação da autoridade judiciária, por falta de base para a denúncia, a autoridade policial poderá proceder a novas investigações se tiver notícias de outras provas.

311. Decreto-Lei nº 7.661, de 21.6.1945 (Lei de Falências), arts. 103 e segts.

312. Código de Processo Penal, arts. 27 e 39, § 5º.

A investigação, depois de formalizada, através do inquérito policial ou do inquérito parlamentar, deve ser enviada, respectivamente, pela Polícia à Justiça ou pela Mesa do Poder Legislativo ao qual está subordinada a CPI ao Procurador Geral da República ou ao Procurador-Geral da Justiça.

4. SINDICÂNCIA

Em alguns Estados, antes de instaurar inquérito, a Polícia Civil faz uma investigação preliminar, chamada de sindicância. Sindica, por exemplo, para apurar ou caracterizar a contravenção de vadiagem ou a habitualidade de certos crimes, como os de manter casa de prostituição, rufianismo e outros.

A Polícia de São Paulo abria sindicância para apurar esses ilícitos e, principalmente, para levantar a autoria, nos crimes de trânsito, nos casos de atropelamento e fuga. Mas, em 1983, o Delegado Geral de então, através de portaria, proibiu a instauração de sindicância policial e procedimentos similares como preliminar de inquérito policial.[313]

A Secretaria da Segurança, posteriormente, em 1985, regulamentou um tipo de sindicância, com um rito procedimental especial, para apurar responsabilidade nos casos de acidentes com veículos oficiais e, em especial, para o ressarcimento dos danos, mediante desconto dos vencimentos do funcionário responsável, nos casos de acidentes com veículo da polícia.[314]

A Corregedoria da Polícia Civil, por sua vez, instaura um outro tipo de sindicância, para apurar transgressões estatutárias e ilícitos penais, praticados por policiais civis. Nos casos de autoria conhecida, a instrução dessa sindicância é feita com contraditório, propiciando ao funcionário a ampla defesa, como no processo penal.

Em alguns casos, a sindicância depois de concluída instruirá o processo administrativo disciplinar, também chamado impropriamente inquérito administrativo, que, com base na mesma, for instaurado.

5. INVESTIGAÇÃO PRELIMINAR

Na Polícia Federal é prevista a elaboração de uma espécie de sindicância, denominada investigação preliminar (IPP), um instrumento excepcional destinado a verificar a procedência de notícias de infração penal levadas ao conhecimento da autoridade policial, mas que, pela escassez de indícios, não justifiquem, de imediato, a instauração de inquérito.[315]

---

313. Portaria DGP nº 29, de 15.10.1983, proíbe a instauração de sindicância Policial e procedimentos similares como preliminar de inquérito Policial (*DOE* 18.10.1983).

314. Resolução SSP nº 103, de 22.8.1985, dispõe sobre sindicância nos casos de acidente com veículos da Polícia (*DOE* 23.8.1985).

315. Instrução Normativa nº 1, de 30.10.1992, do Departamento de Polícia Federal (*DOU* 13.11.1992, pp. 15.757 e segts.). Suplemento do BS nº 223, de 20.11.1992, conforme RD Circular nº 116/CCJ, de 19.11.1992.

Investigação Preliminar. — A IPP é um procedimento simples, sem formalismo, sem expressões dogmáticas, de termos e atos consagrados ao inquérito policial. E para a oitiva de qualquer pessoa, o chamamento é feito mediante *convite*.

Instauração: — A investigação preliminar (IPP), ressalvada a competência do Diretor do DPF, dos Superintendentes e dos Diretores de Divisões de Polícia Federal, só pode ser instaurada por determinação das seguintes autoridades: *a)* Coordenadores Regionais Policiais; *b)* Delegados Executivos; *c)* Chefes das Delegacias de Polícia Federal.

Ao receber a notícia de fato de interesse policial, de infração penal, a autoridade competente determina a abertura da IPP, mediante simples despacho, designando um servidor policial para conduzi-la, preferencialmente bacharel em Direito.

Diligências: — O Encarregado da investigação, logo após designado, dá início às diligências, procurando esclarecer, principalmente, o seguinte: *a)* se o fato noticiado realmente ocorreu; *b)* se constitui infração penal; *c)* se compete ao DPF apurá-lo; *d)* se há autor ou autores conhecidos; *e)* se há testemunhas; e *f)* se existe prova material.

As peças da IPP fazem parte de um só processado, elaborado apenas em uma via, sendo desnecessária a feitura de portaria, autuação e despachos ordinatórios.

A numeração das falhas da IPP é feita na canto inferior direito, sendo dispensado o uso de carimbo. A IPP é numerada e registrada em livro próprio; e nos órgãos centrais, o registro da IPP é feito em cartório da SR/DPF/DF.

Prazo: — O prazo para a conclusão da IPP é de 30 dias, contados a partir do registro. Decorrido o prazo inicial, se houver ainda a necessidade de alguma diligência fundamental à investigação, a autoridade que determinou a abertura da IPP poderá conceder novo prazo de até 30 dias.

Decorrido esse prazo de prorrogação, se persistirem dúvidas quanto aos fatos, será imediatamente instaurado inquérito policial, juntando-se a este apenas as peças essenciais da IPP.

Relatório: — O Encarregado da investigação, ao final, faz um relatório conclusivo e opinativo, remetendo o feito à autoridade competente para decidir.

Responsabilidade: — O controle, a fiscalização, a apreciação e a decisão da IPP está a cargo da autoridade que houver determinado sua abertura. Os autos da IPP somente serão remetidos à Coordenação Regional Judiciária para exame e manifestação nos seguintes casos: *a)* quando os fatos apurados repercutirem no âmbito disciplinar; *b)* na ocorrência de dúvidas quanto à competência do DPF.

6. COMISSÃO PARLAMENTAR DE INQUÉRITO

O Poder Legislativo tem a competência específica para legislar e outras atribuições anômalas, administrativas, em que se inclui a investigação parlamentar.

Essa investigação é levada a efeito por uma Comissão Parlamentar de Inquérito (CPI) que pode ser do Senado, da Câmara Federal, da Assembléia Legislativa dos Estados ou da Câmara dos Municípios, assegurando-se, na indicação dos seus membros, tanto quanto possível, a representação proporcional dos partidos políticos com assento no respectivo Poder.

A CPI é constituída na forma e com as atribuições previstas nas Constituições Federal e Estaduais, na legislação federal, estadual e municipal e no Regimento Interno do Poder Legislativo respectivo, tendo por objetivo apurar reclamações, representações ou queixas contra atos ou omissões das autoridades ou entidades públicas, inclusive, delações de fatos que possam configurar crimes de ação penal pública.

Ao final dos seus trabalhos, quando for o caso, cumpre à CPI comunicar ao órgão do Ministério Público a prática do crime que na investigação tenha sido apurado, enviando, através da Mesa respectiva, cópia do relatório de seus trabalhos, com as peças colhidas no inquérito parlamentar, para que seja promovida a responsabilidade civil e criminal dos investigados.[316]

6.1. Constituição Federal

A Carta Magna de 1988, dispondo sobre as Comissões Parlamentares de Inquérito (CPIs), estabelece que o Congresso Nacional e suas Casas terão comissões permanentes e temporárias, constituídas na forma e com as atribuições previstas no respectivo regimento ou no ato de que resultar sua criação.

Na constituição das Mesas e de cada Comissão, é assegurada, tanto quanto possível, a representação proporcional dos partidos ou dos blocos parlamentares que participam da respectiva Casa.

Às comissões, em razão da matéria de sua competência, cabe: I - discutir e votar projeto de lei que dispensar, na forma do regimento, a competência do Plenário, salvo se houver recurso de um décimo dos membros da Casa; II - realizar audiências públicas com entidades da sociedade civil; III - convocar Ministros de Estado para prestar informações sobre assuntos inerentes a suas atribuições; IV - receber petições, reclamações, representações ou queixas de qualquer pessoa contra atos ou omissões das autoridades ou entidades públicas; V - solicitar depoimento de qualquer autoridade ou cidadão; VI - apreciar programas de obras, planos nacionais, regionais e setoriais de desenvolvimento e sobre eles emitir parecer.

As CPIs têm poderes de investigação próprios das autoridades judiciais, além de outros previstos nos regimentos das respectivas Casas, são criadas pela Câmara dos Deputados e pelo Senado Federal, em conjunto ou separadamente, mediante requerimento de um terço de seus membros, para a apuração de fato determinado e por prazo certo, sendo suas conclusões, se for o caso, encaminhadas ao Ministério Público, para que promova a responsabilidade civil ou criminal dos infratores.

Durante o recesso, haverá uma Comissão representativa do Congresso Nacional, eleita por suas Casas na última sessão ordinária do período legislativo, com atribuições definidas no regimento comum, cuja composição reproduzirá, quanto possível, a proporcionalidade da representação partidária (CF, Seção VII, art. 58 e §§).

---

316. Lei nº 10.001, de 4.9.2000, dispõe sobre a prioridade nos procedimentos a serem adotados pelo Ministério Público e por outros órgãos a respeito das conclusões das comissões parlamentares de inquérito (*DOU* Seção I, de 5.9.2000, p. 1).

6.2. Legislação Federal

Não obstante antiga, da época do governo Getúlio Vargas, mas ainda em vigor, a Lei nº 1.579, de 18.3.1952, dispõe que as Comissões Parlamentares de Inquérito, criadas na forma do art. 53 da Constituição Federal (art. 58, da atual), terão ampla ação nas pesquisas destinadas a apurar os fatos determinados que deram origem à sua formação.

A criação de CPI dependerá de deliberação plenária, se não for determinada pelo terço da totalidade dos membros da Câmara dos Deputados ou do Senado.

No exercício de suas atribuições, poderão as CPIs determinar as diligências que reputarem necessárias e requerer a convocação de ministros de Estado, tomar o depoimento de quaisquer autoridades federais, estaduais ou municipais, ouvir os indiciados, inquirir testemunhas sob compromisso, requisitar de repartições públicas e autárquicas informações e documentos, e transportar-se aos lugares onde se fizer mister a sua presença.

Indiciados e testemunhas serão intimados de acordo com as prescrições estabelecidas na legislação penal. Em caso de não comparecimento da testemunha sem motivo justificado, a sua intimação será solicitada ao juiz criminal da localidade em que resida ou se encontre, na forma do art. 218 do Código de Processo Penal.

Pela Lei nº 1.579/1952, art. 4º, constitui crime: I - Impedir, ou tentar impedir, mediante violência, ameaça ou assuadas, o regular funcionamento de CPI, ou o livre exercício das atribuições de qualquer dos seus membros: Pena - A do art. 329 do Código Penal. II - Fazer afirmação falsa, ou negar ou calar a verdade como testemunha, perito, tradutor ou intérprete, perante a Comissão Parlamentar de Inquérito: Pena - A do art. 342 do Código Penal.

As CPIs devem apresentar relatório de seus trabalhos à respectiva Câmara, concluindo por projeto de resolução. Se forem diversos os fatos objeto de inquérito, a comissão dirá, em separado sobre cada um, podendo fazê-lo antes mesmo de finda a investigação dos demais.

A incumbência da CPI termina com a sessão legislativa em que tiver sido outorgada, salvo deliberação da respectiva Câmara, prorrogando-a dentro da legislação em curso (art. 5º e §§ 1º e 2º). O processo e a instrução dos inquéritos obedece ao que prescreve a Lei em tela e, no que lhes for aplicável, às normas do processo penal (art. 6º), todos da Lei nº 1.579/1952.

6.3. Legislação Estadual

Em São Paulo, no governo de Paulo Egydio Martins, a Lei nº 1.759, de 14.9.1978, disciplinou a atuação das CPIs, dispondo que as Comissões Especiais de Inquérito, referidas no inciso VII do art. 7º da Constituição Estadual (Observamos, a respeito, que na Constituição Estadual de 1989, é o art. 13, § 2º), terão ampla ação nas pesquisas destinadas a apurar os fatos determinados que tenham dado origem à sua formação.

No exercício de suas atribuições, essas Comissões podem determinar diligências que reputarem necessárias, requerer a convocação de Secretários de Estado, tomar depoimento de quaisquer autoridades, inquirir testemunhas sob compromisso, requisitar informações e documentos e transportar-se aos lugares onde se fizer mister a sua presença.

Essas providências, em especial a intimação de testemunhas e de demais pessoas, cujos esclarecimentos, no interesse da investigação, se façam necessários, se efetivarão através do Presidente da Comissão, na forma que for disciplinada pela Assembléia Legislativa.

O não atendimento às determinações do Presidente da Comissão faculta a esse solicitar, na conformidade da Legislação Federal, a intervenção do Poder Judiciário para fazer cumprir a legislação.

O processo e a instauração dos inquéritos obedecerão ao disposto na Lei em tela e no Regimento Interno da Assembléia Legislativa, aplicando-se, subsidiariamente, no que couber, as disposições do Código de Processo Penal.

6.4. Regimentos Internos

Senado Federal: — O Regimento Interno do Senado Federal estatui que a criação de comissão parlamentar de inquérito será feita mediante requerimento de um terço dos seus membros.

O requerimento de criação da CPI determinará o fato a ser apurado, o número de membros, o prazo de duração da comissão e o limite das despesas a serem realizadas. Recebido o requerimento, o Presidente ordenará que seja numerado e publicado.

O Senador só poderá integrar duas CPIs, uma como titular, outra como suplente. E a comissão terá suplentes, em número igual à metade do número dos titulares mais um, escolhidos no ato da designação destes, observadas as normas constantes do art. 78 (art. 145 e §§).

Não se admitirá CPI sobre matérias pertinentes: *a)* à Câmara dos Deputados; *b)* as atribuições do Poder Judiciário; *c)* aos Estados (art. 146).

Na hipótese de ausência do relator a qualquer ato do inquérito, poderá o Presidente da comissão designar-lhe substituto para a ocasião, mantida a escolha na mesma representação partidária ou bloco parlamentar (art. 147).

No exercício das suas atribuições, a CPI terá poderes de investigação próprios das autoridades judiciais, facultada a realização de diligências que julgar necessárias; podendo convocar Ministros de Estado, tomar o depoimento de qualquer autoridade, inquirir testemunhas, sob compromisso, ouvir indiciados, requisitar de órgão público informações ou documentos de qualquer natureza, bem como requerer ao Tribunal de Contas da União a realização de inspeções e auditorias que entender necessárias (art. 148).

No dia previamente designado, se não houver número para deliberar, a CPI poderá tomar depoimento das testemunhas ou autoridades convocadas, desde que estejam presentes o Presidente e o relator. Os indiciados e testemunhas serão intimados de acordo com as prescrições estabelecidas na legislação processual penal, aplicando-se, no que couber, a mesma legislação, na inquirição de testemunhas e autoridades (art. 148, §§ 1º e 2º).

O Presidente da CPI, por deliberação desta, poderá incumbir um dos seus membros ou funcionários da Secretaria do Senado da realização de qualquer sindicância ou diligência necessária aos seus trabalhos (art. 149).

Ao término de seus trabalhos, a CPI enviará à Mesa, para conhecimento do Plenário, seu relatório e conclusões. A comissão poderá concluir seu relatório por projeto de resolução se o Senado for competente para deliberar a respeito. Sendo diversos os fatos objeto de inquérito, a comissão dirá, em separado, sobre cada um, podendo fazê-lo antes mesmo de finda a investigação dos demais (art. 150 e §§).

A CPI encaminhará suas conclusões, se for o caso, ao Ministério Público, para que promova a responsabilidade civil ou criminal dos infratores (art. 151).

O prazo da CPI poderá ser prorrogado, automaticamente, a requerimento de um terço dos membros do Senado, comunicado por escrito à Mesa, lido em plenário e publicado no Diário do Congresso Nacional, observado o disposto no art. 76, § 4º (art. 152). E nos atos processuais, aplicam-se, subsidiariamente, as disposições do Código de Processo Penal (art. 153).

Câmara dos Deputados: — O Regimento Interno da Câmara dos Deputados estatui que a Câmara, a requerimento de um terço de seus membros, instituirá CPI para apuração de fato determinado e por prazo certo, a qual terá poderes de investigação próprios das autoridades judiciais, além de outros previstos em lei e no seu regimento (art. 35).

Considera-se fato determinado o acontecimento de relevante interesse para a vida pública e a ordem constitucional, legal, econômica e social do País, que estiver devidamente caracterizado no requerimento de constituição da Comissão.

Recebido o requerimento, o Presidente o mandará a publicação, desde que satisfeitos os requisitos regimentais; caso contrário, devolvê-lo-á ao Autor, cabendo desta decisão recurso para o Plenário, no prazo de cinco sessões, ouvida a Comissão de Constituição e Justiça e de Redação.

A Comissão, que poderá atuar também durante o recesso parlamentar, terá o prazo de 120 dias, prorrogável por até metade, mediante deliberação do Plenário, para conclusão de seus trabalhos.

Não será criada CPI enquanto estiverem funcionando pelo menos cinco outras na Câmara, salvo mediante projeto de resolução com o mesmo *quorum* de apresentação previsto no *caput* deste artigo.

A CPI terá sua composição numérica indicada no requerimento ou projeto de criação. E do ato de criação constarão a provisão de meios ou recursos administrativos, as condições organizacionais e o assessoramento necessários ao bom desempenho da Comissão, incumbindo à Mesa e à Administração da Casa o atendimento preferencial das providências que a Comissão solicitar (art. 35 e §§).

A CPI poderá, observada a legislação específica:

I - requisitar funcionários dos serviços administrativos da Câmara, bem como, em caráter transitório, os de qualquer órgão ou entidade da administração direta, indireta e fundacional, ou do Poder Judiciário, necessários aos seus trabalhos;

II - determinar diligências, ouvir indiciados, inquirir testemunhas sob compromisso, requisitar de órgãos e entidades da administração pública informações e documentos, requerer a audiência de Deputados e Ministros de Estado, tomar depoimentos de autoridades federais, estaduais e municipais, e requisitar os serviços de quaisquer autoridades, inclusive policiais;

III - incumbir qualquer de seus membros, ou funcionários requisitados dos serviços administrativos da Câmara, da realização de sindicâncias ou diligências necessárias aos seus trabalhos, dando conhecimento prévio à Mesa;

IV - deslocar-se a qualquer ponto do território nacional para a realização de investigações e audiências públicas;

V - estipular prazo para o atendimento de qualquer providência ou realização de diligência sob as penas da lei, exceto quando da alçada de autoridade judiciária;

VI - se forem diversos os fatos inter-relacionados objeto do Inquérito, dizer em separado sobre cada um, mesmo antes de finda a investigação dos demais.

As Comissões Parlamentares de Inquérito valer-se-ão, subsidiariamente, das normas contidas no Código de Processo Penal (art. 36).

Ao termo dos trabalhos a Comissão apresentará relatório circunstanciado, com suas conclusões, que será publicado no Diário do Congresso Nacional e encaminhado:

I - à Mesa, para as providências de alçada desta ou do Plenário, oferecendo, conforme o caso, projeto de lei, de decreto legislativo ou de resolução, ou indicação, que será incluída em Ordem do Dia dentro de cinco sessões;

II - ao Ministério Público ou à Advocacia-Geral da União, com a cópia da documentação, para que promovam a responsabilidade civil ou criminal por infrações apuradas e adotem outras medidas decorrentes de suas funções institucionais;

III - ao Poder Executivo, para adotar as providências saneadoras de caráter disciplinar e administrativo decorrentes do art. 37, §§ 2º a 6º, da Constituição Federal, e demais dispositivos constitucionais e legais aplicáveis, assinalando prazo hábil para seu cumprimento;

IV - à Comissão Permanente que tenha maior pertinência com a matéria, à qual incumbirá fiscalizar o atendimento do prescrito no inciso anterior;

V - à Comissão Mista Permanente de que trata o art. 166, § 1º, da Constituição Federal, e ao Tribunal de Contas da União, para as providências previstas no art. 71 da mesma Carta (art. 37, do RICAM).

Nos casos dos incisos II, III e V, a remessa será feita pelo Presidente da Câmara, no prazo de cinco sessões (art. 37, parágrafo único, do RICAM).

Assembléia Legislativa de São Paulo: — O Regimento Interno da Assembléia Legislativa do Estado de São Paulo preceitua que as CPIs são constituídas para fim predeterminado, a requerimento de um terço, no mínimo, dos seus membros.

O requerimento propondo a constituição de CPI só será submetido à discussão e votação decorridas 24 horas de sua apresentação, e deverá indicar, desde logo: 1) a finalidade, 2) o número de membros e 3) o prazo de funcionamento.

A Comissão que não se instalar dentro de 10 dias, após a nomeação de seus membros, ou deixar de concluir seus trabalhos dentro do prazo estabelecido, será declarada extinta, salvo se, para a última hipótese, o Plenário aprovar prorrogação do prazo.

Não poderão funcionar concomitantemente mais de cinco CPIs, salvo deliberação da maioria absoluta dos membros da Assembléia.

Os membros das CPIs, no interesse da investigação, poderão, em conjunto ou isoladamente, proceder a vistorias e levantamentos nas repartições públicas estaduais e entidades descentralizadas, onde terão livre ingresso e permanência, bem como requisitar de seus responsáveis a exibição de documentos e a prestação dos esclarecimentos necessários (CE, arts. 13, § 2º e 34, §§).

Assembléia Legislativa de Santa Catarina: — A Resolução nº 010/1997, que compatibilizou os Projetos de Resolução nºs 008 e 009/1996, dispõe que a Assembléia Legislativa, a requerimento de um terço de seus membros, constituirá CPI para apuração de fato determinado, pelo prazo máximo de 90 dias, prorrogáveis por mais 60 dias, a qual terá poderes de investigação próprios das autoridades judiciais, além de outros previstos em Lei e no seu Regimento Interno.

7. MINISTÉRIO PÚBLICO

O Ministério Público tem como funções institucionais, entre outras, as de requisitar diligências investigatórias e a instauração de inquérito policial, indicando os fundamentos jurídicos de suas manifestações processuais (CF, art. 129, VIII).

Estatuto do Ministério Público da União: — Este diploma dispõe que, sempre que for necessário ao exercício de suas funções constitucionais, o Ministério Público da União tem a incumbência de: I - instaurar inquérito civil e outros procedimentos administrativos correlatos; II - requisitar diligências investigatórias e a instauração de inquérito policial e de inquérito policial militar, podendo acompanhá-los e apresentar provas; III - requisitar à autoridade competente a instauração de procedimentos administrativos, ressalvados os de natureza disciplinar, podendo acompanhá-los e produzir provas.

Para o exercício de suas atribuições, poderá, nos procedimentos de sua competência:

I - notificar testemunhas e requisitar sua condução coercitiva, no caso de ausência injustificada;

II - requisitar informações, exames, perícias e documentos de autoridades da Administração Pública direta ou indireta;

III - requisitar da Administração Pública serviços temporários de seus servidores e meios materiais necessários para a realização de atividades específicas;

IV - requisitar informações e documentos a entidades privadas;

V - realizar inspeções e diligências investigatórias;

VI - ter livre acesso a qualquer local público ou privado, respeitadas as normas constitucionais pertinentes à inviolabilidade do domicílio;

VII - expedir notificações e intimações necessárias aos procedimentos e inquéritos que instaurar;

VIII - ter acesso incondicional a qualquer banco de dados de caráter público ou relativo a serviço de relevância pública;

IX - requisitar o auxílio de força policial.

Ainda, segundo o referido Estatuto, o membro do Ministério Público pode ser civil e criminalmente responsabilizado pelo uso indevido das informações e documentos que requisitar; a ação penal, na hipótese, poderá ser proposta também pelo ofendido, subsidiariamente, na forma da lei processual penal.

Ao Ministério Público, todavia, nenhuma autoridade poderá opor, sob qualquer pretexto, a exceção de sigilo, sem prejuízo da subsistência do caráter sigiloso da informação, do registro, do dado ou do documento que lhe seja fornecido. A falta injustificada e o retardamento indevido do cumprimento das requisições do Ministério Público implicarão a responsabilidade de quem lhe der causa.

Mas, atente-se, no Estado Democrático de Direito, baseado na Carta de 1988, o sigilo bancário somente pode ser suspenso pelo Poder Judiciário e pelas Comissões Parlamentares de Inquérito, nos termos do art. 58, § 3º, da Constituição Federal, sendo questionável a legislação editada em 2001, que autorizou a quebra do sigilo bancário, para parte da fiscalização fazendária.[317]

As correspondências, notificações, requisições e intimações do Ministério Público quando tiverem como destinatário o Presidente da República, o Vice-Presidente da República, membro do Congresso Nacional, Ministro do Supremo Tribunal Federal, Ministro de Estado, Ministro de Tribunal Superior, Ministro do Tribunal de Contas da União ou chefe de missão diplomática de caráter permanente devem ser encaminhadas e levadas a efeito pelo Procurador-Geral da República ou outro órgão do Ministério Público a quem essa atribuição seja delegada, cabendo às autoridades mencionadas fixar data, hora e local em que puderem ser ouvidas, se for o caso.

As requisições do Ministério Público serão feitas fixando-se prazo razoável de até 10 dias úteis para atendimento, prorrogável mediante solicitação justificada.

Nos procedimentos de sua competência, poderá, entre outras medidas, realizar inspeções e diligências investigatórias.[318]

Lei Orgânica Nacional do Ministério Público: — Este estatuto, por sua vez, dispõe que o Ministério Público, no exercício de suas funções, poderá:

I - instaurar inquéritos civis e outras medidas e procedimentos administrativos pertinentes e, para instruí-los: *a)* expedir notificações para colher depoimento ou esclarecimentos e, em caso de não-comparecimento injustificado, requisitar condução coercitiva, inclusive pela Polícia Civil ou Militar, ressalvadas as prerrogativas previstas em lei; *b)* promover inspeções e diligências investigatórias junto às autoridades, órgãos e entidades a que se refere a alínea anterior; *c)* requisitar informações, exames periciais e documentos de autoridades federais, estaduais e municipais, bem como dos órgãos e entidades da administração direta, indireta ou fundacional, de qualquer dos Poderes da União, dos Estados, do Distrito Federal e dos Municípios;

---

317. Cf. Miguel Reale, "Parecer", *in RF* 324/115.

318. Lei Complementar nº 75, de 20.5.1993, dispõe sobre a organização, as atribuições e o Estatuto do Ministério Público da União, arts. 7º e segts. (*DOU* de 21.5.1993). Portaria nº 358, de 2.5.1998, republica o Regimento Interno do Ministério Público Federal (*DOU* de 9.6.1998).

II - requisitar informações e documentos a entidades privadas, para instruir procedimentos ou processo em que oficie;

III - requisitar à autoridade competente a instauração de sindicância ou procedimento administrativo cabível;

IV - requisitar diligências investigatórias e a instauração de inquérito policial e de inquérito policial militar, observado o disposto no art. 129, VIII, da Constituição Federal, podendo acompanhá-los;

V - praticar atos administrativos executórios, de caráter preparatório;

VI - dar publicidade dos procedimentos administrativos não disciplinares que instaurar e das medidas adotadas;

VII - sugerir ao Poder competente a edição de normas e a alteração da legislação em vigor, bem como a adoção de medidas propostas, destinadas à prevenção e controle da criminalidade;

VIII - manifestar-se em qualquer fase dos processos, acolhendo solicitação do juiz, da parte ou por sua iniciativa, quando entender existente interesse em causa que justifique a intervenção.

As notificações e requisições acima previstas, quando tiverem como destinatários o Governador do Estado, os membros do Poder Legislativo e os desembargadores, serão encaminhadas pelo Procurador-Geral de Justiça.

Da mesma forma, como a prevista no Estatuto do Ministério Público da União, o membro do Ministério Público Estadual poderá ser responsabilizado pelo uso indevido das informações e documentos que requisitar, inclusive nas hipóteses legais de sigilo.

As requisições feitas pelo Ministério Público as autoridades, órgãos e entidades da Administração Pública direta, indireta ou fundacional, de qualquer dos Poderes da União, dos Estados, do Distrito Federal e dos Municípios, deverão ser cumpridas gratuitamente.

A falta ao trabalho, em virtude de atendimento a notificação ou requisição do MP, nos casos acima mencionados, não autoriza desconto de vencimentos ou salário, considerando-se de efetivo exercício, para todos os efeitos, mediante comprovação escrita do membro do Ministério Público.

Toda representação ou petição formulada ao Ministério Público será distribuída entre os membros da instituição que tenham atribuições para apreciá-la, observados os critérios fixados pelo Colégio de Procuradores.[319]

Em suma, face à legislação exposta, verifica-se que o Ministério Público Federal ou Estadual não pode conduzir investigação de natureza criminal, que é de atribuição exclusiva da Polícia Judiciária, da Polícia Federal e da Polícia Civil dos Estados, competindo, somente, aos órgãos do Ministério Público a condução de inquéritos civis.[320]

---

319. Lei nº 8.625, de 12.2.1993, institui a Lei Orgânica Nacional do Ministério Público, dispõe sobre normas gerais para a organização do Ministério Público dos Estados, arts. 26 e segts. (*DOU* de 15.2.1993).

320. V. Acórdãos do Tribunal de Justiça do Estado do Rio de Janeiro (HC nº 615/1996, 1ª Câm. Crim., *DOERJ* de 26.8.1996), e do Tribunal Regional Federal da 2ª Região (HC nº 96.02.35446-1, 2ª T., julg. em 11.12.1996; HC nº 97.02.09315-5, 1.ª T., julg. em 19.8.1997, *DJU* de 9.10.1997).

Atente-se, outrossim, que, com o advento da Constituição Federal de 1988 (art. 144, III e § 4º), ressalvadas as hipóteses de crimes militares, cujos inquéritos (IPMs) são da competência das autoridades militares, o exercício da atividade da polícia judiciária é da competência exclusiva das polícias federal e civis estaduais.

CAPÍTULO II

INQUÉRITO POLICIAL

1. GENERALIDADES

O inquérito policial é um procedimento administrativo, de natureza inquisitiva, feito pela Polícia de Segurança ou Judiciária, para preparar a ação penal, que será requerida em juízo pelo órgão do Ministério Público ou pelo ofendido ou seu representante legal.

Na área jurídica, a expressão *inquérito policial* é empregada como sinônimo de *investigação*. Todavia, são dois procedimentos diferentes e não se confundem. Inquérito é uma coisa e investigação outra. Com efeito, muitas informações e dados colhidos durante a investigação não irão para o bojo do inquérito; só irão aqueles elementos que forem julgados úteis para a prova da materialidade e autoria do crime investigado.

Observe-se, outrossim, que muitas vezes é feita uma investigação sem que haja ou termine em inquérito, como ocorre, geralmente, nas procedidas pelas companhias de seguro e pelos órgãos de defesa econômica.

Numa palavra, o inquérito policial é o instrumento que formaliza a investigação sobre a da materialidade do crime, suas circunstâncias e autoria.

Na legislação romana primitiva, o inquérito era a *inquisitio* que se contrapunha à *acusatio*, característico do procedimento contraditório. *Inquisitio nihil aliud est quem delicti informatio*. A inquisição não passava de peça informativa ou preparatória da ação penal.[321]

---

321. Ubirajara Rocha, *A Polícia em Prismas*, p. 137.

Noticiam, então, os historiadores que os funcionários da polícia romana, periodicamente, percorriam o território imperial com a incumbência de descobrir crimes, prender e inquirir criminosos, interrogar testemunhas, a fim de conseguir provas. Todas essas diligências eram transformadas em instrumento escrito para ser remetido à autoridade judiciária.

No Brasil, o inquérito policial foi criado pelo Decreto nº 4.824, de 22.11.1871, segundo informa Frederico Marques e alguns outros autores.[322] Mas, para Augusto Mondin, o inquérito foi delineado em lei anterior, no Decreto nº 261, de 3.12.1841, que, dispondo, num dos seus capítulos, sobre a competência das autoridades policiais, lhes atribuiu o encargo de "remeter, quando julgarem conveniente, todos os dados, provas e esclarecimentos, que houverem obtido sobre um delito, com uma exposição do caso e de suas circunstâncias, aos juízes competentes, a fim de formarem a culpa".[323]

O Decreto Federal nº 4.824/1871, não obstante, em vários de seus artigos e, particularmente, na Secção encimada pelo título *Inquérito Policial*, estruturou o procedimento, formalizando-o. E, desde então, as suas regras foram, em linhas gerais, consagradas pela nossa legislação processual penal.

Em 1936, quando Ministro da Justiça o Prof. Vicente Ráo, tentou-se abolir o inquérito policial e criar-se o Juizado de Instrução, procurando retirar da polícia a função de interrogar o acusado, tomar o depoimento das testemunhas e colher provas. Essa idéia, todavia, não vingou. E, alguns anos depois, o Estatuto Processual Penal de 1941 manteve o inquérito policial, como medida preparatória da ação penal.

No transcorrer dos anos, essas propostas de criação do Juizado de Instrução e extinção do inquérito policial se repetem sem originalidade, prevalecendo, ainda, diante da nossa realidade social e territorial, as ponderações feitas pelo Ministro Francisco Campos, na Exposição de Motivos do Estatuto de Processo Penal de 3.10.1941, *in verbis*:

"Foi mantido o inquérito policial como processo preliminar ou preparatório da ação penal, guardadas as suas características atuais. O ponderado exame da realidade brasileira, que não é apenas a dos centros urbanos, senão também a dos remotos distritos das comarcas do interior, desaconselha o repúdio do sistema vigente.

O preconizado juízo de instrução, que importaria limitar a função da autoridade policial a prender criminosos, averiguar a materialidade dos crimes e indicar testemunhas, só é praticável sob a condição de que as distâncias dentro do seu território de jurisdição sejam fácil e rapidamente superáveis. Para atuar proficuamente em comarcas extensas, e posto que deva ser excluída a hipótese de criação de juizados de instrução em cada sede do distrito, seria preciso que o juiz instrutor possuísse o dom da ubiqüidade. De outro modo, não se compreende como poderia presidir a todos os processos nos pontos diversos da sua zona de jurisdição, a grande distância uns dos outros e da sede da comarca, demandando, muitas vezes, com os morosos meios de condução ainda praticados na maior

322. José Frederico Marques, *Elementos de Direito Processual Penal*, 1º v., pp. 101 e segts.

323. Augusto Mondin, *Manual de Inquérito Policial*, p. 44.

parte do nosso hinterland, vários dias de viagem. Seria imprescindível, na prática, a quebra do sistema: nas capitais e nas sedes de comarca em geral, a imediata intervenção do juiz instrutor, ou a instrução única; nos distritos longínquos, a continuação do sistema atual. Não cabe, aqui, discutir as proclamadas vantagens do juízo de instrução."

Aduz, ainda, o Ministro Francisco Campos, *"há em favor do inquérito policial, como instrução provisória antecedendo à propositura da ação penal, um argumento dificilmente contestável: é ele uma garantia contra apressados e errôneos juízos, formados quando ainda persiste a trepidação moral causada pelo crime ou antes que seja possível uma exata visão de conjunto dos fatos, nas suas circunstâncias objetivas e subjetivas. Por mais perspicaz e circunspeta, a autoridade que dirige a investigação inicial, quando ainda perdura o alarma provocado pelo crime, está sujeita a equívocos ou falsos juízos* a priori, *ou a sugestões tendenciosas. Não raro, é preciso voltar atrás, refazer tudo, para que a investigação se oriente no rumo certo, até então despercebido. Por que, então, abolir-se o inquérito preliminar ou instrução provisória, expondo-se a justiça criminal aos azares do detetivismo, às marchas e contramarchas de uma instrução imediata e única? Pode ser mais expedito o sistema de unidade de instrução, mas o nosso sistema tradicional, com o inquérito preparatório, assegura uma justiça menos aleatória, mais prudente e serena".*[324]

Augusto Mondin, discorrendo a respeito, afirma que conservando o inquérito policial, e até mesmo ampliando a sua esfera de ação, manteve-se o legislador pátrio fiel à nossa tradição jurídica.[325]

Frederico Marques, na mesma linha de entendimento, escreve que o inquérito policial "é uma das instituições mais benéficas do nosso sistema processual, apesar de críticas infundadas contra ele feitas ou pela demagogia forense, ou pelo juízo apressado de alguns que não conhecem bem o problema da investigação policial".[326]

2. CONCEITO

O legislador pátrio não definiu no Código de Processo Penal de 1941, ainda em vigor, o que é o inquérito policial, como o fez no Estatuto processual penal militar, *in verbis*:

"Art. 9º. O inquérito policial militar é a apuração sumária de fato, que, nos termos legais, configure crime militar, e de sua autoria. Tem o caráter de instrução provisória, cuja finalidade precípua é a de ministrar elementos necessários à propositura da ação penal.[327]

Parágrafo único. São, porém, efetivamente instrutórios da ação penal os exames, perícias e avaliações realizadas regularmente no curso do inquérito, por peritos idôneos e com obediência às formalidades previstas neste Código."

---

324. *Exposição de Motivos*, Código de Processo Penal, pp. 7 e segts.

325. Augusto Mondin, *Manual do Inquérito Policial*, p. 49.

326. José Frederico Marques, *Elementos de Direito Processual Penal*, v. 1. p. 101.

327. Edgard de Brito Chaves Júnior, *Legislação Penal Militar*, p. 167.

Cláudio Amin Miguel e Nelson Coldibelli, discorrendo sobre o direito castrense e estribados nesse dispositivo, no conceito legal do IPM, escrevem que o inquérito policial militar constitui-se numa peça informativa que visa a apurar a prática de fato que configure crime militar, e de sua autoria, a fim de fornecer os elementos necessários à propositura da ação penal militar.[328]

Frederico Marques, tratando do inquérito policial comum, o chama de *informatio delicti* e o define como sendo um procedimento administrativo-persecutório de instrução provisória, destinado a preparar a ação penal.

Com os elementos investigatórios que o integram, aduz o mestre, o inquérito policial fornece ao órgão da acusação os elementos necessários para formar a suspeita do crime, ou *opinio delicti,* que levará aquele órgão a propor a ação penal, com os demais elementos probatórios; ele orientará a acusação na colheita de provas a realizar-se durante a instrução processual.[329]

Hélio Tornaghi, por sua vez, entende que o inquérito policial é a investigação do fato na sua materialidade e da sua autoria. É a *inquisitio generalis* destinada a ministrar elementos para que o titular da ação penal acuse o autor do crime.[330]

Walter P. Acosta, no seu livro sobre o Processo Penal, conceitua o inquérito policial como sendo todo procedimento legal destinado à reunião de elementos acerca de uma infração penal.[331]

Amintas Vidal Gomes, no Manual do Delegado, define o inquérito policial, como sendo o conjunto das pesquisas e indagações que a autoridade e seus auxiliares empreendem, a partir da primeira hora, para provar a existência da infração da lei penal (corpo de delito), apurar a autoria dessa infração e desvendar as circunstâncias do evento.[332]

Milton Lopes da Costa, no Manual de polícia judiciária, conceitua o inquérito policial como sendo o conjunto de diligências policiais objetivando a apuração de uma infração penal e da sua autoria.[333]

José Armando da Costa, também no seu Manual de polícia judiciária, conceitua o inquérito policial como sendo o repositório de peças escritas que traduzem as várias diligências realizadas, de forma predominantemente inquisitorial e discricionária, pela polícia judiciária com vistas a apurar ocorrências delituosas e sua autoria.[334]

Para nós, o inquérito policial é um procedimento administrativo que formaliza a investigação de crime e sua autoria. O inquérito não é a investigação, mas a formalização de alguns elementos essenciais obtidos na investigação, para servir de base à denúncia ou à queixa-crime, respectivamente, na ação penal pública ou privada.

---

328. Cláudio Amin Miguel e Nelson Coldibelli, *Elementos de Direito Processual Penal Militar,* p. 45.
329. José Frederico Marques, *Elementos de Direito Processual Penal*, 1º v, p. 153.
330. Hélio Tornaghi, *Compêndio de Processo Penal*, t. 1, p. 167.
331. Walter P. Acosta, *O Processo Penal*, p. 30.
332. Amintas Vidal Gomes, *Novo Manual do Delegado*, 1º v., p. 58.
333. Milton Lopes da Costa, *Manual de Polícia Judiciária*, p.3.
334. José Armando da Costa, *Manual de Polícia Judiciária*, p. 3.

3. NATUREZA

O inquérito policial é um procedimento administrativo de natureza persecutória, destinado a preparar a ação penal, que pode ser pública incondicionada ou condicionada à representação do ofendido ou do seu representante legal e privada, nas casos de queixa-crime.

Esse procedimento, instruído com laudos periciais e outros documentos, fornece ao Ministério Público ou ao querelante, este, através do seu advogado, elementos para a propositura da ação penal.

4. FUNÇÃO

A função do inquérito policial é formalizar a investigação e fornecer ao Ministério Público ou ao querelante os elementos colhidos a respeito do crime e de sua autoria para que ele possa formar a sua opinião, a *opinio delicti,* e propor, ou não, a denúncia ou a queixa-crime ao juiz de direito natural, com pedido de providências liminares, requerendo, se houver razão para tanto, a prisão temporária ou preventiva do suspeito. O papel do inquérito é, assim, de instrumento para a denúncia ou a queixa-crime.[335]

5. FORMA

Na sua elaboração, o inquérito policial não está sujeito às formas indeclináveis a não ser para o interrogatório do acusado e para o Auto de Prisão em Flagrante. Neste, faltando qualquer elemento exigido pela lei o ato será nulo. A nulidade, porém, só atingirá os efeitos coercitivos da medida cautelar, isto é, da prisão processual, e nunca o valor informativo dos elementos colhidos no Auto de Prisão em Flagrante.

O juiz pode relaxar a prisão, de ofício ou a requerimento da defesa do acusado, em virtude da nulidade apontada na lavratura do Auto de Prisão em Flagrante, mas o Ministério Público poderá oferecer denúncia, baseado nessa mesma peça de flagrante.

6. VALOR PROBATÓRIO

Os processualistas antigos afirmam que o inquérito policial não tem valor probatório, é apenas uma *informatio delicti,* uma peça informativa.

Em que pese a doutrina antiga e o livre convencimento do juiz, entendemos, com base na lide forense e na jurisprudência, que o inquérito policial não é apenas uma peça informativa, mas um instrumento de valor probatório, pelos elementos integrantes da investigação que formaliza e por outras peças que o instruem, como, por exemplos, os laudos elaborados pelos peritos criminais e pelos médicos legistas.

---

335. Código de Processo Penal, art. 12.

Frederico Marques, a propósito, formula a seguinte pergunta: "Poderá o juiz basear o seu livre convencimento, para condenar o réu, em peças do inquérito policial?".

E, em seguida, responde: "Tudo depende das circunstâncias do caso, como, aliás, sempre acontece, quando se focaliza o "livre convencimento". Se os indícios e elementos circunstanciais do *factum probandum* forem tais que gerem a convicção de que a instrução provisória realizada pela polícia espelha e reflete a verdade dos acontecimentos, pode o juiz invocar um ou outro desses elementos, para fundamentar, complementarmente, a sua decisão. Notadamente quando os fatos apurados no inquérito se entrosam, como dados circunstanciais, as provas colhidas na fase judicial da instrução".[336]

Bismael B. Moraes, por sua vez, defendendo a manutenção do inquérito, ao tratar do seu valor, escreve "quem não conhece a importância do inquérito, ou jamais estudou Direito com seriedade, ou espontaneamente deixa extravasar seu preconceito contra a instituição policial, esquecido de que não há sociedade sem polícia".[337]

7. POSIÇÃO DO DELEGADO

O Delegado de Polícia não é a *longa manus* do Ministério Público, como escreviam os autores antigos. Isto porque, a autoridade policial não é parte, ela atua entre as partes, de um lado, o órgão da acusação, o Promotor de Justiça, Procurador da República ou querelante; e, de outro, a parte acusada, o indiciado ou querelado, acompanhado pelo seu advogado, quando tiver.

Frederico Marques, como os antigos, entende que a autoridade policial não é juiz: ela não atua *inter partes*, e sim, como parte. Cabe-lhe a tarefa de coligir o que se fizer necessário para a restauração da ordem jurídica violada pelo crime, em função do interesse punitivo do Estado.[338]

Certo, a autoridade policial não é juiz. Não obstante, não deve atuar como parte, somente no interesse punitivo do Estado. Numa sociedade democrática, a polícia é constituída por um conjunto de órgãos que atuam na defesa da comunidade e prestam um valioso serviço de assistência social. Com esse espírito, sem ser juiz, a autoridade policial deve atuar *inter partes*, procurando sempre garantir a ordem, a segurança e os direitos humanos. Mesmo porque quem investiga não deve acusar e quem acusa não deve julgar.

Nessa posição, a autoridade policial deve agir na investigação criminal e na instrução do inquérito, com serenidade e prudência, com imparcialidade e sigilo, buscando acima de tudo a verdade.

No Estado de Direito não é admitida a figura do delegado inquisidor, de acusador público que procura, apenas, provas que possam incriminar o suspeito, desprezando tudo o que for favorável aos seus direitos e à sua defesa. Por essa razão, *de*

336. José Frederico Marques, *Elementos de Direito Processual Penal*, p. 160.
337. Bismael B. Moraes, "Em defesa do Inquérito Policial", *in Revista ADPESP* nº 24, pp. 125 e segts.
338. José Frederico Marques, *Elementos de Direito Processual Penal*, p. 150.

lege ferenda, deve-se manter o Delegado de Polícia na condução das investigações e na presidência do inquérito policial.

E admitida, que é, a presença do representante do Ministério Público, no acompanhamento das investigações, o mesmo direito se deveria deferir ao advogado do suspeito ou acusado, porque ambos são partes na lide que se inicia com a pretensão punitiva do órgão de acusação. Nesse sentido deveria pugnar a Ordem dos Advogados do Brasil.

Por outro lado, no desempenho de suas funções, o delegado trabalha junto à comunidade, na solução dos seus problemas, mantendo elos de cordial cooperação e simpatia com os seus líderes e com as autoridades públicas, principalmente, com o Ministério Público e a Magistratura.

8. ATOS DO DELEGADO

Para o seu mister, a lei confere ao Delegado de Polícia o poder-dever de praticar atos de investigação e, para dirigir o inquérito, os poderes de instrução, ordenação, coação, fiscalização e autorização.

Os atos de investigação e os poderes de instrução estão mencionados no art. 6º incisos III, IV, V, VI, VII e VIII, e ainda no art. 7º do Código de Processo Penal.

Atos de Instrução: — Esses atos compreendem os despachos da autoridade, nas peças do inquérito, para ordenar diligências, buscas e apreensões, autorizadas pelo Poder Judiciário, acareações, reconstituições e outras providências, na coleta de provas.

Ato de Ordenação: — Ao delegado cumpre nomear curador ao acusado ou indiciado menor de 21 e maior de 18 anos (CPP, art. 15). E, em determinados casos, solicitar ao juiz a nomeação de Curador Especial (CPP, art. 33).

Atos de Coação: — Esses atos inerentes às funções policiais são: *a)* o poder-dever de apreender ao instrumentos e todos os objetos que tiverem relação com o fato (art. 6º, nº II); *b)* prender quem quer que seja encontrado em flagrante delito (art. 301) e o de mandar recolher à prisão a pessoa conduzida a sua presença em virtude de flagrante (art. 304, § 1º); *c)* determinar a incomunicabilidade do indiciado, que não excederá a 3 dias, depois de decretada por despacho fundamentado do juiz, a requerimento da autoridade policial ou do órgão do Ministério Público, respeitado, em qualquer hipótese, as prerrogativas do advogado (art. 21).

Ato de Fiscalização: — Por iniciativa própria, na zona rural, além dos inerentes à sua função específica, o delegado deve manter a fiscalização e a guarda das florestas, como determina o Código Florestal (Lei Federal nº 4.771/1965, art. 23).

Atos de Autorização: — Para intercepção de comunicações telefônicas, de qualquer natureza, para prova em investigação policial e em instrução penal, depois de deferido o pedido pelo juiz, são realizados pela autoridade policial, dando ciência ao Ministério Público, que poderá acompanhar a sua realização (Lei Federal nº 9.296/1996, art. 6º).

Como atos de autorização, citamos, ainda, entre outros, o de porte federal de arma de fogo, autorizado e expedido pela Polícia Federal, e o porte estadual pelas Polícias Civis (Decreto Federal nº 2.222/1997, art. 13).

Atente-se, outrossim, que os atos para os quais a Lei exige a presença da autoridade policial, como a lavratura de flagrantes, interrogatórios e outros, não podem sem ela ser realizados, sob pena de responsabilidade dos que deles participarem ou neles consentirem.[339]

9. SUSPEIÇÃO DA AUTORIDADE

No Direito Processual, segundo De Plácido e Silva, a suspeição envolve a suspeita de parcialidade, em virtude de que, não somente o juiz, como qualquer outro funcionário da justiça, é tido, ou é temido como parcial, ou capaz de ser influenciado e agir de uma certa forma, em detrimento de uma das partes.[340]

Em virtude do caráter administrativo da investigação, todavia, como dispõe o Estatuto Processual Penal, não se poderá opor suspeição às autoridades policiais, nos atos do inquérito, mas deverão elas declarar-se suspeitas, quando ocorrer motivo legal.[341]

A autoridade policial, por analogia aos casos previstos para os juízes, deve darse por suspeita: *a)* se for amigo íntimo ou inimigo capital de qualquer das partes; *b)* se ele, seu cônjuge, ascendente ou descendente estiver respondendo a processo por fato análogo, sobre cujo caráter criminoso haja controvérsia; *c)* se ele, seu cônjuge ou parente sangüíneo ou afim até o terceiro grau sustentar demanda ou responder a processo que tenha que ser julgado por qualquer das partes; *e)* se tiver aconselhado qualquer das partes; *f)* se for credor ou devedor; tutor ou curador de qualquer das partes; e, *g)* se for sócio, acionista ou administrador de sociedade interessada no processo.[342]

Essa suspeição não pode ser declarada nem reconhecida, quando a parte injuriar o juiz (leia-se, por analogia, também, o delegado) ou de propósito der motivo para criá-la (CPP, art. 256).

10. JURISDIÇÃO

O legislador pátrio, no estatuto processual penal, ao se referir sobre a competência da autoridade policial, usou os termos *área de jurisdição* em vez de *área de competência,* empregando a palavra *jurisdição* em sentido lato. Com efeito, segundo o que dispõe o art. 4º do Código de Processo Penal vigente, a autoridade competente para o exercício das atribuições de Polícia Judiciária é a que tem *jurisdição* no território em que a investigação se desenvolve. Observe-se, todavia, que o Delegado de Polícia não tem jurisdição, no sentido estritamente jurídico da palavra. Jurisdição, de *jurisdictio,* significa dizer o direito, exprime o limite do poder de julgar.

---

339. Portaria SSP nº 15, de 12.5.1969, dispõe sobre procedimentos Policiais e laudos periciais, e dá outras providências (*DOE* 14.5.1969).

340. De Plácido e Silva, *Vocabulário Jurídico,* p. 1.508.

341. Código de Processo Penal, art. 107.

342. Código de Processo Penal, art. 254, I a VI.

Em sentido lato, jurisdição significa todo poder ou autoridade conferida a alguém, em virtude da qual pode conhecer e resolver determinados negócios públicos.

O Delegado de Polícia tem competência administrativa na área territorial onde exerce as suas funções. Os limites de sua competência são determinados pela lei local, que a delimita *ratione loci* e *ratione materiae.* E, como escreve Frederico Marques, "toda essa matéria de policial é de atribuição privativa dos Estados-Membros. Assim e dentro de uma circunscrição, mais de uma autoridade policial pode existir, cabendo então a competência para presidir inquéritos àquela que o local indicar".[343]

Em São Paulo, as unidades policiais atendem às ocorrências, não importando as suas localizações, facilitando, assim, aqueles que procuram os plantões distritais. As ocorrências estranhas à área geográfica, após registradas em boletim e requisitados eventuais exames, são encaminhadas ao Distrito interessado, por ofício. Mas todo inquérito instaurado pelo Distrito atendente, é por ele ultimado, mesmo que a área do fato não esteja contida na sua divisão territorial. E os autos de prisão em flagrante, mesmo os de área estranha à Unidade em que for lavrado, tem tramitação normal e é por ela ultimado.[344]

Na Capital, na área do hoje DECAP, uma antiga portaria estabeleceu a prevenção, como regra para fixação da competência, nos crimes contra o patrimônio, ficando prevento o Distrito policial que apurar sua autoria, devendo a autoridade que instaurar inquérito, prosseguir até sua final conclusão e remessa a Juízo.[345]

---

343. José Frederico Marques, *Elementos*, cit., v. 2, p. 129, *in fine*.

344. Portaria DECAP nº 1.179, de 3.2.1991, sem ementa.

345. Portaria DEGRAN nº 27, de 2.7.1975, publicada no *Boletim Informativo* nº 123, de 2.7.1975. Portaria DGP nº 7, de 16.3.1994, sem ementa, dispõe que a unidade especializada ou de base territorial que instaurar inquérito para apurar delito autônomo de receptação, deverá prosseguir nas investigações necessárias, até a ultimação do feito.

CAPÍTULO III
INSTAURAÇÃO DE INQUÉRITO

1. NOTÍCIA DO CRIME

O inquérito policial inicia-se com a formalização da notícia do crime, de uma delação que pode ser oral ou escrita. Dispõe, a respeito, a legislação processual penal que qualquer do povo que tiver conhecimento da existência de infração em que caiba ação pública, poderá, verbalmente ou por escrito, comunicá-la à autoridade policial, e esta, verificando a procedência das informações, mandará instaurar inquérito (CPP, art. 5º, § 3º).

O delegado procede por exclusão, para saber se o crime que lhe é delatado é de ação penal pública incondicionada, condicionada ou privada.

Verifica, no Código Penal ou na Lei Especial, se o artigo que pode ser aplicado ao caso, após descrever o tipo penal e a pena (o preceito incriminador e o sancionador), nada disser a respeito da ação penal cabível, está será pública incondicionada (mas, depois, *ad cautela*, verifica na parte final do Capítulo que trata do crime em questão, nas disposições comuns, se há algum artigo sobre a ação penal).

Se se tratar de ação penal pública condicionada à representação, depois do preceito sancionador, vem um dispositivo esclarecendo que "Somente se procede mediante representação". No caso de ação privada, o texto legal informa expressamente: "Somente se procede mediante queixa".

Nos crimes de ação penal pública, dependendo da forma como a notícia crime chegou ao conhecimento da autoridade policial, o inquérito poderá ser iniciado por:

a) Portaria; *b)* Requerimento do ofendido ou de seu representante legal; *c)* Requisição da autoridade judiciária; *d)* Requisição do Ministério Público; *e)* Prisão em flagrante (CPP, art. 5º).

Nos crimes de ação penal privada, o inquérito somente poderá ser instaurado a requerimento de quem tenha qualidade para fazê-lo (CPP, art. 5º, § 5º).

As investigações feitas pela polícia, reduzidas a escrito, ordenados e rubricados os autos pela autoridade, constituem o inquérito. Nessa formalização da investigação, são utilizados autos e termos diversos, interligados pelos despachos da autoridade e pelos termos de movimento do escrivão.

Polícia Estadual: — Em São Paulo, o delegado e os demais servidores da Polícia Civil, no exercício de suas atividades, que tomarem conhecimento de um fato que requeira providências policiais devem, sob pena de responderem administrativa, civil e criminalmente, tomar as seguintes providências:

a) registrar a ocorrência e dar início ao respectivo atendimento, com a adoção de todas as providências cabíveis e possíveis, ainda que o fato noticiado não tenha, no todo ou em parte, ocorrido na circunscrição da unidade policial procurada ou que, por essa ou outra razão legal, não seja a responsável pela realização das respectivas medidas de polícia judiciária, caso em que a autoridade titular, após o registro da ocorrência e da ultimação das providências que se lhe apresentarem imediatas, deverá encaminhar todas as peças elaboradas à unidade competente para prosseguir no caso;

b) requisitar, incontinenti, providências para remoção, perícia e liberação de cadáver, especialmente daquele encontrado em via pública, observando-se, em tais procedimentos, as pertinentes disposições legais e normativas, sobre as quais deverão ser orientados os familiares ou outras pessoas próximas da vítima;

c) registrar, de imediato, ocorrência alusiva ao desaparecimento de pessoa, sendo vedado condicionar o registro ao decurso do prazo de 24 horas ou a qualquer outra condição aleatória;

d) comparecer, de pronto, no local da infração penal, em especial quando a notícia do fato é levada diretamente pela parte à unidade policial civil;

e) resguardar a privacidade e a intimidade das pessoas, assim em face da natureza ou das circunstâncias da ocorrência, dispensando atendimento reservado aos envolvidos, em dependência a esse fim adequada;

f) fornecer, no ato do registro, cópia do BO às partes, sempre que dela necessitem para o exercício dos direitos inerentes à cidadania;

g) dar atendimento sempre digno e respeitoso às partes envolvidas em ocorrências policiais, sem distinção de origem, raça, sexo, cor, idade ou de qualquer outra natureza.[346]

Ainda em São Paulo, a instauração de inquérito depende sempre de decisão do Delegado. O procedimento não será instaurado quando os fatos não configurarem, manifestamente, qualquer ilícito penal.

346. Portaria DGP nº 28, de 25.11.1998.

O Delegado pode indeferir, em despacho motivado, os requerimentos de instauração de inquérito, quando falta uma descrição razoável da conduta delatada, impossibilitando a sua tipificação, ou quando falta a indicação de elementos mínimos de informação e de prova que possibilitem o desenvolvimento de investigação.

Os Boletins de Ocorrência, que não viabilizem a instauração de inquérito, são arquivados, mediante despacho fundamentado da autoridade policial e, em seguida, registrados em livro próprio.

Nesse livro são lançados o número do BO, a data e demais informações concernentes ao seu registro na unidade, natureza e correspondente tipificação penal, a qualificação das partes envolvidas, os objetos apreendidos e suas conseqüentes destinações, o resumo dos fatos tratados, os exames requisitados e os principais dados acerca dos laudos respectivos (número, data, conclusão), o teor do despacho de arquivamento e, finalmente, a assinatura da autoridade policial.

Na via original dos boletins em tela a autoridade policial lança a determinação de arquivamento, datando-a e firmando-a, coligindo, em seguida, em pasta adequada, essa e as demais vias do registro, laudos, autos lavrados, documentos e demais peças que lhes digam respeito, organizando-a em ordem seqüencial e cronológica do registro.

O livro e a pasta acima referidos permanecem à disposição das autoridades corregedoras, devendo, quando das respectivas inspeções, receber rigorosa fiscalização, termo e rubrica.[347]

Polícia Federal: — O Delegado da Polícia Civil Estadual, ao receber uma comunicação de crime, determina imediatas providências, baixa portaria e instaura inquérito. O mesmo não ocorre, todavia, com o Delegado da Polícia Federal que, para isso, depende de autorização superior e de toda uma tramitação burocrática do expediente que versa sobre a abertura de inquérito.

As Superintendências Regionais da Polícia Federal, quando recebem as comunicações de crime, os requerimentos e as representações para instauração de inquérito, encaminham primeiro à Coordenação Regional Judiciária para que se manifeste a respeito, em 20 dias.

Se a manifestação for contrária à instauração do inquérito, o expediente é submetido ao Superintendente Regional, que deve decidir a respeito no prazo de 10 dias. Se for favorável à instauração, o expediente é imediatamente remetido à Coordenação Regional policial, para distribuição.

Nas Superintendências onde há mais de um cartório, o expediente é encaminhado pela Coordenação Regional Judiciária diretamente à delegacia especializada.

Nas Divisões da Polícia Federal, o exame dos expedientes solicitando a instauração de inquérito fica a cargo do Delegado Executivo, respeitados os mesmos prazos estabelecidos para as Superintendências Regionais.

Quando a manifestação do Delegado Executivo for contrária à instauração do inquérito, o expediente será decidido pelo Diretor da Divisão.

---

347. Portaria DGP nº 18, de 25.11.1998, dispõe sobre medidas e cautelas a serem adotadas na elaboração de inquéritos Policiais e para a garantia dos direitos da pessoa humana. (*DOE* Seção I, de 16.11.1998).

Nas Delegacias de Polícia Federal, o exame e a decisão pela instauração ou não do inquérito está a cargo do Delegado-Chefe, que tem o prazo até 10 dias para se manifestar.

Da decisão contrária à instauração do inquérito é dado ciência ao interessado e se a decisão for pela incompetência do DPF, o expediente será encaminhado à Polícia Civil Estadual ou ao órgão competente.

Mas logo que receber o expediente, a autoridade designada para presidir o inquérito deverá proceder a sua instauração.

Na comprovada impossibilidade da imediata instauração, a autoridade policial, através de seu chefe imediato, comunica, por escrito, essa circunstância à Coordenação Regional Judiciária. Esse órgão, por sua vez, mensalmente, cobrará a instauração dos inquéritos relativos aos expedientes em atraso.

As requisições feitas por juízes federais e membros do Ministério Público Federal são prontamente atendidas, ficando dispensada a manifestação da Coordenação Regional Judiciária.

As requisições feitas por juízes estaduais e membros do Ministério Público Estadual para apuração de crimes que ensejem dúvidas quanto à competência do DPF são, de imediato, submetidas à apreciação da Procuradoria da República, através da Coordenação Regional Judiciária.

Exceto nos casos de flagrante delito, a abertura de inquérito por crime eleitoral depende de prévia requisição do Juiz Eleitoral.

E os expedientes resultantes de diligências operacionais que contiverem notícia de crime somente serão submetidos à apreciação da Coordenação Regional Judiciária, quando houver dúvidas quanto à competência do DPF ou implicações no campo disciplinar.

Quanto à distribuição dos inquéritos, cabe ao dirigente de cada órgão descentralizado estabelecer quais as autoridades policiais de sua unidade que concorrerão a essa distribuição.

Em cada unidade, a distribuição obedece a rigorosa ordem cronológica de chegada dos expedientes, observado-se o critério equânime entre as autoridades policiais, sem distinção no tocante ao grau de dificuldade do assunto a ser investigado. Mas, excepcionalmente, por determinação superior e em razão da matéria, quando uma autoridade policial for especialmente designada para presidir determinado inquérito poderá ser excluída da distribuição, a critério do distribuidor.

Para efeito de distribuição, o auto de prisão em flagrante será computado na cota da autoridade policial que o lavrou, desde que ela prossiga na presidência do inquérito decorrente.

A distribuição de inquéritos é feita pelo: *a)* Coordenador Regional Policial, nas Superintendências Regionais onde houver apenas um cartório; *b)* Chefe da Delegacia, nas Superintendências onde houver mais de um cartório; *c)* Delegado Executivo, nas Divisões de Polícia Federal e, pelo Chefe, nas Delegacias de Polícia Federal.

A autoridade policial que estiver de férias ou afastada por mais de 30 dias não participará da distribuição durante sua ausência. E a autoridade que passar a concorrer à distribuição receberá todos os novos expedientes e os inquéritos que forem redistribuídos a partir daquela data, até que atinja a média de distribuição das demais.

Nos afastamentos prolongados da autoridade presidente do inquérito, os autos devem ser conclusos ao distribuidor para redistribuirão. Nesta hipótese, os inquéritos retornarão à autoridade de origem tão logo ocorra o seu regresso.[348]

Magistratura e Ministério Público: — No curso da investigação, quando houver indício da prática de crime por parte do magistrado, a autoridade policial civil ou militar remeterá os respectivos autos ao tribunal ou órgão especial competente para o julgamento, a fim de que prossiga na investigação (LOM, art. 33, parágrafo único).

Os membros do Ministério Público da União não podem ser indiciados em inquérito policial. Os autos da investigação devem ser remetidos ao Procurador-Geral da República, que designará membro do Ministério Público, para prosseguimento do fato (LOMPU, art. 18, II, *f*, e parágrafo único).

Essas mesmas garantias e prerrogativas funcionais são deferidas aos membros do Ministério Público dos Estados (LOMP, art. 41, II, e parágrafo único). Assim, o membro do Ministério Público Estadual não pode ser indiciado e a investigação deve ser enviada ao Procurador-Geral de Justiça, a quem competirá dar prosseguimento à apuração. No caso de denúncia, o processo e julgamento será, originariamente, perante o Tribunal de Justiça de seu Estado, nos crimes comuns e de responsabilidade, ressalvada exceções de ordem constitucional.

2. CLASSIFICAÇÃO DO CRIME

No inquérito que organiza e preside, qualquer que seja a forma de sua instauração, o delegado deve fazer uma classificação do crime objeto do mesmo, sendo forçoso que a autoridade saiba qual o crime cometido pelo acusado ou indiciado. No caso de prisão em flagrante, a autoridade deve fornecer Nota de Culpa ao autuado, devendo constar na mesma, de forma indeclinável, o motivo da prisão, quer dizer, o dispositivo violado do Código Penal ou da Lei Especial, sem o qual não poderá ser expedida, isto é, sem o preenchimento desse requisito essencial, que é a classificação do crime. O mesmo se diga na hipótese de arbitramento de fiança.

3. PORTARIA

Na comunicação oral de crime, lavrado o Boletim de Ocorrência, o delegado, verificando a procedência da delação, baixa Portaria, determinando *ex officio* (*propter officio*, por ato próprio do ofício) a instauração de inquérito.

Na Portaria, a autoridade descreve como teve conhecimento da prática do crime ou reproduz de forma sucinta e objetiva os termos da comunicação do mesmo, especifica os dispositivos legais infringidos e determina, conforme o caso: *a)* apreensão de armas, drogas e objetos relacionados com o fato; *b)* a requisição de exames periciais, para a formação do corpo de delito; *c)* a redução a termo das declarações da vítima, se possível; *d)* a identificação, localização e apresentação do

348. Instrução Normativa nº 1, de 30.10.1992, atualiza e consolida normas internas no âmbito do Departamento de Polícia Federal, sobre a condução de procedimentos de investigação Policial, atividades cartorárias e correicionais, e dá outras providências.

acusado; *e)* diligências necessárias à elucidação dos fatos e da autoria; *f)* e, ao final, a autuação da portaria.

Os autos do inquérito são organizados a partir da portaria, observando-se rigorosamente a seqüência cronológica dos atos, que devem ser precedidos dos respectivos despachos ordenatórios, vedado o acúmulo de peças para posterior montagem e numeração.

Assim, à medida que as providências determinadas na Portaria ou nos autos, por despacho, forem sendo tomadas e reduzidas a termo, as peças se transformam em autos e vão constituindo o inquérito. No verso da portaria ou do despacho, o escrivão lavra Certidão, confirmando o cumprimento das ordens determinadas no anverso.

Cumpridas as determinações, o escrivão promove a devolução dos autos à autoridade, através do Termo de Conclusão, para que esta, após exame, baixe novas ordens através de despacho. E, assim, os trabalhos prosseguem, utilizando-se o escrivão dos termos de Data e Recebimento, para receber os autos, e de Conclusão, para devolvê-los. Na tramitação do inquéritos, inúmeros outros termos são lançados, até o encerramento das diligências.

4. REQUERIMENTO DO OFENDIDO

Na delação postulatório de crimes de ação penal pública ou privada, nos chamados inquéritos requeridos, pelo ofendido ou por quem tenha qualidade para representá-lo, a autoridade, ao invés de baixar Portaria, pode exarar despacho, na primeira folha do pedido, determinando a instauração de inquérito e a intimação do interessado para, em determinado dia e hora, comparecer à Delegacia, a fim de ratificar a sua delação, medida esta não prevista pelo Estatuto Processual Penal, mas que se tornou uma praxe cartorária.

Atente-se, outrossim, que na Polícia Federal os inquéritos são iniciados por auto de prisão em flagrante, quando estiverem presentes os pressupostos legais e por portaria, sendo vedada a instauração de inquérito por despacho.[349]

O requerimento de instauração de inquérito é redigido, geralmente, por advogado, devendo conter: *a)* cabeçalho; *b)* qualificação completa e endereço do requerente; *c)* narração do fato delituoso; *d)* lugar onde ocorreu o fato; *e)* individualização do autor, seus sinais característicos ou outros elementos que o possam identificar e localizar; *f)* nomeação das testemunhas, com indicação de sua profissão e residência (CPP, art. 5º, § 1º, letras *a*, *b*, e *c*).

5. REPRESENTAÇÃO

Nos crimes de ação penal pública condicionada, a instauração do inquérito só pode ser feita com autorização da vítima ou de quem legalmente a represente, através de uma *Representação*. Esse documento é uma autorização para a abertura de

349. Instrução Normativa nº 1, de 30.10.1992, tópico 20.1.

inquérito e para que, posteriormente, o Ministério Público possa oferecer denúncia (CPP, art. 24).

A *Representação* pode ser feita oralmente ou por escrito, pessoalmente ou por procurador com poderes especiais, e não requer fórmula especial, bastando a manifestação da vontade inequívoca da vítima ou de quem tenha qualidade para representá-la, no sentido de que o representado seja processado como autor do crime (*RT* 725/517). Na polícia, a *Representação* manifestada nas declarações da vítima pode ser consignada no próprio BO, ou reduzida a termo. Atente-se, outrossim, que sem representação o delegado não pode instaurar inquérito, nem o juiz e o promotor de Justiça podem requisitá-lo.

6. AUTORIZAÇÃO

Nos crimes de ação penal privada, o inquérito é iniciado mediante autorização da vítima ou de quem legalmente a represente, através de requerimento ou petição. Nesses crimes que só se procede mediante queixa, excepcionalmente, o inquérito pode ser instaurado através de Auto de Prisão em Flagrante, desde que também autorizado pela vítima ou seu representante legal.

Nos crimes contra a honra, os querelantes tomam a iniciativa de dirigirem-se diretamente à Justiça para processar os querelados. Nos crimes de adultério, os cônjuges ofendidos recorrem à Polícia, porque se apresenta mais aparelhada para a efetivação das diligências, em regra, para o flagrante ou a constatação do fato.

Nos crimes de ação penal pública condicionada e nos de ação penal privada, a representação ou requerimento pode ser feito pelo cônjuge, ascendente, descendente ou irmão da vítima, no caso de morte ou quando declarada ausente por decisão judicial, devendo conter os elementos elencados no CPP, art. 5º § 1º, letras *a*, *b*, e *c*.

Partes: — Nos crimes de ação privada, o requerente é denominado *querelante* e o acusado, *querelado*. O querelante pode oferecer queixa-crime se tiver capacidade postulatória, isto é, se for advogado, caso contrário, a mesma será apresentada em juízo por profissional do Direito.

Indeferimento: — Quando o fato narrado for atípico, não configurar infração penal alguma, o delegado pode indeferir o requerimento, em despacho fundamentado, dando-se ciência ao interessado, que poderá interpor recurso ao chefe de Polícia, ao Secretário da Segurança Pública ou ao Delegado Geral (CPP, art. 5º § 2º).

7. REQUISIÇÃO

Nos crimes de ação penal pública incondicionada, a instauração de inquérito pode ser feita ainda através de ofícios requisitórios do Procurador ou Sub-Procurador da República, do Promotor de Justiça ou de Juiz de Direito.

Havendo requisição do Ministério Público, o delegado não precisa baixar Portaria. No próprio ofício requisitório a autoridade exara despacho, determinando a instauração de inquérito, nos seguintes termos:

"Instaure-se inquérito. A. (autuado) à Conclusão. Data e Assinatura (da autoridade)". Se já há inquérito instaurado a respeito, no próprio ofício requisitório, o delegado despacha: "J. (Junte-se) aos autos do inquérito nº .../.. e oficie-se ao Ministério Público, dando-lhe ciência de que o inquérito requisitado já havia sido instaurado".

Idêntico procedimento deve ser adotado quando se tratar de requisição de inquérito policial por parte da autoridade judiciária.

O delegado não pode indeferir a requisição, salvo quando a mesma for manifestamente ilegal.

8. MOVIMENTAÇÃO

O delegado determina, através de despachos, as diligências necessárias à instrução do inquérito, visando sempre a formação do conjunto probatório.

Os inquéritos devem ser elaborados em uma única via, salvo em alguns casos quando, então, deverá ser feito um dossiê, contendo as peças principais do feito.

Todas as peças do inquérito devem ser datilografadas ou digitadas, mas podem também ser manuscritas, em determinadas situações. As folhas dos autos devem ser numeradas pelo Escrivão no canto superior direito e rubricadas pela autoridade sobre o carimbo de numeração. E as cópias de documentos inseridas nos autos devem ser autenticadas, como faz a Polícia Federal.

O desentranhamento de qualquer peça deve ser precedida de despacho da autoridade e atestado pelo escrivão, através de certidão. Essa certidão deve ser lavrada em folha não numerada, colocada no espaço da peça desentranhada.

O inquérito deve ser desmembrado em volumes distintos sempre que cada um deles atingir 250 folhas, cabendo ao escrivão a lavratura dos termos de encerramento e abertura. E a numeração das folhas de cada novo volume deve ser seqüencial a do anterior.

As sindicâncias e os processos administrativos necessários à instrução do inquérito, quando volumosos, devem ser apensados aos autos principais, mediante termo de apensamento.

O escrivão não deve juntar ao inquérito objetos que possam danificar, deformar ou que venham a dificultar o manuseio dos autos, bem como papéis sem valor para a elucidação do fato delituoso.

O resultado das diligências determinadas no curso do inquérito deve ser trazido para os autos mediante informação escrita, prestada pelo policial designado, evitando-se a juntada de ordens e relatórios de missão que contiverem dados operacionais de exclusivo interesse da administração.

Toda documentação que constituir materialidade de delito deve ser apreendida, ainda que recebida de outros órgãos, e não apenas juntada aos autos.

Os atos do Inquérito somente podem ser assinados pela autoridade que o preside, ressalvada a competência da autoridade superior. E é vedado ao escrivão praticar quaisquer atos privativos do delegado.

Ressalvados motivos de força maior, quando do definitivo afastamento da autoridade que preside inquérito, deve esta elencar as diligências já realizadas e aquelas ainda por realizar, facilitando, assim, o trabalho daquela que a substituir na presidência do feito.

9. SIGILO DO INQUÉRITO

No curso das investigações, a autoridade pode impor no inquérito o sigilo que julgar necessário à elucidação do crime ou for exigido pelo interesse da sociedade, não obstante o princípio da publicidade dos atos administrativos. O que é perfeitamente legal, evitando-se o conhecimento, por pessoas estranhas, das diligências realizadas e dos resultados obtidos, ou a publicidade dos mesmos pela imprensa.

Não obstante, o advogado pode consultar os autos do inquérito, direito que lhe é assegurado pelo Estatuto da Ordem dos Advogados do Brasil.

Atente-se, outrossim, que o inquérito é de natureza inquisitiva e a sua instrução não tem caráter judiciário e muito menos processual. Assim sendo, a sua instrução não é contraditória, mas o advogado da vítima ou do indiciado pode requerer qualquer diligência que será realizada, ou não, a juízo da autoridade.[350]

O advogado pode assistir a todos os atos do inquérito, não podendo porém intervir nos mesmos, devendo o escrivão consignar a sua presença ao final do termo ou auto, ainda que o mesmo não deseje assiná-lo. E as cópias das peças, quando formalmente requeridas pelo advogado constituído, devem ser fornecidas mediante autorização do delegado que preside o inquérito. Na Polícia Federal é vedada a utilização de máquinas ou materiais do órgão para a extração dessas cópias.

Entendemos, outrossim, *de lege ferenda*, que, como ao órgão do Ministério Público é conferido o direito de acompanhar as investigações, o mesmo se deveria conceder ao advogado do suspeito ou do acusado, não obstante a natureza inquisitiva do inquérito. No caso, não se trata de contraditório, mas de iguais oportunidades, pois, ambos são partes e têm interesses opostos na lide que oportuna e provavelmente se instaurará com a conclusão do inquérito.

Por fim, nos atestados de antecedentes que lhe forem solicitados, a autoridade policial não poderá mencionar quaisquer anotações referentes a instauração de inquérito contra os requerentes, salvo no caso de existir condenação anterior (CPP, art. 20, parágrafo único).

---

350. Código de Processo Penal, art. 14.

10. MODELOS

10.1. Portaria

SECRETARIA DE ESTADO DOS NEGÓCIOS DA SEGURANÇA PÚBLICA

POLÍCIA CIVIL DO ESTADO DE SÃO PAULO

DELEGACIA DE POLÍCIA DE ____________

PORTARIA

Tendo chegado ao meu conhecimento, através do Boletim de Ocorrência nº .../..., que... (mencionar quando e onde ocorreu o fato: no dia..., por volta das... hora, nesta cidade, na Rua..., altura do nº ..., no bairro ...), Berêncio ... (nome e qualificação do sujeito ativo do crime, se for conhecido), agrediu, matou, etc. (o que houve) Marcio ... (nome da vítima), determino que, A. (autuada) e R. (registrada) esta, se instaure a respeito o competente inquérito, tomando-se, inicialmente, as seguintes providências:

J. cópia do Boletim de Ocorrência nº .../...

Tome-se por termo as declarações da(s) vítima(s)

Requisite-se exame de corpo de delito (etc)

V. conclusos para ulteriores diligências.

CUMPRA-SE.

Data ______/_________/____

O Delegado de Polícia

(a) ....

(No verso da Portaria, o Escrivão(ã) lavra uma Certidão, dando conta de que as providências foram tomadas e colocará as peças na mesma ordem delas constantes - por exemplo, junta cópia do BO, do Termo de Declarações da(s) vítima(s), e da cópia da requisição do exame de corpo de delito, etc. Mas, em qualquer hipótese, deve, em seguida, fazer a devolução dos autos à Autoridade, exarando o termo de Conclusão, para que esta, após exame, baixe novas ordens, através de Despacho. E, assim, os trabalhos prosseguem, utilizando-se o Escrivão do termo de Data para receber os autos e de Conclusão, para devolvê-los. Outros termos e autos se seguem para formalizar os diversos atos investigatórios que forem feitos, antes do encerramento do inquérito).

10.2. Portaria - Crimes contra a Saúde Pública - Modelo I[351]

SECRETARIA DE ESTADO DOS NEGÓCIOS DA SEGURANÇA PÚBLICA

POLÍCIA CIVIL DO ESTADO DE SÃO PAULO

DELEGACIA DE POLÍCIA DE ____________

PORTARIA

Tendo chegando ao meu conhecimento, através do expediente enviado pela ..., o qual deu origem ao Boletim de Ocorrência nº .../..., que ... (narrar o fato) na inspeção realizada pelo aludido órgão, no estabelecimento comercial ...., situado nesta cidade, na Av. ..., nº ..., foram localizados e inutilizados produtos alimentícios, por apresentarem-se em condições sanitárias impróprias para consumo. Caracterizado, em tese, o crime contra as relações de consumo, determino se instaure sobre o fato inquérito, com fulcro na ... (citar o dispositivo legal infringido) Lei nº 8.078/1990, art. 18, § 6º, II, c/c a Lei nº 8.137/1990, art. 7º, IX, A (autuada) e R. (registrada) esta, tome-se as seguintes providências

J. Boletim de Ocorrência nº .../... alusivo aos fatos;

J. expediente procedente da Secretaria ...;

Intime-se o representante do estabelecimento... ;

V. conclusos para ulteriores deliberações;

CUMPRA-SE.

Data ______/_________/____

O Delegado de Polícia

(a) ....

351. Resolução SSP nº 41, de 30.3.1988, estabelece normas de ação conjunta na repressão aos crimes contra a saúde pública.

10.3. Portaria - Crimes contra a Saúde Pública - Modelo II

SECRETARIA DE ESTADO DOS NEGÓCIOS DA SEGURANÇA PÚBLICA

POLÍCIA CIVIL DO ESTADO DE SÃO PAULO

DELEGACIA DE POLÍCIA DE ____________

PORTARIA

Chegando ao meu conhecimento, nesta data, através de notícia exarada pela ..., na pessoa da ..., que a empresa ..., sediada no Estado (Cidade), na Av..., nº ...., bairro..., estaria comercializando... (macarrão, manteiga, etc.), do tipo..., irregularmente, DECLARO instaurado competente inquérito policial para a cabal apuração dos fatos, determinando ao Escrivão de Polícia de meu cargo que A.R. esta, preliminarmente, tome as seguintes providências: J. Boletim de Ocorrência nº .../... alusivo aos fatos; J. expediente do representante da ...; J. termo de interdição do produto, bem como AIP .../... e a AIF's nºs ..., ambos do ano de ..., todos da Vigilância Sanitária de; J, ainda, NF ... procedente da empresa averiguada, emitida em .../.../...;Tome-se por Termo as declarações de Berêncio...;

J. Auto de Exibição e Apreensão das amostras colhidas,

Idem, do restante dos alimentos,

Lavre-se Auto de Depósito para...;

V. conclusos para ulteriores deliberações;

CUMPRA-SE.

Data ___/_____/_______

O Delegado de Polícia

(a) ....

10.4. Portaria - Uso Indevido de Drogas

SECRETARIA DE ESTADO DOS NEGÓCIOS DA SEGURANÇA PÚBLICA

POLÍCIA CIVIL DO ESTADO DE SÃO PAULO

DELEGACIA DE POLÍCIA DE ____________

PORTARIA

Comparecendo hoje nesta Delegacia a Sra. ...., RG nº ..., juntamente com a sua filha............................, de ... anos de idade, solicitando providências contra o indivíduo..............................., residente nesta cidade, na........ Rua......, nº ..., bairro............., telefone......, por ter induzido sua filha a usar drogas que produzem dependência, determino ao Escrivão de meu cargo que, A. esta, instaure inquérito policial, para a completa apuração dos fatos e sua autoria, tomando-se desde logo as seguintes providências:

a) Elabore-se o Boletim de Ocorrência.

b) Reduzam-se a termo as declarações da mãe e da filha, que se acham presentes.

c) Apreendam-se os comprimidos de psicotrópicos e a porção de maconha exibidos pela mãe da menor, lavrando-se o auto competente.

d) Requisite-se ao IML exame de corpo de delito, por apresentar a menor ferimentos nos braços e nas pernas, causados, segundo a vítima, por agulha de injeção.

e) Idem, exame toxicológico das drogas apreendidas.

f) Expeça-se Ordem de Serviço à Subchefia dos Investigadores, para localização e apresentação em Cartório do indivíduo, levantando-se a sua ficha policial.

CUMPRA-SE.

Data ____/________/______

O Delegado de Polícia

(a) ....

(Na portaria, de um modo geral, o delegado dá conta de como teve conhecimento da prática do fato delituoso, especificando os dispositivos legais infringidos, manda juntar o BO, ouvir a(s) vítima(s), quando possível, e as testemunhas; providências para que seja(m) identificado(s) e inquerido(s) o(s) acusado(s); determina a expedição de requisição de exame de corpo de delito, se for o caso; e procede a apreensão de armas e objetos e produtos relacionados com o fato, submetendo-os a exames periciais.)

10.5. Requerimento do Ofendido

Mesmo nos crimes de ação penal incondicionada o ofendido ou seu representante legal podem requerer a instauração de inquérito. É a *delatio* postulatória.

ILMO. SR. DR. DELEGADO DE POLÍCIA DO... DISTRITO POLICIAL DESTA...

Fulano, RG nº ..., CPF/MF nº ..., brasileiro, casado, profissão, residente e domiciliado nesta Capital (Estado, cidade), na Av. (Rua)..., nº .., bairro..., CEP..., tel..., vem, respeitosamente, perante V.Sa., nos termos do art. 5º, II, do Código de Processo Penal, requerer a instauração de inquérito policial contra Beltrano (qualificação ou elementos que o possam identificar) atualmente residindo na Av... (endereço completo, se possível), pelo seguinte fato:

a) O requerente...; (descrever o fato e as suas circunstâncias de modo objetivo e articulado).

b) ....

c) ....

d) ....

Assim, tendo o requerido infringido o disposto no art. ..., do Código Penal (por exemplo; art. 168, § 1º, III, - apropriação indébita na sua forma qualificada), a instauração de inquérito é medida que se impõe.

Além de ..., poderão ser ouvidas como testemunhas a, b, c, (por exemplo, empregados do estabelecimento comercial do requerente), todos residentes nesta... (Capital, (cidade), respectivamente, nas Ruas..., nºs ..., (o Rol de Testemunha pode ser apresentado em seguida ao final ou em anexo).

Nestes termos

Pede deferimento

Data ___/_______/______

Requerente/ p.p. (a) Advogado

(a) ....

(Responsabilidade: — O advogado pode assinar sozinho essa inicial, mas não convém, mesmo que na procuração figure, e deve figurar, o fim especial do mandato. Isto, para evitar que ele, advogado, venha também a ser chamado a responder por uma eventual denunciação caluniosa).

10.6. Representação

SECRETARIA DE ESTADO DOS NEGÓCIOS DA SEGURANÇA PÚBLICA

POLÍCIA CIVIL DO ESTADO DE SÃO PAULO

DELEGACIA DE POLÍCIA DE ______________

REPRESENTAÇÃO QUE FAZ ______________

Aos... dias do mês de... do ano de ..., nesta cidade de..., Estado de..., na Delegacia de Polícia de ..., onde se achava o Doutor...., delegado respectivo, comigo escrivão de seu cargo, ao final assinado, aí compareceu ...., RG..., CPF/MF..., filho de .... e de...., com... anos de idade, estado civil (casado, solteiro, viúvo ou divorciado), nacionalidade, natural de..., de profissão..., sabendo (ou não sabendo) ler e escrever e residente na Rua ....., nº ..., bairro, declarou que na qualidade de... (pai, mãe, tutor ou procurador) da menor ...., com... anos de idade, e na conformidade da lei processual em vigor, vem representar a esta autoridade contra ...., com... anos de idade (consignar todos os dados conhecidos, referentes à qualificação do acusado), por haver... (mencionar o fato delituoso atribuído ao acusado, aludindo aos elementos que possam servir à apuração), solicitando seja instaurado inquérito policial a respeito, a fim de que possa o Ministério Público promover, oportunamente, a competente ação penal contra o citado acusado. Declara, outrossim, que é pobre e não pode prover às despesas do processo. Nada mais disse. Lido e achado conforme, vai devidamente assinado. Eu ..., escrivão que a datilografei.

Data ____/_______/______

Delegado *(a)* ....

Representante *(a)* ....

Escrivão *(a)* ....

(Para a representação, como é sabido, não se exige alguma formalidade especial, bastando, para que seja tida como existente, a manifestação inequívoca da parte interessada no sentido de ser responsabilizado criminalmente o ofensor, como tem se manifestado reiteradamente os nosso tribunais.[352] *A representação, assim, pode ser colhida no próprio Termo de Declarações da vítima ou do seu representante legal).*

352. *Revista Trimestral de Jurisprudência dos Estados*, v. 171, p. 383.

10.7. Autorização

ILMO. SR. DR. DELEGADO DE POLÍCIA DE ____________

Berêncio..., RG..., CPF/MF..., nacionalidade, estado civil, profissão, residente e domiciliado nesta Capital (Cidade), na Rua (Av.)..., nº ..., bairro..., CEP..., telefone..., vem, mui respeitosamente, perante V.Sa., por seu advogado e procurador (*convém que o querelante também assine este documento. O advogado pode assinar sozinho, mas, para ele, não convém, não obstante conste na procuração os poderes expressos*), conforme mandato junto, expor e requerer o seguinte: ... (narrar o fato delituoso de forma articulada, apresentando ao final o rol de testemunhas).

Nestes termos, a instauração de inquérito é medida que se impõe.

Rol de testemunhas:

1.
2.
3.
4.

Data ____/________/______

Requerente

(a) ....

Advogado

(a) ....

(Nos crimes de ação privada, a instauração de inquérito policial depende de requerimento escrito ou verbal (neste caso, reduzido a termo pelo Escrivão) do ofendido(a) ou do seu representante legal. A mulher casada pode requerer a instauração de inquérito, independentemente de outorga marital, não se aplicando mais o art. 35 e o seu parágrafo único, do Código de Processo Penal, que foram revogados pela Lei nº 9.520, de 27.11.1997. Terminado o inquérito, os autos são remetidos ao Fórum, onde aguardam a iniciativa do ofendido(a) ou do seu representante legal (CPP, art. 19). Tratando-se de ação privada, nem o Juiz nem o órgão do Ministério Público podem requisitar a instauração de inquérito).

10.8. Requisição

MINISTÉRIO PÚBLICO DO ESTADO DE___________

Local e data.......

Ofício nº ...

Senhor Delegado

Pelo presente, encaminho os documentos oriundos da Delegacia Regional Tributária de ..., com relação a empresa ..., que relata a ocorrência de ilícito penal, requerendo a V.Sa. instauração de inquérito policial para apuração dos fatos. Aproveito-me da oportunidade para externar-lhe protestos de estima e consideração.

Promotor(a) de Justiça

(a) ....

A Sua Senhoria, o Senhor Doutor ...,

MD. Delegado de Polícia de ...

Nesta.

(A requisição pode ser feita pelo Juiz ou pelo Promotor de Justiça. Recebendo a requisição, o delegado baixa portaria, nos seguintes seguintes termos: Tendo em vista o teor da requisição feita pelo Exmo. Sr. Dr. Juiz de Direito da ... (ou do Promotor de Justiça desta Comarca), noticiando que... (narrar o fato), instaure-se inquérito.., tomando-se desde logo as seguintes providências.... A requisição do Ministro da Justiça deve conter também os elementos necessários à instauração do inquérito, como a narração do fato delituoso, o nome e qualificação da(s) vítima(s) e, se possível, do(s) autor(es) e demais elementos).

CAPÍTULO IV

FORMAÇÃO DO INQUÉRITO

1. PROCEDIMENTO

Tanto nos inquéritos instaurados de ofício, como nos requeridos ou requisitados, depois das diligências preliminares, são ouvidas as vítimas, quando possível, as testemunhas que saibam do fato e de quem seja seu autor; a qualificação e o interrogatório do autor do fato delituoso e de seus co-autores; a requisição de exames periciais e exames e vistorias complementares, se necessários; a juntada dos laudos requeridos, dos ofícios informativos e de outros documentos recebidos.

Conforme o caso, podem ser determinadas outras diligências que serão formalizadas em termos ou autos próprios, como, por exemplo, acareação, reconstituição, reconhecimento de pessoas e coisas, de busca e apreensão, avaliação, depósito ou entrega, colheita ou tomada de material gráfico, de representação da autoridade, nos caso em que couber a prisão temporária ou preventiva, e outros peculiares à prisão em flagrante, que tem procedimento especial, com o auto de prisão em flagrante, a nota de culpa, a fiança, etc.

Atente-se, outrossim, que na elaboração do inquérito não há regras formais de caráter indeclinável. Mas todas as peças devem ser, num só processado, reduzidas a escrito ou datilografadas (digitadas) e, neste último caso, rubricadas pela Autoridade (CPP, art. 9º).[353]

---

353. Portaria DGP nº 13, de 28.3.1996, dispõe sobre a obrigatoriedade da aposição de rubrica da autoridade Policial, em todas as peças do inquérito Policial.

2. VÍTIMA

Nas ocorrências policiais, o ofendido deve ser identificado, qualificado e, estando vivo, perguntado sobre as circunstâncias da ofensa que sofreu, quem seja ou presuma ser o autor e as provas que possa indicar, tomando-se por termo as suas declarações (CPP, art. 201).

O ofendido pode ser conduzido à presença da autoridade, quando intimado para prestar esclarecimentos, deixar de comparecer sem motivo, segundo dispõe expressamente a legislação processual penal (CPP, art. 201, parágrafo único).

2.1. Direito à Intimidade

Em São Paulo, por determinação do Delegado Geral, as autoridades policiais e os demais servidores devem zelar pela preservação dos direitos à imagem, ao nome, à privacidade e a intimidade das pessoas à sua disposição na condição de vítimas, em especial enquanto se encontrarem no recinto de repartições policiais, a fim de que a elas e a seus familiares não sejam causados prejuízos irreparáveis, decorrentes da exposição de imagem ou de divulgação liminar de circunstância objeto de apuração. Essas pessoas, após orientadas sobre os seus direitos, podem ser fotografadas, entrevistadas ou terem suas imagens por qualquer meio registradas, se expressamente o consentirem mediante manifestação explícita de vontade, por escrito por termo devidamente assinado, observando-se ainda as correlatas normas editadas pelos Juízos Corregedores da Polícia Judiciária das Comarcas.[354]

2.2. Termo de Declarações

A inquirição do ofendido, suspeito e situações indefinidas é formalizada através do Termo de Declarações. Mas, antes de lavrar esse termo, a autoridade policial deve entrevistar a vítima, observando o seu comportamento e as suas palavras, para distinguir a verdadeira vítima da pseudo-vítima.

Moreira Filho, estudando o papel da vítima na gênese do delito, para melhor conhece-la no contexto do crime e diferenciá-la de acordo com sua conduta, reproduz algumas classificações, entre outras, a de Mendelson, segundo o qual a vítima pode ser: *a)* completamente inocente; *b)* menos culpada do que o delinqüente; *c)* tão culpada quanto o delinqüente; *d)* mais culpada que o delinqüente; *e)* única culpada.[355]

2.3 Curador Especial

Se o ofendido for menor de 18 anos, ou mentalmente enfermo, ou retardado mental, e não tiver representante legal, ou colidirem os interesses deste com os

---

354. Portaria DGP nº 18, de 25.11.1998, dispõe sobre medidas e cautelas a serem adotadas na elaboração de Inquéritos Policiais e para garantia dos direitos da pessoa humana (art. 11).

355. Guaracy Moreira Filho, *Vitimologia - O Papel da Vítima na Gênese do Delito*, pp. 45 e segts.

daquele, o direito de queixa poderá ser exercido por curador especial, nomeado, de ofício ou a requerimento do Ministério Público, pelo juiz competente para o processo (CPP, art. 33).

Esse curador não pode ser nomeado pelo delegado. A autoridade policial tomando conhecimento do fato criminoso, manda tomar por termo as declarações do ofendido e instaura inquérito. Ocorrendo as hipóteses acima mencionadas, oficia ao Juiz competente para o processo penal, solicitando a nomeação de curador especial.

3. INDICIADO

No inquérito policial, a pessoa envolvida na prática de um crime é objeto de investigação e não sujeito de um processo jurisdicionalmente garantido. O suspeito muitas vezes não sabe que está sendo investigado e ao ser intimado e ouvido na polícia, na redução a termo do seu depoimento, não se observa o procedimento contraditório, a participação de advogado, formulando reperguntas ou participando das diligências.

Em que pese a natureza inquisitiva do inquérito, entendemos, e nesse ponto insistimos, que, se se defere ao órgão do Ministério Público o direito de acompanhar as diligências policiais, o mesmo direito deveria ser concedido ao advogado do suspeito ou acusado, pois, ambas, a acusação e a defesa, são partes interessadas na investigação policial, não obstante em posições opostas.

3.1. Posição

A autoridade policial mantém o suspeito como objeto de investigações e não como sujeito ou titular de direitos. O que ele pode exigir é tão-somente que lhe seja respeitado o *status libertatis*, de forma que é vedado à polícia, fora dos casos estritamente legais, prender o suspeito, acusado ou indiciado ou recusar-lhe fiança nos casos cabíveis.

Em princípio, toda pessoa se presume sem culpa até e enquanto esta não for comprovada em processo que lhe assegure pleno direito de defesa. Por outro lado, para evitar que a ação policial ultrapasse os limites aos preceitos que a impedem de violar a liberdade individual, existe o controle jurisdicional *a posteriori,* que se exerce através do *habeas corpus* e de outras medidas previstas em lei.

3.2. Direito à Intimidade

Em São Paulo, por determinação do Delegado geral, as autoridades policiais e os demais servidores devem zelar pela preservação dos direitos à imagem, ao nome, à privacidade e a intimidade das pessoas submetidas à investigação policial, detidas em razão da prática de infração penal ou à sua disposição na condição de vítima, em especial enquanto se encontrarem no recinto de repartições policiais, a fim de que a elas e a seus familiares não sejam causados prejuízos irreparáveis, decorrentes da exposição de imagem ou de divulgação liminar de circunstância objeto de apuração. Essas pessoas, após orientadas sobre seus direitos, somente serão fotografadas, entrevistadas ou terão suas imagens por qualquer meio registradas, se expressamente o consentirem mediante manifestação explícita de vontade, por escrito por termo devidamente assinado, observando-se ainda as correlatas normas editadas pelos Juízos Corregedores da Polícia Judiciária das Comarcas.[356]

3.3. Indiciamento

A autoridade policial deve determinar o indiciamento do suspeito e, sendo o caso, a sua identificação pelo processo dactiloscópico, logo que reúna, no curso das investigações, elementos suficientes acerca da autoria da infração penal.

O indiciamento deve ser precedido de despacho fundamentado, no qual a autoridade policial pormenorizara, com base nos elementos probatórios objetivos e subjetivos coligidos na investigação, os motivos de sua convicção quanto a autoria delitiva e a classificação infracional atribuída ao fato, bem assim, com relação à identificação dactiloscópica, acerca da indispensabilidade da sua promoção, com a demonstração de insuficiência da identificação civil.[357]

Procedida a indiciação, a autoridade deve examinar a conveniência de representar ao juiz natural pela prisão preventiva do acusado, logo após o Auto de Qualificação e Interrogatório ou, ao final, no Relatório, quando da remessa dos autos a Juízo.

Na Polícia Federal, a elaboração do Auto de Qualificação e Interrogatório ou Qualificação Indireta é precedida também de despacho em que a autoridade, após formar seu convencimento, decida pela indiciação e classifique penalmente o delito. Feita a indiciação, a autoridade deve solicitar ao Instituto Nacional de Identificação e ao Instituto de Identificação Estadual os antecedentes criminais do indiciado.

3.4. Interrogatório

A formalização da inquirição do indiciado ou acusado é feita através de Auto de Qualificação e Interrogatório. A inquirição deve ser dirigida e feita pelo próprio delegado que preside o inquérito e só por ele. O advogado do indiciado pode assistir ao ato, mas não pode intervir nas perguntas e respostas.

---

356. Portaria DGP nº 18, de 25.11.1998, art. 11. Lei nº 9.807, de 13.7.1999, estabelece normas para a organização e a manutenção de programas especiais de proteção a vítimas e a testemunhas ameaçadas, institui o Programa Federal de Assistência a Vítimas e Testemunhas Ameaçadas e dispõe sobre a proteção de acusados ou condenados que tenham voluntariamente prestado efetiva colaboração à investigação policial e ao processo criminal.

357. Lei nº 10.054, de 7.12.2000, dispõe sobre a identificação criminal e dá outras providências (*DOU*, Seção I, 8.12.2000, p. 1). A Lei nº 9.454, de 7.4.1997, instituiu o número único de Registro de Identidade Civil, pelo qual cada cidadão brasileiro, nato ou naturalizado, será identificado em todas as suas relações com a sociedade e com os organismos governamentais e privados. E, entre outras medidas, dispõe no art. 6º que, no prazo máximo de 5 anos da promulgação dessa lei, perderão a validade todos os documentos de identificação que estiverem em desacordo com ela (*DOU*, Seção I, 8.4.1997, p. 6.741).

O interrogatório, do latim *interrogare*, de *inter*, entre, e *rogare*, pedir, é o processo para receber ou provocar informações e declarações, com o objetivo de se chegar à verdade.

O interrogatório é feito em dois momentos. No primeiro, durante a investigação, o interrogatório é parte do processo operacional e não parte do processo propriamente dito, no sentido jurídico. No segundo, nos autos do inquérito, na redução a termo das declarações do indiciado, resultantes de perguntas formuladas para o esclarecimento do fato delituoso que se lhe atribui e de circunstâncias pertinentes a esse fato, o delegado deve observar as mesmas formalidades do interrogatório judicial.

No primeiro, dentro do processo operacional, numa seqüência lógica, para esclarecer o fato e as suas circunstâncias, aplicando a regra de ouro dos 7 pontos da investigação, o delegado pergunta ao indiciado o seguinte: Que? (o que aconteceu); Quando? (tempo, de manhã, de tarde, etc.); Onde? (local, mediato, imediato, relacionado, na casa, no veículo); Quem? (pessoa, vítima, testemunhas, suspeitos, etc.); Com quem? (a pessoa com quem estava com a vítima, etc.); Por quê? (motivo, vingança, luxúria, etc.) Como? (o *modus operandi,* como foi a ação).

No segundo, na formalização do interrogatório, o delegado começa perguntando a qualificação do indiciado, o seu nome, naturalidade, estado, idade, filiação, residência, meios de vida ou profissão e lugar onde exerce a sua atividade e se sabe ler e escrever (CPP, art. 188).

Em seguida, o delegado dá ciência ao indiciado da acusação que sobre ele pesa e passa a formalizar o interrogatório propriamente dito, perguntando:

I - onde estava ao tempo em que foi cometida a infração e se teve notícia desta;

II - as provas contra ele já apuradas;

III - se conhece a vítima e as testemunhas já inquiridas ou por inquirir, e desde quando, e se tem o que alegar contra elas;

IV - se conhece o instrumento com que foi praticada a infração, ou qualquer dos objetos que com esta se relacione e tenha sido apreendido;

V - se verdadeira a imputação que lhe é feita;

VI - se, não sendo verdadeira a imputação, tem algum motivo particular a que atribuí-la, se conhece a pessoa ou pessoas a que deva ser imputada a prática do crime, e quais sejam, e se com elas esteve antes da prática da infração ou depois dela;

VII - todos os demais fatos e pormenores, que conduzam à elucidação dos antecedentes e circunstâncias da infração;

VIII - sua vida pregressa, notadamente se foi preso ou processado alguma vez e, no caso afirmativo, qual o juízo do processo, qual a pena imposta e se a cumpriu. Além do mais, o indiciado é instado a indicar as provas da verdade de suas declarações, se negar a imputação no todo ou em parte (CPP, arts. 188 e segts.).

No Auto de Qualificação e Interrogatório, as respostas dadas pelo indiciado devem ser precedidas da conjunção QUE,...; (em maiúsculas) e as perguntas que se negar a responder devem ser consignadas, bem como as razões invocadas para tal recusa.

O delegado, ao elaborar essa importante peça da instrução criminal provisória, não fica adstrito às perguntas consignadas na lei, podendo, para melhor esclarecimento dos fatos, ouvir outras vezes o indiciado, tantas quantas julgar necessário. A formalidade essencial, que deve cercar a lavratura do auto, é a presença de duas testemunhas instrumentárias.

Caso o indiciado não saiba ler ou escrever, intervirá no ato, como intérprete e sob compromisso, pessoa habilitada a entendê-lo. E quando o mesmo não falar a língua nacional, o interrogatório será feito por intérprete (CPP, arts. 192 e 193).

O indiciado dispõe da liberdade de negar-se a prestar declarações, não só na polícia como em juízo. E, ao ser interrogado, pode dizer o que quiser, verdades ou mentiras, em benefício de sua defesa, ou silenciar, nada preferindo dizer. O interrogatório estará então, em ambos os casos, legalmente feito, dele devendo constar a negativa formal do indiciado em falar a respeito do fato criminoso que lhe é imputado, consignando-se que a autoridade lhe advertiu de que tal silêncio em torno do fato poderia ser interpretado contra os interesses de sua defesa.

O indiciado, entretanto, incidirá em crime de desobediência se, depois de regularmente intimado, deixar de comparecer perante a autoridade policial, a fim de ser interrogado (CP, art. 330). E pode o delegado empregar a força ou os meios coercitivos moderados e compatíveis com a situação, para conduzir o indiciado até a sua presença, sendo, nesse sentido, concorde a doutrina e a jurisprudência de nossos tribunais. Mesmo porque não poderia a lei colimar os seus fins se não outorgasse aos seus executores os meios indispensáveis à sua realização prática.

3.5. Nomeação de Curador

Na polícia, o indiciado menor, com idade superior a 18 anos e inferior a 21 anos, deve ser interrogado na presença de curador cuja nomeação poderá recair em pessoa leiga, desde que idônea (CPP, art. 194). Abaixo desse limite de idade, de 18 anos, declara a lei que o menor é penalmente inimputável, ficando sujeito às normas estabelecidas na legislação especial (CP, art. 27), no Estatuto da Criança e do Adolescente, acrescentamos.

O delegado deve nomear como curador uma pessoa habilitada, de preferência advogado, que, mediante termo próprio, assumirá o compromisso de bem servir. Observamos, ainda, que o interrogatório é ato pessoal, nele não podendo intervir, mesmo neste caso, o curador. Mas findo o ato, deverá a autoridade dar a palavra ao curador, não para produzir a defesa do seu curatelado, de vez que o momento não é próprio, mas para requerer qualquer diligência que lhe pareça necessário, que será realizada, ou não, a juízo da autoridade (CPP, art. 14).

O Auto de Qualificação e Interrogatório é assinado pelo delegado, interrogado, curador e duas testemunhas de leitura. Na hipótese de prisão em flagrante, não obstante a lei não preveja, além do advogado deve-se nomear um curador que assinará não só o Auto de Prisão em Flagrante Delito, como também a Nota de Culpa.

Havendo mais de um acusado menor, desde que não sejam colidentes os seus interesses, poderá ser nomeado um só curador para eles. Mas o curador, insista-se, não pode intervir no interrogatório, a sua atuação é presenciá-lo, evitando que haja coação. Assim, a função do curador é assistir o menor em todos os atos e diligências em que ele participe, acompanhando o inquérito em todos os seus termos até final.

A presença do curador constitui um direito para o menor e a sua ausência, a falta de sua nomeação, importa na nulidade de todos os atos praticados pela autoridade, não produzindo efeito algum de natureza jurídico-penal. E a falta de dação de curador ao menor infrator constitui falha grave do inquérito policial. Essa e outras falhas, segundo Ubirajara Rocha, representam o que se poderá denominar de patologia do inquérito policial.[358]

É recomendável, também, que o delegado nomeie curador ao acusado ainda que maior, quando for preso por embriaguez alcoólica ou drogado e se encontre ainda nesse estado, por ocasião da lavratura do auto de flagrante.

Atente-se, outrossim, se o acusado for doente ou deficiente mental e sempre que houver desconfiança de que assim seja, o delegado deve representar ao juiz competente, no sentido de ser o mesmo submetido a exame de sanidade mental. Determinado o exame, o juiz nomeará curador para o acusado. Com a presença deste, então, a autoridade policial prosseguirá nos autos do inquérito.

Se houver prisão em flagrante, o próprio delegado nomeará o curador e, posteriormente à lavratura do auto, solicitará o exame de sanidade mental do acusado.

3.6. Novo Interrogatório

Na lavratura do Auto de Qualificação e Interrogatório, peça importante da instrução criminal provisória, o delegado não fica adstrito às perguntas consignadas na lei, podendo, para melhor esclarecimento dos fatos, ouvir outras vezes o indiciado, tantas quantas julgar necessário.

O delegado pode, assim, proceder a novo interrogatório, a qualquer tempo, desde que antecedido de despacho fundamentado. Se antes da conclusão do inquérito, a autoridade verificar que o indiciado é autor de outros delitos não conhecidos quando da indiciação, e que tenham conexão ou continência com o primeiro, deve ouvi-lo sobre os novos fatos, em termo de Qualificação e Interrogatório.

Na Polícia Federal, ocorrendo essa hipótese, a autoridade deve oficiar ao Instituto Nacional de Identificação informando da nova incidência penal, devendo o ofício conter a qualificação completa do indiciado e o número do inquérito.

3.7. Testemunhas de Leitura

No interrogatório, as respostas do acusado são ditadas pela autoridade e reduzidas a termo. Esse documento, depois de lido e rubricado pelo escrivão em todas as suas folhas, é assinado pela autoridade, pelo interrogado, por duas testemunhas que lhe tenham ouvido a leitura e pelo escrivão que o lavrou.

---

358. Ubirajara Rocha, *A Polícia em Prismas*, p. 215.

Essas testemunhas, não obstante sejam de leitura, devem estar presentes desde o início da inquirição, para que, oportunamente, se chamadas, possam dizer em juízo que o indiciado foi inquirido num ambiente de liberdade, sem sofrer qualquer tipo de coação.

O mesmo procedimento deve ser adotado se o acusado não souber escrever, não puder ou não quiser assinar, tal fato será consignado no termo, sempre na presença de duas testemunhas. Por outro lado, não convém que funcionários ou policiais da Delegacia assinem os termos, como testemunhas instrumentárias.

3.8. Deficientes

O interrogatório do mudo, do surdo ou do surdo-mudo é feito da seguinte forma: I - ao surdo serão apresentadas por escrito as perguntas, que ele responderá oralmente; II - ao mudo as perguntas serão feitas oralmente, respondendo-as ele por escrito; III - ao surdo-mudo as perguntas serão formuladas por escrito e por escrito dará ele as respostas (CPP, art. 192).

Caso o interrogado não saiba ler ou escrever, intervirá no ato, como intérprete e sob compromisso, pessoa habilitada a entendê-lo (CPP, art. 192, parágrafo único).

Queiroz Filho, a propósito, adverte que o intérprete não poderá ser familiar do interrogado. É uma situação difícil, pondera, pois os deficientes nessas condições, geralmente, pertencem à classe desprovida de recursos e somente os seus familiares conseguem entendê-los, porém, a fim de não viciar o ato formal estipulado com minúcia pelo legislador deve-se nomear intérprete idôneo e sem vínculo familiar.[359]

3.9. Confissão

A autoridade deve observar que a confissão é apenas mais um dos meios de prova, devendo, portanto, ser colhida de forma espontânea e guardar harmonia com as demais provas coligidas. Assim, se o réu confessar a autoria, será especialmente perguntado sobre os motivos e circunstâncias da ação e se outras pessoas concorreram para a infração e quais sejam (CPP, art. 197).

Souza Nucci, citando o magistério de Galdino Siqueira, discorre sobre as espécies de confissão, quanto ao lugar onde é produzida e quanto aos efeitos que acarreta.

Quanto ao local, informa que há duas espécies de confissão: *judicial* e *extrajudicial*. A primeira é produzida diante da autoridade judicial competente para julgar o caso e a segunda abrange todas as demais oportunidades de investigação de infrações penais, previstas em lei, diante de autoridades policiais, parlamentares ou administrativas.

E, em seguida, aduz que não pode ser considerada confissão extrajudicial, em que pesem os magistérios de Vicente de Azevedo e Camargo Aranha, em sentido contrário, a narrativa feita por alguém a testemunhas, vale dizer, não há confissão quando o autor do delito admite a sua prática para uma pessoa desvestida de qual-

---

359. Dilermando Queiroz Filho, *Manual de Inquérito Policial*, p. 111.

quer autoridade e sem qualquer relação com um procedimento legal, tal como inquérito ou processo. Trata-se, nesse caso, de mera prova testemunhal. Da mesma forma, não é cabível falar em confissão extrajudicial quando alguém admite a prática de um delito através de algum escrito particular ou público. Trata-se de prova documental.

Quanto aos efeitos gerados, escreve Souza Nucci que há também duas espécies: simples e qualificada. A primeira acontece quando o confidente pura e simplesmente admite a prática do delito, sem qualquer acréscimo. A segunda ocorre quando o confidente assume a prática do crime, mas levanta, em seu favor, alguma circunstância especial que possa excluir ou minorar o crime ou isentá-lo de algum modo da pena.[360]

3.10. Incomunicabilidade

A incomunicabilidade do indiciado constitui medida excepcional, devendo ser tomada pela autoridade judicial com muita cautela. Dispõe a respeito o estatuto processual penal que a medida dependerá sempre de despacho nos autos e somente será permitido quando o interesse da sociedade ou a conveniência da investigação exigir (CPP, art. 21).

O delegado ou o promotor de justiça pode requerer a incomunicabilidade do indiciado que é decretada pelo juiz, em despacho fundamentado, não podendo exceder de 3 dias (art. 21, parágrafo único).

Esse prazo é contado a partir do início da incomunicabilidade, qualquer que seja o seu momento, aplicando-se por analogia o art. 10 do Código Penal. O primeiro dia terminará à meia-noite, seguindo-se o segundo dia que terminará na meia-noite imediata e o terceiro que expirará, completando-se o tríduo legal, na meia-noite seguinte.

Mas a primeira exigência a ser feita para a legalidade dessa medida consiste, naturalmente, em que o indiciado deve estar legalmente preso, isto é, preso em flagrante delito ou preventivamente. Se o indiciado puder se livrar solto, com ou sem fiança, a medida em tela não poderá ser efetivada, sob pena de incidir a autoridade que a ordenou na prática de constrangimento ilegal, violência arbitrária ou abuso de poder, ensejando *habeas corpus*.

A segunda, como requisito legal indispensável, necessário para dar validade à providência em questão, é o de que ela deve ser determinada através de despacho nos autos do inquérito, no qual a autoridade expõe os motivos e os fundamentos em que se estriba para solicitar ao juiz a medida coercitiva.

O advogado, porém, tem o direito de comunicar-se com seus clientes, pessoal e reservadamente, mesmo sem procuração, quando estes se acharem presos, detidos ou recolhidos em estabelecimentos civis ou militares, ainda que considerados incomunicáveis.[361]

---

360. Guilherme de Souza Nucci, *O Valor da Confissão como Meio de Prova no Processo Penal*, pp. 85 e segts.

361. Cf. Estatuto da Advocacia (Lei nº 8.906/1994, art. 7º, III). Jurisprudência: *RT* 531/367-378.

Na doutrina, Tourinho Filho entende que o art. 21 do CPP foi revogado pelo art. 136, § 3º, IV, da Constituição Federal. Damásio, por sua vez, acredita que não houve revogação. Em primeiro lugar, aduz, a proibição diz respeito ao período em que ocorrer a decretação do estado de defesa (art. 136, *caput*, da CF), aplicável à "prisão por crime contra o Estado" (§ 3º, I), infração de natureza política. Em segundo lugar, o legislador constituinte, se quisesse elevar tal proibição à categoria de princípio geral, certamente a teria inserido no art. 5º, ao lado de outros mandamentos que procuram resguardar os direitos do preso. Não o fez, relacionando a medida com os delitos políticos. Daí porque, entende que o art. 21 do CPP continua em vigor.[362]

Oliveira Andrade, escrevendo a respeito, pondera que o sistema jurídico que se implantou em nosso país a partir da Constituição de 1988, especialmente, nos mandamentos contidos no seu art. 5º, não permite mais a realização de grande número de diligências investigatórias de grande valia. E, a seu ver, uma dessas medidas é a incomunicabilidade do preso. Basta lembrar, argumenta, que o preso em flagrante tem direito, assegurado pela Constituição, de se comunicar com o seu advogado e seus familiares, não havendo qualquer ressalva a esses direitos. Assim, é de opinião, no que estamos de acordo, que o art. 21 do CPP encontra-se revogado e não há mais que se falar em incomunicabilidade.[363]

4. TESTEMUNHAS

A prova testemunhal é de fundamental importância para a apuração das infrações penais, principalmente, naquelas que não deixam vestígios. E apesar de suas falhas, no conjunto probatório, pode servir de exclusivo esteio à decisão do juiz.

Testemunha, do latim *testari,* é qualquer pessoa que possa afirmar, mostrar atestando, asseverar provando, a existência de um fato. A testemunha é assim toda pessoa que presenciou ou tomou conhecimento de algum fato juridicamente relevante, no todo ou em parte, e, em face disso, foi convocada a depor em processo judicial, inquérito policial ou parlamentar, processo administrativo ou sindicância.

A pessoa impossibilitada, por enfermidade ou por velhice, de comparecer à repartição policial ou ao fórum para depor, deve ser inquirida onde estiver. Para isso, o delegado ou o juiz e seu respectivo escrivão devem se deslocar em diligência e colher o seu depoimento, no local de internação ou abrigo, mesmo que esteja impossibilitada de assinar o seu depoimento (CPP, art. 220).

4.1. Quem pode Testemunhar

Toda e qualquer pessoa pode ser testemunha, inclusive as crianças, os menores de 14 anos, consoante dispõe o art. 202 do Código de Processo Penal. Mas a pessoa arrolada como testemunha não pode eximir-se da obrigação de depor. Se, regularmente intimada, deixar de comparecer sem motivo justificado, o juiz poderá requisitar

362. Damásio E. de Jesus, *Código de Processo Penal Anotado*, p. 17.

363. Octacílio de Oliveira Andrade, "A incomunicabilidade do indiciado", *Revista Acadêmica* nº 23, p. 121.

à autoridade policial a sua apresentação ou determinar seja conduzida por oficial de justiça, que poderá solicitar o auxílio da polícia. E o juiz pode aplicar à testemunha faltosa multa, sem prejuízo do processo penal por crime de desobediência e condená-la ainda ao pagamento das custas da diligência (CPP, arts. 218 e 219).

A lei silencia quanto à atitude do delegado de polícia, no caso da testemunha intimada se recusar a comparecer. Na doutrina, alguns autores entendem que somente o juiz pode determinar a condução coercitiva da testemunha. Mas, por analogia, entendemos não ser defeso ao delegado expedir mandado de condução coercitiva, desde que a testemunha tenha sido anteriormente intimada pessoalmente. Não havendo excesso ou desvio de poder, o ato da autoridade não implica restrição de direito mas uma forma de compelir a testemunha faltosa ao cumprimento de um dever legal de depor.

Atente-se, outrossim, que a testemunha "suspeita de parcialidade, ou indigna de fé" não está impedida de depor. Ela pode ser, apenas, contraditada, para que, ao final, o juiz possua elementos com que apreciar o valor do seu depoimento (CPP, art. 214).

Outra questão é referente ao testemunho de autoridade.

Indaga-se: o magistrado pode servir de testemunha no processo penal, promovido por questões levantadas em processo por ele julgado ou se o delegado de polícia pode ser arrolado como testemunha em processo penal, oriundo de inquérito por ele anteriormente instaurado e presidido.

A resposta é sim. O magistrado, o delegado bem como o promotor de justiça podem ser intimados a prestar esclarecimentos em Juízo sobre fatos que conhecem na qualidade de simples cidadão. No comum dos casos, a autoridade terá o cuidado de ser sintética e precisa, restringindo-se, apenas, ao âmago da questão.

Entendemos, todavia, que essas autoridades deveriam ser preservadas e prestigiadas, pois, exercem um múnus público e têm fé de ofício, e, mesmo por uma questão de ética, não deveriam ser arroladas pelo órgão do Ministério Público nem pela defesa, para explicarem as medidas que tomaram no processo ou no inquérito que presidiram.

4.2. Recusa Legal de Depor

Podem recusar-se a depor o ascendente ou descendente, o afim em linha reta, o cônjuge, ainda que desquitado, o irmão e o pai, a mãe, ou o filho adotivo do acusado, salvo quando não for possível, por outro modo, obter-se ou integrar-se a prova do fato e de suas circunstâncias (CPP, art. 206).

4.3. Proibição Legal de Depor

Estão proibidas de prestar depoimento, salvo se desobrigadas pela parte interessada e quiserem dar o seu testemunho, as pessoas que, em razão de função, ministério, ofício ou profissão, devam guardar segredo (CPP, art. 207).

O segredo é em relação a qualquer pessoa envolvida no processo ou no inquérito policial e não apenas em relação à vítima ou indiciado. E constitui infração disciplinar, prevista nos estatutos profissionais, como o da Ordem dos Advogados do Brasil, violar, sem justa causa, sigilo profissional (EOAB, art. 34, VII).

4.4. Formalidades

Na polícia ou em juízo, a pessoa arrolada como testemunha, não pode recusar-se a comparecer perante a autoridade, por tratar-se de um ato que interessa a ordem pública e à sociedade. O não comparecimento importa em desobediência.

A pessoa tem assim a obrigação de comparecer e, sob compromisso, dizer a verdade do que souber e lhe for perguntado, devendo declarar seu nome, sua idade, filiação, naturalidade, seu estado civil e sua residência, sua profissão, lugar onde exerce sua atividade, se é parente, e em que grau, de alguma das partes, ou quais suas relações com qualquer delas, e relatar o que souber, explicando sempre as razões de sua ciência ou as circunstâncias pelas quais possa avaliar-se de sua credibilidade.

O depoimento é prestado oralmente, não sendo permitido à testemunha trazê-lo por escrito, mas poderá fazer breve consulta a apontamentos. O depoimento é tomado em termo próprio, denominado *Assentada*. Esse termo pode abranger um ou mais depoimentos. Assim, numa mesma audiência, com várias testemunhas, é lavrado apenas um *Termo de Assentada*. Mas as testemunhas devem ser inquiridas cada uma de *per si*, de modo que não saibam nem ouçam os depoimentos umas das outras.

Na *assentada*, feita a qualificação, a testemunha é perguntada sobre eventual parentesco, subordinação ou quaisquer relações que porventura mantenha com as partes, iniciando-se a redução a termo de suas respostas na consagrada fórmula: *Aos costumes nada disse* (isto é, não tem parentesco algum, etc., com as partes), ou *Aos costumes disse ser...* (mulher, filha, mãe do acusado ou da vítima, etc.).

4.5. Compromisso

A testemunha tem a obrigação de dizer a verdade, sob palavra de honra, do que souber e lhe for perguntado, sendo para isso compromissada na forma da lei. O delegado e o juiz, respectivamente, na polícia ou em juízo, ao iniciarem a inquirição, devem advertir a testemunha do dever que tem de depor a verdade e das sanções penais do depoimento falso.

A respeito do falso testemunho, dispõe o legislador pátrio: “Se o juiz, ao pronunciar sentença final, reconhecer que alguma testemunha fez afirmação falsa, calou ou negou a verdade, remeterá cópia do depoimento à autoridade policial para a instauração do inquérito” (CPP, art. 211).

No caso do depoimento ter sido prestado em plenário de julgamento, o juiz, no caso de proferir decisão na audiência (CPP, art. 538, § 2º) ou o conselho de sentença, após a votação dos quesitos, poderão fazer apresentar imediatamente a testemunha à autoridade policial (CPP, art. 211, parágrafo único). Neste caso, o delegado lavra o Auto de Apresentação, baixa portaria e instaura inquérito.

Não prestam compromisso de dizer a verdade os doentes e deficientes mentais, os menores de 14 anos, os ascendentes ou descendentes, o afim em linha reta, etc., do acusado. Essas pessoas depõem sem compromisso (CPP, art. 208).

4.6. Classificação

Na doutrina processual penal, as testemunhas são consideradas em cinco categorias distintas: numerárias, instrumentárias, informantes, referidas, de que nada sabe (referências). A esse número, acrescentamos as testemunhas de apresentação, de leitura e do juízo.

A Testemunha Numerária: — É aquela que sabe de pormenores e circunstâncias essenciais do crime e promete, sob palavra de honra, dizer a verdade do que souber e lhe for perguntado.

No rito ordinário, no processo comum, nos crimes cuja pena cominada *in abstrato* é de reclusão, o número admissível arrolado pelas partes, pela defesa e pela acusação, respectivmente, é de 8 testemunhas, não se computando, nesse número, as testemunhas referidas e as que depõem sem compromisso.

No rito sumário, nos processos dos crimes passíveis da pena de detenção, as testemunhas numerárias são, no máximo, 5, tanto para a defesa como para a acusação.

No rito sumaríssimo, tratando-se de contravenções penais, as partes podem arrolar até 3 testemunhas. Observe-se, a propósito, que a Lei nº 9.099/1995, que dispõe sobre os juizados especiais cíveis e criminais, ao tratar do procedimento sumariíssimo, no juízo criminal, é omissa quanto ao número máximo de testemunhas que a acusação e a defesa podem arrolar.

Damásio, a respeito, informa que há 4 orientações: *a)* as partes podem arrolar quantas testemunhas quiserem, convindo ao juiz deferir a oitiva das necessárias; *b)* por analogia ao art. 539 do CPP, que funciona como fonte subsidiária desta lei (art. 92), tratando-se de crime ou contravenção, as partes podem arrolar até 5 testemunhas; *c)* cuidando-se de crime, as partes podem arrolar até 5 testemunhas; nas contravenções, até 3, nos termos do art. 533 do CPP; *d)* as partes podem arrolar até 3 testemunhas. Aduz, em seguida, que essa é a sua posição, as partes podem arrolar no máximo 3 testemunhas, argumentando, em seguida, que a lei processual penal admite a analogia e o art. 34 desta lei, regendo a matéria cível, permite que as partes arrolem até 3 testemunhas. E, ao final, conclui ponderando que o número excessivo de testemunhas, 5 ou mais, contraria o espírito da lei, que se assenta nos princípios da celeridade e da economia processual.[364]

Testemunha Instrumentária: — É aquela que não viu nem sabe nada a respeito do crime, mas, na rua ou na repartição policial, assiste, toma conhecimento ou participa, por exigência da lei, de diligências ou a de atos processuais, assinando depois, para a sua formalização, os autos ou termos correspondentes. São testemunhas instrumentárias, por exemplo, as pessoas que assinam os autos de Prisão em Flagrante Delito, Identificação, Qualificação e Interrogatório, Busca e Apreensão, Exibição e Apreensão, Acareação e outros.

---

364. Damásio E. de Jesus, *Lei dos Juizados Especiais Criminais Anotada*, p. 96.

Testemunha Informante: — Para os autores antigos, é aquela que, por lei, está dispensada de prestar compromisso de dizer a verdade do que sabe e lhe for perguntado. São os ascendentes ou descendentes, o afim em linha reta, o cônjuge, ainda que separado legalmente, o pai, a mãe, o filho, mesmo o adotivo, os doentes mentais e deficientes mentais e os menores de 14 anos (CPP, art. 208).

Entendemos, todavia, que testemunhas informantes são também os peritos que, intimados, comparecem em juízo para informar o que fizeram, isto é, explicar os exames e testes que realizaram, as provas indiciárias colhidas e os termos técnicos empregados em seus laudos.

Testemunha Referida: — É aquela citada ou mencionada por outra, em declarações ou depoimentos já prestados no transcorrer do inquérito ou do processo e que, conhecendo algum ponto relevante do fato delituoso, deva ser ouvida no interesse da apuração da verdade.

Testemunha que nada Sabe: — É a pessoa que nada sabe a respeito do fato delituoso, mas é arrolada pela defesa como testemunha de (boas) referências (CPP, art. 209, § 2º).

Testemunhas de Apresentação: — São aquelas pessoas que viram o condutor apresentar o preso em flagrante delito à autoridade policial e assinam também o auto respectivo, na falta de testemunhas que assistiram a prática do crime (CPP, art. 304, § 2º).

Testemunhas de Leitura: — São as pessoas que assinam o Auto de Prisão em Flagrante, depois de ouvir a sua leitura na presença do acusado, do condutor e das testemunhas que viram o crime e acompanharam o condutor, quando o acusado se recusar a assinar, não souber ou não poder fazê-lo (CPP, art. 304, § 3º).

Testemunha a Rogo: — É a pessoa que assina a pedido de alguém, da vítima ou de uma testemunha que não sabe assinar ou não pode fazê-lo por qualquer motivo. Neste caso, os escrivães costumam colher no final da folha do depoimento a impressão digital do polegar direito da pessoa que não assinou as declarações ou o depoimento, mas isso não é previsto em lei.

Testemunha do Juízo: — Testemunha suplementar previstas em lei, quando julgar necessário, o juiz pode ouvir outras testemunhas, além das indicadas pelas partes (CPP, art. 209). Na prática, isto ocorre, geralmente, no processo-crime, quando o advogado apresenta intempestivamente a defesa prévia, com o rol de testemunhas. Ora, a instrução não pode ser feita apenas com as testemunhas de acusação, arroladas pelo Ministério Público, e o juiz resolve a questão, ouvindo as testemunhas da defesa, como se fossem do juízo.

Na Polícia Estadual, no inquérito policial não há um número determinado de testemunhas a serem ouvidas. O delegado pode ouvir quantas testemunhas levantar durante as investigações, ficando ao critério da acusação e da defesa arrolarem, na denúncia ou na defesa prévia, as testemunhas que escolherem. O mesmo ocorre na lavratura do Termo Circunstanciado, devendo-se consignar no mesmo quantas testemunhas foram mencionadas pelos policiais na apresentação da ocorrência.

No Departamento de Polícia Federal, segundo instrução normativa interna, o delegado deve atentar, na inquirição das testemunhas, para os princípios da objetividade, oralidade e clareza, observando a seguinte rotina:

a) verificar a identidade, para constatar se a testemunha que vai depor é realmente a arrolada;

b) verificar possível vinculação com o indiciado, a fim de compromissá-la ou não;

c) adverti-la acerca do compromisso de dizer a verdade;

d) inquirir sobre os fatos apurados no inquérito e suas circunstâncias;

e) limitar o número de testemunhas àquele estabelecido no art. 398 do CPP (segundo esse dispositivo, são oito testemunhas de acusação e oito de defesa), evitando, assim, infindável quantidade de depoimentos no mesmo sentido, podendo mencionar as demais no relatório do inquérito;

f) desprezar os depoimentos de pessoas que nada sabem a respeito do fato em apuração;

g) reproduzir nos depoimentos, tanto quanto possível, as expressões empregadas pelas testemunhas;

h) o depoimento deve ser prestado na reparticão policial, podendo, em casos especiais, devidamente justificados nos autos, ser colhido no lugar em que a pessoa se encontre;

i) as apreciações subjetivas feitas pela testemunha não devem ser transcritas no termo de depoimento, salvo quando inseparáveis da narrativa do fato;

j) dispensar à testemunha a atenção e cordialidade necessárias àqueles que se dispõem a colaborar com a Justiça, procurando retê-la na repartição apenas durante o tempo estritamente indispensável.[365]

4.7. Testemunho de Autoridades

As testemunhas devem prestar depoimento na repartição policial ou na sede do juízo ou tribunal que as intimou. Mas se exercerem determinadas funções públicas, previstas em lei, terão a prerrogativa de serem inquiridas em local, dia e hora previamente ajustados entre elas e o juiz (e, por analogia, entre elas e o delegado).

O Estatuto Processual Penal dispõe, a respeito, que o Presidente e o Vice-Presidente da República os Senadores e Deputados Federais, os Ministros de Estado, os Governadores de Estado e Territórios, os Secretários de Estado, os Prefeitos do Distrito Federal e dos Municípios, os Deputados às Assembléias Legislativas Estaduais, os membros do Poder judiciário, os Ministros e juízes do Tribunal de Contas da União, dos Estados, do Distrito Federal bem como os do Tribunal Marítimo serão inquiridos em local, dia e hora previamente ajustados entre eles e o juiz (CPP, art. 221).

O Presidente e o Vice-Presidente da República, os Presidentes do Senado Federal, da Câmara dos Deputados e do Supremo Tribunal Federal poderão optar pela prestação de depoimento por escrito, caso em que as perguntas, formuladas pelas partes deferidas pelo juiz, lhes serão transmitidas por ofício (CPP, art. 221, § 1º).

Os militares deverão ser requisitados à autoridade superior (CPP, art. 221, § 2º).

---

365. Instrução Normativa nº 1, de 30.10.1992, do Departamento de Polícia Federal.

E os funcionários públicos que intimados deixarem de comparecer sem motivo justificado, o juiz poderá requisitar à autoridade policial a sua apresentação ou determinar seja conduzido por oficial de justiça, que poderá solicitar o auxílio da força pública. Neste caso, a expedição do mandado deve ser imediatamente comunicada ao chefe da repartição em que servirem, com indicação do dia e da hora marcada (CPP, art. 221, § 3º, c/c art. 218).

4.8. Acareações

O ato probatório de *acarear* é pôr as pessoas, cujos depoimentos ou declarações não são concordes, em presença uma das outras, e se tomar em conjunto novos depoimentos.

Segundo a legislação processual penal, a acareação pode ser pedida por qualquer das partes ou determinada de ofício pelo juiz ou pelo delegado, sendo admitida entre acusados, entre acusado e testemunha, entre testemunhas, entre acusado ou testemunha e a pessoa ofendida, e entre as pessoas ofendidas, sempre que divergirem, em suas declarações, sobre fatos ou circunstâncias relevantes (CPP, art. 229).

Os acareados são reperguntados, para que expliquem os pontos de divergências, reduzindo-se a termo o ato de acareação.

Se ausente alguma testemunha, cujas declarações divirjam das de outra, que esteja presente, a esta se darão a conhecer os pontos da divergência, consignando-se no auto o que explicar ou observar. Se subsistir a discordância, expedir-se-á precatória à autoridade do lugar onde resida a testemunha ausente, transcrevendo-se as declarações desta e as da testemunha presente, nos pontos em que divergirem, bem como o texto do referido auto, a fim de que se complete a diligência, ouvindo-se a testemunha ausente, pela mesma forma estabelecida para a testemunha presente. Esta diligência só se realizará quando não importe demora prejudicial ao processo e o juiz (e, por analogia, o delegado) a entenda conveniente (CPP, art. 230).

A acareação pode ser realizada no inquérito policial quando fundamental para o esclarecimento de divergências sobre fatos ou circunstâncias relevantes acerca do delito que se apura (CPP, art. 6º, VI).

No termo de acareação deve o delegado reproduzir os pontos divergentes dos depoimentos ou declarações anteriores, de forma resumida.

Recomenda-se, outrossim, que a autoridade não deve se dar por satisfeita com a simples retificação dos depoimentos ou declarações anteriores, mas procurar esclarecer, pela inquirição insistente e pelas reações emotivas dos acareados qual deles falta com a verdade. Na prática, verifica-se que os acareados, geralmente, sustentam o que disseram e mantém os seus depoimentos. Mas, o policial experiente percebe quem está falando a verdade.

4.9. Reconhecimento de Pessoas e Coisas

Na polícia, o reconhecimento de pessoa é feito da seguinte forma: I - a pessoa que tiver de fazer o reconhecimento será convidada a descrever a pessoa que deva ser reconhecida; II - a pessoa, cujo reconhecimento se pretender, será colocada, se possível, ao lado de outras que com ela tiverem qualquer semelhança, convidandose quem tiver de fazer o reconhecimento a apontá-la; III - se houver razão para recear que a pessoa chamada para o reconhecimento, por efeito de intimidação ou outra influência, não diga a verdade em face da pessoa que deve ser reconhecida, a autoridade providenciará para que esta não veja aquela; IV - do ato de reconhecimento lavrar-se-á auto pormenorizado, subscrito pela autoridade, pela pessoa chamada para proceder ao reconhecimento e por duas testemunhas presenciais (CPP, arts. 6º, VI e 226 a 228).

Se várias forem as pessoas chamadas a efetuar o reconhecimento de pessoa ou de objeto, cada uma fará a prova em separado, evitando-se qualquer comunicação entre elas.

Na impossibilidade de efetivação do reconhecimento pessoal, poderá ser feito o fotográfico, observadas as cautelas aplicáveis àquele.

No reconhecimento de objeto, de jóias, aparelhos e armas, etc., proceder-se-á com as mesmas cautelas, no que for aplicável.

As repartições policiais devem ter uma sala de reconhecimento, com espelho especial, luzes e sistema de som, inclusive, para reconhecimento de voz. O que ocorre, geralmente, é a improvisação, isto é, a identificação feita através de frestas ou furos nas portas, etc.

4.10. Reconstituição de Local de Crime

Para verificar a possibilidade de haver a infração sido praticada de determinado modo, o delegado pode proceder à reprodução simulada dos fatos, desde que esta não contrarie a moralidade ou a ordem pública (CPP, art. 7º).

A reconstituição, assim, quando necessária à instrução, deve ser feita com cautela, resguardando-se a vida, a integridade física e moral dos participantes, bem como, evitando-se provocar sensacionalismo na opinião pública ou fornecer exemplo didático para a prática de crime.

Essa diligência da polícia judiciária não é obrigatória, imperativa, como sucede com as que vêm enumeradas no art. 6º e seus incisos, do Código Processual Penal. E a sua realização fica inteiramente ao critério pessoal do delegado, o qual, ao promovê-la, deve evitar escândalos e preservar a ordem pública, tutelada pela lei.

O juiz, por sua vez, pode requisitar à polícia a realização da reconstituição, nos casos em que entender necessária. O mesmo ocorrendo com o órgão do Ministério Público, através de cotas ou manifestações dirigidas ao juiz do processo, mas não pode promovê-la de ofício, porque somente à autoridade policial é atribuída a faculdade de levá-la a efeito.

Atente-se, outrossim, que o indiciado não é obrigado a participar da reprodução simulada dos fatos. Ele não pode ser compelido a figurar, contra a sua própria vontade, na diligência policial, como, por analogia, não pode ser coagido a responder interrogatórios, gozando do direito de calar ou de guardar silêncio diante das interpelações da autoridade policial ou judicial, sem que tal atitude importe em confissão do crime.[366]

---

366. V. Código de Processo Penal, Exposição de Motivos, tópico VII. Jurisprudência: STF, RHC 64.354, *RT* 624/372; RHC 64.354, *RTJ* 127/461.

Não obstante, a reconstituição do crime pode ser feita sem a presença do indiciado. Nesta rara hipótese, o ato será realizado sob orientação da vítima ou das testemunhas do fato delituoso, com a finalidade de esclarecer a maneira pela qual foi este praticado.[367]

5. CARTAS PRECATÓRIAS E ROGATÓRIAS

Em juízo existem três tipos de ordem: Carta de Ordem, se o juiz for subordinado ao Tribunal de que ela emana. Carta Precatória, quando o juiz pertence à mesma instância; e Carta Rogatória, quando dirigida a autoridade estrangeira (CPP, art. 783).

Carta Precatória é o instrumento pelo qual o juiz ou o delegado solicita à outra autoridade, de jurisdição ou circunscrição diversa, no território nacional, algum ato ou diligência, para instruir processo ou inquérito sob sua responsabilidade.

Carta Rogatória é expedida pelo respectivo juiz e remetida ao Ministério da Justiça, a fim de ser pedido o seu cumprimento, por via diplomática, às autoridades estrangeiras competentes.

A autoridade deprecante é a que envia o documento e deprecada a que recebe e cumpre.

A Carta Precatória é utilizada para citação, oitiva de testemunhas, buscas e apreensões, inclusive para a prisão do réu quando estiver no território nacional, em lugar estranho ao da jurisdição, e outras medidas processuais que não possam ser executadas na cidade ou localidade em que corre o processo ou tramita o inquérito policial.

Assim, a testemunha que morar fora da jurisdição do juiz ou da circunscrição policial pode ser inquirida pela autoridade do lugar de sua residência, expedindo-se, para esse fim, Carta Precatória, com prazo razoável, intimadas as partes, no caso de processo-crime (CPP, art. 222).

A acareação de testemunhas também pode ser feita por precatória, quando o juiz (e, por analogia, o delegado) a entenda conveniente e não importe demora prejudicial ao processo (ou a inquérito policial) (CPP, art. 230).

Na Polícia Federal, segundo instrução interna, a Carta Precatória deve ser expedida através de ofício, fac-símile, telex ou radiograma, cabendo à autoridade deprecante formular as perguntas a serem feitas.

Na hipótese de expedição por fac-símile, a autoridade deprecada acusará imediatamente o recebimento, através de telex.

O indiciamento através de Carta Precatória somente poderá ocorrer quando expressamente solicitado pela autoridade deprecante.

Cumprida a Carta Precatória, a autoridade deprecada deve devolver apenas as peças por ela produzidas ou arrecadadas, bem como aquelas que, embora remetidas pela autoridade deprecante, sejam indispensáveis às provas do inquérito.

---

367. Portaria DGP nº 18, de 25.11.1998, dispõe sobre medidas e cautelas a serem adotadas na elaboração de Inquéritos Policiais e para a garantia dos direitos da pessoa humana (*DOE* de 27.11.1998).

A Carta Precatória não deve ser autuada, sendo apenas registrada no Livro de Registros Especiais, e a numeração das folhas deve ser feita pela autoridade deprecada, no canto inferior direito, sem uso de carimbo.

As Cartas Precatórias endereçadas às unidades descentralizadas do Interior não devem transitar pela Coordenação Regional Judiciária. E a autoridade deprecada deve sempre dar a indispensável prioridade ao cumprimento das precatórias.

Com referência à solicitação de diligência no Exterior, quando a mesma for imprescindível para a elucidação do fato delituoso, a autoridade deve pedir à INTERPOL/DPF, vez que na não cabe a expedição de Carta Rogatória no curso de inquérito policial.[368]

6. BUSCA E APREENSÃO

No curso das investigações, conforme o caso, de ofício ou a requerimento das partes, o Delegado deve realizar diligências de busca e apreensão, um procedimento de natureza jurídica acautelatória e coercitiva, destinado a impedir o perecimento da prova e produzir o corpo de delito, sobretudo, do *corpus instrumentorum* do fato delituoso.

Esse procedimento de colheita de provas pode realizar-se por meio de busca domiciliar, ou por meio de busca pessoal, ou por meio de ambas conjugadas.

A busca domiciliar é procedida para: *a)* prender criminosos; *b)* apreender coisas achadas ou obtidas por meios criminosos; *c)* apreender instrumentos de falsificação ou de contrafação e objetos falsificados ou contrafeitos; *d)* apreender armas e munições, instrumentos utilizados na prática de crime ou destinados a fim delituoso; *e)* descobrir objetos necessários à prova de infração ou à defesa do réu; *f)* apreender cartas, abertas ou não, destinadas ao acusado ou em seu poder, quando haja suspeita de que o conhecimento do seu conteúdo possa ser útil à elucidação do fato; *g)* apreender pessoas vítimas de crimes; *h)* colher qualquer elemento de convicção (CPP, art. 240, § 1º).

Com a promulgação da Constituição Federal de 1988, o Delegado não pode determinar ou realizar, pessoalmente, a busca domiciliar sem mandado judicial, como era possível no sistema constitucional anterior, considerando-se que a casa é asilo inviolável do indivíduo, ninguém nela podendo penetrar sem consentimento do morador, salvo em caso de flagrante delito ou desastre, ou para prestar socorro, ou, durante o dia, por determinação judicial (CF, art. 5º, XI).

A busca pessoal é feita também nas mesmas hipóteses acima elencadas e independerá de mandado, no caso de prisão ou quando houver fundada suspeita de que a pessoa esteja na posse de arma proibida ou de objetos ou papéis que constituam corpo de delito, ou quando a medida for determinada no curso de busca domiciliar (CPP, arts. 240, § 2º, e 244).

Observe-se, outrossim, que a busca pessoal em mulher será feita por outra mulher, se não importar retardamento ou prejuízo da diligência (CPP, art. 249).

---

368. Instrução Normativa nº 1/1992, DPF, arts. 94 e segts. Provimento nº 754/2001, do Conselho Superior de Magistratura do Estado de São Paulo, dispõe sobre o cumprimento de cartas precatórias e regulamenta a realização dos interrogatórios de presos nos Centros de Detenção Provisória do Estado (*DOE Just.* 29.5.2001).

O mandado de busca deverá: I - indicar, o mais precisamente possível, a casa em que será realizada a diligência e o nome do respectivo proprietário ou morador; ou, no caso de busca pessoal, o nome da pessoa que terá de sofrê-la ou os sinais que a identifiquem; II - mencionar o motivo e os fins da diligência; III - ser subscrito pelo escrivão e assinado pela autoridade que o fizer expedir (CPP, art. 243).

Se houver ordem de prisão, constará do próprio texto do mandado de busca e não é permitida a apreensão de documento em poder do defensor do acusado, salvo quando constituir elemento do corpo de delito (CPP, art. 243 §§ 1º e 2º).

As buscas domiciliares devem ser executadas de dia, salvo se o morador consentir que se realizem à noite, e, antes de penetrarem na casa, os executores mostrarão e lerão o mandado ao morador, ou a quem o represente, intimando-o, em seguida, a abrir a porta (CPP, art. 245).

Se a própria autoridade der a busca, declarará previamente sua qualidade e o objeto da diligência (e deve da mesma forma mostrar e ler o mandado de busca, acrescentamos). Em caso de desobediência, será arrombada a porta e forçada a entrada. Recalcitrando o morador, será permitido o emprego de força contra coisas existentes no interior da casa, para o descobrimento do que se procura. (CPP, art. 245, §§ 1º, 2º e 3º).

Da mesma forma deve proceder, quando ausentes os moradores, devendo, neste caso, ser intimado a assistir à diligência qualquer vizinho, se houver e estiver presente. E se for determinada a pessoa ou coisa que se vai procurar, o morador será intimado a mostrá-la (CPP, art. 245, §§ 4º e 5º).

Terminada a diligência, a autoridade deve lavrar auto circunstanciado, assinado por duas testemunhas presenciais. Não sendo encontrada a pessoa ou coisa procurada, os motivos da diligência devem ser comunicados a quem tiver sofrido a busca, se o requerer.

A apreensão, por outro lado, consiste na detenção física dos objetos que tiverem relação com o fato delituoso e que possam servir de prova. O ato é formalizado através de um Auto de Busca e Apreensão, contendo a descrição completa do que foi apreendido e sendo assinado pelo Delegado, pelos executores e pelas testemunhas que o assistiram.

Na Polícia Civil de São Paulo, de acordo com recomendações do Delegado Geral, quando, no curso da investigação, a autoridade policial precisar valer-se de medida cautelar, como a de busca e apreensão, interceptações telefônicas e outras, deve dirigir representação à autoridade judiciária competente, na qual deverá constar, dentre outros, os seguintes itens: I - descrição circunstanciada da medida pleiteada e, sendo, possível, o apontamento dos meios a serem empregados em sua realização; II - exposição fundamentada da imperiosidade da providência; III - fundamento jurídico do pedido; IV - identificação da autoridade policial que presidirá as diligências, se o caso. E não se admite representação elaborada com a mera repetição do texto legal, sem explicitação das razões concretas de sua necessidade.[369]

Na Polícia Federal, segundo instrução interna, a busca domiciliar deverá, sempre que possível, ser realizada com a presença da autoridade policial, e de testemunhas não policiais.

---

369. Portaria DGP nº 18, de 25.11.1998, art. 6º.

A autoridade policial somente poderá proceder busca domiciliar sem mandado Judicial quando houver consentimento espontâneo do morador ou quando tiver certeza da situação de flagrância.

No primeiro caso, o consentimento do morador deve ser por escrito e assinado também por duas testemunhas não policiais que acompanharem a diligência e assinem o respectivo auto. Na segunda hipótese, é imprescindível ter-se certeza de que o delito está sendo praticado naquele momento, não se justificando o ingresso no domicílio para realização de diligências complementares à prisão em flagrante ocorrida noutro lugar, nem para averiguação de *notitia criminis*.

Atente-se, outrossim, *ad cautela*, que toda busca domiciliar realizado sem Mandado de Busca e Apreensão, expedido por Autoridade Judiciária competente, mesmo em presença da autoridade policial, é ilegal e inconstitucional sendo passível de sanções legais.

Ao representar perante à autoridade judiciária pela expedição de mandado de busca, a autoridade policial deverá fazê-lo de forma fundamentada, indicando o local onde será cumprido, o nome do morador ou sua alcunha, os motivos e os fins da diligência.

É obrigatória a leitura do mandado antes do início da busca. No caso de resistência que impossibilite a leitura do mandado. Esta será feita tão logo a situação esteja sob o controle dos policiais.

No curso da busca domiciliar, os executores devem, *ad cautelam*, adotar providências para resguardar os bens, valores e numerários existentes no local e evitar constrangimentos desnecessários aos moradores.

Os executores da busca devem providenciar para que o morador e as testemunhas acompanhem a diligência em todas as dependências do domicílio.

Ocorrendo entrada forçada em virtude da ausência dos moradores, a autoridade deve adotar medidas para que o imóvel seja fechado e lacrado após a realização da busca que, neste caso, será necessariamente assistida por duas testemunhas não policiais.

Após a realização da busca, deve ser lavrado um auto circunstanciado, mesmo quando a diligência resultar negativa. Cópia do auto de apreensão será fornecida ao detentor do material apreendido.

A busca em repartições públicas, quando necessária, deve ser antecedida de contato com o dirigente do órgão onde a mesma será realizada.[370]

7. RESTITUIÇÃO DE COISAS APREENDIDAS

Na fase do inquérito policial, o Delegado pode ordenar a restituição de coisas apreendidas ou simplesmente arrecadadas, mediante despacho nos autos, desde que: *a)* seja objeto restituível e não houver qualquer interesse na sua retenção; *b)* não houver dúvida quanto ao direito de quem a solicita; *c)* a apreensão não tiver sido feita em poder de terceiro de boa-fé (CPP, arts. 118 e segts.).

---

370. Instrução Normativa nº 1/1992, DPF, arts. 72 e segts.

Determinada a devolução, lavra-se o auto de restituição, assinado pela autoridade, pelo interessado ou representante legal, por duas testemunhas e pelo Escrivão. Na prática, antes da devolução de valores, se procede a formalização da apreensão, através do Auto de Exibição e Apreensão, a avaliação (no caso de objetos produto de furto ou roubo) e, em seguida, a entrega ou depósito ao seu dono.

Entre as diversas hipóteses, formulamos a seguinte: um hóspede morre no hotel, a polícia arrecada os seus objetos pessoais e pertences e entrega à sua esposa, através de Auto de Entrega. No caso de se apresentarem duas mulheres, como esposas, na dúvida de quem é a legítima, é lavrado um Auto de Depósito para uma delas, a que demonstra ser a verdadeira.

8. INTERCEPTAÇÕES TELEFÔNICAS

A Constituição Federal de 1988, no art. 5º, inciso XII, permite a violação das comunicações telefônicas, desde que presentes os seguintes requisitos: *a)* seja deferida por ordem judicial; *b)* seja destinada apenas à investigação criminal ou instrução processual penal; *c)* nas hipótese e na forma que a lei estabelecer.

A Lei nº 9.296, de 24.7.1996, regulamentou esse inciso XII, na parte final, do art. 5º, I, do texto constitucional, isto é, disciplinou a interceptação de conversas telefônicas. Estribado nesse diploma, o juiz pode autorizar a quebra do sigilo, de ofício ou a requerimento do membro do Ministério Público ou da autoridade policial, mas, somente, quando presentes os seguintes requisitos: *a)* indícios razoáveis de autoria ou participação em infração penal; *b)* não houver outro meio de se produzir a mesma prova; e, *c)* o fato ser punido com pena de reclusão.

Assim, não poderá ser autorizada judicialmente a diligência, quando a finalidade for extrapenal ou quando tratar-se de contravenção penal ou crime apenado com detenção. Fica claro também seu caráter subsidiário, somente tendo lugar quando não for possível qualquer outro meio de formação do conhecimento.

Deferido o pedido, a autoridade policial conduzirá os procedimentos de interceptação, podendo requisitar serviços e técnicos especializados às concessionárias de serviço público, mas dando ciência ao Ministério Público, que poderá acompanhar a sua realização.

9. RELATÓRIO DO INVESTIGADOR

É uma narração escrita que contém os fatos e os dados recolhidos durante o curso de uma investigação feita no cumprimento de uma Ordem de Serviço. É também um meio de comunicação que utiliza o policial para informar à Autoridade, acerca dos elementos colhidos em sua investigação.

Esse relatório deve ter 3 qualidades: ser exato, completo e breve. E a atuação do policial pode ser avaliada em grande parte pela sua habilidade na informação, ao apresentar por escrito os fatos colhidos durante o curso da investigação.

Vanderbosch, a respeito, diz que uma investigação conscientemente terminada, a que segue um relatório completo, merece reconhecimento. E, em seguida, pondera, o policial que não tem habilidade suficiente para preparar um relatório não pode ser indicado para casos especiais, não obstante sua capacidade investigativa.[371]

O investigador apresenta o relatório para ser juntado aos autos do inquérito, em cumprimento à uma Ordem de Serviço. O policial, todavia, não deve assinar relatório feito por outro ou a pedido do Escrivão, contendo informações inverídicas (relatório *frio)*, para justificar a remessa do inquérito ao Fórum, com pedido de prazo, ou, em Correição, a permanência do inquérito em Cartório.

Esse relatório não deve ser juntado aos autos do inquérito, como até hoje é feito. Recebido pela Autoridade, depois de analisado e extraídos os dados de interesse para a ficha criminal do indiciado, principalmente, o seu *modus operandi*, deve ser arquivado na Delegacia.

10. MODELOS

10.1. Auto de Arrecadação

SECRETARIA DE ESTADO DOS NEGÓCIOS DA SEGURANÇA PÚBLICA

POLÍCIA CIVIL DO ESTADO DE SÃO PAULO

AUTO DE ARRECADAÇÃO

Aos ... dias do mês de ... de ..., nesta cidade de ..., na Delegacia de Polícia de ... (ou na sede do ... D.P. da ...), onde se achava o Dr.(a) ..., Delegado(a) respectivo, comigo, Escrivão(ã) de seu cargo, ao final assinado(a), aí, às ... horas, em presença das testemunhas infra-assinadas, DETERMINOU a mesma autoridade que se procedesse à arrecadação dos objetos e valores abaixo relacionados ... Nada mais havendo a tratar, determinou a autoridade o encerramento deste auto que vai devidamente assinado. Eu, ... , escrivão(ã) que o digitou.

(a) Delegado ....

(a) Testemunha ....

(a) Testemunha ....

(a) Escrivão ....

371. Charles G. Vanderbosch, *Investigación de Delitos*, p. 33.

10.2. Auto de Avaliação

SECRETARIA DE ESTADO DOS NEGÓCIOS DA SEGURANÇA PÚBLICA

POLÍCIA CIVIL DO ESTADO DE SÃO PAULO

AUTO DE AVALIAÇÃO

Aos ... dias do mês de ... de ..., nesta cidade de ..., na Delegacia de Polícia de ... (ou na sede do ... D.P. da ...), onde se achava o Dr.(a) ..., Delegado(a) respectivo, comigo, Escrivão(ã) de seu cargo, ao final assinado(a), aí, presentes Berêncio... e Zenon ..., peritos nomeados e notificados, e as testemunhas ..., residentes e domiciliadas nesta cidade, respectivamente, na Rua..., nº ... e Av..., nº ..., a autoridade deferiu aos peritos o compromisso formal, que aceitaram, de bem e fielmente desempenharem a sua missão, declarando com verdade o que encontrarem e descobrirem, e o que em suas consciências entenderem, e determinou-lhes que procedessem à avaliação de .... Os peritos nomeados, após examinarem os objetos, avaliaram ... (especificar os objetos ou o que for, atribuindo a cada um deles, separadamente, o respectivo valor, para, ao final, ser declarado o valor global das coisas avaliadas). Nada mais tendo a tratar determinou a autoridade fosse encerrado o presente auto que, lido e achado conforme, vai devidamente assinado por todos.

(a) Delegado ....
(a) Perito ....
(a) Perito ....
(a) Testemunha ....
(a) Testemunha ....
(a) Escrivão ....

(O valor das coisas destruídas, deterioradas ou que constituem produto do crime interessa ao juiz criminal, porque influi na punição. Nos crimes contra o patrimônio, a avaliação é indispensável, porque especifica o objeto e fixa a extensão da lesão patrimonial. Sendo impossível a avaliação direta, os peritos procedem a indireta, com base nos elementos constantes dos autos ou das diligências que levarem a efeito)

10.3. Auto de Depósito

SECRETARIA DE ESTADO DOS NEGÓCIOS DA SEGURANÇA PÚBLICA

POLÍCIA CIVIL DO ESTADO DE SÃO PAULO

AUTO DE DEPÓSITO

Aos... dias do mês de... de ..., nesta cidade de ..., na Delegacia de Polícia de ..., onde presente se achava o Dr.(a) . ..., Delegado de Polícia respectivo, comigo, Escrivão(ã) de seu cargo, ao final nomeado(a) e assinado(a), aí, em presença das testemunhas ... (qualificação), compareceu... em poder do(a) qual a autoridade fez o depósito de ... . Pelo(a) referido(a) Senhor(a) foi dito que aceitava o depósito e, mais, que se obrigava a não abrir mão desse depósito, senão por ordem do Dr. Delegado de Polícia desta Delegacia ou do MM. Juiz de Direito, ficando, pois, como fiel depositário do bem. Nada mais. Depois de lido e achado conforme, vai devidamente assinado. Eu, ..., Escrivão(ã) de Polícia que o digitei e assino.

(aa) Delegado(a) / Depositário(a) / Testemunha / Testemunha / Escrivão(ã).

10.4. Auto de Entrega

SECRETARIA DE ESTADO DOS NEGÓCIOS DA SEGURANÇA PÚBLICA

POLÍCIA CIVIL DO ESTADO DE SÃO PAULO

AUTO DE ENTREGA

Aos ... dias do mês de... de ..., nesta cidade de ..., na sede do ... Distrito policial, onde presente se achava o Dr.(a) ..., Delegado(a) de Polícia respectivo, comigo, Escrivão(ã) de seu cargo, ao final nomeado(a) e assinado(a) e as testemunhas ... (qualificação), aí presente o(a) Sr(a)..., pela mesma autoridade lhe foi feita a entrega de ... . Nada mais tendo a tratar, determinou a autoridade fosse encerrado o presente auto que vai devidamente assinado pela autoridade, pelo(a) recebedor(a), pelas testemunhas e, por mim, ..., Escrivão(ã) que o digitei.

(aa) Delegado(a) / Recebedor(a) / Testemunha / Testemunha / Escrivão(ã).

10.5. Auto de Exibição e Apreensão

SECRETARIA DE ESTADO DOS NEGÓCIOS DA SEGURANÇA PÚBLICA
POLÍCIA CIVIL DO ESTADO DE SÃO PAULO

AUTO DE EXIBIÇÃO E APREENSÃO

Aos... dias do mês de... de ..., nesta cidade de ..., na sede do ... D. P. da ..., onde se achava o Dr.(a) ..., Delegado(a) de Polícia respectivo, comigo, Escrivão(ã) de seu cargo, ao final nomeado(a) e assinado(a), aí, em presença das testemunhas... (qualificação), compareceu o(a) exibidor(a) ..., residente na... que exibiu à Autoridade o(s) objetos(s) e valor (es) encontrado(s) em ... na Rua...., nº ...., bairro..., no dia..., às...h., em poder de..., relacionado(s) com o delito de ..., sendo determinada pela autoridade a apreensão do(s) seguintes objeto(s) e valor(es): ... . Nada mais tendo a tratar mandou a autoridade fosse encerrado o presente auto que vai devidamente assinado por todos.

(aa) Delegado(a) / Exibidor(a) / Testemunha / Testemunha / Escrivão(ã).

10.6. Auto de Qualificação e Interrogatório - Modelo I

AUTO DE QUALIFICAÇÃO E INTERROGATÓRIO de ..., portador(a) da Cédula de Identidade nº ..., SSP/..., brasileiro(a), solteiro(a), profissão, filho(a) de... e de ..., natural de ..., Estado de ..., nascido(a) aos ... de... de ..., residente na Rua..., nº ..., bairro de ..., Estado, Cidade, telefone...

Aos ... dias do mês de ... de ..., na sede da DELEGACIA/SR/DPF/..., onde presente se encontrava o Dr.(a) . ..., Delegado(a) de Polícia Federal, comigo Escrivão(ã) ao final assinado, aí compareceu o nominado(a) acima qualificado(a) que, cientificado(a) sobre as imputações que lhe são feitas, e ciente dos seus direitos constitucionais, RESPONDEU: QUE, ... ; QUE, ... ; QUE, o interrogado(a) nunca foi (ou foi) processado(a) criminalmente. E mais não disse e nem lhe foi perguntado, motivo pelo qual determinou a autoridade que se encerrasse o presente, o qual, depois de lido e achado conforme, vai por todos assinado. Eu, ..., Escrivão(ã) que o lavrei.

(aa) Delegado(a) / Interrogado(a) Testemunha /Testemunha / Escrivão(ã).[372]

372. Modelo utilizado pelo Departamento de Polícia Federal.

10.7. Auto de Qualificação e Interrogatório - Modelo II

SECRETARIA DE ESTADO DOS NEGÓCIOS DA SEGURANÇA PÚBLICA

POLÍCIA CIVIL DO ESTADO DE SÃO PAULO

AUTO DE QUALIFICAÇÃO E INTERROGATÓRIO

Às ... horas do dia... do mês de ..., de ..., nesta cidade de ..., na sede do ... D.P. da ..., onde se achava o Dr.(a) . ..., Delegado(a) de Polícia respectivo, comigo, Escrivão(ã) de seu cargo, ao final assinado, aí compareceu o(a) acusado(a), o(a) qual, às perguntas da autoridade, respondeu como segue: Qual o seu nome? / R.G. nº / Qual sua nacionalidade e onde nasceu? / Qual o seu estado civil? / Qual a sua idade? / Qual a sua filiação? / Qual a sua residência? / Qual o seu meio de vida ou profissão? / Qual lugar onde exerce a sua atividade? / Sabe ler e escrever? / Depois de cientificado(a) da acusação que lhe é feita, passou o(a) acusado(a) a ser interrogado(a) pela autoridade respondendo o seguinte: QUE, ...; QUE, ... Nada mais havendo a tratar, determinou a autoridade fosse encerrado o presente auto que vai devidamente assinado pela autoridade, pelo(a) interrogado(a) e pregressado(a), pelas testemunhas de leitura..., residentes e domiciliadas nesta Capital (cidade)..., respectivamente, na Rua..., nº ..., na Av..., nº ..., e, finalmente, por mim, .., Escrivão(ã) que o digitei e subscrevi.

(aa) Autoridade/ Interrogado(a) / Testemunha / Testemunha / Escrivão(ã)

10.8. Auto de Qualificação Indireta

SECRETARIA DE ESTADO DOS NEGÓCIOS DA SEGURANÇA PÚBLICA

POLÍCIA CIVIL DO ESTADO DE SÃO PAULO

AUTO DE QUALIFICAÇÃO INDIRETA

Aos ... dias, do mês de ..., de ..., nesta cidade de ..., na sede do ... D.P. da ... onde se achava o Dr.(a)...., Delegado(a) de Polícia respectivo, comigo, Escrivão(ã) de seu cargo, ao final assinado, aí determinou a autoridade fosse feita a qualificação indireta de..., como adiante segue: / Nome: / R.G. nº / Qual a sua nacionalidade e onde nasceu? Brasileira, natural de ... / Qual o seu estado civil? Prejudicado. / Qual a sua idade? / Qual a sua filiação? / Qual a sua residência? Prejudicado. / Qual o seu meio de vida e profissão? / Qual o lugar onde exerce a sua atividade? Prejudicado. / Sabe ler e escrever? Prejudicado. E, nada mais tendo a tratar, determinou a autoridade fosse encerrado o presente auto que vai devidamente assinado pela autoridade e, por mim, ..., Escrivão(ã) que o digitei.

(aa) Delegado(a)/ Escrivão(ã)

10.9. Auto de Reconhecimento de Objeto

SECRETARIA DE ESTADO DOS NEGÓCIOS DA SEGURANÇA PÚBLICA
POLÍCIA CIVIL DO ESTADO DE SÃO PAULO

AUTO DE RECONHECIMENTO
(de objeto)

Aos... dias, do mês de... de ..., nesta cidade de ..., na sede do ... D.P. da ..., onde se achava o Dr.(a) ..., Delegado(a) de Polícia respectivo, comigo, Escrivão(ã) de seu cargo, ao final assinado, aí, compareceu ... (nome da pessoa que vai fazer o reconhecimento), já qualificado nestes autos, a quem a Autoridade solicitou que descrevesse os objetos que foram furtados/roubados, etc. de sua casa/escritório, etc.. Em seguida, na presença das testemunhas....... e ...... (nome e qualificação), a Autoridade mandou que se lhe exibisse, para fins de reconhecimento, os objetos que descreveu, juntamente, com outros semelhantes. Pelo interessado foi apontado e reconhecido os seguintes objetos: ... (descrever), como sendo aqueles que lhe foram furtados/roubados, etc. Nada mais tendo a tratar, determinou a Autoridade fosse encerrado o presente auto que vai devidamente assinado por todos.

(aa) Delegado/ Reconhecente / Testemunha / Testemunha /Escrivão(ã).

(O reconhecimento de pessoas, feito através de fotografia, como meio de prova, é de duvidosa validade. A jurisprudência dominante concebe como sendo de escassa valia probatória o reconhecimento do acusado feito por esse meio).

10.10. Auto de Reconhecimento de Pessoa

SECRETARIA DE ESTADO DOS NEGÓCIOS DA SEGURANÇA PÚBLICA
POLÍCIA CIVIL DO ESTADO DE SÃO PAULO

AUTO DE RECONHECIMENTO
(de pessoa)

Aos ... dias, do mês de ... de..., nesta cidade de ..., na sede do ... D.P. da ..., onde se achava o Dr.(a) ..., Delegado(a) de Polícia respectivo, comigo, Escrivão(ã) de seu cargo, ao final assinado(a), aí, compareceu ... (nome e qualificação), na presença das testemunhas ... (qualificação), a quem a Autoridade convidou a descrever a pessoa que viu, afirmando tratar-se de .... Em seguida, foram-lhe exibidos, lado a lado: / 1º) ... / 2º) ... / 3º)... / 4º) ... pessoas algo semelhantes entre si. Após observá-las atentamente, afirmou, com certeza e segurança, em meio aos presentes, a pessoa de ... (nome da pessoa que foi reconhecida), cujas características coincidem com a descrição feita no início deste auto, informando tratar-se, sem dúvida, da mesma pessoa que... (descrever o fato). Nada mais tendo a tratar, determinou a Autoridade fosse encerrado o presente auto que vai devidamente assinado por todos.

(aa) Delegado(a)/ Reconhecente / Testemunha / Testemunha / Escrivão(ã).

(Segundo a jurisprudência dominante, o reconhecimento pessoal do(s) réu(s), em juízo, por testemunhas idôneas e insuspeitas, desmoraliza a negativa do(s) réu(s), que, a prevalecer, tornariam inexplicáveis os reconhecimentos feitos - STF, RC 1.312, DJU, 7.11.1978, p. 8.823).

10.11. Boletim de Vida Pregressa

SECRETARIA DE ESTADO DOS NEGÓCIOS DA SEGURANÇA PÚBLICA

POLÍCIA CIVIL DO ESTADO DE SÃO PAULO

INFORMAÇÕES SOBRE A VIDA PREGRESSA DO INDICIADO

(Art. 6º, IX, do CPP)

Às... horas do dia... do mês ... de..., nesta cidade de ..., na sede do ... D.P. da ..., onde se achava o Dr.(a) ..., Delegado(a) de Polícia respectivo, comigo, Escrivão(ã) de seu cargo, ao final assinado(a), compareceu o(a) acusado(a), ..., o(a) qual, às perguntas da autoridade, respondeu como segue: Qual o seu nome? ..., / RG nº ... . / Qual a sua nacionalidade e onde nasceu? / Qual o seu estado civil? / Se casado(a), é harmônico(a) na vida conjugal? / Tem filhos e quantos? / Qual a sua idade? / Qual a sua filiação? / Qual a sua residência e informe se se trata de habitação própria, alugada ou coletiva? / Qual o seu meio de vida e profissão ? / Quanto ganha? Local de trabalho? / Possui bens imóveis, quantos e quais o valores? / Possui depósitos em bancos, caixas econômicas ou apólices? / Recebe ajuda de parentes, particulares ou de instituições beneficentes? / Socorre alguém? / Praticou o delito quando estava alcoolizado(a) ou sob forte emoção? / Já foi processado(a) alguma vez, quantas e por quê? / Está arrependido(a) pela prática do crime por que responde ou acha que sua atitude foi premeditada e o fim alcançado na sua vontade? / Sabe ler e escrever e qual o seu grau de instrução? / Dá-se ao uso de bebidas alcoólicas ou de outros tóxicos? / Já esteve internado(a) em casas de tratamento de moléstias mentais ou congêneres? / Outras observações...

Data ..../.../....

(aa) Delegado(a) / Indiciado(a) / Escrivão(ã)

10.12. Carta Precatória

SECRETARIA DE ESTADO DOS NEGÓCIOS DA SEGURANÇA PÚBLICA

POLÍCIA CIVIL DO ESTADO DE SÃO PAULO

CARTA PRECATÓRIA Nº .../...

DA(O): DEL. (ou DEP) - ...

PARA: O DELEGADO DE POLÍCIA DO MUNICÍPIO DE ... / ... ESTADO

Nº DO INQUÉRITO: ... /...

DATA DA INSTAURAÇÃO: ... /... /...

INCIDÊNCIA PENAL: (por exemplo) Crime contra as relações de consumo - Art. 18, § 6º, II, da Lei nº 8.078/1990, c/c art. 7º, IX da Lei nº 8.137/1990.

DATA DO FATO: ... /... / ...

VÍTIMA(S): ...

INDICIADO(S): ...

NOME DO(A) DELEGADO(A) / DELEGADO(A) DE POLÍCIA TITULAR / FAZ SABER QUE / Tramita por esta Unidade Policial, sob sua presidência, o feito acima, no qual figuram como vítima(s) e indiciado(s) o(s) supranomeado(s), em razão do que depreca a V.Sa., para que se digne determinar, após exarar seu respeitável CUMPRA-SE, as seguintes diligências: ... (por exemplo: Reduzir a Termo, as declarações do representante legal da empresa ..., com sede na Av. ..., nº ..., bairro ..., cidade de ... / Estado, bem como as declarações do ... responsável pelo ...), nos termos das cópias principais do Inquérito Policial aqui instaurado. Acompanha esta Carta Precatória, cópia da Portaria, laudo pericial..., e declarações da vítima. / ASSIM O DEPRECO / Data /Eu,..., Escrivão(ã) de Polícia que o digitei.

(a) Autoridade / DELEGADO(A) DE POLÍCIA - TITULAR

10.13. Intimação

SECRETARIA DE ESTADO DOS NEGÓCIOS DA SEGURANÇA PÚBLICA

POLÍCIA CIVIL DO ESTADO DE SÃO PAULO

INTIMAÇÃO

Referente Inquérito Policial nº ...

Ao Sr. ...

Rua ..., nº ...

Nesta

Data ...

De ordem do Sr(a). Dr.(a). Delegado(a) de Polícia, intimo V.Sa. a comparecer nesta Delegacia, situada na Rua ..., nº ... - ... andar, no dia..., às ... horas, para prestar esclarecimentos. / O(A) Escrivão(ã) de Polícia / (a)...

Sujeito às penas da Lei / Art. 330 do CPB.

Recebi a intimação ref. I.P. nº .. / Data.

10.14. Intimação da Polícia Federal

INTIMAÇÃO

IPL Nº .../... DELE.../SR/DPF/SP

A qualquer Agente de Polícia Federal, ou a quem for apresentado para cumprimento, que com a presente intimação, dirija-se à Rua..., nº ..., bairro..., São Paulo/SP, proceda a intimação pessoalmente de ..., para seu comparecimento no dia... de mês... ano..., às ... hs., em Cartório desta Especializada, no endereço infra assinalado, a fim de prestar esclarecimentos de interesse da Justiça Federal/SP.

CUMPRA-SE / Na forma da lei e sob as penas da lei. / Data...

(*) AVISO: O(a) convocado(a), depois de novamente intimado(a) que não comparecer sem motivo justificado (arts. 201, parágrafo único, 218 e 260) (*não cita o CPP, observamos*) será passível de ser conduzido(a) coercitivamente até a presença da autoridade policial, mediante Mandado escrito e incorrerão em CRIME DE DESOBEDIÊNCIA - Art. 330 do CPB.

(a) Delegado(a) de Polícia Federal.

Recebi uma via da presente intimação./ Em ... / ... / 2002 às ... h. / (a) intimado / RG nº ... - SSP/ ... .

10.15. Mandado de Condução Coercitiva

SECRETARIA DE ESTADO DOS NEGÓCIOS DA SEGURANÇA PÚBLICA

POLÍCIA CIVIL DO ESTADO DE SÃO PAULO

MANDADO DE CONDUÇÃO COERCITIVA

O Dr.(a) . ..., Delegado de Polícia

Titular do .. DISTRITO POLICIAL

No uso de suas atribuições legais, etc....

MANDA a qualquer Investigador de Polícia deste Distrito Policial, ao qual este mandado for distribuído que, em cumprimento ao mesmo, se dirija à ..., nº ..., bairro..., e ali intime a acompanhá-lo até este ... D.P., situado na Rua ... nº ..., Bairro ..., Berêncio de Tal..., para prestar esclarecimentos, tendo em vista o que consta do inquérito policial nº ..., em trâmite por esta Distrital e que apura o crime de ..., uma vez que, embora regularmente intimado, não atende ao chamamento da autoridade, devendo o policial, em caso de desobediência, conduzi-lo à força, nos moldes da Lei.

CUMPRA-SE

Data ..../............../............

(a) Delegado(a) de Polícia Titular do ... D.P.

10.16. Ordem de Serviço - Crime Contra a Relação de Consumo

SECRETARIA DE ESTADO DOS NEGÓCIOS DA SEGURANÇA PÚBLICA

POLÍCIA CIVIL DO ESTADO DE SÃO PAULO

ORDEM DE SERVIÇO

PRELIMINAR
HISTÓRICO DA OCORRÊNCIA
NATUREZA DO DELITO: Averiguação s/ Crime contra relação de consumo
DATA: ... / ... / ...
HORA:
LOCAL: Rua ... nº ... - Bairro - Cidade
AVERIGUADO:- (por exemplo) FARMÁCIA DE MANIPULAÇÃO
VÍTIMA: Incolumidade pública
TESTEMUNHAS:
INQUÉRITO POLICIAL Nº .. /... ESCRIVÃO(Ã): ...
NATUREZA DA INVESTIGAÇÃO

DETERMINO aos Investigadores de Polícia que a esta forem dar cumprimento, promover diligências junto à empresa acima mencionada, no sentido de averiguar delação anônima, segundo a qual essa empresa não possui o registro competente junto ao Ministério da Saúde e está usando produtos com data de validade expirada. No depósito e na linha de produção de produtos tipo matéria-prima, verificar se estão sendo observadas as normas da legislação vigente. Para tanto, deverão os Investigadores se identificarem ao responsável pelo estabelecimento e solicitar que os acompanhe nas vistorias, abrangendo todos os tópicos da legislação vigente. Comprovada a delação, apreender as matérias-primas e dar voz de prisão em flagrante ao responsável pelo estabelecimento, conduzindo-o a esta Delegacia.

CUMPRA-SE

Data ..../.........../..........

(a) Delegado(a).........................

Obs. A presente Ordem de Serviço é de CARÁTER RESERVADO, sendo proibida a sua exibição a estranho ao serviço.

10.17. Parte de Serviço - Modelo I

SECRETARIA DE ESTADO DOS NEGÓCIOS DA SEGURANÇA PÚBLICA

POLÍCIA CIVIL DO ESTADO DE SÃO PAULO

___ DISTRITO POLICIAL

PARTE DE SERVIÇO

Ao(A) / Ilmo.(Exma.) Sr(a)
Dr.(a) . ...,
MD. Delegado(a) de Polícia...

Natureza: (por exemplo: Tráfico de Entorpecentes)
Local: Rua..., nº .., bairro.
Horário: ... hs.
Viatura: Placas ...
Talão nº ... (data...)
Policiais Civis: (nomes).
Indiciados ...
DO LOCAL: ... (Trata-se de ...).

DAS APREENSÕES: (por exemplo 50 papelotes contendo pó branco, envoltos em plásticos pronto para o comércio).

DAS INFORMAÇÕES: (por exemplo: No dia ... do corrente mês, o policial ..., atendeu um telefonema anônimo, através do qual alguém delatou que no interior da boate ..., localizada na Rua ..., nº .., bairro ..., o garçom ... estava vendendo drogas....

DAS INVESTIGAÇÕES: Os investigadores deste DP, (nomes), na madrugada do dia..., foram ao local e constataram a veracidade da delação anônima, prendendo em flagrante delito ... As diligências prosseguem, no sentido de localizar outras pessoas envolvidos na atuação criminosa.

Data ..../.........../...........

(aa) Investigadores

10.18. Parte de Serviço - Modelo II

SECRETARIA DE ESTADO DOS NEGÓCIOS DA SEGURANÇA PÚBLICA

POLÍCIA CIVIL DO ESTADO DE SÃO PAULO

PARTE DE SERVIÇO

Natureza: (por exemplo Crime contra o patrimônio) / HISTÓRICO: (A Equipe..., desta Delegacia, através de ..., tomou conhecimento que...) / DILIGÊNCIAS (procedendo investigações, apurou que...) / AUTOR(es) ... (qualificação completa) / MODO DE EXECUÇÃO ... (descrever o *modus operandi*) / RECEPTADOR(es) ... (qualificação e endereço) / VÍTIMA ... (qualificação e endereço) / APREENSÃO... (relação dos objetos apreendidos) / OUTROS DADOS ....

Data ..../........../........

(a) Encarregado da Equipe

(*Em alguns Estados, principalmente, nas delegacias especializadas de crimes contra o patrimônio, ainda se usa as Partes de Serviço. Esse relatório, apresentado pelo Investigador chefe da Equipe que elucidou determinado crime e sua autoria, é uma verdadeira* notitia criminis *postulatória, dando ensejo à instauração de inquérito policial*).

10.19. Relatório de Investigação

SECRETARIA DE ESTADO DOS NEGÓCIOS DA SEGURANÇA PÚBLICA

POLÍCIA CIVIL DO ESTADO DE SÃO PAULO

RELATÓRIO

Ref. Inq. Pol. nº ... / O.S. nº .../ ... /

Senhor Delegado /

Cumpre-me relatar a V.Sa. que, em cumprimento à Ordem de Serviço em epígrafe, na data de ontem, efetuei diligências no bairro de ..., na Rua..., e localizei ... (nome), conduzindo-o(a) ao Cartório Central desta Delegacia, onde o(a) mesmo(a) foi ouvido(a) em Termo de Declarações. Hoje, fui até a sede da empresa..., na Rua..., nº ..., bairro...., onde deixei uma intimação para ... (nome), que na ocasião não se encontrava trabalhando./ Era o que tinha a relatar / Respeitosamente.

Data ..../.........../............

(a) Investigador

10.20. Reconstituição de Local de Crime - Ofício

SECRETARIA DE ESTADO DOS NEGÓCIOS DA SEGURANÇA PÚBLICA

POLÍCIA CIVIL DO ESTADO DE SÃO PAULO

Ofício nº .../...

Inquérito Policial nº .../ ...

Data .../..../.......

Senhor Diretor /

A fim de proceder a reprodução simulada de crime de ..., ocorrido nesta Capital (Cidade), na área deste ... Distrito Policial, no dia..., mês, ano, às ... h., em que figura como vítima... e indiciado..., já qualificados no inquérito em epígrafe, requisito a V.Sa., a designação de Peritos Criminais, para realizarem a reconstituição, em conjunto com a Equipe desta Delegacia. Os Srs. Peritos deverão entrar em contato com esta autoridade, para ser agendado dia e hora para a realização da diligência./ Ao ensejo, reitero a V.Sa., os protestos de estima e consideração.

(a) Delegado

A Sua Senhoria
Senhor Doutor ...
MD. Diretor do Instituto de Criminalística
Nesta.

(Em São Paulo, na Capital, a reconstituição de locais de crime é feita pelo Núcleo de Perícias Especiais (NPE), do Instituto de Criminalística, da Superintendência da Polícia Técnico-Científica. V. art. 10, da Portaria DGP nº 18, de 25.11.1998).

10.21. Reprodução Simulada dos Fatos - Auto

SECRETARIA DE ESTADO DOS NEGÓCIOS DA SEGURANÇA PÚBLICA

POLÍCIA CIVIL DO ESTADO DE SÃO PAULO

AUTO DE REPRODUÇÃO SIMULADA DOS FATOS

Aos... dias do mês de ... de ..., nesta cidade de..., por volta das ...horas, o Delegado(a) de Polícia, Dr.(a) ..., Titular da... (Equipe... ou Delegacia) de ..., acompanhado dos policiais ... e ..., compareceu na Rua (Av.)..., nº ..., bairro..., comigo Escrivão(ã) de seu cargo, ao final assinado, e com as testemunhas (qualificação), a fim de proceder à reprodução simulada do crime ali ocorrido no dia..., de..., de ..., praticado por ... (qualificação). Em virtude de tratar-se de crime de ..., fez o papel de vítima o policial.... Na ocasião foram fotogradas/filmadas as principais cenas do crime e feito o croquis do local e do itinerário percorrido pela vítima e pelo criminoso. Essa reconstituição foi feita com base no interrogatório do autor do crime e nos depoimentos das testemunhas, que se prontificaram a participar da diligência, esclarecer e reproduzir, de maneira simulada, com fidelidade possível, o que teria ocorrido no dia do fato, naquele local. De tudo o que foi observado, os fatos podem ser relatados, em suas principais cenas, da seguinte maneira: 1º) Tudo começou quando...; 2º) Na seqüência...; 3º) Ato contínuo...; 4º) Ao final... (narração dos fatos). Foram estas as principais cenas reconstituídas. Nada mais havendo a constar, mandou a autoridade que se lavrasse o presente auto que, lido e achado conforme, vai devidamente assinado. Eu, ..., escrivão(ã), que o digitei.

(a) Delegado(a)

(a) Acusado

(a) Testemunhas

(a) Escrivão(ã)

(Essa diligência é feita com o intuito de se constatar a verossimilhança da confissão do acusado e dos depoimentos das testemunhas. A reprodução simulada dos fatos confirma ou não as provas subjetivas existentes e pode oferecer elementos para prosseguimento das investigações).

10.22. Recognição Visuográfica de Homicídio[373]

SECRETARIA DE ESTADO DOS NEGÓCIOS DA SEGURANÇA PÚBLICA

POLÍCIA CIVIL DO ESTADO DE SÃO PAULO

RECOGNIÇÃO VISUOGRÁFICA DE LOCAL DE CRIME

HOMICÍDIO

DATA DO FATO: ____________ HF HC HC HS

DO LOCAL:

A) - INTERNO

TIPO ( ) residência térrea ( ) sobrado ( ) apartamento
( ) edícula ( ) cômodo isolado ( ) comércio
( ) outro...

QUALIDADE DA RESIDÊNCIA E CONDIÇÕES DE HIGIENE DO LOCAL:

....

ORDEM DE COLOCAÇÃO DE OBJETOS E MÓVEIS:

....

ANOTAR OS PRINCIPAIS OBJETOS EXISTENTES NA CENA DO CRIME: [cinzeiros, cigarros, bebidas, copos, manchas, óculos, dentaduras etc. ou indícios que possam levar ao esclarecimento de hábitos, defeitos e fraquezas da(s) vítima(s)].

....

EXISTÊNCIA DE ANIMAIS: (cães, gatos, peixes, aves etc)

....

GELADEIRA E DESPENSA: (hábitos alimentares)

....

EXISTÊNCIA DE BIBLIOTECA, LIVROS, REVISTAS: (ou outros objetos que possam auxiliar na formação da noção de gostos e hábitos intelectuais)

....

BANHEIROS E OUTRAS DEPENDÊNCIAS QUE POSSAM CONTER ELEMENTOS DA PERSONALIDADE DA(S) VÍTIMA(S)

....

373. Alberto Marchi de Queiroz, *Manual de Polícia Judiciária*, pp. 294 e segts.

B) - EXTERNO

ACIDENTES GEOGRÁFICOS: (rios, lagos, montes, represas, córregos etc.)

....

ESTRADA: ( ) pavimentada ( ) terra ( ) outro piso

LOGRADOURO ( ) rua ( ) avenida

GUIA/SARJETA ( ) sim ( ) não

ESGOTO ( ) céu aberto ( ) canalizado

ASPECTO GERAL DO LOCAL (tipo de construções existentes nas redondezas)

....

PERFIL DOS MORADORES DO LOCAL E VIZINHANÇA:

....

ESTABELECIMENTOS COMERCIAIS NAS PROXIMIDADES DE ONDE SE VERIA A CENA DO CRIME: (bares, bilhares, casas de massagens, lupanares etc.)

....

CROQUI DO LOCAL DO CRIME: (desenho sem escala; representar cômodos, portas, janelas, móveis, entradas e saídas, forma dos compartimentos (redondo, retangular, quadrado etc.), anotando todos os detalhes que interessem ao fato):

DA ARMA UTILIZADA: MARCA................... MODELO..................................

CALIBRE............................ Nº CANOS...

DIMENSÕES...

ACABAMENTO .... CAPAC. TIROS ....

Nº DE CARTUCHOS DEFLAGRADOS..

Nº DE CARTUCHOS INTEGROS RECOLHIDOS NO LOCAL..........................

PROVAVELMENTE PERTENCENTE...

TIPO: ( ) SEMI -AUTOMÁTICA ( ) AUTOMÁTICA

PAÍS DE ORIGEM...

POSSUI DOCUMENTOS? ( ) sim ( ) não

ARMA BRANCA (especificar):..

INSTRUMENTO (especificar):..

DO(S) CADÁVER(ES)..

POSIÇÃO DO ENCONTRO ( ) decúbito dorsal ( ) decúbito ventral

( ) deitado em...

( ) em suspensão ( ) parcial (descrever)...

( ) total. Com utilização..

OUTRA POSIÇÃO (especificar)..

SITUAÇÃO DO CADÁVER: ( ) morte recente

( ) decomposição ( ) recente ( ) avançado estado

CHEIROS E ODORES NO LOCAL:..

MANCHAS HIPOSTÁTICAS:...

HORA PRESUMIDA DA MORTE:...

CONDIÇÕES CLIMÁTICAS: ( ) úmido ( ) seco

( ) frio ( ) calor ( ) chuva ( ) temperatura amena

SEGUNDO INFORMES COLHIDOS NO LOCAL, HOUVE ABORDAGEM OU QUALQUER DIÁLOGO ENTRE AUTOR E VÍTIMA? ( ) não ( ) sim - qual?
....

HOUVE REAÇÃO DA VÍTIMA? ( ) não ( ) sim - qual?..............................

....

HÁ VÍTIMAS SOBREVIVENTES? (DESTINO)..

FORAM OUVIDAS INFORMALMENTE? ( ) não ( ) sim: informações colhidas: (ATENÇÃO - Ao ouvir vítima sobrevivente, procurar extrair informações sobre como agiu o autor, se conhece sua identidade, o que havia de estranho no seu comportamento, qual sua impressão sobre a personalidade do autor, estava ele embriagado ou sóbrio, agiu em legítima defesa ou em reação a fato anterior (vingança), por quê? etc.)..

....

....

HOUVE SUBTRAÇÃO DE BENS DA VÍTIMA? (descrever).............................

....

....

É POSSÍVEL DETERMINAR-SE EM QUE MOMENTO OCORREU A SUBTRAÇÃO? ....

VESTÍGIOS GERAIS DE INTERESSE ENCONTRADOS (descrever) ....

....

....

HOUVE PREOCUPAÇÃO EM CAMUFLAR VESTÍGIOS? COMO?.................

....

....

SEGUNDO APURADO INICIALMENTE, TRACE EM LINHAS GERAIS A PERSONALIDADE HÁBITOS DA(S) VÍTIMA(S): (considere comentários de amigos, colegas de bar, vizinhos e familiares, procurando estabelecer especialmente sua como filho, pai, marido, patrão, subordinado etc)...................................

....

....

DAS TESTEMUNHAS ABORDADAS E ARROLADAS: (tecer comentários sobre o apurado, especialmente que tragam interesse à investigação. NÃO DESCARTE QUALQUER INFORMAÇÃO, POR MAIS ABSURDA QUE PAREÇA NO PRIMEIRO MOMENTO)..

....

IMPRESSÃO PESSOAL DO INVESTIGADOR/PESQUISADOR ....

....

....

DETERMINAÇÕES DA AUTORIDADE POLICIAL QUE CHEFIOU A EQUIPE:

....

EQUIPE - DELPOL...

- INVESTIPOL...................................

JUNTE-SE AO:( ) BO Nº .... ( ) OS Nº................. IP Nº ....

VÍTIMA(S)...

AUTOR (ES)..

FICHA(S) Nº(S)..............................

.... de..................de ....

Encarregado do preenchimento — Autoridade Policial

Nome ou carimbo — Nome ou carimbo

10.23. Recognição visuográfica de Furto/Roubo

SECRETARIA DE ESTADO DOS NEGÓCIOS DA SEGURANÇA PÚBLICA

POLÍCIA CIVIL DO ESTADO DE SÃO PAULO

RECOGNIÇÃO VISUOGRÁFICA DE LOCAL DE CRIME
FURTO/ROUBO

DATA DO FATO: .... / ..../............ HF HS HC HS

DO LOCAL:

A) - INTERNO

TIPO ( ) residência térrea ( ) sobrado ( ) apartamento

( ) edícula ( ) cômodo isolado ( ) comércio

( ) outro..

ENDEREÇO COMPLETO: (constar logradouro, nº, bairro, andar, apto, telefone etc.)...

QUALIDADE DA CONSTRUÇÃO E CONDIÇÕES GERAIS DO LOCAL NO TOCANTE À SEGURANÇA:...

....

B) EXTERNO

DESCRIÇÃO DO LOCAL:...

....

ENDEREÇO COMPLETO E MEIOS DE ACESSO:...

....

HÁ SINAIS INDICATIVOS DE UTILIZAÇÃO DE VEÍCULO(S)? ( ) não ( ) sim

PESSOAS COM ACESSO AUTORIZADO AO LOCAL:....................................

....

ESPÓLIO ENCONTRADO (considerar os móveis e objetos encontrados e a situação atual, no tocante à organização):...

....

DESCREVER EVENTUAIS SISTEMAS ESPECIAIS DE SEGURANÇA (portas, janelas, fechaduras, cadeados, alarmes, dispositivos especiais de defesa, *v.g.*, eletrificação, obstáculos, ofendículos, etc.): ....

....

EXISTÊNCIA DE ANIMAIS DE GUARDA:...

....

SISTEMA ESPECIAL PARA GUARDA DE VALORES:....................................

....

PELO ESPÓLIO, COMO PARECE TER OCORRIDO O ACESSO AO LOCAL?..

....

HOUVE ESCALADA E OU ROMPIMENTO DE OBSTÁCULOS? ( ) não ( ) sim

VESTÍGIOS ENCONTRADOS:...

....

PARECE TER HAVIDO UTILIZAÇÃO DE INSTRUMENTOS PARA TANTO? FORAM ENCONTRADOS NO LOCAL?...

....

HÁ VÍTIMA(S) DE VIOLÊNCIA REAL? ( ) não ( ) sim...............................

HOUVE UTILIZAÇÃO DE ARMA? ( ) não ( ) sim (descrever): ....

....

HOUVE TESTEMUNHAS VISUAIS? ( ) não ( ) sim (constar nomes e endereços completos)..

....

TESTEMUNHAS REFERIDAS (nomes e endereços completos) ....

....

PERFIL DOS MORADORES DO LOCAL E REDONDEZAS ....

....

CROQUI DO LOCAL

HOUVE PREOCUPAÇÃO EM CAMUFLAR VESTÍGIOS? ( ) não ( ) sim

ROL DE BENS SUBTRAÍDOS, SEGUNDO INFORMAÇÕES NO LOCAL:.......

....

....

....(use o verso, se necessário)

COM BASE NO *MODUS OPERANDI* HÁ CASOS SEMELHANTES REGISTRADOS? ....

....

IMPRESSÃO PESSOAL DO INVESTIGADOR/EQUIPE SOBRE O CASO EM TELA:..

....

DETERMINAÇÕES DA AUTORIDADE POLICIAL:..

....

....

....

....

....

EQUIPE: - DELPOL:...

- INVESTIPOL:..

JUNTE-SE AO ( ) BO Nº .... ( ) OS Nº ....( ) IP Nº .... -DP

AUTOR(ES).

....

....

....

FICHA(S)/FOTOS...

HOUVE APREENSÃO E ENTREGA DE BENS? ( ) não ( ) sim. JUNTAR CÓPIA DOS AUTOS RESPECTIVOS.

OBSERVAÇÕES FINAIS...

....

....

....

.....................de..........................de..........

Encarregado do preenchimento — Autoridade Policial

Nome ou carimbo — Nome ou carimbo

10.24. Recognição visuográfica de Acidente de Trânsito

SECRETARIA DE ESTADO DOS NEGÓCIOS DA SEGURANÇA PÚBLICA

POLÍCIA CIVIL DO ESTADO DE SÃO PAULO

RECOGNIÇÃO VISUOGRÁFICA DE LOCAL DE ACIDENTE DE TRÂNSITO

DATA DO FATO: ..../......./ ..... HF HS HC HS

DO LOCAL:

A) - INTERNO

ENDEREÇO COMPLETO (Constar logradouro, nº, bairro, andar, apto., telefone etc.)..

....

QUALIDADE DA VIA PÚBLICA E CONDIÇÕES GERAIS DO LOCAL NO TOCANTE À SEGURANÇA:..

....

B) - EXTERNO

DESCRICÃO DO LOCAL:..

....

ENDEREÇO COMPLETO E MEIOS DE ACESSO:..

....

HÁ SINAIS INDICATIVOS DE ENVOLVIMENTO DE VEÍCULO(S)?

( ) não ( ) sim

PESSOAS COM ACESSO AO LOCAL:...

....

CENÁRIO ENCONTRADO (considerar os veículos encontrados e a sua situação atual):...

....

DESCREVER EVENTUAIS SISTEMAS ESPECIAIS DE SEGURANÇA DOS VEÍCULOS:...

....

EXISTÊNCIA DE ANIMAIS NA PISTA:..

PELA POSIÇÃO DOS VEÍCULOS COMO PARECE TER OCORRIDO O ACIDENTE?...

HOUVE DANOS? ( ) não ( ) sim

VESTÍGIOS ENCONTRADOS:...

....

HÁ VÍTIMA(S) ? ( ) não ( ) sim ....

....

HOUVE TESTEMUNHAS VISUAIS? (   ) não (   ) sim (constar nomes e endereços completos):..

TESTEMUNHAS REFERIDAS (nomes e endereços completos):............................

....

PERFIL DOS MORADORES DO LOCAL E REDONDEZA..............................

....

CROQUI DO LOCAL

HOUVE PREOCUPAÇÃO EM PREJUDICAR O LOCAL? (   ) não (   ) sim

....

ROL DE BENS ARRECADADOS NO LOCAL:..

....(use o verso, se necessário)

IMPRESSÃO PESSOAL DO INVESTIGADOR/EQUIPE SOBRE O CASO EM TELA:..

....

DETERMINAÇÕES DA AUTORIDADE POLICIAL:...

....

EQUIPE: - DELPOL:..

- INVESTIPOL:..

JUNTE-SE AO (   ) BO Nº .... (   ) OS Nº .... (   ) IP Nº ....-DP

AUTOR(ES)...

....

FOTO(S)...

HOUVE APREENSÃO E ENTREGA DE BENS? (   ) não (   ) sim. JUNTAR CÓPIA DOS AUTOS RESPECTIVOS.

OBSERVAÇÕES FINAIS...

....

.... de........................de........

Encarregado do preenchimento — Autoridade Policial

Nome ou carimbo — Nome ou carimbo

(Pode ser confeccionado um impresso, com outro tipo de modelo, para ser preenchido no local de crime, contendo Quadros sobre o fato e as circunstâncias que o rodeiam com a seguinte orientação: 1 - Apreciação geral (impressão total do local; descrição, local interno, externo, relacionado, mobiliário, posição do(s) cadáver(es), com espaço para croquis; 2 - Composição do local (apreciação geral de forma a se

ter uma idéia da seqüência dos fatos, do que ocorreu); 3 - Levantamento de elementos (piso, manchas, rastros, louças servidas, estilhaços, marcas nas portas e janelas de violação e objetos encontrados, como armas, ferramentas, cartas, documentos, papéis, etc.).

(A *Recognição visiográfica ou visuográfica, preferimos a primeira expressão, não é um laudo nem auto, relatório ou informação, mas apenas algumas anotações* (field notes) *feitas pelo detetive no local de crime, para orientá-lo nas primeiras investigações. No sentido etimológico, recognição é "reconhecer" e visiográfica significa "exatamente reproduzido". Na verdade, é a impressão que o policial tem num local do crime de já ter visto outro igual, como, por exemplo, nos casos de estupro e morte em série, de furto qualificado ou de extorsão mediante seqüestro, quanto ao mesmo* modus operandi *utilizado pelo criminoso. É a descrição intuitiva feita pelo policial que atendeu à ocorrência, sobre o que viu e sentiu no local. Em São Paulo, no Departamento de Homicídios e Pessoas Desaparecidas (DHPP) a recognição visiográfica é formalizada por um relatório preliminar de investigação. Entendemos, todavia, que esse relatório não deve ser juntado ao inquérito, não obstante o seu valor, como ponto de partida para as diligências policiais, porque pode conter equívocos e conclusões precipitadas que, posteriormente, poderão ser contestadas em Juízo, o que já vem acontecendo).*

10.25. Requerimento para Interceptação Telefônica

Ofício nº .../... Data...

Meritíssimo Juiz

Pelo presente, requeiro a V.Exa., nos termos da Lei nº 9.296, de 24.7.1996, autorização para a interceptação telefônica, no aparelho nº ...., instalado..(na residência/ estabelecimento comercial.. .), em nome de....

Esta Delegacia instaurou o inquérito nº .../..., para apurar... (contrabando, tráfico de drogas, armas, etc.), havendo indícios razoáveis da autoria ou da participação do assinante desse aparelho, no crime investigado (descrever com clareza a situação objeto da investigação, inclusive com a indicação e qualificação do(s) investigado(s), salvo impossibilidade manifesta).

Outrossim, informo a V.Exa., que a diligência será efetuada, com a colaboração de técnicos especializados da própria empresa concessionária, nos termos do art. 7º, da Lei em tela.

Valho-me do ensejo, para reiterar a V.Exa., os protestos de estima e consideração.

(a) Delegado(a) de Polícia

A Sua Excelência o Senhor Doutor...

MM. Juiz de Direito da....

Nesta.

10.26.Termo de Acareação

SECRETARIA DE ESTADO DOS NEGÓCIOS DA SEGURANÇA PÚBLICA
POLÍCIA CIVIL DO ESTADO DE SÃO PAULO

TERMO DE ACAREAÇÃO

Aos ... dias do mês de ... de ..., nesta cidade de ..., na sede do ... Distrito Policial da ..., onde presente se achava o Dr.(a)..., Delegado(a) de Polícia respectivo, comigo, Escrivão(ã) de Polícia de seu cargo, ao final assinado(a), presentes também Berêncio ... e Zenon ..., já qualificados nos autos às folhas... e ... . Pela autoridade foi determinado aos mesmos que explicassem as divergências das suas declarações já tomadas a termo. Depois de lidas as declarações de ambos, foi dada a palavra ao primeiro acareado. Pelo mesmo foi dito ... . Dada a palavra ao segundo acareado, pelo mesmo foi dito... . Nada mais havendo a tratar, mandou a autoridade que se encerrasse o presente termo que, depois de lido e achado conforme, vai devidamente assinado pela autoridade, pelos acareados e, por mim, ..., Escrivão(ã) de Polícia que o digitei.

(aa) Autoridade / Acareado / Acareado / Escrivão(ã).

10.27. Termo de Assentada

SECRETARIA DE ESTADO DOS NEGÓCIOS DA SEGURANÇA PÚBLICA
POLÍCIA CIVIL DO ESTADO DE SÃO PAULO

ASSENTADA

Aos ..., do mês de ..., de ..., nesta cidade de ..., na sede do ... D.P. da ..., onde se achava o Dr.(a) ..., Delegado(a) respectivo, comigo, Escrivão(ã) de Polícia de seu cargo, ao final assinado, aí compareceu a testemunha retro intimada que, sendo inquirida pela autoridade, respondeu o que adiante segue, do que, para constar, faço este termo. Eu, ..., Escrivão(ã) de Polícia que o digitei.

TESTEMUNHA

NOME ..., RG nº ... . testemunha compromissada na forma da Lei, aos costumes disse nada. Sabendo ler e escrever, passou a responder QUE, ... ; QUE, ... Nada mais disse e nem lhe foi perguntado. Lido e achado conforme, vai devidamente assinado por todos.

(aa) Autoridade / Depoente / Escrivão(ã)

10.28. Termo de Declarações

SECRETARIA DE ESTADO DOS NEGÓCIOS DA SEGURANÇA PÚBLICA

POLÍCIA CIVIL DO ESTADO DE SÃO PAULO

TERMO DE DECLARAÇÕES

Aos... dias do mês de ... de ..., nesta cidade de ..., na sede do ... D. P. da ..., onde presente se achava o(a) Dr.(a) ..., Delegado(a) de Polícia respectivo, comigo, Escrivão(ã) de seu cargo, ao final assinado(a), compareceu: ..., RG nº ..., CPF/MF... . Sabendo ler e escrever, passou a responder QUE, ... ; QUE, ... Nada mais disse e nem lhe foi perguntado. Lido e achado conforme, vai devidamente assinado pela autoridade, pelo(a) declarante e, por mim, ..., Escrivão(ã) que o digitei.

(aa) Autoridade / Declarante / Escrivão(ã).

CAPÍTULO V

EXAME PERICIAL

1. COLETA DE MATERIAL

O delegado deve determinar de ofício que se proceda a exame de corpo de delito e a quaisquer outras perícias, tão logo tenha conhecimento da prática de infração penal se esse ato instrutório se faça necessário (CPP, art. 6º, VII).

Quando se tratar de exame de local de crime, o delegado deve providenciar imediatamente o isolamento da área onde o fato ocorreu, para que não se altere o estado das coisas até a chegada dos peritos do Instituto de Criminalística (I.C.), que procederão ao seu levantamento, através de fotografias, desenhos ou esquemas elucidativos (CPP, art. 169).

Assim, os documentos, instrumentos e objetos relacionados com a infração penal, após a sua apreensão, devem ser encaminhados para exame pericial, através de requisição, ao órgão competente de Criminalística, Medicina Forense ou outro especializado.

Em São Paulo, o delegado conta com os órgãos da Superintendência da Polícia Técnico-Científica, o Instituto de Criminalística (I.C.) e o Instituto Médico-Legal (IML), e com algumas outras instituições, para os mais diversos tipos de perícia, como se pode ver, a seguir, da organização desses institutos.

Instituto de Criminalística: — O I.C. tem a seguinte estrutura:[374]

I - Centro de Perícias, com os seguintes núcleos de: *a)* Acidentes de Trânsito; *b)* Crimes Contábeis; *c)* Crimes Contra o Patrimônio; *d)* Crimes Contra a Pessoa; *e)*

---

374. Decreto Estadual (SP) nº 42.847, de 9.2.1998, dispõe sobre a estrutura organizacional da Superintendência da Polícia Técnico-Científica e dá providências correlatas (*DOE* 10.2.1998).

Documestoscopia; *f)* Engenharia; *g)* Perícias Especiais; *h)* Identificação Criminal; *i)* Informática; *j)* Perícias Criminalísticas da Capital e da Grande São Paulo, com 17 equipes; *l)* Perícias Criminalísticas do Interior, com 40 equipes.

II - Centro de Exames, Análises e Pesquisas, com os seguintes núcleos de: *a)* Análise Instrumental; *b)* Balística; *c)* Biologia e Bioquímlca; *d)* Física; *e)* Química; *f)* Toxicologia.

III - Núcleo da Apoio Logístico, com as equipes de: *a)* Fotografia e Recursos Audio-Visuais; *b)* Desenho e Topografia.

IV - Núcleo de Apoio Administrativo.

O Instituto de Criminalística conta, ainda, com Assistência Técnica e os Centros e os Núcleos contam, cada um, com Célula de Apoio Administrativo.

Instituto Médico-Legal: — O IML tem a seguinte estrutura:

I - Centro de Perícias, com os seguintes núcleos: *a)* Clínica Médica; *b)* Tanatologia Forense; *c)* Radiologia; *d)* Odontologia Legal: *e)* Perícias Médico-Legais da Capital e da Grande São Paulo, com 17 Equipes de Perícias Médico-Legais; *f)* 11 núcleos de Perícias Médico-Legais do Interior, com 40 Equipes de Perícias Médico-Legais.

II - Centro de Exames, Análises e Pesquisas, com os seguintes núcleos: *a)* Anatomia Patológica; *b)* Toxicologia Forense; *c)* Antropologia.

III - Núcleo de Apoio Logístico, com as equipes: *a)* Assistência Familiar; *b)* Fotografia e Recursos Audiovisuais.

IV - Núcleo de Apoio Administrativo.

Outras Instituições: — Em São Paulo, ainda, o delegado pode contar, para exames periciais, com a colaboração dos seguintes órgãos: *a)* Companhia de Tecnologia de Saneamento Ambiental (CETESB); *b)* Instituto Adolfo Lutz; *c)* Instituto Biológico; *d)* Instituto de Medicina Social e de Criminologia de São Paulo (IMESC); *e)* Instituto de Pesquisas Energéticas e Nucleares (IPEN); *f)* Instituto de Pesos e Medidas do Estado de São Paulo (IPEM); *g)* Instituto de Pesquisas Tecnológicas do Estado de São Paulo S.A.; *h)* Secretaria da Agricultura, com diversas divisões especializadas em patologia vegetal, parasitologia vegetal, defensivos agrícolas e outras; *i)* Secretaria da Saúde, com diversas divisões especializadas em biologia médica, bromatologia e química, patologia e outras.[375]

2. CORPO DE DELITO

Corpo de delito é a constatação da materialidade do crime. É o conjunto de elementos sensíveis do fato criminoso. Demonstra que existe um estado de fato e que este pode ser atribuído a alguém.

Quando o crime deixar vestígios é indispensável o exame de corpo de delito, direto ou indireto, não podendo supri-lo a confissão do acusado, como dispõe expressamente o Código de Processual Penal, ao tratar da prova, no Título VII, arts. 158 e seguintes.

---

375. Resolução SSP nº 194, de 2.6.1999, estabelece normas para coleta e exame de materiais biológicos para identificação humana (DNA) (*DOE* de 3.6.1999).

O corpo de delito pode ser direto, quando há traços materiais, ou indireto, quando o fato não deixou vestígios ou já desapareceram ou foram destruídos. O direto é procedido mediante inspeção ocular, como, por exemplo, no caso de homicídio, a necropsia do cadáver, para se saber as causas da morte, os meios que a produziram, etc. O indireto é realizado por meio de testemunhas, quando os vestígios do crime não possam ser pericialmente verificados.

Atente-se, outrossim, que o corpo de delito é uma coisa e o corpo da vítima é outra. A propósito, Hungria, citando Goyena, ensina que para comprovação do primeiro basta a certeza moral sobre a ocorrência do evento constitutivo do crime.[376]

O Delegado deve determinar, se for o caso, ao colher as provas que servirem para o esclarecimento do fato e suas circunstâncias, que se proceda a exame de corpo de delito e quaisquer outras perícias (art. 6º, VII).

Outra questão é a que se refere aos vestígios e indícios.

Em Criminalística, vestígios são impressões, marcas, traços, sinais, manchas, rastros, considerados de modo impreciso. É uma mensagem silenciosa dirigida à inteligência do intérprete, uma testemunha muda que não mente. E indícios são todos os elementos materiais ou subjetivos dos quais se pode extrair uma presunção, uma pista para o esclarecimento do crime ou para uma prova definitiva.

O Código de Processo Penal, todavia, emprega a palavra vestígio como sinônima de indício e define apenas este, no seguintes termos: "*Indício* é a circunstância conhecida e provada que, tendo relação com o fato, autorize, por indução, concluir-se a existência de outra ou outras circunstâncias." (art. 239).

Ocorre, todavia, que nem sempre o vestígio é indício, mas todo indício é um vestígio. Pode parecer um jogo de palavras, mas não é. Uma ponta de cigarro, por exemplo, encontrada no local de crime, é um vestígio. Ela poderá tornar-se um indício se a sua marca coincidir com a fumada pelo suspeito ou se tiver uma mancha do mesmo batom usado pela suspeita, etc.

Na investigação, os indícios do crime devem ser examinados com técnica e perspicácia. Eles são os elementos que formam e explicam o crime, que lhe dão corpo e forma.

3. PERÍCIA

O exame pericial deve ser requisitado sempre que a infração penal deixar vestígios. Os documentos, instrumentos e objetos relacionados com o crime, após apreendidos, devem ser encaminhados a exame pericial.[377]

Esse exame deve ser feito por dois peritos oficiais. Não havendo peritos oficiais, o exame será realizado por duas pessoas idôneas, portadoras de diploma de curso

---

376. Nélson Hungria, *Comentários ao Código Penal*, v. 3, p. 64.

377. Portaria DGP nº 17, de 8.7.1997, dispõe sobre a agilização na obtenção de laudo de exame necroscópico e dá outras providências (*DOE* de 14.5.1988). Portaria IML nº 3/1999, disciplina sobre os resultados de exames, análises e pesquisas realizadas pelos Núcleos de Toxicologia Forense e Núcleo de Anatomia Patológica, necessários à complementação de Laudos Periciais, por solicitação dos Médicos Legistas executores de Exame de Corpo de Delito (*DOE* de 26.3.1999).

superior, escolhidas, de preferência, entre as que tiverem habilitação técnica relacionada à natureza do exame (CPP, art. 159 e §§).

Os peritos não oficiais prestam compromisso de bem e fielmente desempenhar o encargo. Esse compromisso deve ser tomado em separado, antes de iniciarem os trabalhos periciais, e não depois destes, quando apresentarem o Auto de Exame, depois de concluída a perícia.

Na Polícia Federal, segundo instrução interna, a nomeação de perito não oficial somente deverá ocorrer nas seguintes hipóteses: *a)* ausência de peritos oficiais ou *b)* quando entre os peritos oficiais não houver pelo menos um com habilitação profissional específica para a realização do exame a ser feito.

E quando da nomeação de perito não oficial para exame específico, sempre que possível, deverá também funcionar no exame e na elaboração do laudo um perito oficial do DPF.

Os peritos não oficiais são nomeados pela autoridade policial dentre as pessoas com habilitação técnica, que prestarão o compromisso de bem e fielmente desempenhar o encargo, observando-se as prescrições acerca dos impedimentos, previstas nos arts. 275 e 281 do Código de Processo Penal.

4. REQUISIÇÃO

Polícia Federal: — Nesta instituição, a requisição de exame pericial é feita através de ofício, dirigido ao Diretor do Instituto Nacional de Criminalística ou por memorando aos Chefes de Serviços e Seções de Criminalística nas Superintendências Regionais.

Quando se trata de perícia papiloscópica, as requisições são dirigidas ao Diretor do Instituto Nacional de Identificação ou aos Chefes dos Serviços ou Seções de Identificação.

Na impossibilidade de realização de perícia direta, deve ser requisitada a indireta. E sempre que necessário, a autoridade solicita ao Serviço ou Seção de Criminalística a orientação ou auxílio na colheita do material a ser examinado.

Na colheita e transporte de material para exame pericial, devem ser observadas as normas e orientações técnicas do Instituto Nacional de Criminalística ou, se for o caso, do Instituto Nacional de Identificação.

Nos casos mais complexos, e quando necessário, a autoridade deve solicitar ao Serviço ou Seção de Criminalística orientação para a correta formulação dos quesitos.

Quando a Seção ou Serviço de Criminalística não dispuser de condições técnicas para atender ao exame requisitado, antes de encaminhar o pedido ao Instituto Nacional de Criminalística, efetuará uma triagem do material para verificar se o mesmo encontra-se dentro das normas e orientações técnicas.

Ao requisitar o exame pericial, a autoridade deve determinar o desentranhamento das peças a serem examinadas, somente remetendo o inquérito à Criminalística quando esta providência for indispensável à realização do exame.

Sempre que necessário, as Seções ou Serviços de Criminalística e o Instituto Nacional de Criminalística solicitarão a remessa dos autos com a finalidade de melhor desempenharem a atividade pericial, devendo, neste caso, o exame ser realizado com prioridade.

Nos casos de perícias requisitadas por carta precatória, a autoridade deprecante formulará os quesitos e a deprecada providenciará junto à Criminalística a realização do exame.

Polícia Civil: — Em São Paulo, o então Departamento de Polícia Científica (DEPC), atual Superintendência da Polícia Científica, da Secretaria da Segurança Pública, elaborou em 1985 um manual de orientação para requisições de exames periciais. Em 1998, esse manual foi atualizado e reeditado pela Academia de Polícia.[378]

Segundo esse manual, no que se refere ao Instituto de Criminalística (I.C.), para que o exame pericial possa oferecer à autoridade requisitante um conteúdo realmente relevante, é necessário que sejam observadas as seguintes regras:

1. os locais de crime devem estar devidamente preservados;

2. as requisições de exame devem mencionar claramente o objetivo da perícia, formulando sempre que possível quesito(s) específico(s) e, quando por escrito ou teletipadas, conter informações precisas sobre o caso, como:

a) natureza da ocorrência;

b) local do fato, endereço completo (citando pontos de referências);

c) data e hora do fato;

d) nome(s) da(s) vítima(s) e do(s) indiciado(s);

e) número do Inquérito Policial, do Boletim de Ocorrência ou do Processo, quando se tratar de cota ou despacho judicial e o nome da autoridade requisitante (elementos imprescindíveis nas requisições periciais);

f) objeto de exame (*Local,* localização exata, além de outros dados abaixo mencionados; *veículo:* anotar placas, série de chassi, agregados (se for o caso) e características gerais; *peças de exame:* arma de fogo e munição, marca, número de série, calibre e características gerais; *arma branca:* natureza e características gerais; *outros objetos*: características gerais);

g) histórico (breve);

h) nas cotas do Ministério Público, os quesitos formulados na requisição de exame devem ser transcritos;

i) nas requisições de exame em peça, deve ser anexado um histórico da ocorrência, para nortear a pesquisa.

A mensagem por telex ou outro meio de telecomunicação é considerada uma solicitação de exame em local de crime ou peça de exame e não exclui o posterior envio da requisição por ofício ou outro meio admitido como oficial, devidamente assinada pela autoridade. E os laudos periciais são expedidos somente por requisição da autoridade policial, judiciária ou do Ministério Público, nos termos da lei.[379]

---

378. Pedro Lourenço Thomaz, *Manual de Orientação para Requisições de Exames Periciais. Osvaldo Negrini Neto, Manual de Requisições Periciais.*

379. Portaria DGP nº 19, de 8.9.1992, sem ementa, dispõe sobre requisições periciais ao IC e ao IML (DOE de 9.9.1992). Lei Estadual (SP) 10.923, de 11.10.2001, dispõe sobre a elaboração de laudos de lesões corporais.

A 2ª via da requisição de exame deve ser protocolada e datada (recibada ou vistada), o que facilitará na pesquisa do andamento do laudo pericial.

Na solicitação de laudo, esse dados devem ser mencionados, bem como o número do protocolo do I.C., constante em toda requisição de exame.

O I.C. fornece informações sobre andamento de laudos periciais exclusivamente às autoridades, via telex, ofício ou fax. Essas solicitações devem ser instruídas com todas as informações acima citadas.

A pessoa interessada pode requerer ao Diretor do I.C. a elaboração de laudo pericial, como, por exemplo, nos casos de exames em equipamentos de segurança, jogos, qualidade de material, etc.

E as partes podem oferecer quesitos até o ato da realização da diligência, entendida como tal a realização do exame (CPP, art. 176).

Por fim, qualquer interessado tem o direito de requerer cópia de laudo pericial, desde que satisfaça as condições legais (requerimento dirigido ao Diretor, recolhimento das taxas legais, dados completos sobre o caso). Não são, porém, expedidas cópias de laudos que estejam sob sigilo de justiça.

5. PERÍCIA DE ACIDENTES DE TRÂNSITO

Em São Paulo, os quesitos oficiais relacionados com acidentes de trânsito, segundo o manual de requisições periciais citado, são os seguintes: 1º) Houve acidente? 2º) Qual sua natureza? 3º) Qual o modo como ocorreu? e 4º) Que motivos lhe deram causa?

Nos exames de veículos acidentados (vistorias): 1º) Quais as características do veículo examinado? 2º) Esse veículo apresentava danos? Em caso de resposta afirmativa, onde se situavam? Quais as orientações desses danos? 3º) Como se apresentavam seus sistemas de segurança para o tráfego (freios, direção, alarme e iluminação)? 4º) Em que estado de conservação achavam-se os pneus desse veículo? 5º) Esse veículo se encontrava em condições perfeitas para transitar normalmente?

Em caso de necessidade de complementação de laudo pericial de acidente de trânsito, podem ser formulados outros quesitos a critério das autoridades competentes.

Atente-se, outrossim, que o I.C. não deve ser acionado para a realização de exame pericial e vistorias, em que estejam envolvidos veículos oficiais sem vítimas.[380]

Os veículos relacionados com acidente de trânsito e práticas delituosas, como roubos, furtos qualificados e outras que o sujeitem a exame pericial, uma vez removidos do local onde foram encontrados, devem ser apresentados na Capital, para perícia, nos pátios das sedes das Equipes de Perícias Criminalísticas correspondentes ao local do fato.[381]

---

380. Decreto Estadual (SP) nº 20.416, de 28.1.1983 e Resolução SSP nº 24, de 11.3.1983.

381. Resolução SSP nº 23, de 10.3.1983, art. 1º.

Para vistorias de veículos, o I.C. deve ser acionado nos seguintes casos: *a)* Vistorias de veículos envolvidos em acidentes de trânsito com vítimas ou com crimes contra o patrimônio; *b)* Os veículos devem ser enviados às Equipes de Perícias Criminalísticas; *c)* Vistorias de veículos relacionados com perícias de engenharia ou crimes contra a pessoa.

Na Capital, o I.C., através do Núcleo de Acidentes de Trânsito, realiza os exames periciais com vítimas, nos casos de autoria conhecida. E os delitos e contravenções de trânsito, de autoria incerta ou desconhecida, ocorridos no Município da Capital, são investigados pela Divisão de Crimes de Trânsito, do Departamento Estadual de Trânsito (DETRAN).

Quanto aos exames complementares e reconstituições, para a perícia nos locais de acidentes não preservados, a sistemática é a seguinte:

a) a requisição do delegado é protocolada na Equipe de Criminalística correspondente ao local do fato;

b) depois de registrada, o Chefe da Equipe verifica se a mesma esta instruída com uma via das declarações das partes e dos depoimentos das testemunhas arroladas. Faltando esses elementos, é solicitado à autoridade requisitante, a intimação das partes envolvidas no acidente, para comparecem ao I.C. a fim de prestarem informações.

A autoridade ou agente policial que primeiro tomar conhecimento do acidente de trânsito pode, dentro de certos critérios, autorizar, independentemente de exames do local, a imediata remoção dos veículos envolvidos, desde que os veículos estejam no leito da via pública, prejudicando o tráfego.[382]

Mas, se os veículos não estiverem prejudicando o tráfego, o local deve ser preservado, uma vez que a perícia tem seu sucesso técnico estribado na preservação do local. Não sendo possível a preservação, o(s) veículo(s) deve(m) ser encaminhado(s) para vistoria, no correspondente setor Técnico do I.C., evitando-se deslocamentos desnecessários das equipes técnicas.

6. PERÍCIA DE DOCUMENTOS

Em São Paulo, no I.C., no núcleo de documentoscopia, segundo o manual de requisições periciais citado, na elaboração de um laudo de documento, a norma seguida apresenta quase que invariavelmente 4 capítulos essenciais: *a)* Peça de exame (descrição do documento questionado ou sobre o qual recai a prova material do delito. Essa peça deve ser apresentada em original); *b)* Objetivo da perícia (a finalidade do exame é determinada pelos quesitos formulados pela autoridade requisitante); *c)* Padrões de confronto (neste tópico é especificado o material que serviu de comparação para os estudos e sobre o qual se baseou a conclusão pericial); *d)* Quesitos e respostas (transcrição dos quesitos e respectivas respostas seguidas da devida fundamentação).

---

382. Lei nº 5.970, de 11.12.1973, excluiu da aplicação do disposto nos arts. 60, inciso I, 64 e 169 do Código de Processo Penal, os casos de acidentes de trânsito. Resolução SSP nº 19, de 31.7.1974 regulamenta este diploma no âmbito estadual.

6.1. Padrões de Confronto

Nos departamentos e delegacias, o material de confronto para exame documentoscópico deve ser colhido de forma correta. E os padrões devem conter o nome e a assinatura do fornecedor, a data em que foi colhido o material e a assinatura do delegado, tudo isso mediante um auto.

Algumas vezes o material é colhido em uma folha de papel, sem o nome da pessoa que o forneceu, o que cria embaraço na enunciação da conclusão do exame. Quando várias pessoas fornecem material nesta circunstância, o fato pode gerar dúvida no entendimento da autoria.

A assinatura do fornecedor propiciará um cotejo com a escrita fornecida, dando uma melhor apreciação do grau de habilidade gráfica do escritor e o intento, ou não, de disfarces.

A data, por exemplo, permite estabelecer a contemporaneidade, ou não, dos padrões em relação à escrita questionada. Assim, através da colheita por meio de um auto, todos esses aspectos serão abrangidos.

6.2. Como Colher Padrões

O delegado deve colher o material gráfico por meio de ditado e não por meio de cópia. Dessa maneira a peça de exame não deve ser exibida ao fornecedor. Durante o ditado, não se deve corrigir ou ensinar a grafia das palavras, deixando o fornecedor escrever a seu modo, o que poderá revelar alguns maneirismos. Quando isso não for possível, na requisição deve-se mencionar que o material foi obtido mediante cópia.

No caso de cheque, por exemplo, deve-se mandar o fornecedor do material gráfico escrever primeiro o valor do mesmo, os algarismos, repetindo-os por 5 vezes; depois, o valor por extenso; e, a seguir, o nome do favorecido, a data de emissão e por último a assinatura do emitente.

Pode ocorrer que parte da escrita esteja lançada sobre pauta e outra não, como por exemplo, em cheque ou nota promissória, em que os dizeres preenchedores obedecem à pauta e a assinatura não. Nestes casos, nada impede que todo o material colhido o seja em papel pautado, mesmo porque a maior quantidade da escrita está regulada pela pauta.

Como a escrita pode sofrer influência em decorrência do instrumento gráfico utilizado, antes da colheita deve ser observado qual o tipo de instrumento empregado na produção da escrita questionada. Se estiver lançada a lápis, a lápis deverá ser colhido o material. Quando a escrita for à tinta, algumas dúvidas podem surgir, sobre o tipo da caneta utilizada na escrita a ser examinada. Neste caso, o material para confronto pode ser colhido com caneta esferográfica.

Sendo a escrita passível de mutação, não raro as pessoas lançam mão desse expediente para deturpar deliberadamente sua letra. E a dissimulação gráfica pode ocorrer tanto na escrita questionada, constante da peça de exame, como no ato de a pessoa fornecer material de confronto. Embora lançando mão de artificialismo, se bem colhido o material de confronto, fácil será desmascarar o embuste empregado.

A mudança de inclinação das letras acarreta variações sensíveis na escrita e a letra de forma e a mudança de mão dão-lhes características bem diversas. Sendo as perícias grafotécnicas comparativas, quanto mais se igualar as condições das peças com os padrões, tanto mais possibilidade de êxito terá o exame.

Assim, se a escrita questionada estiver lançada em letra de forma, deve-se mandar que o fornecedor assim a faça. Se a pessoa fornecer material com escrita vertical e a incriminada apresenta inclinação à direita, deve-se completar a colheita, pedindo-se a ela a mudança de inclinação, fazendo registro desse procedimento por parte do próprio fornecedor: material fornecido com mudança de inclinação.

O delegado deve deixar o fornecedor sempre iniciar o material de maneira própria e não induzi-lo a fazer de outra forma. Especialmente nos casos de cartas anônimas, quando se deve colher o material tanto com a mão direita como com a esquerda, fazendo no auto de colheita de material gráfico referência nesse sentido: Material fornecido com a mão direita; material fornecido com a mão esquerda.

Às vezes, ao se pedir a uma pessoa que escreve com a outra mão, a resposta é que não sabe fazê-lo. Mesmo assim, deve-se insistir, deixando que ela o faça da maneira que souber.

6.3. Casos Específicos de Assinatura

Quando uma pessoa não reconhece como sendo sua a assinatura aposta num documento, o delegado deve colher, para comprovação dessa alegação, as suas assinaturas. No caso de haver um suspeito da falsificação, deve colher do seu punho o nome correspondente a essa assinatura.

Por exemplo: Berêncio alega que sua assinatura foi falsificada num cheque e suspeita de Zenon. Neste caso, o delegado deve colher a assinatura de Berêncio e depois mandar Zenon escrever várias vezes o nome Berêncio.

Quando se tratar de assinatura fictícia, em que não se cogita sobre sua autenticidade ou falsidade, devido a sua própria natureza fraudulenta, deve mandar o suspeito escrever umas 15 vezes o nome correspondente à assinatura fictícia.

6.4. Casos de Escrita em Geral

Na falsificação de títulos de crédito (cheques, notas promissórias, letras de câmbio e outros), o delegado deve ditar integralmente todos os lançamentos manuscritos, como valor numérico e literal, vencimento, favorecido, data de emissão e assinatura do emitente.

No caso de anotações, bilhetes, cartas, deve proceder da mesma forma, ditando-se o seu contexto.

Em se tratando de cartas anônimas, quando as pessoas suspeitas são mulheres e menores, deve-se suprimir as palavras obscenas, ditando-se as frases de forma que não tenham sentido ofensivo ou um trecho pulando-se as palavras obscenas.

6.5. Recomendação Especial

Segundo, ainda, o manual de requisições periciais citado, sempre que se procurar determinar a autoria de uma assinatura falsificada ou fictícia, devem ser colhidos também os padrões relacionados com os demais lançamentos do documento. Por exemplo, no cheque, além da assinatura de emissão, deve-se colher também os dizeres dos claros preenchedores.

E o material gráfico não deve ser colhido com cópia carbonada, que não se presta para comparação.

6.6. Padrões Mecanográficos

No caso de escritas mecânicas, o objetivo da perícia é identificar o meio utilizado para a confecção do documento questionado e o material utilizado que pode ser: *a)* Material datilográfico; *b)* Material de carimbo; *c)* Material de máquinas autenticadoras e protetoras de cifras; *d)* Outros materias ou padrões.

Material Datilográfico: — Na identificação de máquina de escrever, suspeita de ter sido utilizada para confecção de um documento, deve-se colher o material em papel sem pauta, mencionando as características da máquina, a marca, o número e a data da colheita do material.

Datilografar, inicialmente, todo o teclado maiúsculo e minúsculo, com a mesma grafia e maneirismo do texto. Por exemplo, no preenchimento do cheque questionado se o datilógrafo grafou as iniciais das palavras com maiúsculas ou toda a palavra, o mesmo deve ser feito na colheita dos padrões. E no caso de erro de datilografia, não rebater ou apagar, mas repetir a palavra adiante.

Quanto à quantidade de material a ser colhido, quando longo, bastam 2 vezes um trecho de dez linhas e quando menor (preenchimento de cheques, títulos, etc.) é suficiente 5 vezes todo o texto.

O material deve ser colhido com diferença de velocidade na datilografia, porque algumas características datilográficas podem ser decorrentes da velocidade com que foi datilografado o texto.

Se a peça a ser examinada é cópia a carbono, deve-se colher o material também em cópia, enviando esta e o original, para exame.

Material de Carimbo: — Quando se quer saber se determinado carimbo foi o que produziu a impressão num documento, deve-se colher o material em papel sem pauta, carimbando-se com o mesmo 5 vezes, sendo três batidas normalmente e duas apenas com o carimbo apoiado sobre o papel e pressionando-o. Não há necessidade de se obter impressões com tinta da mesma cor das questionadas, pois o exame será feito em função de outros elementos. O carimbo pode ser de metal ou de borracha. Para o primeiro deve-se usar tinta a base de óleo e para o outro, sem óleo.

Material das Máquinas Autenticadoras e Protetoras de Cifras: — A distinção que se faz entre máquinas autenticadoras e máquinas protetoras de cifra é a de que as primeiras são aquelas empregadas para a quitação do recolhimento de impostos, depósitos bancários, etc., Enquanto que as outras apenas consignam o valor, como no caso de cheques visados. Mas, quer se trate de uma ou de outra, o procedimento para a colheita de padrões é o mesmo. Menciona-se o tipo, a marca e o número da máquina e a data da colheita dos padrões. Depois, colhe-se as mesmas especificações consignadas na peça de exame.

Os exames mecanográficos são comparativos, motivo por que deve-se colher os mesmos valores e caracteres das autenticações questionadas. A colheita de padrões reproduzindo os algarismos de zero a nove nenhum proveito oferece ao exame.

Nas autenticações, deve-se observar o número, data e valor. Nas protetoras de cifras, a unidade monetária e o valor. O material pode ser colhido nas margens inferior, superior e da direita, ou então em tiras de papel.

A entrada de papel nas máquinas autenticadoras e protetoras é limitada, impedindo uma seriação vertical de impressões, a não ser dobrando o papel. Para contornar essa dificuldade, o material pode ser colhido nas margens com exceção da esquerda, reservada a autuação. Pode-se, também, tomar os padrões em tiras de papel que serão anexadas a uma folha que registrará as características da máquina.

Outros Padrões: — Excluindo-se os padrões gráficos e mecanográficos as demais perícias não requerem, na maioria das vezes, padrões de confronto. Os exames relativos à constatação de alterações não necessitam da colheita de padrões, pois são estudos isolados e não de confrontação e mesmo quando neste caso não necessitam de cotejo com elementos do próprio documento.

Nos exames de cédula, moeda, selos, o próprio I.C. se encarrega de obter os padrões.

Nos casos de tintas, papéis e instrumentos escreventes, se for o caso de verificar se determinado tipo de tinta, papel ou instrumento é o que foi empregado na elaboração de um documento, é suficiente a remessa ao I.C. da amostra de tinta, do papel ou caneta para a sua constatação.

Quando se tratar de impressos (cartas de motoristas, cédulas de identidade, cheques, notas fiscais, etc.) ou de rótulos, é preciso juntar um modelo autêntico para os exames comparativos.

No tocante aos documentos como carteira de motorista, cédula de identidade, carteira funcional, ou correlatos; diplomas e certificados escolares; certidões de nascimento, de casamento e outros, além do modelo do impresso, há necessidade, também, de padrões de carimbos, de assinaturas da autoridade expedidora e de outros elementos que estiverem constando dos mesmos.

Em se tratando de documentos originados de outros Estados, o I.C., através de seus peritos, recomenda que a perícia seja realizada pelo órgão congênere do respectivo Estado, que terá melhor condições de contar com os paradigmas necessários.

6.7. Quesitos

Nas requisições de exames de documentos, seguindo-se as recomendações do manual citado, podem ser formulados os seguintes quesitos:

Nos Exames Grafotécnicos (Escrita Manual): — A assinatura lançada no documento de fls. ... dos autos, é falsa, tendo em vista os padrões fornecidos pela pessoa homônima às fls. ... dos autos? • A assinatura atribuída a fulano de tal, que figura no documento de fls. ..., é falsa, tendo em vista os padrões fornecidos pela referida pessoa às fls. ... dos mesmos autos? • Em caso positivo proveio ela do punho de quem forneceu material gráfico às fls. ... dos autos? • A assinatura e os dizeres preenchedores do documento de fls. ... dos autos provieram do punho de ... que forneceu material gráfico às fls. ... dos autos? • Os lançamentos manuscritos, que figuram no documento de fls. ... provieram do punho de ... que forneceu material gráfico às fls. ... dos autos?

Nos Exames Mecanográficos: — O documento de fls. ... dos autos foi datilografado na máquina de escrever da marca ..., nº ... que produziu os padrões das fls. ... dos autos? • Em qual das máquinas de escrever, cujos padrões se encontram às fls ... e fls. ..., dos autos, foi datilografado o documento de fls. ... dos autos? • O documento de fls. ... dos autos foi datilografado no seu todo na mesma máquina? • Apresenta o documento de fls. ... dos autos desalinhamento datilográficos, quer vertical, quer horizontal, que indiquem não ter sido o seu texto datilografado numa só assentada?

Nos Exames de Carimbos: — A impressão fac-similar de carimbo, que figura no documento de fls. ... dos autos, procedeu do carimbo que produziu as impressões colhidas às fls. .. dos autos?

Nos Exames de Máquinas Autenticadoras e Protetora de Cifras: — A autenticação mecânica aposta do documento de fls. ..., proveio da máquina que forneceu os padrões de ...... dos autos? • Apresenta vestígios de alteração genérica de qualquer natureza o documento de fls. ... dos autos? • Os dizeres foram enxertados no documento de fls. (ou à página do livro)? • Subjacente à atual palavra (ou expressão)não figurava no documento de fls. ... dos autos a palavra (ou a expressão)?

Nos Outros Exames: — A documentoscopia realiza exames de células, moedas, selos, papel, tintas, instrumentos escreventes, etc. Tais exames, mais objetivos, não demandam uma orientação no tocante a formulação de quesitos, pois constituem indagações inerentes, fáceis de serem formuladas, tendo em vista a motivação da instauração do inquérito.

Recomendação: — Os autos de inquérito ou processo devem ser enviados ao I.C., para que os peritos possam se inteirar dos fatos e, eventualmente, colherem novos subsídios para a elaboração do laudo.

7. PERÍCIA DE ENGENHARIA

O I.C., através do seu núcleo de engenharia, realiza perícias para determinar a causa de determinados eventos e suas conseqüências, como incêndios e explosões, acidentes de trabalho, desabamentos e desmoronamentos, fazendo vistorias especiais, relacionadas com exames em obras e construções civis, visando segurança e estabilidade, armazenamento inseguro de explosivos, loteamentos clandestinos, crimes ecológicos, poluição sonora, etc.

E, ainda, exames, com ensaios e especificações de materiais, de gases e vapores inflamáveis ou tóxicos, medições elétricas de baixa tensão, níveis de iluminação, níveis de pressão sonora, dureza de concreto, temperatura de chama, etc.

Os quesitos relativos a essas perícias já estão insertos nos impressos oficiais, utilizados pelo I.C., de forma padronizada. A não ser um ou outro, conforme o caso, formulado pelo delegado, promotor ou pela parte interessada, nos autos do inquérito ou do processo-crime.

8. PERÍCIA EM ÁUDIO, VÍDEO, FILMES E PUBLICAÇÕES

O I.C., através do seu núcleo de Identificação Criminal, realiza perícias em fitas magnéticas gravadas em áudio ou vídeo, para identificar pessoas ou esclarecer fatos. Segundo o manual de requisições periciais, a simples transcrição de conteúdos gravados em fitas magnéticas não se configura como perícia e pode ser feita pelo próprio Escrivão de Polícia que tem fé pública para este ato. Ao perito criminal, por sua vez, cabe a verificação do conteúdo gravado e a transcrição de trechos relevantes à perícia, sobre os quais emitirá suas conclusões.

O núcleo procede também ao exame de publicações consideradas obscenas ou pornográficas, entre outras, as ilustradas com desenhos ou estampas fotográficas.

Compete ainda ao núcleo a perícia de peças e instrumentos de crime. Mas as perícias de impressões produzidas por dedo(s), mão(s) e pé(s) descalços ou calçados, colhidas em locais de crime, são realizadas pelo Instituto de Identificação.

9. PERÍCIA CONTÁBIL

O I.C., através do seu núcleo de perícia contábil, realiza exames em livros e documentos, para a comprovação de eventuais infrações penais. Os quesitos padronizados são objetivos e explícitos, infocando de maneira específica a infração penal, questionando sobre os artifícios contábeis empregados para dissimular o fato ilícito praticado, bem como, o *modus operandi* e o *quantum* obtido ardilosamente.

10. PERÍCIA EM CRIMES CONTRA O PATRIMÔNIO

O I.C., através do núcleo de crimes contra o patrimônio, realiza perícias em locais de furtos qualificados, em cofres e caixas fortes e exames específicos relacionados com jogos proibidos.

A requisição do exame deve conter: data do fato, natureza da ocorrência, local, nome da vítima, nome do indiciado, placas e chassi de veículos envolvidos, nº do processo ou do inquérito. No caso de cota do Ministério Público, transcrição dos quesitos formulados. E quando houver solicitação de exame em peça, anexar histórico da ocorrência, para nortear a perícia.

11. MODELOS

11.1. Auto de Colheita de Material Gráfico

SECRETARIA DA SEGURANÇA PÚBLICA

POLÍCIA CIVIL DO ESTADO DE SÃO PAULO

DEPENDÊNCIA...

AUTO DE COLHEITA DE MATERIAL PARA EXAME GRÁFICO

Aos... dias do mês de ... de ..., nesta cidade de ..., na sede da Delegacia de Polícia, presente o(a) Dr.(a)..., Delegado(a) respectivo, comigo escrivão(ã) de seu cargo, ao final assinado, aí compareceu ..., já qualificados nestes autos, o qual, pela autoridade policial e na presença das testemunhas... (nome e qualificação), foi notificado a fornecer de seu próprio punho, o material gráfico para servir de padrão de comparação no exame pericial a ser procedido no documento(s) de fls... e fls...,. Em seguida, na presença das testemunhas arroladas, o fornecedor do material passou a escrever o que se segue: ... (o escrivão deixa um espaço em branco na folha, para que o fornecedor escreva o que for ditado pela autoridade). Nada mais havendo a constar, mandou a autoridade encerrar este auto, que, lido e achado conforme vai devidamente assinado. Eu, ..., Escrivão(ã) que o(a) datilografei (digitei).

11.2. Auto de Exumação para Exame Cadavérico

SECRETARIA DA SEGURANÇA PÚBLICA

POLÍCIA CIVIL DO ESTADO DE SÃO PAULO

DEPENDÊNCIA...

AUTO DE EXUMAÇÃO PARA EXAME CADAVÉRICO

Aos... dias do mês de ... de ..., nesta cidade de... comarca de ..., no Cemitério..., presente o Dr.(a)..., Delegado(a) de Polícia, comigo escrivão(ã) de seu cargo e ao final assinado, os Drs..., peritos do IML (ou nomeados), ..., peritos e fotógrafo do IC, ..., Administrador do Cemitério (mencionar o nome e qualificação de outras pessoas presentes, como o Promotor, o Advogado) e as testemunhas ... (nome e qualificação), mandou a autoridade que o Administrador indicasse o lugar da sepultura de ... . A seguir, foi determinado pela autoridade a escavação e a retirada do caixão. Aberto, o cadáver foi fotografado na posição em que se encontrava e removido para ..., onde será feito o exame necroscópico. Nada mais havendo, mandou a autoridade encerrar este auto que vai devidamente assinado. Eu, ... Escrivão(ã) que o datilografei (digitei).

(aa) Delegado, peritos, administrador, testemunhas, escrivão.

11.3. Auto de Reconhecimento de Cadáver

SECRETARIA DA SEGURANÇA PÚBLICA
POLÍCIA CIVIL DO ESTADO DE SÃO PAULO
DEPENDÊNCIA..

AUTO DE RECONHECIMENTO DE CADÁVER

Aos... dias do mês de ... de ..., nesta cidade de ..., no ... (necrotério do...) presente o(a) Dr.(a)..., Delegado(a) de Polícia, comigo escrivão(â) de seu cargo, ao final assinado, aí compareceu ...(nome e qualificação), a quem a autoridade mandou que fosse apresentado, para reconhecimento e identificação, o cadáver que ali se encontrava como desconhecido, o qual, na presença das testemunhas... (nome e qualificação) reconheceu como sendo o de ... (nome e outros dados que forem fornecidos pela pessoa que fizer o reconhecimento). Nada mais havendo, mandou a autoridade encerrar o presente que vai devidamente assinado. Eu, ..., Escrivão(ã) que o datilografei (digitei).

(aa) Delegado, Reconhecedor, Testemunhas, Escrivão.

11.4. Requisição de Perícia - I.C.

SECRETARIA DA SEGURANÇA PÚBLICA
POLÍCIA CIVIL DO ESTADO DE SÃO PAULO
DEPENDÊNCIA..

BOLETIM: Em ... de............................ de ....
OFÍCIO:
INQ. POLICIAL:
PROCESSO:

Sr. Diretor do Instituto de Criminalística
Solicito de V. Sa. providências no sentido de:
( ) realizar exame inicial
( ) realizar exame complementar ao laudo nº ...../ ...

( ) enviar laudo requisitado em ... / ... / ...

( ) confirmar perícia

requisitada em ... / ... / ... . através de:.................

( ) Telex msg nº ....

( ) Rádio rec por..

( ) Telefone rec. por..

CARACTERÍSTICAS DA OCORRÊNCIA

Natureza:...

Local:...

Data:...Hora: ....

Veículo(s) placas:..

Vítima(s):...

....

Objeto do exame:...

....

Objetivo da Perícia:...

....

....

....

....

O laudo deverá ser enviado à: ....

Cordiais saudações

....

Obs: A providência solicitada deve ser assinalada com X, e deve ser aposto o nome da autoridade.

SSP. Mod. 06 IMPRENSA OFICIAL DO ESTADO

(O mesmo modelo pode ser utilizado para requisitar o exame complementar)

11.5. Requisição de Exame de Corpo de Delito - IML

REQUISIÇÃO DE EXAME DE CORPO DE DELITO

Nome..

Filiação...

Doc. Identi.................................. Idade....................... Estado civil.......................

Sexo............ Cor.......................... Profissão.................... Natural de.................

Estado ou País... Resid..

Natureza do exame...Flagrante?................

Passou p/PS.................................. em...... / ... / ....internado em....................

Local de encontro do corpo...

.... Data..../ .../... Hora.................................

Remeter p/... Cópia p/......................................

BO........................ Inq........................ Delegacia de Polícia................................

Obs. Histórico ou Material...

....

....

....

....

....

....

...........(cidade)........ Data... / ... / ... Nome da Autor..

(a)...

(O mesmo modelo pode ser utilizado para requisitar o exame complementar. E ao receber o(s) laudo(s), o delegado deve conferir os seus dados, com os da(s) requisição(ões).

11.6. Requisição de Ficha Clínica

SECRETARIA DE ESTADO DOS NEGÓCIOS DA SEGURANÇA PÚBLICA

POLÍCIA CIVIL DO ESTADO DE SÃO PAULO

... DISTRITO POLICIAL

Rua ..., nº ... - Telefone ...

Ofício nº .../ ... Data .../........./..............

Ref. I. P. nº ....

Senhor Diretor

Tendo em vista a instauração do inquérito policial em epígrafe, solicito a V.Sa. as dignas providências, no sentido de encaminhar ao Instituto Médico-Legal a FICHA CLÍNICA de atendimento do(a) paciente abaixo descrito, para fim de elaboração de laudo de exame de corpo de delito indireto./ NOME DO(a) PACIENTE: / DATA DO ATENDIMENTO:/ TALÃO Nº ... / TALÃO P.S. Nº ... / Valho-me do ensejo, para apresentar a V.Sa., os protestos de estima e consideração. / O(A) Delegado(a) de Polícia / (a) ... / À Sua Senhoria, o Senhor Diretor Clínico do P.S. da ... / Rua ..., nº ..., Nesta.

11.7. Requisição de Laudo de Análise de Alimentos

SECRETARIA DE ESTADO DOS NEGÓCIOS DA SEGURANÇA PÚBLICA

POLÍCIA CIVIL DO ESTADO DE SÃO PAULO

... DISTRITO POLICIAL

Rua ..., nº ... - Telefone ...

Ofício nº .../... Data .../........./..........

Ref. I. P. nº...

Senhor Diretor

Com o presente, solicito a V.Sa. o envio do Laudo de Análise de Alimentos e Termo de Inutilização, se houver, dos gêneros alimentícios remetidos à essa r. Secretaria, em data de ..., devidamente lacrados com lacres DP nº ..., a fim de instruir Boletim de Ocorrência nº ..., - Ofício nº .../Outrossim, informo a V.Sa., que o respectivo

Laudo de Análise de Alimentos é imprescindível para a instauração de Inquérito Policial e conseqüente apuração de responsabilidades./Atenciosamente. / O(A) Delegado(a) de Polícia / (a).../ À Sua Senhoria, o / Senhor Doutor..., MD. Diretor do SEMAB / Nesta.

11.8. Termo de Compromisso do Perito

SECRETARIA DE ESTADO DOS NEGÓCIOS DA SEGURANÇA PÚBLICA

POLÍCIA CIVIL DO ESTADO DE SÃO PAULO

TERMO DE COMPROMISSO

Aos... dias do mês de ... de ..., nesta cidade de ..., na sede da Delegacia de Polícia, presente o(a) Dr.(a)..., Delegado(a) respectivo, comigo escrivão de seu cargo, ao final assinado, aí compareceu ...(nome e qualificação), perito nomeado e notificado, ao qual a autoridade deferiu o compromisso de bem e fielmente desempenhar a sua missão, declarando com verdade tudo o que encontrar e descobrir e o que em sua consciência entender, e encarregou-se de ....
.... (mencionar o que vai ser submetido a exame e qual a finalidade deste). E, como aceitasse o encargo e prometesse bem e fielmente cumpri-lo, mandou a autoridade lavrar este termo, que vai devidamente assinado. Eu, ..., Escrivão(ã) que o datilografei (digitei).

(aa) Delegado, Perito, Escrivão(ã).

(Os peritos nomeados, após a conclusão dos exames, apresentam um Auto de Exame Pericial e não laudo. O laudo é o elaborado por peritos oficiais).

CAPÍTULO VI

DA PRISÃO

1. CONCEITO

Prisão é a privação da liberdade, determinada por ordem escrita da autoridade competente, do juiz, do delegado de polícia, no caso de prisão em flagrante delito, ou do comandante militar, nas transgressões disciplinares.

Por mandamento constitucional, "ninguém será preso senão em flagrante delito ou por ordem escrita e fundamentada de autoridade judiciária competente, salvo nos casos de transgressão militar ou crime propriamente militar, definidos em lei". E a prisão ou detenção de qualquer pessoa deve ser imediatamente comunicada ao Juiz competente que a relaxará, se não for legal.[383]

2. ESPÉCIES

O Código de Processo Penal vigente dispõe sobre as diversas formas de prisão: em flagrante, preventiva, por pronúncia, por sentença penal condenatória recorrível e administrativa, dispondo, ainda, a legislação especial, sobre a prisão temporária e a disciplinar.

Prisão Penal: — É a que ocorre após o trânsito em julgado da sentença penal condenatória, em que se impôs pena privativa da liberdade. É o cumprimento de pena corporal.

---

383. Constituição Federal, art. 5º, LXI e LXV.

Prisão Processual: — É a prisão cautelar, provisória, considerada como coação processual e pode ser: prisão em flagrante, prisão preventiva, prisão em virtude de pronúncia, prisão por sentença penal condenatória recorrível, prisão administrativa e prisão temporária.

Prisão Civil: — É a decretada pelo juiz civil, nos casos de pensioneiro e depositário infiel. Segundo a ordem jurídica estabelecida pela Carta Magna de 1988, somente é admissível a prisão civil por dívida nas hipóteses de inadimplemento voluntário e inescusável de obrigação alimentícia e de depositário infiel, não se aplicando ao devedor fiduciante que descumpre a obrigação pactuada (CF, art. 5º LXVII; CC, arts. 1.265 a 1.287 e Decreto-Lei nº 911/1969).[384]

Prisão Disciplinar: — É a prisão nos casos de transgressões e crimes militares.

Atente-se, outrossim, quanto à prisão administrativa (CPP, art. 319), que a Constituição Federal de 1988 derrogou toda legislação anterior permissiva de ordem de prisão por autoridade administrativa, como, por exemplo, nos casos dos remissos ou omissos com os cofres públicos, de deportação, expulsão ou extradição de estrangeiros. Nestes casos, a prisão só pode ocorrer com ordem judicial (CF, art. 5º, LXVII).

3. PRISÃO EM FLAGRANTE

Qualquer do povo pode e as autoridades policiais e seus agentes devem prender quem quer que seja encontrado em flagrante delito (CPP, art. 301). É, assim, a prisão de quem é surpreendido cometendo, ou logo após ter cometido, um crime ou uma contravenção (CPP, art. 301).

O flagrante pode ser:

a) propriamente dito — flagrante próprio, quando o agente está cometendo ou acaba de cometer a infração penal (CPP, art. 302, I e II);

b) quase-flagrância — quando o agente é perseguido, logo após, pela autoridade, pelo ofendido ou por qualquer pessoa, em situação que o faça presumir ser o autor da infração (CPP, art. 302, III);

c) flagrância presumida — quando o agente é encontrado, logo depois, com instrumentos, armas, objetos ou papéis que façam presumir ser ele o autor da infração (CPP, art. 302, IV);

d) flagrante retardado — quando a prisão do agente, mantido sob observação e acompanhamento, se concretiza no momento mais eficaz do ponto de vista da formação de provas (Lei nº 9.034/1995, art. 1º, II).

Na prática ocorrem, ainda, os seguintes casos: *flagrante esperado*, quando a polícia, avisada, espera o momento da prática do crime; *flagrante preparado*, quando alguém provoca o agente a prática de um crime, ao mesmo tempo em que toma providências para que o mesmo não se consume; e, *flagrante forjado*, quando o policial ou qualquer outro indivíduo é acusado de criar provas de um crime inexistente, de ter colocado (*plantado*), por exemplo, maconha dentro de algum objeto do pretenso acusado, para o incriminar.

---

384. No sentido do texto, STF, Jurisprudência, RHC 4543/SP, *DJ* de 5.6.1995, p. 16.689.

Na maior parte das vezes, esses casos de flagrante são de crimes provocados ou impossíveis. O agente é induzido à prática de um crime por terceiro. Exemplo: cilada; patrão que, desconfiado, facilita o "furto" de ... para apanhar o empregado no momento da ação delituosa, etc.

Em São Paulo, ao ser efetuada a prisão em flagrante de qualquer pessoa, fora do município da Capital, ou em área não pertencente à sua jurisdição policial, o preso deverá ser apresentado, incontinenti, à autoridade policial do local, para a lavratura do auto referente.

Havendo necessidade de requisição do preso para outras diligências esta deverá ser feita à autoridade judiciária do local da prisão, responsável pela Corregedoria dos Presídios e da Polícia Judiciária.

A autoridade competente para a lavratura do auto de prisão em flagrante é a do lugar onde se efetiva a prisão e não a do local do delito. Não havendo autoridade policial no local em que houver ocorrido a prisão, o preso deve ser apresentado à do lugar mais próximo.[385]

3.1. Fato Praticado em Presença ou Contra a Autoridade

Quando o fato for praticado em presença da autoridade, ou contra esta, no exercício de suas funções, constarão do auto a narração desse fato, a voz de prisão, as declarações que fizer o preso e os depoimentos das testemunhas, sendo tudo assinado pela autoridade, pelo preso e pelas testemunhas e remetido, imediatamente, ao juiz a quem couber tomar conhecimento do fato delituoso, se não for a autoridade que houver presidido o auto, segundo dispõe o Estatuto Processual Penal, no art. 307.

No auto de prisão, a autoridade narra e tipifica o fato ocorrido, em sua presença ou contra a sua pessoa, ouve o acusado e por fim as testemunhas, com as formalidades legais. Observe-se, outrossim, que, no dispositivo acima citado, o legislador pátrio inverteu a ordem que se segue nas lavraturas dos autos de prisão em flagrante, dispondo sobre as declarações do preso antes da oitiva das testemunhas.

Depois de autuado e registrado, o flagrante deve ser enviado ao Juiz competente, com o relatório do delegado.

Nos fatos ocorridos em presença ou contra magistrados, o preso e as testemunhas são encaminhadas à polícia, para a lavratura do flagrante. Nesses caso, a vítima figura como Condutor e Ofendido e o inquérito instaurado a respeito tramita normalmente. Outras vezes, o juiz solicita a presença da autoridade, para as providências cabíveis.

3.2. Nas Infrações de Menor Potencial Ofensivo

Nas contravenções penais e nos crimes que a lei comine pena máxima não superior a um ano, excetuados os casos em que a lei preveja procedimento especial,

---

385. Recomendação DGP nº 1, de 5.2.1980 e DGP nº 2, de 19.11.1990, sobre prisão em flagrante. Expedidas, respectivamente, nas mesmas datas, sem publicidade. CPP, arts 290 e 308.

como, por exemplo, nos crimes contra a honra, o delegado que tomar conhecimento da ocorrência, deve lavrar o Termo Circunstanciado (TC), não impondo prisão em flagrante ao autor do fato, nem exigindo fiança, desde que seja imediatamente encaminhado ao Juizado ou assuma o compromisso de comparecimento.[386]

O delegado, todavia, deve autuar em flagrante o autor da infração que não possa ou não assuma o compromisso de comparecer em juízo, não possua documentos, nem residência fixa, como, por exemplo, nos casos de ébrio, louco, indigente ou vadio, ou já foi beneficiado pela Lei nº 9.099/1995 nos últimos cinco anos.

3.3. Nos Crimes de Ação Privada

Nos casos de crimes de ação penal privada, a prisão em flagrante pode ser efetuada, mas, capturado o autor do crime, a vítima deve autorizar a prisão, manifestando a sua vontade no próprio auto do flagrante ou ratificá-la dentro em 24 horas, sob pena de relaxamento da prisão.

A vítima, posteriormente, através do seu advogado, se não tiver capacidade postulatória, deve entrar em juízo com queixa-crime, contra o autor do fato delituoso, dentro do prazo de 5 dias, após a conclusão do inquérito, que deverá estar concluído em 10 dias, a partir da lavratura do auto, se o acusado continuar preso, na hipótese de não ser admitida fiança.

3.4. Testemunhas

A pessoa que conduziu o preso até à autoridade, deve ser ouvida como Condutor e 1ª testemunha, como tem admitido a jurisprudência. E as demais que a acompanham são também ouvidas como testemunhas. Na falta de testemunha, o auto deve ser assinado pelo condutor e por 2 pessoas que tenham testemunhado a apresentação do preso à autoridade.

Assinatura a Rogo: — No caso das testemunhas ou da vítima não souber ou não puder assinar, o delegado pede a alguém que o faça em seu lugar, depois de lido o depoimento na presença do depoente.

Atente-se, outrossim, que o auto de prisão de flagrante é nulo, se não for assinado pelas testemuhas.[387]

3.5. Acusado

Antes da lavratura do auto de prisão em flagrante, o delegado deve informar ao preso os seus direitos, entre os quais o de permanecer calado e de ser assistido pela sua família e por advogado (CF, art. 5º, LXIII).

---

386. Lei nº 9.099, de 26.9.1995 (Lei dos Juizados Especiais Criminais), arts. 61 e 69, parágrafo único.

387. *Habeas corpus.* Art. 16 da Lei nº 6.368/1976, Caracterização. Pretendida a ordem por ausência de assinatura de testemunhas. Ordem concedida (TJSP, 4ª Câm. Criminal, HC nº 312.040-3/3-Santos-SP, Rel. Des. Canellas de Godoy, j. 2.5.2000, v.u., ementa).

Atente-se, outrossim, que a prisão em flagrante que não for comunicada imediatamente à família do preso ou à pessoa por ele indicada, constitui constrangimento ilegal, reparável por *habeas corpus*. Não basta a autoridade consignar nos autos da prisão em flagrante que o acusado foi cientificado de seus direitos constitucionais. É preciso que exista no mesmo prova que a autoridade cumpriu a norma constitucional cogente, comunicando a prisão à família do preso.[388]

Após a oitiva das testemunhas, o delegado passa a interrogar o acusado, informando-o, mais uma vez, sobre os seus direitos constitucionais de permanecer calado. O preso maior de 18 e menor de 21 anos deve ser ouvido na presença de curador, nomeado pela autoridade, sob pena de relaxamento da prisão (CPP, art. 15).

Se o acusado se recusar a assinar, não souber ou não puder fazê-lo, o auto será assinado por duas testemunhas que tenham ouvido a leitura, na presença do acusado, do condutor e das testemunhas.

Nota de Culpa: — Este documento, lavrado com cópias que instruirão o auto de prisão em flagrante e as comunicações de praxe, deve ser fornecido ao acusado, dentro em 24 horas após a prisão. Nele o delegado informa ao acusado o motivo da prisão, o nome(s) da(s) vítima(s), e das testemunhas. E o preso, por sua vez, passará recibo do seu recebimento, o qual será assinado por duas testemunhas, quando ele não souber, não puder ou não quiser assinar (CPP, art. 306, parágrafo único).

3.6. Vítima

Quando possível, a vítima deve ser ouvida, principalmente, nos casos de crime de ação privada ou pública condicionada.

Na qualificação das vítimas e testemunhas devem constar obrigatoriamente os locais de residência e de trabalho, bem como todos aqueles em que possam ser encontradas, além dos números dos documentos pessoais, em especial do CPF.

Admite-se, escreve Mondin, que o ofendido possa desempenhar as funções de condutor, não porque a lei expressamente o declare, mas, sim, porque, na conformidade com o inciso III, do art. 302, a perseguição que venha a exercer contra o acusado caracterizadora do estado de flagrância, é equiparada à da autoridade, a de seus agentes ou a de outra qualquer pessoa.[389]

Neste caso, observamos, não se deferirá compromisso à vítima, que figurará nos autos de prisão em flagrante como Condutor e Ofendido.

3.7. Comunicação ao Juiz

A prisão em flagrante deve ser comunicada nas 24 horas seguintes à sua efetivação ao juiz competente. A demora na comunicação, conforme o caso, poderá

388. *Habeas corpus*. Prisão em flagrante. Não comunicação aos familiares. Constrangimento ilegal. Ordem concedida. RHC nº 2.0181-1-Sete Lagoas (250 *RTJE*, vol. 101, Jun/1991-Penal e Processual Penal). Em sentido contrário, a assistência do advogado constituído, no momento da lavratura do auto, supre a falta de comunicação de sua prisão à família (STJ, 5º T, RHC 2.526-1).

389. Augusto Mondin, *Manual de Inquérito Policial*, p. 196.

constituir, em tese, abuso de autoridade ou falta funcional, mas não é suficiente para tornar nula a prisão em flagrante.[390]

Em São Paulo, a autoridade policial deve formalizar as comunicações cabíveis, pertinentes à prisão de qualquer pessoa, indicando o endereço, o telefone e o teletipo do estabelecimento onde se encontra o detento, através de ofício que, instruído com duas cópias do auto, protocolará no distribuidor do foro competente.

Nas comarcas do interior, cabe ao juiz corregedor da polícia judiciária baixar atos que adaptem o sistema de controle e encaminhamento dos autos de prisão em flagrante remetidos a juízo, às condições locais.[391]

3.8. Relaxamento da Prisão

Encerrado o auto de prisão em flagrante, o delegado poderá relaxá-lo se das declarações prestadas não resultar fundada suspeita contra o preso (CPP, art. 304, *caput*, e § 1º).

A apresentação do preso ao delegado não implica, obrigatoriamente, lavratura de auto de prisão em flagrante. Compete à autoridade, examinando o caso, exercer verdadeiro ato de julgamento sobre as circunstâncias objetivas e subjetivas, para ver se, realmente, o auto deve ser lavrado, como tem entendido o E. Tribunal de Alçada Criminal de São Paulo, em seus julgados.[392]

A determinação da lavratura do auto de prisão em flagrante pelo delegado não se constitui em um ato automático, a ser por ele praticado diante da simples notícia do ilícito penal pelo condutor. Em face do sistema processual vigente, o delegado tem o poder de decidir da oportunidade ou não de lavrar o flagrante.

Nesse sentido é a doutrina e a jurisprudência, por se tratar de medida restritiva da liberdade, que dispensa ordem escrita da autoridade judiciária, para a lavratura do respectivo auto, o delegado, que dispõe de certa discrição, deve agir com cautela.

3.9. Imunidades

Os parlamentares, magistrados e os membros do Ministério Público da União e dos Estados só podem ser presos em flagrante delito por crimes inafiançáveis, gozando de imunidades, definidas na Carta Magna e na legislação infra-constitucional.

Assim, os Senadores e Deputados Federais e Estaduais, desde a expedição do diploma, não podem ser presos, salvo em flagrante de crime inafiançável, nem processados criminalmente, sem prévia licença de sua Casa. No caso de prisão em flagrante, por crime inafiançável, os autos devem ser remetidos, dentro de 24 horas, à Casa respectiva, para que, pelo voto da maioria de seus membros, resolva sobre a prisão e autorize, ou não, a formação de culpa.[393]

---

390. TJ/SP, Jurisprudência, RHC nº 292.095-3/0-00, SP, 3ª Câm. J. 31.8.1999, v.u.

391. Provimento nº 2/2001, da Corregedoria-Geral da Justiça (*DJE* 8.2.2001, Caderno 1, Parte 1, p. 6).

392. *Habeas Corpus*, *RT* 622/297 e 679/351.

393. Constituição Federal, arts. 53, §§ 1º a 5º e 27, § 1º; e, Emenda Constitucional nº 35, de 20.12.2001.

Os magistrados só podem ser presos por ordem escrita do tribunal ou órgão especial competente para o julgamento, salvo em flagrante de crime inafiançável, caso em que a autoridade fará imediata comunicação e apresentação do magistrado ao presidente do tribunal a que esteja vinculado. E quando, no curso de investigação, houver indícios da prática de crime por parte do magistrado, a autoridade civil ou militar, deve remeter os respectivos autos ao tribunal ou órgão especial competente para o julgamento.[394]

Os membros do Ministério Público da União só podem ser presos ou detidos por ordem escrita do tribunal competente ou em razão de flagrante de crime inafiançável, caso em que a autoridade fará imediata comunicação àquele tribunal e ao Procurador-Geral da República, sob pena de responsabilidade.[395]

Os membros do Ministério Público dos Estados, igualmente, só podem ser presos por ordem judicial escrita, salvo em flagrante de crime inafiançável, caso em que a autoridade fará, no prazo máximo de 24 horas, a comunicação e a apresentação do membro do Ministério Público ao Procurador-Geral de Justiça.[396]

Os advogados somente poderão ser presos em flagrante, por motivo de exercício da profissão, em caso de crime inafiançável, quando, para lavratura do auto respectivo, é exigida a presença de um representante da OAB, sob pena de nulidade e nos demais casos, comunicação expressa à seccional da OAB.[397]

Os delegados de polícia e os funcionários das carreiras policiais não foram contemplados, pela legislação processual penal ou administrativa, com imunidades semelhantes às conferidas aos membros das carreiras jurídicas acima mencionadas.

Na hipótese de prisão de delegado ou qualquer outro policial, por crime inafiançável, por analogia e mesmo por uma questão de ética, a autoridade deve ser autuada por um delegado de polícia de classe superior e assistida por um representante de sua entidade de classe.

Os prefeitos municipais e vereadores não gozam de qualquer imunidade e não têm foro privilegiado, são processados e julgados originariamente em primeira instância e os inquéritos devem ter o seu processamento normal no juízo em que os fatos ocorreram, sem necessidade de remessa dos autos ao Tribunal de Justiça.[398]

3.10. Período Eleitoral

Nenhuma autoridade poderá, desde cinco dias antes e até 48 horas depois do encerramento da eleição, prender ou deter qualquer eleitor, salvo em flagrante delito ou em virtude de sentença criminal condenatória por crime inafiançável, ou, ainda, por desrespeito a salvo-conduto.

---

394. Lei Complementar nº 35, de 14.3.1979 (Lei Orgânica da Magistratura Nacional), art. 33, II.

395. Lei Complementar nº 75, de 20.3.1993 (Estatuto do Ministério Público da União), art. 18, II.

396. Lei nº 8.625, de 12.2.1993 (Lei Orgânica Nacional do Ministério Público), art. 40, III.

397. Lei nº 8.906, de 4.7.1994 (Estatuto da Advocacia e a Ordem dos Advogados do Brasil-OAB), art. 7º, IV, e § 3º.

398. V. Comunicado s/n, do Segundo Vice-Presidente do Tribunal de Justiça sobre a matéria (*DJE* de 27.9.1999, p. 2).

Os membros das mesas receptoras e os fiscais de partido, durante o exercício de suas funções, não poderão ser detidos ou presos, salvo o caso de flagrante delito; da mesma garantia gozarão os candidatos desde 15 dias antes da eleição.

Ocorrendo qualquer prisão, o preso deve ser imediatamente conduzido à presença do Juiz competente que, se verificar a ilegalidade da detenção, a relaxará e promoverá a responsabilidade do coator.[399]

4. PRISÃO PREVENTIVA

Durante as investigações ou no relatório do inquérito, o delegado pode representar ao juiz, solicitando a prisão preventiva do(s) indiciado(s). Essa prisão cautelar, entendida como coação processual, pode ser decreta pelo juiz, em qualquer fase do inquérito ou da instrução criminal, antes da sentença, mediante representação do delegado ou a requerimento do Ministério Público ou do querelante, atendidos os requisitos legais (CPP, arts 311 a 316).

4.1. Pressupostos

O juiz só pode decretar a prisão preventiva, nos crimes dolosos punidos com reclusão, detenção e no caso de reincidente, se estiver demonstrada a probabilidade de que o(s) indiciado(s) ou réu(s) tenha sido o autor do fato delituoso.

Assim, os pressupostos para a decretação da prisão cautelar são os seguintes: *a)* prova da existência do crime; *b)* indícios suficientes de autoria.

Nos crimes punidos com reclusão, a prisão é decretada como garantia da ordem pública; nos crimes punidos com detenção, quando se apurar que o indiciado é vadio ou, havendo dúvida sobre a sua identidade, não fornecer ou não indicar elementos para esclarecê-la, e, no caso de reincidente, se o réu tiver sido condenado por outro crime doloso, em sentença transitada em julgado, salvo se entre a data do cumprimento ou da extinção da pena e a infração posterior tiver decorrido período de tempo superior a 5 anos.

Atente-se, outrossim, que não impede a decretação da prisão preventiva, ao contrário do que ocorre com a prisão em flagrante, a apresentação expontânea do acusado.

4.2. Revogação

A prisão preventiva pode ser revogada, geralmente, a pedido da defesa, quando, no decorrer do processo, se verificar a falta de motivo para que subsista (CPP, art. 316).

Na prática, o advogado recorre da representação ou do requerimento de prisão preventiva ou, se já foi decretada, pede a sua revogação, instruindo a sua petição com os documentos que provem ter o indiciado ou réu: *a)* nome definido e qualifica-

---

399. Lei nº 4.737, de 15.7.1965 (Código Eleitoral), art. 236 e §§. A Lei nº 5.256/1967 dispõe sobre a prisão especial.

ção certa; *b)* residência fixa; *c)* emprego estável; e, *d)* bons antecedentes. Nem tampouco demonstre perigo contra a ordem pública, ordem econômica, conveniência da instrução ou assegurar a aplicação da lei penal (CPP, art. 312).

5. PRISÃO TEMPORÁRIA

Durante a elaboração do inquérito, o Delegado pode representar ao juiz, solicitando a prisão temporária do suspeito, acusado ou indiciado de crimes graves, que não tiver residência fixa ou não fornece dados necessários ao esclarecimento de sua identidade, como medida imprescindível para as investigações.[400]

6. PRISÃO ESPECIAL

Determinadas pessoas, em virtude do cargo ou do *munus publico* que exercem, têm direito a serem recolhidas a quartéis ou a prisão especial, à disposição da autoridade competente, quando sujeitas a prisão antes de condenação definitiva.

O Código de Processo Penal em vigor expressamente indica, no art. 295, quais as pessoas que gozam desse privilégio legal: I - os Ministros de Estado; II - os Governadores ou interventores de Estados ou Territórios, o Prefeito do Distrito Federal, seus respectivos secretários, os Prefeitos municipais, os Vereadores e Chefes de Polícia; III - os membros do Parlamento Nacional, do Conselho de Economia Nacional e das Assembléias Legislativas dos Estados; IV - os cidadãos inscritos no *Livro de Mérito*; V - os oficiais das Forças Armadas e e os militares dos Estados, do Distrito Federal e dos Territórios; VI - os Magistrados; VII - os diplomados por qualquer das faculdades superiores da República; VIII - os Ministros de confissão religiosa; IX - os Ministros do Tribunal de Contas; X - os cidadãos que já tiverem exercido efetivamente a função de jurado, salvo quando excluídos da lista por motivo de incapacidade para o exercício daquela função; XI - os Delegados de Polícia e os guardas civis dos Estados e Territórios, ativos e inativos.

E no art. 296 o Estatuto processual dispõe que os inferiores e praças de pré, onde for possível, serão recolhidos à prisão, em estabelecimentos militares, de acordo com os respectivos regulamentos.

Leis esparsas estendem o privilégio a outras pessoas: oficiais da Marinha Mercante Nacional; dirigentes e administradores sindicais; servidores públicos; pilotos de aeronaves mercantes nacionais; funcionários da Polícia Civil dos Estados e Territórios.

O Estatuto da Ordem dos Advogados do Brasil dispõe expressamente, como direito do Advogado, de *não ser recolhido preso, antes da sentença transitada em julgado, senão em sala do Estado-Maior, com instalações e comodidades condignas, assim reconhecidas pela OAB, e, a sua falta, em prisão domiciliar.*[401]

---

400. Lei nº 7.960, de 21.12.1989, dispõe sobre a prisão temporária.

401. Lei nº 8.906, de 4.7.1994 (EOAB), art. 7º. Ver Jurisprudência: TJSP, 2ª Câm. de Férias, HC nº 109.704-3/9-SP; Rel. Des.Silva Leme; j. 16.7.1991; v.u. (*AASP* nº 2200, de 26.2 a 4.3.2001, p. 1731-j.). A eficácia da expressão "assim reconhecidas pela OAB", inserta no inciso V, do art. 7º do EOAB foi suspensa pelo STF, em medida liminar, na ADIn nº 1.127-8.

Nas localidades em que não houver estabelecimento específico para o preso especial, este será recolhido em cela distinta do mesmo estabelecimento. A cela especial poderá consistir em alojamento coletivo, atendidos os requisitos de salubridade do ambiente, pela concorência dos fatores de aeração, insolação e condicionamento térmico adequados à existência humana. E o preso especial não será transportado juntamente com o preso comum. Por fim, os demais direitos e deveres do preso especial serão os mesmos do preso comum.[402]

Na prisão especial, o réu ou indiciado goza das seguintes regalias:

I - alojamento condigno, alimentação e recreio;

II - uso do seu próprio vestuário, guardado o decoro devido aos companheiros de prisão e ao estabelecimento;

III - assistência de seus advogados, sem restrições, durante o horário normal de expediente;

IV - visita de parentes e amigos em horário previamente fixado;

V - visita de ascendentes, descendentes, irmãos e cônjuge do detido, durante o expediente, sem horário determinado;

VI - recepção e transmissão de correspondência livremente, salvo nos casos em que a autoridade competente recomendar censura prévia;

VII - assistência religiosa, sempre que possível;

VIII - assistência médica particular;

IX - alimentação enviada pela família ou por amigos, em casos especiais e com autorização do Diretor ou Comandante;

X - transporte diferente do empregado para os presos comuns;

XI - direito de representar, desde que o faça em termos respeitosos e por intermédio do Diretor ou Comandante.[403]

Quanto à disciplina, o detido deverá: I - pautar o seu procedimento pelas instruções baixadas pelo diretor da prisão ou comandante da unidade; II - evitar controvérsias e quaisquer atitudes que possam importar em desrespeito, perturbação da ordem ou incitamento à desobediência.

O preso insubordinado ou de mau comportamento pode ser punido com: *a)* isolamento; *b)* suspensão do recreio; *c)* suspensão da visita de amigos; *d)* suspensão da visita de ascendentes, descendentes, irmãos e cônjuges.

O Diretor da Prisão ou Comandante da Unidade deve comunicar imediatamente ao Juiz, a cuja disposição esteja o preso, a falta cometida a pena disciplinar imposta.

O réu ou indiciado com direito a prisão especial fica em uma dependência do Quartel, da Delegacia de Polícia ou da Cadeia Pública, separado dos demais presos.

Transitada em julgado a sentença penal condenatória ou reformada a absolutória, o Juiz, por meio de *Guia de Recolhimento*, determina a transferência do réu para prisão comum.

---

402. Lei nº 10.258, de 11.7.2001, altera o art. 295 do Decreto-Lei nº 3.689, de 3.10.1941 (CPP), no que trata de prisão especial.

403. Decreto nº 38.016, de 5.10.1955. V. ainda os seguintes diplomas federais: Leis nºs 2.860, de 31.8.1956 e 5.606, de 9.9.1970.

Policiais ou ex-Policiais: — Em face da legislação vigente, os policiais ou ex-policiais que aguardam julgamento ou tenham sido condenados devem ser recolhidos em local separado dos criminosos comuns, em prisão especial ou dependência isolada.[404]

Assim, o policial civil preso preventivamente, em flagrante ou em virtude de sentença de pronúncia, enquanto não perder a condição de funcionário, permanecerá em prisão especial, durante o curso da ação penal e até que a sentença transite em julgado.[405]

7. MANDADOS

Em São Paulo, nos mandados e contramandados de prisão consta, além da indicação do nome, pelos menos mais dois elementos identificadores, como filiação, número do RG ou data e local de nascimento das pessoas a que se refiram e o endereço constante dos autos.

Nos mandados de prisão por inadimplência de alimentos consta também o valor da dívida em moeda corrente, na data da respectiva decretação, com a menção do período em aberto, e expedido com mais uma via, para ser remetida à Delegacia de Polícia de Defesa da Mulher da área circunscricional da residência do réu.[406]

Banco de Dados: — O Instituto de Identificação Ricardo Gumbleton Daunt (IIRGD), insere no banco de dados da Polícia Civil todos os mandados e contramandados de prisão, assim como os alvarás de soltura, expedidos pela Seção de Triagem de Mandados e Contramandados de Prisão do Tribunal Justiça.

Os mandados e contramandados de prisão e alvarás de soltura, remetidos ao IIRGD pelo Poder Judiciário, sem o conhecimento da aludida Seção de Triagem, são devolvidos, com anotação do dia e hora do recebimento, sem a inserção no banco de dados.

Recebimento: — Os mandados e contramandados e os alvarás de soltura expedidos pelo Poder Judiciário da União, do Distrito Federal e de outros Estados, recebidos diretamente pelo IIRGD, são inseridos no banco de dados.

Ao IIRGD compete receber, exclusivamente, através da Seção de Triagem: I - mandados de prisão; II - contramandados de prisão; III - alvarás de soltura; IV - comunicações sobre: *a)* prisão em flagrante, através da remessa do Boletim de Identificação Criminal e *modus operandi*; *b)* cumprimento de mandados e contramandados de prisão e alvarás de soltura; *c)* fuga de preso; *d)* recaptura do foragido.

---

404. Lei nº 4.878, de 3.12.1965, que dispõe sobre o regime jurídico peculiar aos funcionários Policiais civis da União e do Distrito Federal, art. 40. Lei nº 6.364, de 4.10.1976, que acrescenta parágrafo ao art. 40 da Lei nº 4.878/1965. Lei nº 5.350, de 6.11.1967, que estende aos funcionários da Polícia Civil dos Estados e Territórios, ocupantes de cargos de atividade Policial, o regime de prisão especial estabelecido pela Lei nº 4.878/1965. Decreto Federal nº 38.016, de 5.10.1965, que regulamenta a prisão especial. Resolução SSP nº 33, de 5.11.1974, dando a denominação de *Prisão Especial da Polícia Civil*, o antigo *Lar dos Egressos*. Portaria DGP nº 14, de 9.8.1995, dispõe sobre o Regimento do Presídio da Polícia Civil do Estado de São Paulo.

405. Lei nº 4.878, de 3.12.1965, combinada com a Lei nº 5.350, de 6.11.1967 e Resolução SSP nº 33, de 5.11.1974. Portaria DGP nº 14, de 9.8.1995, dispõe sobre o *Regimento do Presídio da Polícia Civil do Estado de São Paulo*.

406. Resolução nº 145/2000, do Tribunal de Justiça de São Paulo (*DJE* 3.1.2001, Caderno 1, Part. 1, p. 1).

Comunicação: — As informações constantes nas alíneas "b" e "d" são imediatamente comunicadas, através de mensagem teletipada, pela autoridade que cumprir a ordem, ao IIRGD e à Divisão de Capturas. Da informação consta, além da data do evento, o local de recolhimento do preso.

Nos casos em que não dispuser a unidade de terminal, a comunicação é feita através da unidade hierarquicamente superior ou, na impossibilidade, por telefone, sem prejuízo de posterior formalização escrita.

Os mandados e contramandados de prisão são recebidos pelo IIRGD em 3 vias, acompanhados de cartões-protocolo, nos quais é firmado o recebimento. A 1ª via é remetida até às 12 horas à PRODESP-UFA, que providencia a inserção no banco de dados, no prazo máximo de 24 horas. As vias restantes são encaminhadas à Divisão de Capturas, para anotação das providências cabíveis. E o documento que não apresentar condições de cadastramento é devolvido à Seção de Triagem de Mandados e Contramandados de Prisão do Tribunal de Justiça.

Execução: — O cumprimento dos mandados é feito da seguinte forma:

I - preso no interior com mandado expedido pela Capital: *a)* a autoridade que cumprir a ordem comunica o fato à Divisão de Capturas do DIRD, solicitando cumprimento do mandado; *b)* o preso é encaminhado à Divisão de Capturas ou posto sob sua guarda, para remoção à unidade designada; *c)* a Divisão de Capturas encaminha imediatamente ao IIRGD cópia do mandado cumprido, acompanhado por uma planilha individual dactiloscópica do preso.

II - preso na Capital com mandado expedido pelo Interior do Estado: *a)* a autoridade que cumprir a ordem comunica o fato à Divisão de Capturas do DIRD, solicitando o cumprimento do mandado; *b)* o preso aguarda a remoção pela Divisão de Capturas no local onde foi detido; *c)* a Divisão de Capturas encaminha imediatamente ao IIRGD cópia do mandado cumprido, acompanhado por uma planilha individual dactiloscópica do preso.

III - preso na Capital com mandado expedido pela Capital: *a)* a autoridade que cumprir a ordem comunica o fato à Divisão de Capturas do DIRD, solicitando o cumprimento do mandado; *b)* a Divisão de Capturas encaminha imediatamente ao IIRGD cópia do mandado cumprido, acompanhado por uma planilha individual dactiloscópica do preso.

IV - preso no Interior com mandado expedido pelo Interior do Estado: *a)* a autoridade que cumprir a ordem comunicará o fato à Divisão de Capturas do DIRD, para que sejam procedidas as anotações e efetuada a restituição da cópia da ordem judicial em seu poder; *b)* imediatamente, é encaminhada ao IIRGD cópia do mandado de prisão, acompanhada por uma planilha individual dactiloscópica do preso.

V - preso no Interior com mandado expedido por outros Estados da Federação e pelo Distrito Federal: *a)* a autoridade que cumprir a ordem comunica o fato à Divisão de Capturas do DIRD, solicitando cumprimento do mandado; *b)* imediatamente, é encaminhada ao IIRGD cópia do mandado de prisão acompanhado por uma planilha individual dactiloscópica do preso.

VI - preso na Capital com mandado expedido por outros Estados da Federação e pelo Distrito Federal: *a)* a autoridade que cumprir a ordem comunicará o fato à Divisão de Capturas, solicitando o cumprimento do mandado e remoção do preso;

b) a Divisão de Capturas promoverá o cumprimento do mandado e remeterá uma cópia da planilha individual dactiloscópica ao IIRGD.

Devolução: — Em São Paulo, os mandados de prisão pendentes de cumprimento, com datas de validade vencidas, devem ser devolvidos pela autoridade policial ao órgão judiciário expedidor, acompanhados da folha de antecedentes atualizada do procurado, para exame e eventual decretação da extinção da punibilidade.[407]

8. CONTRAMANDADOS

O cumprimento dos contramandados de prisão é feito da seguinte forma:

I - na Capital: *a)* o IIRGD recebe da Seção de Triagem de Mandados e Contramandados de Prisão do Tribunal de Justiça, em 3 vias, sendo uma delas destinada à atualização do banco de dados e as restantes remetidas, após pesquisa, imediatamente à Divisão de Capturas do DIRD; *b)* a Divisão de Capturas procede a devolução, ao Juízo competente, do mandado correspondente sem cumprimento.

II - no Interior: *a)* a autoridade que receber o contramandado devolve, ao Juízo competente, o mandado correspondente sem cumprimento; *b)* o IIRGD, após o recebimento do contramandado da Seção de Triagem de Mandados e Contramandados de Prisão do Tribunal de Justiça, atualiza o banco de dados e encaminha as vias restantes à Divisão de Capturas do DIRD, para as providências cabíveis.

O Delegado que cumprir alvará de soltura deve comunicar imediatamente a liberação do preso à Divisão de Capturas do DIRD e encaminhará concomitantemente ao IIRGD cópia do documento, certificando no verso, para atualização do banco de dados.

Consultas: — As consultas sobre mandados e contramandados de prisão ou alvarás de soltura são prestadas através da PRODESP. O CEPOL, por sua vez, é incumbido de informar as consultas sobre mandados, feitas através de freqüência VHF de rádio comunicação, desenvolvidas sob responsabilidade do delegado a que está subordinado o consulente.

A pesquisa com resultado positivo enseja sua imediata retransmissão, pelo CEPOL, à autoridade policial respectiva, bem como à Divisão de Capturas.[408]

Prisão de Estrangeiros: — A prisão de cidadãos estrangeiros, por qualquer motivo, deve ser imediatamente comunicada ao Delegado de Permanência no CEPOL, para pronta retransmissão à representação consular respectiva, mencionando-se o fato, data, hora e local da prisão, nº de BO e dados qualificativos completos do detido. A CEPOL comunica o fato também para a DEATUR e a unidade de origem das providências tomadas.[409]

---

407. Provimento nº 2/2001, da Corregedoria-Geral da Justiça, reforma o Cap. V das Normas de Serviço da Corregedoria-Geral de Justiça (*DJE* 8.2.2001, Caderno 1, Parte 1, p. 6.)

408. Portaria DGP nº 2, de 18.1.1995, sem ementa (*DOE* 19.1.1995), retificada em 21.1.1995, pela Portaria DGP nº 10/1995. Observação: o DACAR foi extinto e a Divisão de Capturas está subordinada ao DIRD. Portaria DGP nº 25/2001, dispõe sobre a inserção no banco de dados da Polícia Civil das informações constantes dos mandados e contramandados de prisão e dos alvarás de soltura.

409. Portaria DGP nº 27, de 8.12.1993, dispõe sobre a comunicação de prisão de estrangeiros.

Triagem do DIPO: — Em São Paulo, na Capital, em maio de 2000, foi implantada junto ao Ofício de Inquéritos Policiais - Processamento de *Habeas Corpus*, a Seção de Triagem de Mandados e Contramandados de Prisão, para recebimento, triagem e encaminhamento dos mandados e contramandados de prisão, expedidos pelos Juízes de Direito das Comarcas da Capital e do Interior do Estado.

À essa Seção compete o encaminhamento dos mandados e contramandados de prisão ao Instituto de Identificação *Ricardo Gumbleton Daunt* (IIRGD), da Polícia Civil, ao qual cabe a remessa aos demais órgãos competentes para cumprimento.

Na Capital, os mandados e contramandados devem ser feitos em 3 vias e remetidos à essa Seção. No interior, devem ser feitos em 5 vias, sendo 2 encaminhadas à autoridade policial local e as demais à referida Seção.

Após o devido cumprimento ou em razão de contramandado, os mandados de prisão devem ser devolvidos diretamente da Divisão de Capturas e Pessoas Desaparecidas aos Juízos que os expediram.

Decorridos 30 dias da data do recebimento do mandado de prisão e não tendo havido seu cumprimento, o delegado comunica ao Juízo a ocorrência, através de relação mensal dos réus não encontrados. À vista dessa relação, o Escrivão do Juízo fará imediata expedição de novo mandado de prisão, para cumprimento no prazo máximo de 10 dias, por Oficial de Justiça, inclusive para os efeitos do art. 392, II a VI do Código e Processo Penal.[410]

9. MODELOS

9.1. Auto de Apresentação Espontânea - Modelo I

SECRETARIA DE ESTADO DOS NEGÓCIOS DA SEGURANÇA PÚBLICA

POLÍCIA CIVIL DO ESTADO DE SÃO PAULO

... DISTRITO POLICIAL

Rua ..., nº ... - Telefone ...

AUTO DE APRESENTAÇÃO ESPONTÂNEA

Às... horas do dia... do mês de... do ano de..., nesta cidade de..., no Cartório do ... Distrito Policial, onde se achava o Dr.(a) ..., Delegado de Polícia respectivo, comigo..., escrivão(ã) de seu cargo, ao final assinado, aí compareceu, espontaneamente, ... (nome e qualificação completa) contando que ... (descrever o fato). Em seguida, informado dos seus direitos constitucionais, inquirido pela Autoridade, respondeu:

410. Resolução nº 8, da Corregedoria-Geral da Justiça, sobre a Seção de Triagem de Mandados e Contramandados de Prisão do DIPO (*DOE* 16.5.2000).

QUE, ... ; QUE, ... Nada mais disse. Primeira testemunha, ... (nome e qualificação completa). Aos costumes nada disse. Testemunha compromissada na forma da lei, inquirida pela autoridade, respondeu: QUE, ...; QUE...; (descrever o que a testemunha falar sobre o que presenciou, ouviu e souber). Segunda testemunha (...). Terceira testemunha (...). Nada mais havendo, mandou a autoridade encerrar este auto que, lido e achado conforme, vai devidamente assinado. Eu, ..., Escrivão(ã) que o datilografei (digitei).

(A apresentação espontânea do acusado à autoridade não impedirá a decretação da prisão preventiva nos casos em que a lei a autoriza, segundo dispõe o art. 317, do CPP. E o delegado pode requerer ao Juiz a prisão temporária ou preventiva do acusado, se entender necessária).

9.2. Auto de Apresentação Espontânea - Modelo II

(Modelo utilizado pela Polícia Federal)

AUTO DE APRESENTAÇÃO ESPONTÂNEA

Aos ... dias do mês de ... do ano de ..., ... (nome), brasileiro, casado, ... (profissão), portador do Registro Geral nº ..., (SSP- ...), filho de ... e de ..., residente na Rua ..., nº ..., bairro ..., ... (Estado), espontaneamente e acompanhado de seu defensor constituído, Dr. ..., inscrito na seccional ... da Ordem dos Advogados do Brasil, sob o nº ..., com escritório na Rua ..., nº ..., ... (Estado), apresentou-se à Autoridade Policial, Dr. ..., Delegado de Polícia Federal, que subscreve o presente, submetendo-se ao cumprimento do(s) mandado(s) de prisão, contra ele, expedido pelo Exmo. Sr. Juiz Federal da ... Vara Federal Criminal da Seção Judiciária de ... (Estado), Dr. ..., nos autos do Processo nº ..., de ... (dia) de ... (mês) de ... (ano).

Após será o réu recolhido em cela da Polícia Federal do Estado de ..., permanecendo à disposição da Justiça Federal. Nada mais havendo, a Autoridade mandou encerrar este auto, que, lido e achado conforme, vai devidamente assinado. Eu, ..., Escrivão(ã), que o digitei.

(aa) Autoridade Policial, réu, defensor, escrivão(ã).

9.3. Auto de Prisão em Flagrante - Apreensão de Arma de Fogo

(Apreensão de arma de fogo - porte sem registro, com numeração raspada, e disparo de arma de fogo na via pública - Crimes previstos no art. 10, caput, *e § 1º, III, da Lei nº 9.437/1997 (que instituiu o SINARM e dá outras providências), c/c o art. 69,* caput, *do CP (concurso formal). O rito processual é o ordinário, CPP arts. 394-405 e 499-502. Havendo a possibilidade de suspensão do processo - Lei nº 9.099/1995).*

NA POLÍCIA

(Capa do inquérito)

Registrado sob nº .... Do livro competente nº ... Data.../.../... O Escrivão(ã) (a)____

SECRETARIA DE ESTADO DOS NEGÓCIOS DA SEGURANÇA PÚBLICA

POLÍCIA CIVIL DO ESTADO DE SÃO PAULO

DELEGACIA DE POLÍCIA DE.............

O Escrivão(ã)

(a)________

Natureza: .... Art. 10, *caput*, §§ 1º, III e 3º, Lei nº 9.437/1997

Autora: .... Justiça Pública

Vítima: .... A Sociedade

Indiciado: .... Berêncio da Silva

A U T U A Ç Ã O

Aos ... dias do mês de ... do ano de ..., nesta cidade de ..., na Delegacia de Polícia, em meu Cartório, autuo... (o Auto de Prisão em Flagrante e demais peças a ele pertinentes ou a Portaria) que adiante se segue(m), do que, para constar, lavro este termo. Eu,..., escrivão/ã que o digitei.

(Em outra folha)

SECRETARIA DE ESTADO DOS NEGÓCIOS DA SEGURANÇA PÚBLICA

POLÍCIA CIVIL DO ESTADO DE SÃO PAULO

AUTO DE PRISÃO EM FLAGRANTE DELITO

Instaure-se I.P.
A., Registre-se,
Data .../..../.......
O Delegado(a)
(a)...................

Às ... horas do dia ... do mês de ..., do ano de ..., nesta cidade de ..., município de ... e Comarca de igual nome, na Delegacia/no ... Distrito Policial, onde presente se encontrava o(a) Dr.(a) ..., Delegado(a) de Polícia respectivo, comigo escrivão(ã) de seu cargo, ao final assinado, aí compareceu ... (nome, idade, filiação, nacionalidade, naturalidade, estado civil, profissão, lugar onde trabalha, número de telefone, residência e grau de instrução), conduzindo preso ... por havê-lo surpreendido, nesta data, às ... h., na rua ..., bairro ..., em flagrante, praticando o crime previsto no Art. 10, *caput*, §§ 1º, III, e 3º, da Lei nº 9.437/1997. A autoridade policial, convicta do estado de flagrância, após informar ao preso sobre seus direitos individuais, garantidos pela Constituição Federal, dentre os quais de permanecer calado, ter assistência da família e de advogado de sua confiança, de comunicar-se com os mesmos e de conhecer o nome do autor de sua prisão, depois de deixá-lo fazer os telefonemas pedidos, identificou-se como responsável pelo seu interrogatório e determinou a lavratura do presente Auto de Prisão em Flagrante. Providenciada a incomunicabilidade das testemunhas, a autoridade convocou o CONDUTOR e PRIMEIRA TESTEMUNHA que, aos costumes nada disse. Testemunha compromissada na forma da lei, prometeu dizer a verdade do que soubesse e lhe fosse perguntado. Inquerida pela autoridade, respondeu: QUE ... (motivo da prisão); QUE, o depoente, diante disso, deu voz de prisão em flagrante a ..., conduzindo-o, com as testemunhas convocadas, à presença da autoridade policial que, após inteirar-se dos fatos, confirmou a prisão em flagrante e determinou a apreensão... (da arma e dos cartuchos, etc.) e o seu posterior encaminhamento ao Instituto de Criminalística para a devida perícia. Nada mais disse nem lhe foi perguntado. Em seguida passou a autoridade a inquirir a SEGUNDA TESTEMUNA..,(identificação e qualificação completas). Aos costumes nada disse. Testemunha formalmente compromissada, inquirida pela autoridade, respondeu: QUE, ... (escrever minuciosamente tudo o que a testemunha falar). Nada mais disse nem lhe foi perguntado. Em seguida foi inquerida a TERCEIRA TESTEMUNHA ... (identificação e qualificação completas). Aos costumes nada disse. Testemunha compromissada na forma da lei, inquirida pela autoridade, respondeu: QUE .... Nada mais disse nem lhe foi perguntado. Ouvidas as testemunhas, passou a autoridade a interrogar o ACUSADO presente que, perguntado sobre sua identificação e qualificação, respondeu chamar-se ..., carteira de identidade, RG...., ser ... (brasileiro), natural de ..., casado/solteiro, com... anos de idade, filho de ... e de ..., residente nesta cidade, na rua..., nº...., bairro, telefone, profissão ou modo de vida..., local do trabalho, sabendo ler e escrever. Interrogado pela autoridade sobre a imputação que lhe é feita, e ciente do direito constitucional de permanecer calado, respondeu: QUE, ...(escrever as respostas de forma objetiva); QUE, o interrogado já foi processado pelo crime de ... absolvido (condenado, etc.). Nada mais disse, nem lhe foi perguntado. Nada mais havendo a providenciar, mandou a autoridade encerrar este auto que, lido e achado conforme, vai devidamente assinado. Eu, ..., Escrivão/ã que o digitei.

(a) Delegado(a)

(a) Condutor

(a) Testemunha

(a) Acusado

(a) Advogado (ou Curador)

(a) Escrivão(ã)

(*Na fase policial, na hipótese em tela, não cabe fiança, o acusado é recolhido preso).*

(Segue-se o termo do escrivão de conclusão)

Na mesma data, faço estes autos conclusos ao Dr.(a.)...., Delegado(a) de Polícia. Para constar, lavro este termo. Eu,..., escrivão(ã) que o digitou.

/ C L S. /

(Despacho do Delegado/a)

"J. aos autos: / BO alusivo aos fatos / Auto de Exibição e Apreensão da arma e dos cartuchos / Nota de Culpa / Boletim de Informações sobre a Vida Pregressa, qualificações / Pesquisa sobre os antecedentes criminais do autuado / Ofícios de praxe / Requisição de exame pericial / A seguir, voltem-me, conclusos. / Data / (a) Delegado(a).

(Lavra-se em seguida os termos de data e certidão)

Na mesma data supra recebi estes autos. Certifico também haver dado inteiro cumprimento ao despacho supra (ou retro) conforme adiante se vê. O referido é verdade e dou fé. Eu,..., Escrivão(ã) que o digitei.

(j. de cópias de ofícios)

9.3.1. Nota de Culpa

SECRETARIA DE ESTADO DOS NEGÓCIOS DA SEGURANÇA PÚBLICA

POLÍCIA CIVIL DO ESTADO DE SÃO PAULO

NOTA DE CULPA

O Senhor Doutor (...) faz saber a (...) que se acha preso em flagrante delito por haver transgredido o(os):

Artigo	*Parágrafo*	*Inciso*	*Legislação*	*Descrição*
(Ex: 10	*caput*	—	9.437/1997	Porte de arma

Em .../.../.... .... horas, na /Av. ..., nº ..., Bairro de..., cujo local é uma residência,..... ....(descrever sucintamente o fato), do que foram testemunhas:

Nome:..

Nome:..

Do que se lhe dá ciência, nesta oportunidade, para que possa tomar providências que entender do seu interesse, a fim de ser processado em face da lei. (Se for o caso, consignar que: Foi arbitrada a fiança de R$... (...), para solto se defender)

São Paulo,... de... de......

O(A) Delegado(a)... (nome)

(a) ....

....

Recebi a original deste documento no dia de hoje.

São Paulo/SP,...de...de..

(a).................................

Indiciado

9.3.2. Comunicações de Praxe

SECRETARIA DE ESTADO DOS NEGÓCIOS DA SEGURANÇA PÚBLICA

POLÍCIA CIVIL DO ESTADO DE SÃO PAULO

Data.../...../......

Ofício nº .../...

MM. Juiz /

Pelo presente, encaminho a V.Exa. cópia do Auto de Prisão em Flagrante delito, lavrado nesta data contra ..., por infração ao art. ..., da Lei nº ..., o qual se encontra recolhido à disposição da Justiça, na carceragem desta Delegacia (DP, etc.). / Ao ensejo, reitero a V.Exa. os protestos de estima e consideração.

(a) O Delegado

A Sua Excelência,
o MM. Juiz de Direito (desta Comarca)
ou Corregedor dos Presídios e da Polícia Judiciária da Capital.
Nesta.

SECRETARIA DE ESTADO DOS NEGÓCIOS DA SEGURANÇA PÚBLICA

POLÍCIA CIVIL DO ESTADO DE SÃO PAULO

Ofício nº .../... Data.../...../......

Senhor Delegado /

Pelo presente, encaminho a V.Sa., as peças do Auto de Prisão em Flagrante delito lavrado nesta data contra ..., qualificação, por infração ao art.... da Lei....., com as planilhas de identificação.

Ao ensejo, reitero a V.Sa., os protestos de estima e consideração.

(a) O Delegado de Polícia

A Sua Senhoria,
o Dr. Delegado Titular de Vigilância e Capturas.
Nesta.

SECRETARIA DE ESTADO DOS NEGÓCIOS DA SEGURANÇA PÚBLICA

POLÍCIA CIVIL DO ESTADO DE SÃO PAULO

Data.../..../......

Ofício nº .../...

Senhor Diretor do Presídio.

Com este, faço apresentar a V.Sa., para ser recolhido à disposição da Justiça, o preso ..., qualificação, autuado em flagrante delito, por infração ao art.., da Lei nº ... / Ao ensejo, reitero a V.Sa. os protestos de estima e consideração.

(a) O Delegado/a de Polícia

(Despacho)

J. aos autos meu Relatório, que ofereço em separado. / A seguir, encaminhe-se o presente procedimento ao Fórum Criminal, através do Cartório Central desta Delegacia (DP), com as cautelas devidas.

Data ..../.........../...........

(a)Delegado

(Data e certidão)

Na mesma data, recebi os autos com o despacho supra e certifico que, em seguida, dei inteiro cumprimento ao seu teor, conforme adiante se vê. O referido é verdade e dou fé. Eu, ..., Escrivão(ã) que o digitei.

9.3.3. Relatório

SECRETARIA DE ESTADO DOS NEGÓCIOS DA SEGURANÇA PÚBLICA

POLÍCIA CIVIL DO ESTADO DE SÃO PAULO

IP - Flagrante
Natureza: art. ...
Vítima ...
Indiciado ...

MM. Juiz /

Instaurou-se o presente inquérito, mediante Auto de Prisão em Flagrante contra..., por ter sido surpreendido... / O condutor e primeira testemunha disse... / A segunda testemunha contou que... / O acusado, respondeu em seu interrogatório (fls.) que... / A arma e a munição apreendidas foram... Laudo de fls.. / É o relatório.

Data ...../........../..............

(a) O Delegado de Polícia

(*Termo de remessa*):

REMESSA / Aos..., dias do mês... de ...., faço remessa destes autos ao MM. Juiz de Direito da..., através da... (Cartório Central, da Chefia desta...). E para constar lavro este termo. Eu, ..., Escrivão(ã) que a digitou.

9.3.4. Roteiro em Juízo

MINISTÉRIO PÚBLICO

I.P. nº ... / 1 - Denúncia em separado nesta data contra ..., em duas laudas impressas somente no anverso. / 2 - Do mesmo requeiro: / *a)* folha de antecedentes; / *b)* certidão do distribuidor criminal local; / *c)* certidão de tudo que por ventura nelas vier mencionado, constando expressamente o trânsito em julgado da decisão, se o caso.

Data ..../........../........

(a) Promotor de Justiça da...

DENÚNCIA: Exmo. Sr. Juiz de Direito da... Vara Criminal da Comarca de... / O Ministério Público do Estado de..., através do Promotor de Justiça que este subscreve, com base no incluso processo nº ...., mediante DENÚNCIA, propõe a presente AÇÃO PENAL contra ..., RG...., qualificado às fls...., pela prática do seguinte ato infracional (disparo de arma de fogo, etc.) ou crime: / 1. No dia (...). 2. (...). 3. (...). 4. (...). 5. (...). Estando, assim, ... incurso no art. 10, *caput*, e no art. 10, § 1º, inciso III (disparar arma de fogo), ambos da Lei nº 9.437, de 20 de fevereiro de 1997, na forma do art. 69, *caput*, do Código Penal, requeiro seja instaurado o competente processo crime, seguindo-se o rito estabelecido pelos arts. 394-405 e 499-502, do Código de Processo Penal, citando-se o denunciado para todos os seus termos, pena de prosseguimento do processo sem a presença dele, e intimando-se as testemunhas do rol abaixo, na forma e sob as penas da lei, prosseguindo-se até final condenação.

Rol de testemunhas

1. ...

2. ...

Data, .../.........../........

(a) Promotor de Justiça

(O escrevente lança os termos de Certidão e Conclusão)

JUIZ (*Despacho*)

1) Recebo a denúncia de fls... / 2) Designo o dia ..., de ... de ..., às... horas, para o(s) interrogatório(s). / 3) Cite(m)-se ou requisite(m)-se./ 4) Defiro a cota do Ministério Público de fls..., diligenciando-se como requerido./ 5) Req. o(s) laudo(s) porventura faltante(s) (fs...)./ 6) Oficie-se à Delpol de origem, para remessa da arma apreendida, ao Setor de Armas e Objetos deste Juízo./ 7) Req. os antecedentes do(s) réu(s) (fls...)./ 8) Autorizo extração de cópias.

Data, .../......../.........

(a) Juiz de Direito

(Depois os termos de Data e Certidão)

No transcorrer do processo, o réu é citado, comparece à audiência e é interrogado. O juiz designa audiência de proposta de suspensão condicional do processo. Proposta a suspensão pelo Ministério Público ou pelo Juiz de ofício, mediante certas condições, é aceita pelo réu.

ADVOGADO

Estando o acusado/réu preso, o advogado requer a sua liberdade provisória, com ou sem o arbitramento de fiança. Negada, a providência seguinte é a impetração de *habeas corpus*.

9.4. Auto de Prisão em Flagrante - Apreensão de Drogas

SECRETARIA DE ESTADO DOS NEGÓCIOS DA SEGURANÇA PÚBLICA

POLÍCIA CIVIL DO ESTADO DE SÃO PAULO

Dependência: ....

BO : ....

Registre-se, Autue-se,

Instaure-se I.P.

São Paulo, ..., de ... de ...

(Nome do Delegado) ...

AUTO DE PRISÃO EM FLAGRANTE

Às ... horas, do dia ..., do mês de ..., do ano de ..., nesta cidade de ..., município e comarca de ..., na Delegacia de Polícia de ..., onde presente se encontrava o Dr. ..., Delegado de Polícia respectivo, comigo, escrivão(ã) de seu cargo, ao final assinado(a), aí, compareceu ... (nome), adiante qualificado, conduzindo preso ... (nome), por havê-lo surpreendido ... (nesta data, na rua..., defronte ao nº ..., no bairro de ..., nesta cidade, tendo sob sua posse e responsabilidade ... (mencionar a droga apreendida), material que foi apreendido e, após ser submetido a exame toxicológico pelo Laboratório do ... (Instituto Médico-Legal), ficou comprovado tratar-se de ... (natureza da droga, segundo o laudo de constatação), infringindo assim o disposto no art. ..., da Lei nº 6.368/1976. Convicta do estado de flagrância e, após informar ao preso sobre seus direitos individuais, garantidos pela Constituição Federal, dentre os quais os de permanecer calado, ter assistência da família e de advogado de sua confiança, e conhecer o nome do autor de sua prisão, a Autoridade Policial, identificando-se como responsável por seu interrogatório, determinou a lavratura do presente auto de prisão em flagrante. Providenciada a incomunicabilidade das testemunhas, a autoridade convocou o CONDUTOR E PRIMEIRA TESTEMUNHA ... (nome), ... RG. ..., brasileiro, natural de ..., casado/solteiro, com ... de idade (dia, mês e ano), filho de ... e de ..., residente nesta cidade de ...,, na Rua ..., nº .., bairro ..., telefone (...) ..., ... (profissão ou meio de vida), sabendo ler e escrever. Aos costumes, nada disse. Testemunha compromissada na forma da lei, prometeu dizer a verdade do que soubesse e lhe fosse perguntado e, inquirida pela autoridade, respondeu: QUE, ...; QUE, ...; (narrar o motivo por que deu voz de prisão ao acusado, conduzindo-o, com as testemunhas convocadas, à presença da autoridade). Nada mais disse, nem lhe foi perguntado. Em seguida, a autoridade convocou a SEGUNDA TESTEMUNHA, ... (nome e qualificação completa). Aos costumes nada disse. Testemunha compromissada na forma da lei, inquirida pela autoridade, respondeu: QUE, ...; QUE, ...; TERCEIRA TESTEMUNHA, ... (nome e qualificação completa). Aos costumes nada disse. Testemunha compromissada na forma da lei, inquirida pela autoridade, respondeu: QUE, ... ; QUE, ... ; QUARTA TESTEMUNHA, ... (nome e qualificação completa). Aos costumes nada disse. Testemunha compromissada na forma da lei, inquirida pela autoridade, respondeu: QUE, ...; QUE, ... Ouvidas as testemunhas, passou a autoridade a interrogar o ACUSADO presente que, perguntado sobre a sua identidade e qualificação, respondeu chamar-se ... (nome), ser ... (brasileiro), natural de ..., casado/solteiro, com ... anos de idade, filho de ... e de ..., residente nesta cidade de ..., na Rua ..., nº ..., bairro de ..., telefone ..., ... (profissão ou meio de vida), sabendo ler e escrever. Ciente da acusação que lhe é feita e do direito constitucional de permanecer calado, respondeu: QUE, ...; QUE, ... (escrever as respostas de forma objetiva); que o interrogado já foi processado e condenado pelos crimes previstos nos arts. ..., do ... (Código Penal ou da Lei nº 6.368/1976, etc.); QUE atualmente se encontra ... (em prisão semi-aberta, domiciliar, etc.,).; QUE é viciado em ... há mais de ... anos; QUE ... . Nada mais disse, nem lhe foi perguntado (ou, QUE nunca foi processado. Nada mais disse. A autoridade, em vista da primariedade do acusado e do delito praticado, arbitra a fiança no valor de R$ ..., para que o mesmo se veja processado e julgado em liberdade). Entregue-se a Nota de Culpa ao acusado e comunique-se a sua prisão ao MM. Juiz de Direito da Jurisdição Criminal competente. Nada mais havendo a tratar, mandou a autoridade encerrar estes autos que, lidos e achados conformes, vão devidamente assinados. Eu, ..., Escrivão(ã) que o digitou.

(a) Delegado

(a) Condutor

(a) 1ª Testemunha

(a) 2ª Testemunha

(a) 3ª Testemunha

(a) Acusado

(a) Curador (se houver)

(a) Escrivão

(Para efeito de caracterização do crime praticado pelo acusado, o Delegado de Polícia deve justificar em despacho fundamentado as razões que o levaram a decidir por determinada classificação legal do fato, mencionando concretamente as circunstâncias, nos termos do art. 30 da Lei nº 10.409, de 11.1.2002).

(Despacho fundamentado do delegado)

C L S /

Considerando-se a natureza e a quantidade da substância apreendida, o local e as condições em que se desenvolveu a ação criminosa, as circunstâncias da prisão, bem como a conduta e os antecedentes do ACUSADO, enquadro Fulano de tal nos termos do art. ..., da Lei nº 6.368/1976, como traficante, recolhendo-o preso à disposição da Justiça Criminal: ou nos termos do art. 16 da Lei nº 6.368/1976, como farmacodependente; arbitro fiança e ponho-o em liberdade, para solto ser processado e julgado.

Data, .../........./..........

(a) O(A) Delegado(a) de Polícia

(Seguem-se os termos de conclusão, data e certidão)

9.5. Auto de Prisão em Flagrante - Crimes Contra as Relações de Consumo

SECRETARIA DE ESTADO DOS NEGÓCIOS DA SEGURANÇA PÚBLICA
POLÍCIA CIVIL DO ESTADO DE SÃO PAULO
DELEGACIA DE POLÍCIA DE ....

R.A. instaure I.P.
Data......
Delegado de Polícia
(a).....................

AUTO DE PRISÃO EM FLAGRANTE DELITO

Às ... horas do dia ... do mês de ..., nesta cidade de ..., na Delegacia de ..., onde se encontrava o Dr.(a)..., comigo, escrivão(ã) de seu cargo, ao final assinado, aí, compareceu o policial ..., adiante qualificado, conduzindo preso(a), ..., a quem dera voz de prisão em flagrante pela prática de Crime Contra as Relações de Consumo, tipificado no art. 18, § 6º, I e II da Lei nº 8.078/1990 c/c o art. 7º, IX da Lei nº 8.137/1990. Convicta do estado de flagrância e, após informar ao preso sobre seus direitos individuais, garantidos pela Constituição Federal, dentre os quais de permanecer calado, ter assistência de familiar e de advogado de sua confiança, e conhecer o nome do autor de sua prisão, a autoridade policial, identificando-se como responsável pelo seu interrogatório, determinou a lavratura do presente auto de prisão em flagrante. Providenciada a incomunicabilidade das testemunhas, a autoridade convocou o CONDUTOR E PRIMEIRA TESTEMUNHA: ..., RG ..., filho de ... e de ..., branco, casado, nascido aos ..., em São Paulo-SP, Investigador de Polícia lotado nesta Delegacia de..., testemunha compromissada na forma da lei, inquirida pela autoridade, respondeu: QUE, ... (por exemplo, o depoente no dia de hoje, atendendo determinações superiores foi averiguar uma denúncia anônima que dava conta que na Rua ...,, nº .., bairro ..., um restaurante estaria utilizando produtos impróprios para o consumo; QUE, ... (ao chegar no local mencionado, Restaurante..., o depoente e seus colegas se identificaram como policiais desta ... e foram recebidos pelo(a) proprietário(a), o(a) acusado(a) aqui presente, o(a) qual deu permissão para adentrarem no local e os acompanhou; QUE, ... (as instalações do estabelecimento estavam normais, porém quando chegaram na parte da cozinha, foram verificadas inúmeras irregularidades, como alimentos sem identificação de procedência, bem como sem especificação de datas de fabricação e validade, além de aves vivas que andavam sobre as panelas quem continham alimentos); QUE, ... (haviam facas e cutelos sujos de sangue jogados pelo chão); QUE,...(diante dessas infrações à relação de consumo o depoente deu voz de prisão em flagrante para o(a) acusado(a) e chamou uma equipe da SEMAB, para comparecer no local; QUE, ... a seguir o depoente conduziu o(a) acusado(a) até esta unidade; apresentando-o(a) à autoridade. Nada mais. A seguir, passou a autoridade a ouvir a SEGUNDA TESTEMUNHA : ..., RG

..., filho de ... e de..., branco, casado, nascido aos ... em São Paulo-SP, investigador de Polícia, lotado nesta ... Delegacia..., testemunha compromissada na forma da lei, inquirida pela autoridade, respondeu: QUE, ...; QUE, ...; QUE, ...; QUE, foi dada voz de prisão em flagrante para o(a) acusado(a) e foi chamado no local uma equipe da SEMAB, para proceder uma vistoria e inutilização dos produtos impróprios. Nada mais. A seguir, passou a autoridade a interrogar o(a) ACUSADO(A): ..., RG ..., filho(a) de ... e de ..., branco(a), solteiro(a), comerciante, nascido(a) aos ... em São Paulo-SP, residente na Rua..., nº ..., bairro da ... a qual acusado(a) manifestou o desejo de utilizar seu direito constitucional de somente se pronunciar em Juízo. Foi perguntado ao acusado: O(A) interrogado(a) é o(a) proprietário(a) do estabelecimento, onde foi preso(a)? Quem é o responsável pelo armazenamento das mercadorias? Quem verifica as validades dos produtos utilizados no preparo dos pratos servidos no estabelecimento? Existe alguma recomendação sobre como devem ser estocados os produtos que estão para serem utilizados? Quem mais faz parte da sociedade da empresa? Como são abatidas as aves encontradas vivas no estabelecimento? O(A) acusado(a) não respondeu... (por exemplo, como são armazenadas, etc.) a nenhuma das perguntas, confirmando que somente se pronunciará em Juízo. Mandou autoridade consignar que a fiança arbitrada para o(a) acusado(a) se defender em liberdade é de R$ ... (por exemplo; um mil reais). Nada mais havendo, mandou a autoridade encerrar o presente auto que, lido e achado conforme, vai devidamente assinado.

(a) Autoridade

(a) Condutor

(a) Testemunha

(a) Acusado(a)

(a) Escrivão(ã)

9.6. Auto de Resistência

SECRETARIA DE ESTADO DOS NEGÓCIOS DA SEGURANÇA PÚBLICA

POLÍCIA CIVIL DO ESTADO DE SÃO PAULO

.... DISTRITO POLICIAL

Rua ..., nº ... - Telefone ...

AUTO DE RESISTÊNCIA

Às... horas do dias..., do mês de..., de ..., nesta cidade de..., no ... Distrito Policial, onde se achava presente o Dr.(a) . ..., Delegado(a) respectivo, comigo escrivão(ã) de seu cargo, ao final assinado, aí compareceu..... (nome e qualificação completa) contando que hoje, por volta das..., na Rua/Av...., na altura do nº ... ou no interior do estabelecimento comercial..., ao dar voz de prisão em flagrante ..., para se defender e para vencer a resistência de..., foi obrigado a atirar ..., depois o transportou para o Pronto Socorro... e, em seguida, dirigiu para essa Delegacia. Providenciada a incomunicabilidade de todos os envolvidos no evento, bem como as testemunhas, a Autoridade Policial passou a ouvir o Executor que, aos costumes, nada disse. Compromissado na forma da lei, prometeu dizer a verdade sobre o ocorrido e do que sabia e lhe fosse perguntado e, inquirido pela autoridade, respondeu: QUE, ...; QUE, ...: (descrever a ocorrência). Nada mais disse. Ouvindo o segundo Executor, em seguida, presente o companheiro e auxiliar do Executor, ... (nome e qualificação completa), aos costume nada disse, compromissado na forma da lei, inquirido pela autoridade, respondeu: QUE,...; QUE, ... (transcrever o que for contado). Nada mais disse. Primeira testemunha: ... (nome e qualificação completa). Aos costumes nada disse. Testemunha compromissada na forma da lei, prometeu dizer a verdade do que soubesse e lhe fosse perguntado. Inquirida pela autoridade, respondeu: QUE...; QUE...; Nada mais disse. Segunda testemunha (...) Terceira testemunha (...). A seguir a autoridade passou a interrogar (se estiver presente e puder falar) o ACUSADO de oferecer resistência que, perguntado sobre sua identificação e qualificação, respondeu chamar-se ..., carteira de identidade, RG...., ser ... (brasileiro), natural de ..., casado/solteiro, com... anos de idade, filho de ... e de ..., residente nesta cidade, na rua..., nº ...., bairro, telefone, profissão ou modo de vida..., local do trabalho, sabendo ler e escrever. Interrogado pela autoridade sobre a imputação que lhe é feita, e ciente do direito constitucional de permanecer calado, respondeu: QUE, ...(escrever as respostas de forma objetiva); QUE, o interrogado já foi processado pelo crime de ...absolvido (condenado, etc.); Nada mais disse, nem lhe foi perguntado. Nada mais havendo a providenciar, mandou a autoridade encerrar este auto que, lido e achado conforme, vai devidamente assinado. Eu, ..., Escrivão/ã que o digitei.

(a) Delegado

(a) Executor

(a) 2º Executor

(a) Testemunhas

(a) Acusado

(a) Escrivão(a)

(É lícito o cidadão opor resistência, quando a ação da polícia for manifestamente ilegal. Caso contrário, como, por exemplo, não atender à voz de prisão em flagrante, desacatando, ameaçando ou investindo contra o policial ou mesmo pondo-se em fuga, comete crime de resistência, sendo lícito o emprego da força necessária à sua prisão. A formalização da resistência é feita através de um auto (ata) que pode ser igual ao da prisão em flagrante).

9.7. Representação - Prisão Preventiva - Ofício

Data ... /...../........

Ofício nº .../ ...

MM. Juiz

Pelo presente, represento, respeitosamente, a V.Exa., nos termos dos arts. 13 e 311 do CPP, sobre a necessidade de ser decretada a prisão preventiva de ... (nome e qualificação), em face do seu envolvimento no seguinte crime: 1... 2 ... 3... (expor o fato). Estando presente, portanto, os pressupostos do art. 312 do Código de Processo Penal, a prisão do indiciado é necessária, como garantia da ordem pública, por conveniência da instrução criminal e, ainda, para assegurar a aplicação da lei penal. Valho-me do ensejo, para reiterar a V.Exa., os protestos de estima e consideração.

(a) O(A) Delegado(a) de Polícia

9.8. Representação - Prisão Temporária - Ofício

Data .../..../......

Ofício nº .../...

MM. Juiz

Pelo presente, represento a V.Exa., nos termos do art. 2º da Lei nº 7.960/1989 c/c o § 3º do art. 2º da Lei nº 8.072/1990, sobre a necessidade de ser decretada a prisão temporária de ... (nome e qualificação completa), pelas seguintes razões: / 1. (...) 2. (...) 3. (...) (expor o fato). Além do mais, existem provas inequívocas da participação do indiciado no crime de ... (por exemplo, latrocínio), previsto no art. 1º, III, letra *c*, da Lei nº 7.960/1989. / Outrossim, informo a V.Exa., que o indiciado usa diversos nomes (se for o caso), não tem identidade definitiva, não tem residência fixa, nem ocupação lícita. / Estando, assim, presentes os pressupostos legais, recomenda-se a restrição da liberdade do indiciado, pelo prazo de 30 dias, por se tratar de crime hediondo, como medida imprescindível para as investigações. / Ao ensejo, reitero a V.Exa., os protestos de estima e consideração.

(a) O(a) Delegado(a)

A Sua Excelência,

O MM. Juiz de Direito da ... Vara Criminal.

10. NOTAS EXPLICATIVAS

— Antes da lavratura do flagrante, o delegado deve comunicar à família do preso, ou à pessoa por ele indicada, sobre a sua prisão. A presença de advogado constituído, segundo alguns julgados, supre a falta dessa comunicação (STJ, 5ª T., RHC 2.562-1, j. 15.3.1993). Todavia, convém que se atenda devidamente aos direitos individuais do preso.

— A falta de testemunha do fato ilícito não impede a lavratura do auto de prisão em flagrante. Neste caso, com o condutor devem assinar duas pessoas que tenham assistido a apresentação do preso à autoridade.

— Antes de ser interrogado, o acusado deve ser informado do seu direito constitucional de permanecer calado (CF, art. 5º, LXIII). O acusado não é obrigado a responder às perguntas mas o delegado deve adverti-lo de que o seu silêncio poderá ser interpretado em prejuízo da própria defesa e consignar o fato no auto de prisão em flagrante.

— Quando o acusado não souber, não puder ou não quiser assinar, o Auto de Prisão em Flagrante, o recibo da nota de culpa etc. serão assinados por duas pessoas que estiverem presentes no ato da lavratura (testemunhas instrumentárias).

— O preso maior de 18 e menor de 21 anos deve ser assistido por Curador, sob pena de relaxamento da prisão (CPP, art. 15).

— Nos casos de crimes de ação penal privada ou pública condicionada, deve ser ouvida a vítima, quando possível.

— A nota de culpa deve ser dada ao preso, dentro em 24 horas depois da prisão (CPP, art. 306, *caput*). E o preso passará recibo da nota de culpa, quando ele não souber, não puder ou não quiser, o documento será assinado por 2 testemunhas (CPP, art. 306, parágrafo único). A falta de nota de culpa acarreta o relaxamento do flagrante.

— As folhas do auto de prisão em flagrante são rubricadas nas margens do anverso ou no verso, por todas as pessoas que participaram do ato de sua lavratura.

— Em São Paulo, os autos e termos são datilografados/digitados e extraídas cópias dos seguintes documentos: auto de prisão em flagrante; informações sobre a vida pregressa; boletim individual; alvará de soltura; certidão do termo de fiança; guia de recolhimento da fiança, quando cabível; ofício à seção competente do Departamento ou da Coletoria, encaminhando o dinheiro da fiança; ofício à Divisão de Capturas; ofício ao estabelecimento prisional, encaminhando o preso (quando a infração não for afiançável); formulário estatístico; auto de exibição e apreensão; requisição de exame toxicológico (IML); ofício ao Instituto de Identificação (IIRGD), encaminhando as planilhas do preso, dentro em dez dias úteis, sob pena de sanção administrativa.

— Se a testemunha for analfabeta, far-se-á constar, no final de seu depoimento, essa circunstância, e uma pessoa assinará a seu pedido (rogo). Nesse caso, é costume o escrivão tirar a impressão digital do polegar direito da testemunha, mas essa medida não é prevista em lei.

— O delegado pode, no corpo do auto de prisão em flagrante, mencionar outras diligências que forem necessárias à elucidação do crime.

— No caso de prisão de farmacodependente, entendemos que se deve sempre nomear curador, quer seja ou não o acusado maior de 18 e menor de 21 anos.

— O auto de exibição e apreensão deve ser individual, isto é, deve ser elaborado um auto para cada um dos acusados, quando forem mais de um, descrevendo as drogas apreendidas em seu poder.

— Na comunicação da prisão ao juiz, junto com a cópia do Auto de Prisão em Flagrante convém que se remeta uma cópia do laudo de constatação.

— No caso de drogas, o inquérito instaurado por auto de prisão em flagrante delito deve ser remetido a juízo no prazo de cinco dias, contado da data da prisão, quer tenha sido ou não arbitrada fiança ao acusado.[411]

— O laudo toxicológico definitivo deve ser enviado a juízo posteriormente, até a data da audiência de instrução e julgamento.

— Os veículos, embarcações, aeronaves e quaisquer outros meios de transporte, utilizados para a prática de crimes, assim como os maquinários, utensílios, instrumentos e objetos de qualquer natureza, utilizados para a prática dos crimes de tráfico ilícito e uso indevido de substâncias entorpecentes ou que determinem dependência física ou psíquica, após sua regular apreensão, ficarão sob a custodia da autoridade da polícia judiciária, até o seu regular encaminhamento na forma da lei.[412]

— Ainda em São Paulo, as substâncias entorpecentes ou que determinem dependência física ou psíquica ou medicamentos que as contenham, bem como as químicas, tóxicas, inflamáveis, explosivos e/ou assemelhadas, não são recebidas pelos ofícios de justiça, devendo permanecer em depósito junto à autoridade policial que preside ou presidiu o inquérito ou nas dependências do órgão encarregado de efetivar o exame cabível, dando-lhes, em seguida, o encaminhamento previsto em lei.[413]

— As substâncias entorpecentes ou assemelhadas, acima descritas, após a pesagem, contagem ou medição e retirada de quantidade suficiente para exame pericial, deverão ser apropriadamente acondicionadas e lacradas.

— As requisições de exame toxicológico devem ser elaborados em 3 vias, devendo conter, obrigatoriamente, o número do boletim de ocorrência e/ou nome(s) do(s) indiciado(s). Os materiais devem estar devidamente acondicionados em embalagens lacradas. A descrição do material deve ser sucinta, fazendo constar o

---

411. Portaria DGP nº 9, de 9.6.1998, dispõe sobre a obrigatoriedade de comunicação ao DENARC, nos casos que especifica e dá providências correlatas (*DOE* de 13.6.1998). Pelo art. 29 da Lei nº 10.409, de 11.1.2002, que instituiu a nova lei antidrogas, o inquérito policial será concluído no prazo máximo de 15 dias, se o indiciado estiver preso, e de 30 dias, quando solto. Esses prazos podem ser duplicados pelo Juiz, mediante pedido justificado da autoridade policial, art. 29, parágrafo único (*DOU* de 14.1.2002).

412. Resolução SSP nº 247, de 26.6.1998, dispõe sobre a declaração de posse, depósito e guarda de bens apreendidos em inquéritos instaurados para apurar crime de tráfico de entorpecentes (*DOE* de 30.1.1998). Nos mesmos termos do texto dispõe o art. 46 da Lei nº 10.409/2002, excetuando-se apenas as armas apreendidas que deverão ser recolhidas na forma da legislação específica.

413. Portaria DGP nº 24, de 21.7.1987, disciplina a guarda e o controle de substâncias entorpecentes ou que determinem dependência física ou psíquica ou medicamentos que a contenham.

número de porções por extenso, bem como a especificação do tipo de material a ser analisado. As delegacias que dispuserem de balança para pesagem devem fazer constar o peso bruto (substância a ser analisada mais os invólucros) do material enviado ao laboratório Médico-Legal. E o portador do material trazido para ser analisado deve aguardar, junto ao Serviço Técnico de Toxicologia Forense, a elaboração do laudo de constatação e a respectiva devolução do material periciado.[414]

— O delegado deve, tão logo seja possível, providenciar autorização judicial para encaminhar à destruição as substâncias entorpecentes e assemelhadas, bem como as químicas, tóxicas, inflamáveis e explosivas apreendidas, nos termos legais.

— Ocorrendo a apreensão de grande quantidade de substâncias entorpecentes ou consideradas perigosas, deverá a autoridade policial provocar o juiz do processo ou, na sua falta, o juiz corregedor da polícia judiciária, para o fim de obter imediata autorização para sua destruição, reservando-se quantidade razoável para o imprescindível exame e contraprova.[415]

— Encerrado o auto de prisão em flagrante, o delegado poderá relaxá-lo se das declarações prestadas não resultar fundada suspeita contra o preso (CPP, art. 304, § 1º, *a contrario sensu*).

— Se não tiver ocorrido prisão em flagrante, o inquérito policial instaurado por portaria ou por requisição deve ser remetido a juízo, no prazo de trinta dias, contado da sua instauração.

— Na Polícia Federal, segundo instrução interna, antes de iniciar a lavratura do auto de prisão em flagrante, o delegado entrega ao preso a NOTA DE CIÊNCIA DAS GARANTIAS CONSTITUCIONAIS, cuja cópia, devidamente recibada, é juntada aos autos do inquérito.

Na lavratura do flagrante, o conduzido só é qualificado no momento do seu interrogatório, após a oitiva das testemunhas. E quando não estiver em condições físicas ou psíquicas de ser prontamente interrogado, o delegado deve adotar uma das seguintes providências:

a) lavrar o auto, ouvindo o condutor e as testemunhas, aguardando, no período de até 24 horas, a recuperação do conduzido para interrogatório;

b) concluir o auto sem ouvir o preso, que, nesse caso, será apenas qualificado, devendo a impossibilidade de seu interrogatório ser consignada nos autos. Neste caso, o delegado ouvirá o conduzido posteriormente, em auto de interrogatório, na presença das mesmas ou de outras testemunhas.

Enquanto permanecer em cartório, o preso será acompanhado pelos mesmos por um agente federal, com a missão exclusiva de custodiá-lo.

Em todos os casos de prisão em flagrante, o delegado deve adotar medidas necessárias à preservação da integridade física e moral do preso, o qual, sempre que as circunstâncias exigirem, será submetido a exame de lesões corporais.

---

414. Portaria DGP nº 6, de 15.2.1996, sem ementa, dispõe sobre a padronização dos serviços periciais, concernentes às normas para acondicionamento e encaminhamento de material entorpecente aos laboratórios do Instituto Médico-Legal (*DOE* 16.2.1996).

415. Portaria DGP nº 11, de 29.6.2000, estabelece sistemática para destruição de substâncias entorpecentes produto de apreensão em inquéritos Policiais (*DOE* de 30.6.2000).

Quando se tratar de prisão de advogado, por crime no exercício da profissão, o delegado deve comunicar o fato imediatamente à repartição local da OAB para, se assim o desejar, se fazer representar na lavratura do auto.

A prisão em flagrante de parlamentares federais ou estaduais apenas ocorrerá em caso de crime inafiançável, devendo o delegado, no prazo de 24 horas, remeter os autos do inquérito à respectiva Casa Legislativa.

Os vereadores não poderão ser presos em flagrante delito quando se tratar de crimes de opinião, cometido no exercício do mandato e na circunscrição de seu município.

Os juízes e membros do Ministério Público não poderão ser presos senão por ordem judicial escrita, ou em flagrante de crime inafiançável. No caso de prisão por crime inafiançável, a autoridade policial limitar-se-á a proceder a imediata apresentação do magistrado ou do membro do Ministério Público ao Presidente do Tribunal ou ao Procurador-Geral de Justiça respectivo, mediante ofício circunstanciado, para as medidas cabíveis.

O delegado somente procederá a lavratura de auto de prisão em flagrante contra o magistrado, se houver expressa determinação da autoridade judiciária competente.

Aqui abrimos um parênteses, para ponderar, com a devida vênia, a respeito dessa instrução do Departamento de Polícia Federal, que, se todos são iguais perante a lei, no caso de prisão em flagrante de magistrados ou membros do Ministério Público, por crime inafiançável, a autoridade policial deve lavrar o auto de prisão em flagrante delito e, após, frise-se, imediatamente, apresentar o preso ao Tribunal ou ao Procurador-Geral da Justiça respectivo, com cópia dos autos, para as providências cabíveis. Esse procedimento, entendemos, não fere às disposições insertas na legislação especial dessas Carreiras, a respeito das prerrogativas funcionais.[416]

Nos casos de juízes e promotores de Justiça, em se tratando de crime afiançável, não haverá prisão nem autuação, devendo apenas ser feita a comunicação do fato ao Tribunal ou Procuradoria-Geral.

Quando da prisão em flagrante de militares ou policiais, o delegado deverá solicitar a presença de um membro da respectiva corporação, de preferência de nível hierárquico igual ou superior ao do preso, para acompanhar a lavratura do auto.

No caso específico de militar, o delegado deverá, logo após a lavratura do auto, entregá-lo à unidade militar mais próxima para fim de custódia.

No caso de crimes inafiançáveis, o policial autuado permanecerá recolhido em cela especial, à disposição do juiz competente.

Logo após a autuação, cópia do auto de prisão em flagrante deve ser encaminhado à corporação a que pertencer o autuado.

Os agentes e funcionários diplomáticos, bem como seus respectivos familiares, não podem ser presos ou detidos, por estarem imunes a toda jurisdição penal ou civil. O mesmo ocorrendo com os cônsules e funcionários consulares de carreira, assim como aos seus familiares.

---

416. Lei Complementar nº 35, de 14.3.1979 (Lei Orgânica da Magistratura Nacional), art. 33, II. Lei Complementar nº 75, de 20.5.1993 (Estatuto do Ministério Público da União), art. 18, II, *d*. Lei nº 8.625, de 12.2.1993 (Lei Orgânica Nacional do Ministério Público), art. 40, III.

No caso de prisão de índio não-integrado ou não-emancipado, o delegado deve solicitar a presença de um representante da Fundação Nacional do Índio para funcionar como curador.

Na impossibilidade do comparecimento do órgão de assistência ao índio, será indicada pessoa idônea para exercer a função de curador.

Cópia do auto de prisão em flagrante deve ser arquivada em cartório para futuras consultas.[417]

417. Instrução Normativa DPF nº 001, de 30.10.1992, ainda em vigor.

CAPÍTULO VII

DA LIBERDADE PROVISÓRIA

1. CONCEITO

A liberdade provisória, com ou sem fiança, é um instituto de direito processual penal, que confere ao acusado ou réu o direito de se ver processado e julgado em liberdade, mediante o cumprimento de certas obrigações, podendo ser revogado a qualquer tempo (CPP, art. 321 a 350).

O Estatuto Processual Penal disciplina esse instituto de caráter cautelar, em prol da liberdade pessoal do indiciado ou do réu, no curso do procedimento. É uma medida admitida para fazer cessar a prisão legal do acusado ou para impedir a detenção deste em casos em que a prisão cautelar é admitida.

A liberdade provisória assegura a liberdade pessoal do indiciado ou réu, durante a fase policial ou no processo penal, mediante certas condições impostas àquele que a obtém, como a prestação de uma caução.

Prestada a caução, o indiciado ou réu se livra solto, se cumprir as obrigações que lhes foram impostas, enquanto o inquérito tramita ou o processo se desenrola, até o trânsito final da sentença que o absolver ou condenar. A essa liberdade, obtida mediante a prestação de uma caução, se denomina liberdade provisória mediante fiança.

A fiança é, assim, uma caução destinada a garantir o cumprimento das obrigações processuais impostas ao acusado ou réu, posto em liberdade provisória. Visa assegurar a presença do réu no processo sempre que for intimado, bem como ao pagamento das custas, ressarcimento de dano e pena de multa (CPP, art. 336).

2. LIBERDADE PROVISÓRIA SEM FIANÇA

Nas infrações penais não punidas com pena privativa de liberdade ou aquelas em que a pena privativa de liberdade não ultrapassa de 3 meses, o indiciado ou acusado tem direito à liberdade provisória, sem necessidade de prestar fiança (CPP, art. 321, I e II).

Nessas hipóteses, o indivíduo que for surpreendido em flagrante delito deve ser posto em liberdade, imediatamente, após a lavratura do Auto de Flagrante Delito ou do Auto de Prisão em Flagrante Delito (CPP, art. 321, I e II).

Nas infrações de menor potencial ofensivo, previstas na Lei nº 9.099/1995, o autor do fato delituoso, surpreendido em flagrante, deve ser posto também em liberdade, após a lavratura do Termo Circunstanciado, independentemente de fiança, se assumir o compromisso de comparecer à sede do juízo.

O agente só não se livra solto, com ou sem fiança, na hipótese de ser reincidente em crime doloso ou comprovadamente vadio (CPP, art. 321, *caput*, c/c art. 323, III e IV).

3. LIBERDADE PROVISÓRIA COM FIANÇA

No nosso Direito, a admissão da fiança é a regra (CF, art. 5º, LXVI). Seu não cabimento é a exceção. O Código Processual Penal enumera os casos que não é concedida, (CPP, arts. 323 e 324).

A fiança não será concedida nas hipóteses previstas nos arts. 323, I a V, e 324, I a IV, e nas proibições previstas na Constituição Federal, no art. 5º, XLII, XLIII e XLIV, e em algumas leis especiais.

São, assim, inafiançáveis:

a) os crimes punidos com reclusão, em que a pena mínima cominada *in abstrato* for superior a 2 anos;

b) as contravenções penais de vadiagem e mendicância (LCP, arts. 59 e 60);

c) os crimes dolosos punidos com pena privativa da liberdade, em que o réu for reincidente;

d) o réu comprovadamente vadio;

e) os crimes punidos com reclusão que provoquem clamor público ou que tenham sido cometidos com violência ou grave ameaça contra a pessoa;

f) os crimes de racismo (CF, art. 5º, XLII; Leis nºs 7.716/1989 e 9.459/1997);

g) os crimes hediondos e os de tráfico de drogas, tortura e terrorismo (CF, art. 5º, XLIII, Lei nº 8.072/1990, art. 2º, II);

h) os crimes praticados por grupos armados, civis ou militares, contra a ordem constitucional e o Estado Democrático (CF, art. 5º, XLIV);

i) no caso de prisão civil e militar;

j) para o réu que tiver quebrado a fiança no mesmo processo;

l) ao réu que deixar de comparecer a qualquer ato processual a que tenha sido intimado;

m) quando estiver presente qualquer dos motivos que autorizem a prisão preventiva (CPP, art. 312).

4. ARBITRAMENTO

O delegado pode conceder fiança ao acusado preso em flagrante delito, nos casos de infração punida com detenção ou prisão simples. Nos demais casos, a fiança é requerida ao juiz que a decidirá em 48 horas (CPP, art. 322).

Quando da prisão em flagrante, o delegado faz uma pré-classificação do delito e informa ao preso, nos casos em que couber fiança, que poderá ser processado e julgado em liberdade, mediante o recolhimento de uma fiança. Em seguida a autoridade arbitra a fiança, e, depois de prestada, expede alvará de soltura, pondo o preso em liberdade.

5. VALOR

A fiança é efetivada com o recolhimento de quantia em dinheiro estabelecida pelo delegado, lavrando-se um termo no Livro de Fianças, que toda delegacia tem obrigatoriamente, e extraindo-se dele uma certidão para ser juntada aos autos do inquérito.

O valor da fiança é fixado pelo delegado que a conceder, entre dois limites (mínimo e máximo), previstos expressamente, conforme a pena cominada *in abstrato* ao crime, segundo art. 325 do Código de Processo Penal ou o art. 30 da Lei nº 6.368, de 21.10.1976 (Lei Antitóxicos).

No Estatuto Processual Penal, para o cálculo do valor observa-se a seguinte regra:

a) de 1 a 5 salários mínimos de referência, quando se tratar de infração punida, no grau máximo, com pena privativa da liberdade, até 2 anos;

b) de 5 a 20 salários mínimos de referência, quando se tratar de infração punida com pena privativa da liberdade, no grau máximo, até 4 anos;

c) de 20 a 100 salários mínimos de referência, quando o máximo da pena cominada for superior a 4 anos (CPP, art. 325).

O texto original da lei fala em salário mínimo de referência (SMR). O SMR, todavia, foi extinto. E nas operações econômicas, o SMR passou a ser calculado em função do Bônus do Tesouro Nacional (BTN), à razão de 40 BTN para cada SMR. Posteriormente, o BTN também foi extinto.

Como, então, calcular o valor da fiança ?

Para calcular o valor da fiança o delegado considera o valor do último BTN (30.1.1991) que é de 126,8621 e o corrige pela Taxa Referencial (TR), do mês anterior ao do dia em que a fiança está sendo arbitrada (o valor da TR é publicado diariamente pelos jornais em Real).

O delegado soma, então, o BTN (126,8621) com a TR do mês anterior (ao do dia em que está concedendo a fiança). E, depois, multiplica o valor obtido, com a quantidade de BTN imposta como fiança (BTN que foi colocada no lugar do SMR).

Leia-se, assim, o texto legal:

a) de 1 a 5 BTN (126,8621 + TR = X), quando se tratar de infração punida no grau máximo, com pena privativa da liberdade, até 2 anos (X multiplicado por 1 a 5);

b) de 5 a 20 (126,8621 + TR = X), quando se tratar de infração punida com pena privativa da liberdade, no grau máximo, até 4 anos (X multiplicado por 5 a 20);

c) de 20 a 100 (126,8621 + TR = X), quando o máximo da pena cominada for superior a 4 anos (X multiplicado por 20 a 100).

A fiança pode ser reduzida até o máximo de 2 terços ou aumentada, pelo juiz, até o décuplo, conforme a situação econômica do réu (CPP, art. 325, § 1º, I e II).

Na Lei Antitóxicos (Lei nº 6.368/1976), nos casos em que couber, o critério para calcular o valor da fiança é diferente.

No texto original a regra é a seguinte:

O valor da fiança será fixado pela autoridade que a conceder, entre o mínimo de quinhentos cruzeiros e o máximo de cinco mil cruzeiros. A esses valores, aplicar-se-á o coeficiente de atualização monetária referido no parágrafo único do art. 2º da Lei nº 6.205, de 29.4.1975 (que descaracterizou o salário mínimo como fator de correção monetária) (Lei nº 6.368/1976, art. 30, § 1º).

Assim, nos crimes afiançáveis previstos nessa lei, ao arbitrar a fiança, o delegado ou o juiz devem observar com cuidado o valor atual da garantia fidejussória. Em São Paulo, o Poder Judiciário e a Polícia publicam, periodicamente, para conhecimento interno, os índices de atualização acima mencionados.

Nos casos em que couber, o juiz verificando ser impossível ao réu prestar a fiança, poderá conceder-lhe a liberdade provisória, sujeitado-o às obrigações constantes dos arts. 327 e 328 do Código de Processo Penal (art. 350 do CPP).

6. MODO DE PRESTAR

A fiança pode ser prestada em qualquer tempo, pelo próprio acusado/réu, ou por qualquer pessoa por ele, independentemente de procuração, através de um requerimento simples ao delegado ou ao juiz, na fase policial ou em juízo, no processo-crime, enquanto não transitar em julgado a sentença condenatória (CPP, arts 334 e 335).

7. OBRIGAÇÃO

Na lavratura do termo de fiança, o delegado deve cientificar o preso sobre as obrigações processuais a que está sujeito. Que ele é obrigado a comparecer perante a autoridade, todas as vezes que for intimado para atos do inquérito e da instrução criminal e para o julgamento. Se ele não comparecer, a fiança será quebrada e o Juiz poderá decretar a sua prisão preventiva (CPP, art. 327).[418]

8. ALVARÁ DE SOLTURA

Em São Paulo, quando o réu for absolvido pelo Conselho de Sentença, tendo sido beneficiado por sursis ou pena restritiva de direitos, bem como se já tiver cumprido sua pena, o alvará de soltura é expedido imediatamente após a publicação da sentença em plenário.

A critério do juiz, o alvará de soltura será, de imediato, cumprido pelo oficial de justiça, do que lavrará certidão, sendo dispensada a escolta e comunicada a soltura à autoridade responsável pelo presídio, cadeia ou distrito policial de origem do réu.

Esse procedimento pode ser adotado pelos demais magistrados, em outros processos de réus presos, que não sejam do júri, quando houver, em audiência, a absolvição, o relaxamento da prisão em flagrante, a revogação da prisão preventiva, a concessão de liberdade provisória, com ou sem fiança, ou outra medida que propicie a liberdade do detido, desde que se assegure da inexistência de outro óbice legal à sua imediata soltura.

Encontrando-se recolhido em cadeia pública de outra Comarca, deprecar-se-á a medida ou será feito o encaminhamento do alvará de soltura ao juiz corregedor do lugar da prisão, da maneira mais célere e eficaz possível.[419]

9. MODELOS

9.1. Liberdade Independente de Fiança

AUTO DE PRISÃO EM FLAGRANTE

Aos... dias... do mês de... do ano de... (...). Em seguida passou a autoridade policial a interrogar o conduzido, que respondeu chamar... (...). Nada mais disse. Após a lavratura deste auto, com base no art. 309 do CPP, determinou a autoridade que fosse o conduzido posto em liberdade, independentemente de fiança, por se tratar de hipótese prevista no art. 321, I ou II, do CPP. Nada mais havendo. Lido e achado conforme (...).

---

418. Jurisprudência. Fiança - Concessão pela autoridade Policial - Réu denunciado como incurso no art. 16 da Lei de Tóxicos - Não comparecimento ao interrogatório - Fiança julgada quebrada e expedição de mandado de prisão - Insubsistência na espécie da extrema medida - Arts. 310, parágrafo único e 343 do CPP e art. 5º, LXI e LXVI, da CF. (TJSP - 3ª Câm. Criminal; HC nº 279.447-3/1-SP; Rel. Des. Gonçalves Nogueira; j. 11.5.1999; v.u.) (*AASP* nº 2150, de 13 a 19.3.2000, p. 1.329 j.).

419. Provimento nº 2/2001, da Corregedoria-Geral da Justiça, reforma o Cap. V das *Normas de Serviço da Corregedoria-Geral de Justiça*. (*DJE* de 8.2.2001, Caderno 1, Parte 1, p. 6).

9.2. Concessão de Fiança - Despacho I

Tendo ... (nome e qualificação) sido autuado em flagrante delito, por infringência do art. ..., do Código Penal (da Lei das Contravenções Penais ou outra lei especial), apenado(a) com ... (detenção ou prisão simples), nos termos dos arts. 322, 326 e 332, do CPP, concedo-lhe fiança criminal, para que se livre solto, fixando o valor de R$ ... (...). / Data.../ O(A) Delegado(a)/ (a).

9.3. Concessão de Fiança - Despacho II

Inquérito Policial nº ... / DESPACHO/ O indiciado, através de seu advogado, requer a concessão de fiança, para, solto, se ver processado e julgado./O indiciado foi preso em flagrante delito, por infração ao art...., do Código Penal (Lei das Contravenções Penais ou da lei especial...) e se encontra recolhido na ..., desde o dia ... / Considerando que a infração praticada pelo mesmo é afiançável e presentes os requisitos legais, defiro o requerido e arbitro a fiança em seu mínimo legal./ Advertido o afiançado das disposições contidas nos arts. 327 e 328 do CPP e aceitas as condições ora impostas, lavre-se o termo respectivo, recolha-se a fiança e expeça-se alvará de soltura, se por outro motivo não estiver preso o indiciado.

Data.........../........./..........

(a) O(A) Delegado(a)

9.4. Termo de Fiança

Inquérito nº ... / Indiciado ... / TERMO DE FIANÇA/ Aos ... dias do mês de ..., do ano de ..., nesta cidade de ..., na Delegacia de Polícia (ou do Departamento...), onde se achava presente o(a) Dr.(a) ..., Delegado(a) de Polícia, comigo escrivão(ã), de seu cargo, aí compareceu o indiciado ...(nome e qualificação), o qual, na presença das testemunhas abaixo assinadas, depositou a quantia de R$... (...), valor arbitrado, como fiança, que presta em seu próprio favor, para solto se defender no inquérito a que responde nesta Delegacia de Polícia, como incurso no art. ..., do Código Penal, e na ação penal que eventualmente for proposta, assumindo as obrigações previstas nos arts. 327 e 328 do CPP, que são lidos neste ato, sob pena de quebramento da fiança e recolhimento à prisão. E como assim o disse e se obrigou, lavrei este termo que, lido e achado conforme, assina com a autoridade e as testemunhas. Eu, ..., escrivão(ã), o digitei.

(aa) Delegado, Indiciado, Testemunhas, Escrivão(ã).

9.5. Termo de Declaração de Domicílio

Aos... dias do mês de ..., do ano de ..., nesta cidade de..., na Delegacia de Polícia, onde se achava o(a) Dr.(a)..., Delegado(a), comigo escrivão(ã), de seu cargo, aí presente o indiciado ..., já qualificado nestes autos, pela autoridade lhe foi dito que, livrando-se solto (com ou sem fiança), por tratar-se de crime (ou contravenção) que a admite, intima-o, nos termos do art. 228 do CPP, declarar o domicílio onde poderá ser encontrado para efeito de intimação ou ordem judicial. Pelo indiciado foi dito que poderá ser encontrado na Rua/Av..., (endereço completo). Em seguida, foi advertido que não poderá mudar-se sem permissão da autoridade judiciária. Nada mais havendo, mandou a autoridade encerrar o presente que, lido e achado conforme, vai devidamente assinado. Eu, ..., Escrivão(ã) que o digitei.

(a) Delegado

(a) Indiciado

(a) Escrivão(ã)

9.6. Alvará de Soltura Policial

SECRETARIA DE ESTADO DOS NEGÓCIOS DA SEGURANÇA PÚBLICA

POLÍCIA CIVIL DO ESTADO DE SÃO PAULO

DELEGACIA DE POLÍCIA DE...

ALVARÁ DE SOLTURA

O Dr.(a) ..., Delegado(a) Titular desta Delegacia de Polícia..., no uso de suas atribuições legais, **MANDA** ao Carcereiro desta unidade, ou quem suas vezes fizer, que ponha em liberdade, **...,** que se encontra preso, por ter sido autuado em flagrante delito nesta data, por infração ao artigo... do Código Penal ou da Leis das Contravenções Penais (por exemplo, art. 18, § 6º, I e II, da Lei nº 8.078/1990 c/c o art. 7º, IX da Lei nº 8.137/1990, e ter recolhido a fiança criminal no valor de R$ ... (por exemplo, um mil reais), para se ver processado e julgado em liberdade.

C U M P R A - S E

Data....

Delegado(a) de Polícia

(a)....................

Cumprido o presente alvará de soltura e solto o acusado.

SP._..._/_..._/_... (a) O carcereiro.

3.5. Termo de Declaração de Domicílio

[illegible]

[illegible]

3.6. [illegible]

[illegible]

CAPÍTULO VIII

ATO INFRACIONAL

1. CONCEITO

Ato infracional é a conduta do menor descrita como crime ou contravenção penal.

Os menores de 18 anos são penalmente inimputáveis, sujeitos às medidas previstas no Estatuto da Criança e do Adolescente (ECA). Para os efeitos desse estatuto, deve ser considerada a idade do menor à data do fato, da conduta ilícita.[420]

2. MENOR

Considera-se criança a pessoa até 12 anos de idade incompletos, e adolescente aquela entre 12 e 18 anos de idade, segundo o Estatuto da Criança e do Adolescente (ECA).

A criança e o adolescente têm direito à liberdade, ao respeito e à dignidade como pessoas humanas em processo de desenvolvimento e como sujeitos de direitos civis, humanos e sociais garantidos na Constituição e nas Leis (ECA, art. 15).

3. MENOR INFRATOR

O adolescente apreendido em flagrante de ato infracional deve ser encaminhado, desde logo, à autoridade policial competente. Havendo repartição policial espe-

---

420. Lei nº 8.069, de 13.7.1990, dispõe sobre o Estatuto da Criança e do Adolescente e dá outras providências (*DOU* de 16.7.1990 - Retificada em 27.9.1990).

cializada para atendimento de adolescente e em se tratando de ato infracional praticado em co-autoria com maior, prevalecerá a atribuição da repartição especializada, que, após as providências necessárias e conforme o caso, encaminhará o adulto à repartição policial própria.

Lavrado o auto de apreensão ou, conforme o caso, o boletim de ocorrência circunstanciado, o adolescente deve ser liberado pela autoridade policial e entregue aos seus pais ou responsável, sob termo de compromisso e responsabilidade de sua apresentação ao representante do Ministério Público, no mesmo dia ou, sendo impossível, no primeiro dia útil imediato, exceto quando, pela gravidade do ato infracional e sua repercussão social, deva o adolescente permanecer sob internação para garantia de sua segurança pessoal ou manutenção da ordem pública.

Em caso de não-liberação, a autoridade policial encaminhará o adolescente ao representante do Ministério Público, juntamente com cópia do auto de apreensão ou boletim de ocorrência.

Sendo impossível a apresentação imediata, a autoridade policial encaminhará o adolescente a entidade de atendimento, que fará a apresentação ao representante do Ministério Público no prazo de 24 horas.

Na localidade onde não houver essa entidade, e à falta de repartição policial especializada, o adolescente aguardará a sua apresentação em dependência separada da destinada a maiores, não podendo, em qualquer hipótese, a apresentação exceder o prazo de 24 horas, acima mencionada.[421]

Em São Paulo, na Capital, as ocorrência relativas a ato infracional praticado por adolescente, na Zona Sul, são atendidas pelo 83° Distrito Policial - Parque Bristol (Resolução SSP nº 167, de 26.5.2000, art. 2º). Apresentado o adolescente e sendo período de funcionamento do plantão social, o delegado de imediato aciona os integrantes da equipe técnica multiprofissional para localização dos pais ou responsável pelo menor. Não sendo caso de liberação, o delegado deve promover o encaminhamento do menor na forma prevista no ECA.[422]

4. FOTOGRAFIA

O menor infrator não pode ser fotografado. Qualquer notícia a respeito do fato infracional não poderá identificar menor, vedando-se fotografia, referência a nome, apelido, filiação, parentesco e residência, salvo no caso de divulgação que vise à localização de menor desaparecido.

5. PROCEDIMENTOS

Em São Paulo, na Capital, as investigações sobre menores infratores não se revestem da forma de inquérito nem as de simples sindicância, sendo suficiente um relatório resumido, do qual constará, além das indicações próprias do BO, a descri-

421. Lei nº 8.069/1990, art. 175, § 2º.

422. Portaria DGP nº 12, de 29.6.2000, sem ementa (*DOE* de 29.6.2000).

ção sumária do fato e da autoria bem como o rol de testemunhas. Com o relatório, o Delegado remete, sempre que possível, certidão de nascimento do menor ou prova equivalente.[423]

Nos casos gravíssimos, o menor perigoso, a vítima e as testemunhas, desde que presentes, poderão ter suas declarações reduzidas a termo, do qual constará apenas o essencial.

Na hipótese de o menor praticar ato anti-social acompanhado por maior, cópia do respectivo inquérito deve ser encaminhada ao Juizado de Menores.

No Plantão Judiciário das Varas Especiais da Infância e Juventude, cabe ao Juiz de Plantão, nos casos de crianças recolhidas pela polícia, promover a entrega aos responsáveis ou a colocação em entidade de abrigo, encaminhando o expediente no dia imediato, ao Conselho Tutelar ou Juízo competente.[424]

6. CONDUÇÃO

O adolescente a quem se atribua autoria de ato infracional não pode ser conduzido ou transportado em compartimento fechado de veículo policial, em condições atentatórias à sua dignidade, ou que impliquem risco à sua integridade física ou mental, sob pena de responsabilidade, como dispõe expressamente o Estatuto da Criança e do Adolescente (ECA, art. 178).

7. RECOLHA

Ainda em São Paulo, na Capital, o menor não pode pernoitar em estabelecimentos policiais, devendo ser apresentado ao Plantão da Fundação Estadual do Bem-Estar do Menor (FEBEM), órgão da Secretaria da Juventude, ao SOS Criança, acompanhado do relatório policial, no máximo até às 18 horas do dia da apreensão.

Em sendo apreendido após este horário, deverá ser apresentado imediatamente no referido plantão. Em caso de absoluta e comprovada necessidade da presença do menor para a continuação de diligências, deverá constar do relatório pedido fundamentado de sua permanência à disposição da autoridade policial interessada.

---

423. Recomendação DGP nº 1, de 20.4.1998, sobre a lavratura de ocorrência envolvendo menores (na mesma data expedida sem publicidade). Portaria DECAP nº 004/1999, sobre a lavratura do ato infracional e do Auto de Apreensão e demais peças (*Publicado no Boletim Informativo do DECAP*, de 27.5.1999).

424. Provimentos do Conselho Superior da Magistratura de São Paulo nºs 554/1996, disciplina a execução de medidas sócio-educativas aplicadas a adolescentes infratores e dá outras providências; 555/1996, cria o Departamento de Execuções da Infância e da Juventude e dá providências correlatas; 654/1999, institui o Plantão Judiciário das Varas Especiais da Infância e Juventude; 739/2000, revoga o Provimento (SP) nº 568/1997 e atribui à Corregedoria Geral da Justiça a competência para apreciação dos pedidos de remoção em internação provisória (art. 108 do ECA) e de transferência em cumprimento de medidas sócio-educativas de internação (art. 122 do ECA) e semiliberdade (art. 120 do ECA) (*DJE* 12.9.2000, Caderno 1, Parte 1, p. 1).

8. POLÍCIA FEDERAL

Segundo instruções internas, quanto às providências relacionadas a atos infracionais, o delegado da Polícia Federal deve atentar para o Estatuto da Criança e do Adolescente que considera criança a pessoa até 12 anos de idade incompletos, e adolescente aquela entre 12 a 18 anos.

As crianças encontradas em ato infracional devem ser entregues, imediatamente, aos pais ou responsáveis, mediante termo de responsabilidade.

Na falta dos pais ou responsável, a criança deve ser entregue ao Juiz da Infância e da Juventude ou ao Juiz que exerça essa função.

Em caso de flagrante de adolescente por ato infracional, o delegado adotará uma das seguintes providências: *a)* encaminhamento, incontinenti, à delegacia especializada da localidade, juntamente, com os objetos apreendidos e as pessoas maiores de 18 anos que, porventura, tenham sido presas com o adolescente; *b)* onde não houver delegacia especializada, lavrará o auto de apreensão ou boletim de ocorrência circunstanciado, na forma do art. 173, do ECA, observando sempre o disposto nos arts. 174 e 175 do mesmo estatuto.

Nos casos envolvendo crianças e adolescentes o delegado deverá ainda observar as orientações do juizado respectivo.

Havendo dúvidas quanto à menoridade do conduzido, o delegado determinará, de imediato, diligências visando verificar essa situação e, na impossibilidade de solução do impasse em tempo hábil, procederá como se ele menor fosse.[425]

9. MODELOS

9.1. Auto de Apreensão de Adolescente

SECRETARIA DE ESTADO DOS NEGÓCIOS DA SEGURANÇA PÚBLICA

POLÍCIA CIVIL DO ESTADO DE SÃO PAULO

Dependência: ____ Delegacia de Polícia

BO : .../...

AUTO DE APREENSÃO DE ADOLESCENTE

Às ... horas do dia ... do mês de ... do ano de ..., nesta cidade, na ... Delegacia de Polícia, onde se achava presente o Dr. ..., Delegado de Polícia respectivo, comigo escrivão(ã) de seu cargo, ao final assinado(a) aí compareceu ..., adiante qualificado, o qual, na presença das testemunhas abaixo nomeadas, apresentou o(a) ADOLESCEN-

425. Instrução Normativa nº 1, de 30.10.1992, ainda em vigor, arts. 138 e segts.

TE ... (nome), em razão de tê-lo(a) surpreendido na Rua ..., esquina com a Av. ..., cujo local é um ..., na prática/ou após a prática de ATO INFRACIONAL consistente em ... (descrever o ato), contra ... (nome(s) da(s) vítima(s). A Autoridade Policial, inicialmente, cientificou-se da menoridade do(a) conduzido(a), da efetiva prática do ato infracional a ele(a) atribuído e confirmou a sua apreensão. Em seguida, a Autoridade Policial declinou o seu nome e cargo e lhe deu ciência da identidade do autor da sua apreensão, informando-lhe dos seus direitos, assegurados pelo Estatuto da Criança e do Adolescente, dentre os quais o de permanecer calado(a) e de ter a assistência da família e de advogado, tendo o(a) adolescente se manifestado, pedindo que ... (a sua mãe fosse avisada, fornecendo-lhe o seu nome, endereço e telefone), o que foi providenciado. A Autoridade Policial informou ao menor que seus pais ou responsáveis foram notificados do ocorrido e que ... (a sua mãe, ... (nome), acompanhado pelo Advogado Dr. ..., OAB/SP nº ..., com escritório nesta cidade, na Rua ..., nº ..., telefone ... já se encontrava na Delegacia). Na seqüência, mantida a incomunicabilidade das testemunhas, passou a Autoridade Policial a ouvir o CONDUTOR DO ADOLESCENTE E PRIMEIRA TESTEMUNHA, ... (nome, RG. ..., CPF/MF ..., filho de ... e de ..., natural de ..., Estado de ..., brasileiro, nascido em ... / ... / ..., com ... anos de idade, estado civil, profissão ..., grau de instrução ..., residente nesta cidade, na Rua ..., nº ..., no bairro de ..., telefone ..., local de trabalho ..., endereço comercial Rua ..., nº ..., no bairro de ... . Sabendo ler e escrever. Aos costumes nada disse. Compromissado na forma da lei, prometeu dizer a verdade do que soubesse e lhe fosse perguntado. Inquirido pela Autoridade, respondeu: QUE, ...; QUE, ... (descrever por que apreendeu o adolescente). Nada mais disse, nem lhe foi perguntado. SEGUNDA TESTEMUNHA, ... (nome e qualificação completa, locais de residência e de trabalho, bem como todos aqueles que possa ser encontrada, além dos números dos documentos pessoais, em especial do RG e do CPF). Aos costumes nada disse. Compromissada na forma da lei, prometeu dizer a verdade do que soubesse e lhe fosse perguntado. Inquirida pela Autoridade, respondeu: QUE, ...; QUE, ... Nada mais disse, nem lhe foi perguntado. TERCEIRA TESTEMUNHA ... (Idem). Em seguida, passou a Autoridade Policial a ouvir o ADOLESCENTE, neste ato assistido por ... (neste ato nomeado Curador ao adolescente infrator) ou pela sua mãe ... e pelo Advogado Dr. ..., e, ciente dos seus direitos, respondeu chamar-se ... (nome) RG ..., filho(a) de ... e de ..., natural de ..., Estado de ..., brasileiro(a), nascido(a) em ... / ... / ..., com ... anos de idade, estado civil solteiro(a), grau de instrução ..., residente e domiciliado nesta cidade, na Rua ..., nº ..., no bairro ..., telefone ..., e alegou: QUE, ...; QUE, ... Nada mais disse, nem lhe foi perguntado. Dada a palavra ao Advogado, não para produzir a defesa do seu curatelado, de vez que o momento não é próprio, mas para requerer qualquer diligência que lhe pareça necessária, e que será ou não deferida pela Autoridade Policial, por ele nada foi requerido. A Autoridade Policial, de praxe, requisitou o exame de corpo de delito do menor, observando que o mesmo não apresenta qualquer ferimento, e, em seguida, o seu encaminhamento para ... (SOS Criança). Nada mais havendo, a Autoridade Policial determinou o encerramento deste auto que, lido e achado conforme, vai devidamente assinado. Eu, ..., Escrivão(ã) que o digitei.

(a) Delegado

(a) Condutor (Apreensor), Testemunhas, Mãe do menor, Advogado, Escrivão(ã)

9.2. Termo de Compromisso e Responsabilidade

SECRETARIA DE ESTADO DOS NEGÓCIOS DA SEGURANÇA PÚBLICA

POLÍCIA CIVIL DO ESTADO DE SÃO PAULO

DELEGACIA DE POLÍCIA DE ____

TERMO DE COMPROMISSO E RESPONSABILDADE

Aos ... dias do mês de ... de ..., nesta Delegacia de Polícia, onde se achava presente o Dr.(a.) ..., Delegado(a) de Polícia respectivo, comigo, escrivão de seu cargo, ao final assinado, aí compareceu ... (nome e qualificação completa, endereço e os ns. do RG e do CPF/MF), pai/mãe/ ou responsável do (pelo) adolescente infrator ... (nome), a quem a Autoridade Policial entregou o menor, sob o compromisso e a responsabilidade de, garantindo-lhe assistência e proteção, apresentá-lo ao representante do Ministério Público nesta data, ou, sendo impossível, no primeiro dia útil imediato, nos termos do art. 174, do Estatuto da Criança e do Adolescente (ECA), liberado que foi, imediatamente, pela Autoridade Policial. E, para constar, lavrou-se este termo que, lido e achado conforme, vai devidamente assinado. Eu, ..., Escrivão(ã) que o digitou.

(a) Delegado

(a) Responsável pelo menor

(a) Escrivão(ã)

10. NOTAS EXPLICATIVAS

— Em São Paulo, o menor surpreendido em flagrante cometendo infração é levado para a delegacia de polícia local, onde é feito um Boletim de Ocorrência (BO).

— Na delegacia, o responsável assina um termo de compromisso e responsabilidade de apresentar o menor no SOS Criança, no prazo de 24 horas. O termo deve consignar o recebimento do menor, o motivo da providência e o compromisso assumido por quem o recebeu, quanto a lhe garantir assistência e proteção e de apresentá-lo à autoridade competente ou à Instituição indicada, no prazo assinalado.

— Se o prazo de apresentação não for cumprido, o menor pode ser apreendido em sua casa.

— O menor pode ser encaminhado ao SOS e os pais são comunicados depois.

— O recibo do SOS Criança de que o menor realmente foi entregue naquele estabelecimento deve ser juntado ao inquérito policial, instaurado a respeito do fato delituoso, quando o mesmo for praticado pelo menor em companhia de adulto.

— Quanto ao ato infracional atribuído a adolescente podem ocorrer 3 hipóteses:

I - apreensão por força de ordem judicial. Efetuada a apreensão, elabora-se Boletim de Ocorrência, requisita-se exame de corpo de delito e, em seguida, o menor é encaminhado à autoridade judiciária competente.

II - apreensão em flagrante. Essa apreensão pode ser:

a) de ato infracional com violência ou grave ameaça à pessoa. Nesse caso, o menor é levado à delegacia. O delegado determina a lavratura de auto de apresentação, ouve as testemunhas e o adolescente, apreende o produto e os instrumentos da infração e requisita os exames ou perícias necessários à comprovação da materialidade e autoria da infração.

b) de ato infracional sem violência ou grave ameaça à pessoa. O menor é conduzido à delegacia. O delegado promove a identificação dos responsáveis pela apreensão do menor, determina a lavratura de boletim de ocorrência circunstanciado, informa acerca dos direitos do apreendido, comunica imediatamente à autoridade judiciária competente e à família do menor ou à pessoa por ele indicada e examina a possibilidade de liberação imediata, mediante a lavratura de termo de responsabilidade.

III - indícios de participação na prática de ato infracional. O menor é encaminhado ao Ministério Público, com relatório das investigações e demais documentos.

Exemplo: O menor mata uma pessoa. É detido e levado à delegacia. Trata-se de um flagrante de ato infracional. O delegado determina a lavratura de um Boletim de Ocorrência, preparatório para o Auto de Apreensão de Adolescente Infrator.

A formalização é a mesma de um Auto de Prisão em Flagrante e tem por objetivo conservar as provas, como qualquer ato de polícia judiciária. Todos os objetos relacionados com o crime devem ser apreendidos e requisitados os exames periciais necessários. Com os papéis e cópias forma-se um procedimento. Mas a autoridade não instaura inquérito.

Um exame que não pode ser esquecido, *ad cautela*, é o Exame de Corpo de Delito do menor infrator. A legislação não prevê, mas o delegado deve providenciar esse exame, para que o menor não alegue, posteriormente, ter sido vítima de maus tratos.

O delegado deve nomear um Curador para o menor, não só para ouvir o seu depoimento como também para assistir a lavratura do Auto de Apreensão do Adolescente Infrator, que é feito numa audiência pública.

Terminada a lavratura do auto, o delegado faz as comunicações devidas ao Juiz Criminal da Vara da Infância e da Juventude e encaminha o menor, em São Paulo, na Capital, ao SOS Criança, com cópias de todos os papéis pertinentes (BO, Auto de Apreensão do Adolescente Infrator, Auto de Exibição e Apreensão, principalmente, o de arma, Requisições de exames periciais, Auto de Constatação de Drogas, etc.).

Além desses papéis, deve-se enviar uma cópia da requisição do Exame de Corpo de Delito do Menor, carimbada pelo Posto do Serviço Médico (o menor deve ser submetido à exame médico, antes de ser encaminhado ao SOS Criança, ainda que ele não apresente lesão alguma).

Exemplo: O menor cai de uma motocicleta que está pilotando ou o menor é baleado durante tentativa de roubo praticada em companhia de maior. Vai para o Pronto Socorro, é medicado, tem alta e é apresentado na Delegacia. O delegado deve mandá-lo passar por exame médico, antes de encaminhá-lo à autoridade judiciária (Não confundir a Ficha Clínica do Pronto Socorro, com a Papeleta do Pronto Socorro. Em São Paulo, na Capital, o SOS Criança não recebe o menor acidentado ou vítima de outro tipo de ocorrência sem esse documento, em suma a Ficha Clínica é indispensável).

— Só se deve entregar o menor aos seus pais ou ao seu responsável, se o ato infracional não for grave. O ECA não diz o que é ato infracional grave. Essa consideração fica ao alvedrio do delegado (Ato infracional grave, deve ponderar a Autoridade Policial, é o que ameaça ou lesa determinados bens jurídicos, como a vida, a integridade física, etc.., e cuja pena prevista, *in abstrato,* na legislação penal seja a de reclusão).

— Se o pai não quer ir à delegacia, buscar o menor, o delegado manda levá-lo ao SOS Criança, em São Paulo, na Capital.

— Se o adolescente infrator é detido sem documentos, o delegado manda localizar a família. Se não tem certidão de nascimento ou outro qualquer documento, havendo suspeito de ser maior de idade, deve-se colher as suas impressões digitais (legitimar) e encaminhar as planilhas para o Instituto de Identificação (IIRGD).

— O Auto de Apreensão de Adolescente Infrator é lavrado nos mesmos termos do Auto de Prisão em Flagrante. É uma ata na qual se mencionam os fatos relacionados ao ato infracional e as pessoas relacionadas com a apreensão do menor.

— Nesse documento, o delegado se identifica e informa ao menor os seus direitos e quem foi o autor de sua apreensão. Ouve as pessoas na mesma ordem de um auto de prisão em flagrante comum, apreende armas e quaisquer objetos relacionados com o ato infracional e requisita os exames periciais necessários.

— Conforme o caso, o delegado faz o depósito dos objetos apreendidos, com os seus proprietários.

— Terminada a lavratura do auto, o menor deve ser encaminhado para exame de corpo de delito, não obstante não apresente qualquer ferimento, como rotina, e, em seguida, deve ser apresentado ao Ministério Público, com os documentos referentes à sua apreensão.

CAPÍTULO IX
JUIZADO ESPECIAL CRIMINAL

1. A LEI

A Lei nº 9.099, publicada em 26 de setembro de 1995 e em vigor desde o dia 26 de novembro do mesmo ano, dispõe sobre os Juizados Especiais Cíveis e Criminais e dá outras providências.

Na área penal, esse diploma regulamentou o denominado Juizado Especial Criminal, em atendimento ao disposto no art. 98, inciso I, da Constituição Federal, introduzindo um novo procedimento sumaríssimo, para o julgamento de infrações penais de menor potencial ofensivo, e permitindo a conciliação pela reparação do dano e a transação.[426]

2. INFRAÇÕES PENAIS

Segundo esse diploma legal, consideram-se infrações penais de menor potencial ofensivo todas as contravenções penais e os crimes a que a lei comine, *in abstrato,* pena máxima de reclusão ou detenção (seja isolada, cumulativa ou alternativa com pena pecuniária) não superior a um ano, excetuados os casos em que a lei preveja procedimento especial (art. 61).

---

426. Lei Complementar Estadual (SP) nº 851, dispõe sobre o sistema de Juizados Especiais e dá outras providências (*DOE* de 10.12.1998).

Quanto às contravenções, são todas, estejam previstas na Lei das Contravenções Penais (LCP) ou na legislação especial, ainda que a pena máxima *in abstrato* seja superior a um ano, como no caso de quem fabrica, cede ou vende instrumento de emprego usual na prática de furto, cuja pena é de prisão simples, de 6 meses a 2 anos (LCP, art. 24). E mesmo para aquelas em que é previsto procedimento especial.

Não se submetem à competência do Juizado Especial Criminal as infrações que têm procedimento especial, isto é, as que apresentam no rito princípios e regras especiais (v. CPP e leis esparsas: Lei de Imprensa, de abuso de autoridade, crimes falimentares, posse de entorpecente para uso próprio, etc.), incompatíveis com o rito estabelecido na Lei nº 9.099/1995.

Entre outros, por exemplo, os crimes de responsabilidade dos funcionários públicos, cuja ação penal possui uma fase de defesa preliminar, anterior ao recebimento da denúncia (CPP, arts. 513 e segts.). O mesmo ocorrendo no processo e julgamento dos crimes de calúnia e injúria, de competência do juiz singular (CPP, arts. 519 e segts.).

Dos crimes de ação penal privada, somente dois podem ser julgados pelo Juizado Especial Criminal: dano simples e o exercício arbitrário das próprias razões sem violência (CP, arts. 163, *caput*, e 345).

Havendo concurso entre uma contravenção ou crime da competência do Juizado Especial Criminal e outro do Juízo Comum, este atrai a infração penal daquele e as duas infrações serão julgados no Juízo Comum.

A Lei nº 9.099/1995 não é aplicada na justiça eleitoral e militar. Mas a questão não é pacífica, havendo quem entenda que o procedimento sumariíssimo desse diploma deve ser estendido também às causas afetas à competência dessas justiças.

Segundo as conclusões da Comissão Nacional de Interpretação da Lei nº 9.099/1995 (Brasília, outubro de 1995): "São aplicáveis pelos juízos comuns (estadual e federal), militar e eleitoral, imediata e retroativamente, respeitada a coisa julgada, os institutos penais da Lei nº 9.099/1995, como a composição civil extintiva da punibilidade (art. 74, parágrafo único), transação (arts. 72 e 76), representação (art. 88) e suspensão condicional do processo (art. 89).".

Na Justiça Federal foi instituido os Juizados Especiais, através da Lei nº 10.259, de 12.7.2001. Por esse diploma legal compete ao Juizado Especial Federal Criminal processar e julgar os feitos da Justiça Federal relativos às infrações de menor potencial ofensivo, assim considerados os crimes que a lei comine pena máxima não superior a dois aos (art. 2º, parágrafo único). Essa lei beneficia os acusados e, por analogia, pelo princípio da isonomia, deve ser aplicada também aos delitos de competência da justiça estadual.

Mas, quanto à Justiça Militar, a questão foi dirimida. Com efeito, a Lei nº 9.839, de 27.9.1999, acrescentou um dispositivo na Lei nº 9.099/1995, vazado nos seguintes termos: *Art. 90-A. As disposições desta Lei não se aplicam no âmbito da Justiça Militar* (*DOU*, Seção I, de 28.9.1999, p. 2). Mesmo por que, como já foi decidido em apelação criminal, as inovações introduzidas pela Lei nº 9.099/1995 são incompatíveis com os princípios que norteiam o Processo Penal Militar.[427]

427. Jurisprudência: TJM - Ap. Crim. nº 1.955 - Proc. nº 13.479, 1ª CE, rel. Juiz Marcelo Inacarato; *DJMSG* 6.9.1996 (*RJ* 229/137).

3. FASE PRELIMINAR

Na polícia, o delegado que tomar conhecimento da ocorrência de infração penal de menor potencial ofensivo lavra termo circunstanciado (TC) e o encaminha imediatamente ao Juizado, com o autor do fato e a vítima, providenciando as requisições dos exames periciais necessários (art. 69).[428]

Não há necessidade de inquérito policial, no lugar deste, lavra-se o termo circunstanciado (TC) que deve conter os dados básicos da ocorrência, com a identificação do autor do fato delituoso, do ofendido e o rol de testemunhas.[429]

Atente-se, outrossim, que a lei não aboliu completamente o inquérito nessas infrações e, se o caso for complexo e o representante do Ministério Público não encontrar elementos suficientes no termo circunstanciado, poderá requerer ao juiz o encaminhamento ao juízo comum e ali se determinará, até mesmo, a realização de inquérito, se necessário para apuração dos fatos (art. 77, § 2º).

O delegado ao classificar o delito deve levar em consideração as causas especiais de aumento e diminuição da pena, desprezando as circunstâncias agravantes e atenuantes genéricas.

Por outro lado, ao enviar o TC deve informar, se houver, os antecedentes criminais do autor do fato delituoso.

Quanto à prisão em flagrante, não será formalizada, nem será imposta fiança, desde que o autor do fato delituoso seja, imediatamente, encaminhado ao Juizado Especial Criminal ou assuma o compromisso de a ele comparecer, no dia e hora designados. Caso contrário, se não assumir o compromisso ou se não tiver identificação, residência fixa, for reincidente ou vadio, será autuado em flagrante.

4. REPRESENTAÇÃO

Tratando-se de ação penal pública condicionada, o delegado determina a lavratura do TC, a requisição dos exames periciais necessários e, em seguida, encaminha a autuação sumária a juízo, não dependendo para isso da manifestação da vítima ou do seu representante legal.

Mas a autoridade policial pode colher a representação da vítima se ela o desejar. Assim, esse direito pode ser exercido na polícia ou, posteriormente, em juízo, na audiência preliminar (art. 75).

O simples comparecimento da vítima na polícia, solicitando providências, não significa representação na ação penal pública condicionada, nem requerimento na ação exclusivamente privada. Nesses casos, o delegado deve informar os interessados do seu direito de representação ou de queixa e sobre a natureza da ação penal cabível e do seu procedimento em juízo.

---

428. Portaria DGP nº 28, de 4.9.1996, institui modelo de Requisição e Laudo de Exame de Corpo de Delito, adequando aos serviços Policiais os dispositivos da Lei nº 9.099/1995.(*DOE* de 10.9.1996).

429. Portaria DGP nº 15, de 16.4.1996, institui o uso obrigatório de Livro de Registro de Ocorrências Policiais referentes à Lei nº 9.099/1995, para as unidades da Polícia Civil, com atribuições de polícia judiciária (*DOE* de 17.4.1996).

5. ROTEIRO

O fato delituoso é comunicado à polícia. A polícia entra em ação. O policial civil ou militar que tomar conhecimento da prática de infração penal deverá comunicá-la, imediatamente, à autoridade policial da Delegacia de Polícia da respectiva circunscrição policial. Essa comunicação, sempre que possível, far-se-á com a apresentação do autor(es) do fato, da(s) vítima(s) e da(s) testemunha(s).[430]

Na polícia:

— O delegado de plantão, ao tomar conhecimento da ocorrência, e verificando tratar-se de infração penal de menor potencial ofensivo, com a máxima brevidade, adotará as providências legais pertinentes. Manda lavrar o Termo Circunstanciado (TC) e as requisições de exame necessárias. O delegado não autua o autor do fato em flagrante (art. 69, parágrafo único). Em seguida, o TC é encaminhado ao Juizado Especial Criminal da Comarca e, segundo a jurisprudência dominante, não pode ser devolvido à polícia, para diligências.

A propósito, citamos a seguinte decisão: *"Ementa: Processo Penal - Incidência da Lei nº 9.099, de 1995 - Recebimento do Termo Circunstanciado referido no art. 69 - Requisição de diligências à autoridade policial (Inquirição dos envolvidos e de testemunhas e juntada de documentos) antes da audiência preliminar prevista no art. 72 - Impossibilidade. Nas hipóteses de incidência da Lei nº 9.099, de 1995, recebido o termo circunstanciado de que fala o art. 69, salvo para corrigi-lo ou esclarecê-lo, não é dado ao Ministério Público ou ao Juiz, sem que antes se confirme a inviabilidade das alternativas previstas no art. 72 (composição com a vítima ou aceitação de aplicação imediata de pena não privativa de liberdade), exigir da autoridade policial a oitiva dos envolvidos, juntada de documentos ou outras diligências assemelhadas, destinadas a oferecer denúncia." (Tacrim-SP, HC nº 288.586/4, Segunda Câmara, Voto 3.832).*

Em Juízo:

— Audiência preliminar:

a) composição do dano, com a conseqüente extinção da punibilidade (art. 72);

b) transação (o autor do fato aceita uma pena não privativa de liberdade, de multa ou restritiva de direitos);

c) não há transação (o autor do fato não concorda com a proposta de transação e é dada, imediatamente, ao ofendido a oportunidade de exercer o direito de representação ou queixa-crime oral, que será reduzida a termo);

d) o membro do Ministério Público oferece denúncia oral (art. 77);

e) ou o MP propõe a suspensão do processo, nos crimes em que a pena mínima cominada for igual ou inferior a um ano, abrangidas ou não pela Lei nº 9.099/1995 (art. 89);

---

430. Resolução SSP nº 353, de 27.11.1995, regula a atuação das Polícias Civil e Militar, face ao advento dos Juizados Especiais Criminais (*DOE* de 28.11.1995). Provimento nº 758/2001, do Conselho Superior da Magistratura do Estado de São Paulo, autoriza o Juiz a tomar conhecimento dos termos circunstanciados elaborados por policiais militares, desde que assinados por Oficial da Polícia Militar. Resolução nº 403/2001, fixa áreas para implantação de experiência-piloto dos termos circunstanciados elaborados pela Polícia Militar.

f) oferecida a denúncia ou queixa, será reduzido a termo, entregando-se cópia ao acusado, que com ela ficará citado e imediatamente cientificado da designação de dia e hora para a audiência de instrução e julgamento, da qual também tomarão ciência o Ministério Público, o ofendido, o responsável civil e seus advogados (art. 78);

g) se o acusado não estiver presente, será citado e cientificado da data da audiência de instrução e julgamento, devendo a ela trazer suas testemunhas ou apresentar requerimento para intimação, no mínimo 5 dias antes de sua realização (art. 78, § 1º).

— Audiência de Instrução e Julgamento:

a) aberta a audiência, é dada a palavra ao defensor para responder à acusação;

b) juiz recebe ou não a denúncia ou a queixa-crime;

c) recebida a denúncia ou queixa-crime, é ouvida a vítima e as testemunhas, interrogando-se a seguir o acusado, se presente;

d) seguem-se os debates orais;

e) prolação da sentença (art. 81).

— Recurso: *a)* apelação (art. 82); *b)* embargos (art. 83).

6. MODELOS

6.1. Termo Circunstanciado - Modelo I

SECRETARIA DE ESTADO DOS NEGÓCIOS DA SEGURANÇA PÚBLICA

POLÍCIA CIVIL DO ESTADO DE SÃO PAULO

DELEGACIA DE POLÍCIA DE ____

TERMO CIRCUNSTANCIADO DE OCORRÊNCIA POLICIAL Nº ...

Data ... / ... / ... / Hora do fato ... Hora da comunicação... / Local:... / Natureza da ocorrência: ... /Ocorrência: ... / Policial que apresentou a ocorrência: ... /Autor (es):,,, / Resumo da versão:... /Vítima(s):... / Resumo da versão: ... /Exames periciais requisitados: ... / Objetos relacionados com os fatos:... /Outros dados relevantes: ... / Data da decadência do direito de ação (se ação penal privada ou pública condicionada à representação): ... / ... / ... / Juntem-se informações sobre os antecedentes do(s) autor(es). / Entregue-se cópia à(s) vítima(s), mediante recibo.

Registre-se. /Cumpra-se.

Data, .../...../.....

(a) Autoridade, Policial, Vítima(s), Testemunha(s), Autor(es), Escrivão(ã).[431]

431. V. Portaria DGP nº 14, de 16.4.1996, institui modelos de termo circunstanciado de ocorrência Policial e de termo de comparecimento para uso da Polícia Civil em casos de incidência da Lei nº 9.099/1995 (*DOE* de 17.4.1996).

6.2. Termo Circunstanciado - Modelo II

SECRETARIA DE ESTADO DOS NEGÓCIOS DA SEGURANÇA PÚBLICA

POLÍCIA CIVIL DO ESTADO DE SÃO PAULO

DEPENDÊNCIA: ___ DELEGACIA DE POLÍCIA

TERMO Nº ... / ...

TERMO CIRCUNSTANCIADO DE OCORRÊNCIA POLICIAL Nº ...

(Lei nº 9.099/1995)

Data do fato:

Hora do fato:

Hora da comunicação:

Local da Ocorrência:

Ocorrência: Lesões corporais culposas (por exemplo)

Natureza da Ocorrência : Colisão, etc.

CONDUTOR (Policial que apresentou a ocorrência): ... (nome e qualificação)

RESUMO DA VERSÃO: O(A) depoente encontrava-se de serviço na viatura .., quando foi acionado(a) para atender uma colisão (por exemplo)... na Rua/Av. ..., envolvendo os veículos ... (VW..., placas ...,) e (Vectra, placas ...), os danos nos veículos foram de pequena monta, tendo o veículo VW colidido na traseira do Vectra; o motorista do Vectra queixou-se de dores no ..., sendo encaminhado ao PS/ ..., logo depois liberado; ... Elaborou o RAT ... / ..., conduzindo as partes a esta Delegacia de Polícia.

AUTOR(A) DO FATO: ... (nome, carteira de identidade RG nº ... /, CPF/MF ..., Carteira de Habilitação nº ..., filho de ... e de ..., brasileiro(a), natural de ..., nascido em .../ ... / ..., com ... anos de idade, estado civil ..., profissão ..., grau de instrução ..., residente e domiciliado nesta ... (Capital/cidade), na Rua/Av. ..., nº ..., no bairro ..., telefone ..., local de trabalho, Rua ..., nº ..., bairro..., telefone ...).

RESUMO DA VERSÃO: O(A) declarante encontrava-se dirigindo o veículo VW, placas ..., pela Rua/Av. ..., no sentido ... (centro/bairro), quando bateu na lateral traseira do veículo ... (narrar o fato).

VÍTIMA: ... (Nome e qualificação completa)

RESUMO DA VERSÃO: O(A) declarante ... (narrar o fato)

TESTEMUNHAS:

- Nome e qualificação completa
- Idem
- Idem

PROVIDÊNCIAS DA AUTORIDADE POLICIAL :

- J. informações sobre os antecedentes do(s) motorista(s);
- Entregue-se cópia ao autor do fato e à vítima, mediante recibo.

REGISTRE-SE, CUMPRA-SE

São Paulo, ..., de ... de ...

(a) Autoridade Policial

(a) Condutor

(a) Autor do fato

(a) Vítima

(a) Testemunhas

(a) Escrivão(ã).

(Entendemos que, neste ato, conforme o caso, se se tratar de ação penal condicionada, a Autoridade Policial deve informar à vítima sobre o procedimento em juízo e colher a sua Representação, se a vítima assim desejar, o que ela poderá fazer também em juízo.)

6.3. Representação

REPRESENTAÇÃO

Em se tratando de ação penal pública condicionada, a vítima, ..., já qualificada, vem representar contra ..., também qualificado, pelo fato noticiado no Termo Circunstanciado de Ocorrência Policial nº ..., lavrado na ... Delegacia de Polícia, em data de ..., a fim de que, oportunamente, possa o digno representante do Ministério Público do Juizado Especial Criminal desta Comarca (ou do Fórum Regional) promover a competente ação penal.

E, para constar, lavrou-se este termo que, lido e achado conforme, vai assinado. Eu, ..., Escrivão(ã), o datilografei (ou digitei) e assino.

(a) Delegado

(a) Vítima

(a) Escrivão(ã).

6.4. Termo de Comparecimento

SECRETARIA DE ESTADO DOS NEGÓCIOS DA SEGURANÇA PÚBLICA

POLÍCIA CIVIL DO ESTADO DE SÃO PAULO

DELEGACIA DE POLÍCIA DE _____

TERMO DE COMPARECIMENTO

(Lei nº 9.099/1995)

Aos ... dias do mês de ... do ano de ..., nesta Delegacia de Polícia, onde se achava presente o(a) Dr.(a) ..., Delegado(a) de Polícia, comigo, Escrivão(ã) de Polícia de seu cargo, aí, compareceu... (nome do autor do fato), já qualificado, o qual, nos termos do art. 69, parágrafo único, da Lei nº 9.099/1995, e diante do Termo Circunstanciado nº ... / ..., lavrado nesta data, comprometeu-se a comparecer (no Juizado Especial Criminal desta Comarca de ... /ou no Fórum Distrital competente), em data e local previamente indicados, para os fins do art. 72 da referida lei. E, para constar, lavrou-se este termo que, lido e achado conforme, vai devidamente assinado. Eu, ..., Escrivão(ã) que o datilografei (digitei).

(a) Delegado

(a) Autor do fato infracional

(a) Escrivão(ã)

6.5. Ofício Encaminhando o T.C.

Ofício nº ... / ... / REF. T.C. nº ... / ... / Escrivão(ã) ... / Data ... / MM. Juiz / Através deste, encaminho a V.Exa. o expediente referente ao T.C. em epígrafe, referente ... (por exemplo lesões corporais culposas), tendo como autor ... (nome) e vítima... (nome).

Ao ensejo, reitero a V.Exa. os protestos de estima e consideração.

(a) O Delegado de Polícia

A Sua Excelência,

O MM. Juiz de Direito do Foro Regional de ...

Nesta.

7. NOTAS EXPLICATIVAS

— O delegado, conforme o caso, pode determinar as seguintes providências: *a)* Requisição de exame pericial; *b)* Apresentação imediata das partes ao Juizado Especial Criminal; *c)* Tomada de compromisso do autor do fato e da vítima de comparecimento ao Juizado em dia e hora designados; *d)* Apreensão de instrumento(s) do crime; *e)* Juntada de documento(s); *f)* Lavratura de termo de representação; *g)* Remessa do TC ao Juizado, após registro e autuação.

— Todas as contravenções penais, inclusive a do chamado *Jogo do Bicho*, são submetidas ao Juizado Especial Criminal, não se lavrando auto de prisão em flagrante, mas apenas o Termo Circunstanciado.

— Atente-se, outrossim, que o art. 28, da LCP, que dispõe sobre disparo de arma de fogo, foi derrogado, passando o fato a constituir crime, pela Lei nº 9.437/1997, art. 10, § 1º, III, que assim estatui: *disparar arma de fogo em lugar habitado ou em suas adjacências, em via pública ou em direção a ela, desde que o fato não constitua crime mais grave.* Não se aplicando, portanto, a Lei nº 9.009/1995.

— Aos crimes de trânsito, previstos nos arts. 304, 305, 307 *caput* e parágrafo único, 309, 310, 311 e 312, da Lei nº 9.503/1997 (Código Brasileiro de Trânsito), se aplicam as normas da Lei nº 9.099/1995. E os crimes de trânsito previstos nos arts. 302, 303, 306 e 308, do referido diploma, devem ser apurados através de inquérito policial.

— Atente-se, outrossim, quanto à prisão em flagrante, que, nos crimes de trânsito, *ao condutor de veículo, nos casos de acidentes de trânsito de que resulte vítima, não se imporá a prisão em flagrante, nem se exigirá fiança, se prestar pronto e integral socorro àquela* (CBT, art. 301).

— Nas ocorrências em que houver crimes conexos, de menor potencial ofensivo com outro(s) mais graves, o delegado instaura inquérito policial.

— Ocorrendo prisão em flagrante, o delegado deve adotar as providências de praxe: o condutor, preso, vítima e testemunhas são encaminhadas à delegacia. A Autoridade determina a elaboração do Termo Circunstanciado e requisita os exames periciais necessários; em seguida, instruído com os laudos respectivos e com os registros criminais do autor do fato a autuação sumária contendo esses documentos é enviada ao Juizado Especial Criminal da Comarca (art. 69, parágrafo único).

— Se o autor da infração não puder ser conduzido imediatamente ao Juizado Especial Criminal da Comarca ou, presente na Delegacia, se recusar a assinar o termo de compromisso para se apresentar em juízo, impõe-se a lavratura do Auto de Prisão em Flagrante, devendo esse incidente constar de forma objetiva no corpo do mesmo. No caso de delito afiançável, deve ser arbitrada fiança, para que o infrator se veja processado e julgado em liberdade.

— No caso de flagrante, ainda, se o autor da infração for reincidente, vadio ou não tiver residência fixa, deve ser autuado em flagrante.

— A expressão *imediatamente* prevista no art. 69, da Lei nº 9.099/1995, para a remessa do Termo Circunstanciado, não estipula prazo determinado. Deve-se, porém, ter presente o princípio da celeridade que informa a fase preliminar desse diploma.

— Não estando presente o autor da infração, mas sendo conhecido, será lavrado o Termo Circunstanciado, consignando-se a oitiva ou representação da vítima, requisição de exames periciais e a oitiva informal das testemunhas.

— Não sendo conhecido o autor da infração, elabora-se o Boletim de Ocorrência, requisita-se os exames periciais necessários e instaura-se inquérito. Neste caso, segundo algumas orientações locais, apenas expede-se Ordem de Serviço, para apurar a autoria. Com o relatório das investigações, indicando o autor do fato e demais informações, o delegado lavra o Termo Circunstanciado, encaminhando-o a Juízo, com os laudos recebidos, etc.

— Na fase policial, procede-se à colheita de provas e os laudos periciais devem ser elaborados em tempo hábil. A produção da prova vai ser feita em juízo.

CAPÍTULO X
CONCLUSÃO DO INQUÉRITO

1. PRAZOS

As medidas investigativas determinadas na portaria de instauração de inquérito policial devem ser cumpridas com a máxima celeridade, observando-se os prazos estabelecidos na legislação processual penal, evitando-se prorrogações indevidas.

Os inquéritos devem ser concluídos dentro do prazo de:

— Justiça comum:

- 30 dias, quando o indiciado estiver solto, mediante fiança ou sem ela, podendo este prazo ser dilatado, a pedido da autoridade policial e pelo tempo necessário a critério do juiz (CPP, art. 10 e art. 10, § 3º);
- 10 dias se o indiciado estiver preso em flagrante delito e a contagem é feita a partir da prisão (CPP, art. 10, *caput*);
- 10 dias, se o indiciado estiver preso preventivamente, contado o prazo a partir do dia em que se executar ordem de prisão, a esse prazo será acrescido o de eventual prisão temporária (CPP, art. 10, *caput*, 2ª parte);

— Justiça federal:

- 30 dias, quando o indiciado não estiver preso (podendo ser prorrogado, a pedido da autoridade policial). Na Polícia Federal, o delegado deve envidar todos os esforços para concluir o inquérito no prazo inicial de 30 dias, valendo-se de pedidos de prorrogação apenas naqueles casos de comprovada dificuldade para elucidação do fato (Instrução Normativa nº 1, de 30.10.1992).

- 15 dias, estando o indiciado preso, podendo ser prorrogado por mais 15 dias, a pedido, devidamente fundamentado, da autoridade policial, e deferida pelo juiz a que competir o conhecimento do processo (Lei nº 5.010, de 30.5.1966, que organiza a Justiça Federal de Primeira Instância e da outras providências, art. 66).

— Legislação especial:

- Crimes contra a Economia Popular, o prazo para conclusão do inquérito, esteja preso ou solto o indiciado, é de 10 dias (Lei nº 1.521, de 26.12.1951, art. 10, § 1º);
- Lei de Tóxicos, 15 dias, se o indiciado estiver preso, e de 30 dias, quando solto. Esses prazos podem ser duplicados pelo juiz, mediante pedido justificado da autoridade policial (Lei nº 10.409, de 11.1.2002, art. 29 e parágrafo único).
- Lei Orgânica da Magistratura Nacional: a prisão de magistrado, em flagrante delito, por crime inafiançável, deve ser comunicada e apresentado o preso imediatamente ao presidente do tribunal a que esteja vinculado (Lei Complementar nº 35, de 14.3.1979, art. 33, II);
- Estatuto do Ministério Público da União: a prisão de membro do Ministério Público da União, em flagrante delito, por crime inafiançável, deve ser comunicada imediatamente ao Procurador-Geral da República, sob pena de responsabilidade (Lei Complementar nº 75, de 20.5.1993, art. 17, II, *d*);
- Lei Orgânica Nacional do Ministério Público: a prisão em flagrante de membro do Ministério Público, por crime inafiançável, deve ser comunicada e apresentado o preso, no prazo máximo de 24 horas, ao Procurador-Geral de Justiça (Lei nº 8.625, de 12.2.1993, art. 40, III).

— Flagrante: Quando o fato for praticado em presença da autoridade, ou contra esta, no exercício de suas funções, lavrado o auto de prisão em flagrante, este deve ser encaminhado imediatamente ao juiz competente, se não o for a autoridade que houver presidido o auto (CPP, art. 307).

— Flagrante: Deputados e Senadores, crime inafiançável - os autos da prisão devem ser remetidos, dentro de 24 horas, à Casa respectiva, para que, pelo voto secreto da maioria de seus membros, resolva sobre a prisão e autorize, ou não, a formação de culpa (CF, art. 53, § 3º).

2. PEDIDO DE PRAZO

Verificada a impossibilidade de ultimação das investigações no prazo legal, a autoridade policial deve solicitar dilação de prazo para a conclusão do inquérito, expondo, de forma circunstanciada e em ato fundamentado as razões que impossibilitaram o tempestivo encerramento, consignando, ademais, as diligências faltantes para a elucidação dos fatos e as providências imprescindíveis a garantir suas realizações dentro do prazo solicitado.[432]

Na Polícia Federal, quando o indiciado está preso, o pedido de prazo é feita com a sua apresentação ao Juiz. E a autoridade policial deve evitar a prática de qualquer formalidade enquanto o inquérito estiver na Justiça.

Por outro lado, as cotas do Ministério Público devem ser cumpridas no prazo estipulado pelo Juiz, salvo impossibilidade de força maior, devidamente justificada nos autos. Em suma, todos os pedidos de prazo devem ser sempre fundamentados.

3. RELATÓRIO

Terminado o inquérito, o Delegado faz um relatório, onde narra de forma objetiva e minuciosa o que foi apurado a respeito do crime e de sua autoria, indicando as provas colhidas e o nome das testemunhas que não foram inquiridas com referência do lugar onde possam ser encontradas. E determina a remessa dos autos a Juízo (CPP, art. 10, §§ 1º e 2º).

O relatório é peça que sempre existiu em nossas normas procedimentais, reguladoras da investigação preliminar do ilícito penal. Assim, a Lei nº 261, de 3.12.1841, já estabelecia, *in verbis*: *"Remeter, quando julgarem conveniente, todos os dados, provas e esclarecimentos, que houverem obtido sobre um delito, com uma exposição do caso e de suas circunstâncias, aos Juízes competentes a fim de formarem a culpa"*.

O relatório deve ser bem elaborado, vazado em linguagem escorreita, sem preocupações literárias ou artísticas, historiando todos os pormenores do fato delituoso e de sua autoria, sem assumir foros de um libelo acusatório, nem arrazoado de defesa do indiciado.

Prisão Preventiva: — No Relatório, conforme o caso, autoridade policial deve representar ao juiz acerca da prisão preventiva do indiciado, como garantia da ordem pública, da ordem econômica, por conveniência da instrução criminal, ou para assegurar a aplicação da lei penal, quando houver prova da existência do crime e indícios suficientes de autoria (CPP, art. 312).

Observe-se, outrossim, que o inquérito deve ser relatado mesmo quando, esgotadas as diligências, a autoridade não tenha conseguido esclarecer o fato e a sua autoria. Nessa hipótese, ao final do Relatório, o Delegado requer ao Juiz o arquivamento dos autos, ouvido o Ministério Público, nos termos dos arts. 17 e 18 do Código de Processo Penal.

Mas, de qualquer modo, compete à Autoridade relatora avisar a vítima, quando possível, ou a sua família, sobre a conclusão e o encaminhamento do inquérito ao Fórum, colocando-se à sua disposição, para os esclarecimentos que se fizerem necessários.

---

432. Portaria DGP nº 18, de 25.11.1998, dispõe sobre medidas e cautelas a serem adotadas na elaboração de inquéritos Policiais e para a garantia dos direitos da pessoa humana, art. 4º, parágrafo único. (*DOE* 27.11.1998).

4. BOLETIM INDIVIDUAL

A estatística judiciária criminal tem por base o *Boletim Individual* do indiciado, dividido em três partes destacáveis, conforme modelo oficial, que deve ser preenchido pela Autoridade Policial, mencionando, entre outros, os seguintes dados: o número de delinqüentes, a infração praticada, sua nacionalidade, sexo, idade, filiação, estado civil, etc. A primeira parte fica arquivada no cartório policial e as demais acompanham o inquérito (CPP, art. 809).[433]

Na polícia federal, após a indiciação, mesmo havendo qualificação indireta, deverá ser preenchido o Boletim de Identificação que será remetido ao Instituto Nacional de Identificação. E o Boletim de Vida Pregressa, após datilografado ou preenchido em letra de forma, deverá ser entregue pelo investigante ao escrivão, que, depois de conferir o preenchimento de todos os espaços, providenciará a juntada aos autos.

5. IDENTIFICAÇÃO CRIMINAL

Nos termos da lei, o preso em flagrante delito, o indiciado em inquérito policial, aquele que pratica infração penal de menor gravidade (Lei nº 9.099/1995, arts. 61, *caput*, e 69, parágrafo único), assim como aqueles contra os quais tenha sido expedido mandado de prisão judicial, desde que não identificados civilmente, devem ser submetidos a identificação criminal, inclusive pelo processo datiloscópico e fotográfico.

Sendo identificado criminalmente, a autoridade policial providenciará a juntada dos materiais datiloscópico e fotográfico nos autos da comunicação da prisão em flagrante ou nos do inquérito policial.

A prova de identificação civil é feita mediante a apresentação de documento de identidade reconhecido pela legislação.

O civilmente identificado por documento original não é submetido à identificação criminal, exceto quando:

I - estiver indiciado ou acusado pela prática de homicídio doloso, crimes contra o patrimônio praticados mediante violência ou grave ameaça, crime de receptação qualificada, crimes contra a liberdade sexual ou crime de falsificação de documento público;

II - houver fundada suspeita de falsificação ou adulteração do documento de identidade;

III - o estado de conservação ou a distância temporal da expedição do documento apresentado impossibilite a completa identificação dos caracteres essenciais;

IV - constar de registros policiais o uso de outros nomes ou diferentes qualificações;

V - houver registro de extravio do documento de identidade;

VI - o indiciado ou acusado não comprovar, em 48 horas, sua identificação civil.

---

433. Portaria DGP nº 15, de 19.11.1991, dispõe sobre o fornecimento de informação ao Poder Judiciário acerca dos antecedentes criminais de indiciado (*DOE* de 20.11.1991).

A cópia do documento de identificação civil apresentada deve ser mantida nos autos de prisão em flagrante, quando houver, e no inquérito policial, em quantidade de vias necessárias.[434]

Em São Paulo, os impressos do *Boletim de Identificação Criminal e Modus Operandi* são numerados tipograficamente, em ordem seqüencial, sendo distribuído às delegacias mediante carga, com o respectivo registro em livro próprio, obedecida a ordem numérica. E qualquer falha na ordem numérica ou extravio deve ser comunicada, imediatamente, ao Instituto de Identificação *Ricardo Gumbleton Daunt* (IIRGD).[435]

6. MODELOS

6.1. Pedido de Prazo

SECRETARIA DE ESTADO DOS NEGÓCIOS DA SEGURANÇA PÚBLICA

POLÍCIA CIVIL DO ESTADO DE SÃO PAULO

DELEGACIA DE POLÍCIA DE ____

C O N C L U S Ã O

Em seguida, faço estes autos conclusos à Autoridade Policial, que, para constar, ... lavro este termo. Eu, Escrivão(ã) de Polícia, o lavrei.

C L S.

Estando o feito com o prazo de permanência em cartório esgotado e necessitando de maiores diligências, RR. ao Fórum Criminal, com pedido de dilação de prazo. / Durante a remessa e devolução dos autos, em apartado, providencie-se o seguinte: Oficie-se ao ... (IML, IC, etc.) reiterando pedido de remessa de laudo. / Expeça-se Ordem de Serviço,

434. Lei nº 10.054, de 7.12.2000, dispõe sobre a identificação criminal e dá outras providências (*DOU*, Seção I, 8.12.2000, p. 1). A Lei nº 9.454, de 7.4.1997, instituiu o número único de Registro de Identidade Civil, pelo qual cada cidadão brasileiro, nato ou naturalizado, será identificado em todas as suas relações com a sociedade e com os organismos governamentais e privados. E, entre outras medidas, dispõe no art. 6º que, no prazo máximo de 5 anos da promulgação dessa lei, perderão a validade todos os documentos de identificação que estiverem em desacordo com ela (*DOU*, Seção I, 8.4.1997, p. 6.741).

435. Portaria DGP nº 7, de 15.5.1990, dispõe sobre numeração do *Boletim de Identificação Criminal e Modus Operandi* e dá outras providências (*DOE* 16.5.1990). Portaria DGP nº 18, de 31.8.1992, fixa normas para a elaboração do *Boletim de Identificação Criminal* (*DOE* 1º.9.1992). Portaria DGP nº 36, de 20.11.1987, dá nova redação às regras contidas nas *Instruções Gerais* do *Boletim Individual* referido no art. 809 do Código de Processo Penal (*DOE* 21.11.1987). Portaria DGP nº 3, de 4.2.1985, dispõe sobre a elaboração e encaminhamento das planilhas de identificação e individuação dactiloscópicas e dá outras providências (*DOE* de 6.2.1985). Portaria DGP nº 4, de 30.1.1986, complementa a Portaria DGP nº 3/1985 (*DOE* de 31.1.1986).

para localização das testemunhas mencionadas às fls. / Intime-se o indiciado e a testemunha ..., para acareação; / e outras providências que forem necessárias.

Data ..../.........../..........

(a) Delegado

DATA, CERTIDÃO E REMESSA

Na mesma data recebi estes autos com o despacho supra e certifico que dei inteiro cumprimento ao seu respeitável teor, conforme adiante se vê. A seguir por determinação da Autoridade, sejam os autos encaminhados ao Fórum Criminal. O referido é verdade e dou fé. O Escrivão(a) de Polícia.

6.2. Relatório - Modelo I

SECRETARIA DE ESTADO DOS NEGÓCIOS DA SEGURANÇA PÚBLICA

POLÍCIA CIVIL DO ESTADO DE SÃO PAULO

DELEGACIA DE POLÍCIA DE ____

R E L A T Ó R I O

INQUÉRITO POLICIAL Nº .../...

NATUREZA:

INDICIADO:

MM. Juiz / No dia .. do mês de ..., do ano em curso, instaurou-se o presente inquérito, a fim de se apurar o Crime de... / No dia ..., do mês de ..., do corrente ano, investigadores deste DP dirigiram-se à Av... nº ..., bairro de ..., a fim de apurar denúncia anônima, segundo a qual o estabelecimento comercial ..., estaria usando produtos alimentícios impróprios para o consumo. /No local, após se identificarem ao responsável, os policiais apreenderam gêneros alimentícios sem validade (fls.) / A mercadoria foi encaminhada ao Instituto de Criminalística, para exame (Laudo de fls. e fls.) / Nome, Investigador de Polícia, ouvido, disse que os produtos alimentícios apreendidos estavam misturados com outras substâncias, usadas para preparo de alimentos (fls). / *A, B, C* (Nomes), testemunhas, foram ouvidas às fls. e fls., confirmando a apreensão da mercadoria e a sua condição de imprópria para o consumo./ Nome.., sócio da empresa, em seu interrogatório, disse que os produtos apreendidos no seu estabelecimento eram amostras e não seriam utilizados nos preparos dos gêneros alimentícios produzidos pelo mesmo (fls.). / É o relatório.

Data ..../.........../.........

(a) Delegado

6.3. Relatório - Modelo II

SECRETARIA DE ESTADO DOS NEGÓCIOS DA SEGURANÇA PÚBLICA

POLÍCIA CIVIL DO ESTADO DE SÃO PAULO

DELEGACIA DE POLÍCIA DE ___

RELATÓRIO

INQUÉRITO POLICIAL Nº .../...
NATUREZA:
INDICIADO:

MM. Juiz / O presente inquérito foi instaurado ... (motivo), / Para apurar os fatos delituosos, foram realizadas diversas diligências, entre elas, as seguintes ... (comentar) / A vítima, prestou declarações (fls.), contando que ... (resumir) / *A*, testemunha, ouvido (fls.) disse que... ; *B, C, D*, etc. (resumir o depoimento) / Fulano, qualificado e interrogado (fls.) respondeu que ... (resumir) / Os laudos periciais ... foram juntados às fls. / É o relatório.

(a) Delegado de Polícia

6.4. Relatório - Modelo III

SECRETARIA DE ESTADO DOS NEGÓCIOS DA SEGURANÇA PÚBLICA

POLÍCIA CIVIL DO ESTADO DE SÃO PAULO

DELEGACIA DE POLÍCIA DE ___

RELATÓRIO

INQUÉRITO POLICIAL Nº .../...
NATUREZA:
INDICIADO:

MM. Juiz de Direito / Instaurou-se o presente inquérito, através de auto de prisão em flagrante delito, porque no dia ..., de ...de ..., por volta das ... horas, nesta cidade, na Rua ..., nº ..., circunscrição deste Distrito Policial, os policiais militares da guarnição da viatura ..., em patrulhamento preventivo pela área, abordaram o indiciado ..., o qual portava, em sua cintura, uma pistola calibre ..., contendo ... cartuchos intactos. / Continuando as buscas pessoais, na presença de testemunhas, o soldado ... encontrou nos bolsos do indiciado e apreendeu ... trouxinhas de maconha, envoltas em papel de revista, lacradas com fita adesiva, ... cinco notas US$ 50,00 dólares e ... R$ ... em notas e moedas./ As notas americanas foram juntadas às fls. ..., destes autos./ A quantia em reais foi devidamente depositada em conta judicial, conforme GARE juntado às fls.... / Ratificada a voz de prisão, a autoridade, inicialmente, requisitou o exame toxicológico do material apreendido./ O material foi encaminhado ao IML, sendo expedido o Laudo de Constatação de fls., confirmando tratar-se o material de ... / A arma e a munição foram encaminhadas ao IC, para perícia, protestando-se, desde já, pela posterior remessa do laudo respectivo. / Os policiais militares e as testemunhas prestaram depoimento respectivamente, à fls e fls. / O acusado, identificado e pregressado, manifestou o direito de só falar em juízo. / O acusado foi indiciado como incurso nas penas previstas na Lei nº ..., art. ..., e na Lei nº ..., art. ... / E recolhido à disposição da Justiça, na carceragem do... / É o relatório.

Data, .../.........../...........

(a) Delegado de Polícia

6.5. Qualificação

SECRETARIA DE ESTADO DOS NEGÓCIOS DA SEGURANÇA PÚBLICA

POLÍCIA CIVIL DO ESTADO DE SÃO PAULO

DELEGACIA DE POLÍCIA DE ____

QUALIFICAÇÃO

Às ... horas, do dia ..., do mês de ... do ano de ..., nesta cidade de ..., no ... Distrito Policial (Delegacia), onde se achava o(a) Dr.(a) ..., delegado(a) respectivo(a), comigo escrivão de seu cargo, ao final assinado, compareceu o acusado, o qual, às perguntas da autoridade, respondeu como segue:

Qual o seu nome: ... / Qual a sua nacionalidade ... / Onde nasceu ... / Qual o seu estado civil ... / Qual a sua idade e data do nascimento ... / Qual a sua filiação ... / Qual o seu grau de instrução ... / Qual a sua residência ... (Rua, n., Bairro, Cidade, Cep., Telefone) / Qual o seu meio de vida profissional ... / Onde exerce a sua atividade ... (Rua, n., Bairro, Cidade, CEP). / E nada mais havendo, mandou a autoridade encerrar este auto, que assina com o qualificado e comigo, escrivão que o digitou.

(a) Delegado, Interrogado, Escrivão(ã).

6.6. Boletim Individual

BOLETIM INDIVIDUAL Nº .... da Delegacia .... — Remetido ao Departamento de Estatística do Estado em ......

Brasão do Estado

SECRETARIA DA SEGURANÇA PÚBLICA

POLÍCIA CIVIL DE SÃO PAULO

.............Delegacia de Polícia de ....

Comarca:.. Região:....................................

I - QUANTO AO RÉU

BOLETIM INDIVIDUAL Nº......

Nome:..
Alcunha:.. Filho: *(legítimo, ilegítimo ou legitimado)* ....de ....
.... e de ....
.... Sexo:.................. Idade:.....................anos. Ano do nascimento:........................ Estado civil.............................. Nacionalidade..
Naturalidade.. Instrução:..
Profissão:.. Religião ou culto:........................ Residência:........................
.... Cor:..................... Tem filhos?:............ Quantos:....................
São legítimos, ilegítimos ou legitimados?:................. Iniciado o processo em ..../............./..........
por infração prevista no artigo:................................ Identificado em: ..../................./.................
Preso?: *(em flagrante ou preventivamente)*...............em:..
Recolhido *(declarar a prisão onde foi recolhido)*: ....
Solto em virtude de fiaça no valor de ....
.... O Delegado ....

II - QUANTO AO PROCESSO

ARQUIVAMENTO — Os autos do processo ou inquérito foram arquivados em........./.........../..........
pelo seguinte motivo:...
AÇÃO PENAL — Iniciada em ..../............./.......... por infração ao artigo ....
.... PRONÚNCIA — foi pronunciada em data de ..../........./..........., como incurso nas penas do artigo..
IMPRONÚNCIA — foi impronunciada em data de ..../........./.............., ABSOLVIÇÃO "in limine" — Foi absolvido em data de ..../......../........... PRISÃO — Em data de ..../.............../............
FIANÇA — Foi concedida em data de ..../................/............................ JULGAMENTO NA 1ª INSTÂNCIA — Do Juiz singular, em data de ..../.................../.......... Do Tribunal do Júri em data de ..../............./............. ABSOLVIÇÃO — Foi absolvido em data de ..../............./.........
MOTIVO DA ABSOLVIÇÃO:.................................. CONDENAÇÃO — Em data de......./........./......
foi condenado a .... PRESO em ..../............/........... por ter sido condenado e RECOLHIDO a *(Declarar a natureza do estabelecimento)* .... SUSPENSÃO CONDICIONAL DA PENA — Em data de ..../........../....... Foi *(Concedida ou negada)* ..... pelo *(Juiz ou Tribunal)* ....
EXTINÇÃO DA PUNIBILIDADE (Decretada no curso do processo, até o julgamento inclusive) — Em data de ..../........../......... foi decretada a extinção da punibilidade, por *(Declarar o motivo: perdão, perempção, prescrição, etc.)* .... RECURSOS — Em data de ..../........../........
foi interposto o recurso de *(Declarar a natureza e a espécie de recurso)* ....
da *(Decisão recorrida)* .... Em data de ..../.........../...... o julgamento da 1ª instância foi *(Confirmado ou reformado)* .... para *(Condenar, absolver ou declarar a extinção da punibilidade)* ....
MEDIDA DE SEGURANÇA — Foi aplicada? .... Qual a sua natureza? ....
.... "HABEAS CORPUS" — Em data de ..../........../......... foi *(Concedido, prejudicado ou denegado)* .... pelo *(Juiz ou Tribunal)* .... O RÉU ESTÁ FORAGIDO?...............
OBSERVAÇÕES: ....

Data: ....

O Escrivão: ....

(Esta parte será anexada aos autos do processo, por ocasião de sua remessa ao Juízo Criminal, onde deverá ser preenchida a sua parte final e depois de passar em julgado a decisão definitiva, será destacada e remetida ao departamento de Estatística do Estado).

BIBLIOGRAFIA

ACOSTA, Walter P. *O Processo Penal,* Rio de Janeiro, Edição do Autor, 11ª ed., 1975.

ALVES DE ARAUJO, Mauro, "Procedimento para obtenção de porte de arma", apostila, Vinhedo, São Paulo, Edição do autor, 2000.

AMERICAN and English Encyclopedia of Law, V. 22.

ANDRADE, Ivan Moraes de. *Polícia Judiciária*, Rio de Janeiro, Forense, 1958.

ANIAM, Colaboração da. Opúsculo sobre registro e porte de arma, da Divisão de Produtos Controlados, do Departamento de Identificação e Registros Diversos, da Secretaria da Segurança de São Paulo, setembro 1997.

AZEVEDO MARQUES, João Benedicto de. *Manual de Procedimento 1999 - Regimento Padrão dos Estabelecimentos Prisionais do Estado de São Paulo*, SP, Secretaria da Administração Penitenciária, Imprensa Oficial, 1999.

BARBOSA, Rui. *Teoria e Política,* São Paulo, Clássicos Jackson.

BBC English dictionary.

BECCARIA, Cesare. *Dos Delitos e das Penas*, tradução de Flório de Angelis, São Paulo/Bauru, Edipro, 1ª ed., 6ª reimp., 2001.

BIELSA, Rafael. *Derecho Administrativo, apud* José Frederico Marques, *Elementos de Direito Processual Penal*, Rio de Janeiro, Forense, 1961.

BRANDÃO CAVALCANTI, Themistocles. *Tratado de Direito Administrativo,* Rio de Janeiro, Freitas Bastos, 1956.

CESAR PESTANA, José. *Manual de Organização Policial,* São Paulo, SSP, 1959.

CHAVES JÚNIOR, Edgard de Brito. *Legislação Penal Militar*, Rio de Janeiro, Forense, 8ª ed., 1999.

COELHO PEREIRA, Arinos Tapajós. *Manual de Prática Policial,* São Paulo, SSP, 1962.

CONSTITUIÇÃO da República Federativa do Brasil. São Paulo, Saraiva, 2000.

CONSTITUIÇÃO do Estado de São Paulo. São Paulo, Imprensa Oficial, 1989.

COSTA, Milton Lopes da. *Manual de Polícia Judiciária,* Edição do Autor, 1966.

DE PLÁCIDO e SILVA. *Vocabulário Jurídico,* Rio de Janeiro, Forense, 2ª ed., 1967.

DIAGNÓSTICO de Eventos Adversos e Planos de Prevenção, São Paulo, SSP, 1980.

ENCICLOPÉDIA Delta Larousse, Rio e Janeiro, Delta, 1970.

ENCICLOPEDIA Universal Ilustrada Europeo Americana, Madri, Espasa-Calpe.

FARIA, Bento de. *Código de Processo Penal*, Rio de Janeiro, Livrraria Jacinto, 1942.

FERREIRA, Aurélio Buarque de Holanda. *Pequeno Dicionário da Língua Portuguesa,* São Paulo, Civilização Brasileira.

———. *O Dicionário da Língua Po*rtuguesa, Rio de Janeiro, Nova Fronteira, 2000.

FERREIRA, Nélson. *Mecanismo dos Jogos de Azar,* São Paulo, SSP, 1961.

FREDERICO MARQUES, José. *Elementos de Direito Processual Penal,* São Paulo, Forense, 1961.

———.*Da Competência em Matéria Penal,* São Paulo, Saraiva, 1953.

———. *Anteprojeto de Código de Processo Penal, DOU* 29.6.1970, Supl. nº 118.

FREIRE, Laudelino. *Dicionário da Língua Portuguesa,* Rio de Janeiro, A Noite.

GOMES, Amintas Vidal. *Novo Manual do Delegado,* Rio de Janeiro, Forense, 3ª ed., 1970.

GUIMARÃES, Nélson Silveira. *Polícia e Acidentes de Trabalho*, São Paulo, Fundacentro, 1998.

JESUS, Damásio E de. *Lei dos Juizados Especiais Criminais Anotada*, São Paulo, Saraiva, 1996.

———. *Código de Processo Penal Anotado*, São Paulo, Saraiva, 1995.

MAGGIO, Vicente de Paula Rodrigues. *Direito Penal – Parte Geral – Código Penal arts. 1º a 120*, São Paulo/Bauru, Edipro, 2ª ed., rev., atual. e ampl., 2001.

MANZINI, Vicenzo. *Tratado de Derecho Penal*, tomo I, v. 1.

———. *Trattato di Diritto Processuàle Penàle*, v. 11, nº 210.

MARTINS FRIDMAN, Rita Vera & STEHLICK QUEIQUE, Selma. *O Consórcio e o Código do Consumidor,* São Paulo, Hermes Editora, 1991.

MAYER, Otto. *Droit Administratif de L'Empire Allemond*, *apud*, Ubirajara Rocha. *A Polícia em prisma*, São Paulo, SSP, 1964.

MENDES DE ALMEIDA, Napoleão. "Questões vernáculas", *O Estado de S. Paulo,* 1980.

MONDIN, Augusto. *Manual do Inquérito Policial,* São Paulo, Sugestões Literárias.

MONTE ALEGRE, Ennio Antônio. "O inquérito policial na legislação processual brasileira", São Paulo, Academia de Polícia, 1974 (apostila).

MORAES, Bismael B. "Em defesa do inquérito policial", *Revista ADPESP*, nº 24, 1997.

MORAES PITOMBO, Sérgio Marcos de. "Mudanças no Código de Processo Penal", *Jornal do Advogado*, São Paulo, 2000.

MOREIRA FILHO, Guaracy. *Vitimologia - O Papel da Vítima na Gênese do Delito,* São Paulo, Jurídica Brasileira, 1999.

MUCCIO, Hidejalma. *Curso de Processo Penal,* vol. I, São Paulo/Bauru, Edipro, 1ª ed., 2000.

————. *Curso de Processo Penal,* vol. II, São Paulo/Bauru, Edipro, 1ª ed., 2001.

————. *Denúncia - Teoria e Prática* (Coleção Prática Jurídica), São Paulo/Bauru, Edipro, 2000.

————. *Inquérito Policial - Teoria e Prática* (Coleção Prática Jurídica), São Paulo/Bauru, Edipro, 2000.

————. *Prática de Processo Penal - Teoria e Prática*, São Paulo/Bauru/, Edipro, 2ª ed., 2000.

————. *Queixa-Crime - Teoria e Prática* (Coleção Prática Jurídica), São Paulo/Bauru, Edipro, 2000.

NEGRINI NETO, Osvaldo. *Manual de Requisições Periciais,* São Paulo, Academia de Polícia, 1998.

NUNES, Pedro. "Poder de Polícia", *in Dicionário de Tecnologia Jurídica*, Rio de Janeiro, Freitas Bastos, 1956.

OXFORD Advanced Learner's Dictionary of Current English.

OLIVEIRA ANDRADE, Octacílio de. "A incomunicabilidade do indiciado", *in Revista Acadêmia da ACLADPSP*, São Paulo, 2000.

PEREIRA, Arinos Tapajós Coelho. *Manual de Prática Policial,* São Paulo, Serviços Gráfico da SSP, 1962.

PESTANA, José César. *Manual de Organização Policial,* São Paulo, SSP, 1959.

PIERANGELLI, José Henrique. *Códigos Penais do Brasil.* São Paulo/Bauru, Javoli, 1ª ed., 1980.

QUEIROZ, Carlos Alberto Marchi. *Manual de Polícia Judiciária*, São Paulo, Cromosete Gráfica e Editora, 2000.

QUEIROZ FILHO, Dilermando. *Manual de Inquérito Policial,* São Paulo, ADCOAS, 2000.

RAMOS, Saulo. Parecer de 1988, *RT* 71/289-293.

REGULAMENTO Policial. Coleção de Leis e Decretos do Estado de São Paulo, tomo 38, São Paulo, Imprensa Oficial do Estado, 3ª ed., 1928.

REVISTA Trimestral de Jurisprudência dos Estados, v. 171, 1999.

ROCHA, Luiz Carlos. *Doping na Legislação Penal e Desportiva,* São Paulo/Bauru, Edipro, 1999.

————. *Investigação Policial,* São Paulo, Saraiva, 1999.

————. *Organização Policial Brasileira,* São Paulo, Saraiva, 1991.

————. *Prática Policial*, São Paulo, Saraiva, 2ª ed., 1989.

ROCHA, Ubirajara. *A Polícia em Prismas,* São Paulo, Serviço Gráfico da SSP, 1964.

SOUZA NUCCI, Guilherme de. *O Valor da Confissão como Meio de Prova no Processo Penal,* São Paulo, Revista dos Tribunais, 1997.

SILVA, César Dario Mariano da. *Manual de Direito Penal - Volume 1 - Parte Geral - Arts. 1º a 120,* São Paulo/Bauru, Edipro, 2000.

———. *Manual de Direito Penal - Volume 1 - Parte Especial - Arts. 121 a 234,* São Paulo/Bauru, Edipro, 2001.

SVIRBLIS, Alberto Antonio. *Livramento Condicional e Prática de Execução Penal.* São Paulo/Bauru, Edipro, 2001.

TÁCITO, Caio. "O poder de Polícia e seus limites", *Revista de Direito Administrativo,* São Paulo, 1962.

THE Heritage Illustrated Dictionary of the English Language, New York, Houghton Mifflin Company, 1973.

THOMAZ, Pedro Lourenço. *Manual de Orientação para Requisições de Exames Periciais,* São Paulo, SSP-SP, Instituto de Criminalística, 1985.

TORNAGHI, Hélio. *Compêndio de Processo Penal,* Rio de Janeiro, José Konfino, 1ª ed., 1967.

TORRINHA, Francisco. *Dicionário Latino-Português*, Porto, Marânus, 3ª ed., 1945.

TROJANOWICZ, Robert & BUCQUEROUX, Bonnie. *Community Policing a Contemporary Perspectiva.* Cincinnati, Ohi, Anderson Publishing Co. by http/www.cicp.org. Traduzido do inglês para o português pela Polícia Militar do Rio de Janeiro e de São Paulo, com o título *Policiamento Comunitário: Como começar mudanças.* SP, PMESP, RJ, PMERJ, 1994.

VANDERBOSCH, Charles G. *Investigación de Delitos,* México, Editorial Limusa-Wily, 1971.

WILSON, O. W. *Administratión de la Polícia,* Versão espanhola de Carlos Fernandez Ortiz, México, Limusa-Wiley, 1963.

GRÁFICA PAYM
Tel. (011) 4392-3344
paym@terra.com.br